Integriertes Produkt- und Vertriebsmanagement im B2B

Claus Tintelnot

Integriertes Produkt- und Vertriebsmanagement im B2B

Technologiebasierte Industrieprodukte entwickeln, managen und profitabel verkaufen

Springer Gabler

Claus Tintelnot
Düsseldorf, Nordrhein-Westfalen
Deutschland

ISBN 978-3-658-39787-6 ISBN 978-3-658-39788-3 (eBook)
https://doi.org/10.1007/978-3-658-39788-3

Die Deutsche Nationalbibliothek verzeichnet diese Publikation in der Deutschen Nationalbibliografie; detaillierte bibliografische Daten sind im Internet über http://dnb.d-nb.de abrufbar.

Planung/Lektorat: Angela Meffert
Springer Gabler ist ein Imprint der eingetragenen Gesellschaft Springer Fachmedien Wiesbaden GmbH und ist ein Teil von Springer Nature.
Die Anschrift der Gesellschaft ist: Abraham-Lincoln-Str. 46, 65189 Wiesbaden, Germany

Vorwort

Geschäftsbeziehungen von Herstellern technischer Industriegüter mit passender Software und Services für professionelle Verwender[1], Handwerker und Wiederverkäufer/Händler müssen anderen Kundenanforderungen gerecht werden als die Geschäftsbeziehungen in konsumentenorientierten B2C-Märkten. Das erfordert andere Strategien und Vorgehensweisen. Die im Buch behandelten Marktsegmente werden traditionell als Markt für erklärungsbedürftige Industriegüter bezeichnet. In der modernen Marketinglehre spricht man von B2B, also Business-to-Business-Geschäften. Dabei kann es sich um Produkte wie Maschinen oder Anlagen, Vorprodukte, Komponenten, Rohstoffe, Software, Servicedienstleistungen oder eine Applikation bzw. Kombination aus diesen Gütern und Services handeln.

B2B-Geschäfte werden in allen Regionen der Welt getätigt. Der Planungsaufwand ist erheblich. Die Kommunikation zwischen Lieferanten, Kunden und deren Endkunden erfordert digitale Systeme und Datenbereitstellung. Auch die Produkte selbst, ob es sich um eine Komponente, eine Maschine oder einen Service handelt, werden immer digitaler und stärker vernetzt. Das bedingt entsprechende Kenntnisse, IT-Systeme und Schnittstellen in den Organisationen der Lieferanten und deren Kunden.

Das Buch ist in vier Kapitel gegliedert, welche die Vorteile einer stärkeren Integration von Produkt- und Vertriebsmanagement beschreiben. Der Kunde erwartet die geforderte Leistung und nimmt dabei keine Rücksicht auf die interne Organisation des Lieferanten:

1. Strategische und organisatorische Einordnung von integriertem Produkt- und Vertriebsmanagement
2. Produktmanagement
3. Vertriebsmanagement
4. Kundenkontakt, Verkaufsgespräch, Verkaufspsychologie und Customer Experience

[1] Wegen der besseren Lesbarkeit wird in diesem Buch das generische Maskulinum verwendet. Gemeint sind jedoch immer alle Geschlechter.

Ob die Disziplinen Produkt- und Vertriebsmanagement integriert und nutzbringend mit den anderen Funktionsbereichen des Unternehmens zusammenwirken, das entscheidet sich immer beim Kundenkontakt und in den Verkaufsgesprächen.

In größeren Unternehmen findet man in der Regel insbesondere in den Bereichen Produktentstehung, Produktmanagement, Marketing, Vertrieb und Controlling nach Aufgabenbereichen getrennte Organisationseinheiten. Diese Einheiten haben viele persönliche, menschliche Schnittstellen bezüglich Informationsflüssen und Aktivitäten innerhalb und außerhalb des Unternehmens. Das Funktionieren der Schnittstellen ist abhängig von der Unternehmenskultur und davon, wie die Personen miteinander harmonieren. Alle Akteure im eigenen Unternehmen sollten das gemeinsame Ziel haben, die Kunden profitabel und zu optimalen Kosten zu bedienen. Für das Produkt- und Vertriebsmanagement ist die Kundenzufriedenheit der Schlüssel für den gemeinsamen Erfolg.

Beim Angebot technologiebasierter B2B-Produkte sind ein durchgängiger Informationsfluss sowie schnelle, sachgerechte und abgestimmte Entscheidungen erforderlich. Wenn die Geschäftsziele erreicht werden sollen und man die Mitarbeiter nicht an Abteilungsgrenzen aufreiben will, kann das nach meiner Überzeugung nur ein integriertes Produkt- und Vertriebsmanagement leisten.

In der Praxis ist das vielfach noch nicht realisiert worden. In diesem Buch werden die klassischen Organisationsmodelle beschrieben und Hinweise und Beispiele gegeben, wie diese ergänzt oder grundsätzlich angepasst werden könnten. Außerdem sind viele Erfahrungen aus Unternehmen eingeflossen, für die ich als Berater oder Führungskraft tätig war. Negative und positive Beispiele illustrieren, wo klassisches Management versagt und was integriertes Management besser kann. Führungskräfte können nur dann als Vorbild für ein integriertes Team wirken, wenn alle das gleiche Führungsverständnis haben und das gleiche, kongruente Ziel verfolgen.

Alle Erfahrungen aus der Praxis sind anonymisiert und mit Erkenntnissen aus anderen Unternehmen kombiniert worden. Keines der verwendeten Beispiele beschreibt einen existierenden Zustand oder bezieht sich auf handelnde Personen, die in einem Unternehmen tätig waren oder dort noch tätig sind.

Das Buch richtet sich an erfahrene Praktiker aus den Bereichen Unternehmensführung, Strategie, Produktmanagement, Vertrieb und weiteren interessierten Funktionsbereichen, ohne die eine erfolgreiche Supply Chain bis zum Kunden nicht möglich ist. Ebenso zielt dieses Buch auf Berufsanfänger und Studierende. Diese Veröffentlichung soll die Grundlagen und aktuelles Praxiswissen an Studierende in den Fachbereichen Betriebswirtschaftslehre, Wirtschaftswissenschaften, Wirtschaftsingenieurwesen/-informatik, Informatik und Ingenieurwissenschaften vermitteln. Diese Nachwuchskräfte müssen ihre Aufgaben in Unternehmen zunehmend als integrierte Teams gestalten und lösen.

Wesentliche Inhalte:

- Strategie des Unternehmens und die Rollen von Produkt- und Vertriebsmanagement
- Selbstmanagement von Führungskräften

- Einführung in das Produktmanagement
- Innovationsmanagement und das Management von Produktlebenszyklen
- Markt- und Konkurrenzanalyse
- Produktentwicklung und Markteinführung
- Produktmarketing
- Bedeutung des Controllings für Produktmanagement und Vertrieb
- Organisationsformen für B2B-Unternehmen und internationaler Vertrieb
- Zusammenwirken klassischer und digitaler Vertriebskonzepte und -tools im B2B
- Mitarbeitertraining und Coaching
- Kundenkontakte und Kundenbesuche
- Führen von Verkaufsgesprächen und Einkaufsverhalten
- Erfolgreicher Verkaufsabschluss und Customer Journey
- Rückschläge im Berufsleben einkalkulieren und angemessen antizipieren
- Durch Work-Life-Balance und geeigneten Lebenswandel Spitzenergebnisse im Unternehmen erzielen und die eigene Leistungsfähigkeit bis in den Ruhestand erhalten

Ich danke zahlreichen Persönlichkeiten, Freunden und Familienmitgliedern. Meiner Frau Heike Söhngen-Tintelnot danke ich dafür, dass sie Verständnis dafür aufbrachte, dass dieses Buch viel Zeit beanspruchte, und dafür, dass sie es redigiert hat. Meiner 16 Jahre alten Tochter Liv Tintelnot danke ich dafür, dass sie Illustrationen beigetragen hat. Ich danke meiner 13 Jahre alten Tochter Cara Tintelnot, mit der ich zu wenig in Fischertechnik konstruiert habe und mit der ich zu selten Schach spielte. Ich danke meiner Mutter Barbara Tintelnot, die immer für mich da ist und der ich unendlich viel zu verdanken habe. Meinem Vater Walter Tintelnot (†), dem ich unternehmerisches und kaufmännisches Denken, viele Weisheiten aus der Literatur und unschätzbare Lebenserfahrungen zu verdanken habe. Meinem Onkel Bernd Astor (†), der mein Interesse für die Elektrotechnik und die Ingenieurwissenschaften weckte.

Bjarne Ruzicska danke ich herzlich dafür, dass er das Manuskript korrigiert hat. Besonders danke ich auch meinen Freunden Guido Becherer und Dr. Henning Wicht für die vielen anregenden Gespräche und Diskussionen in den Bereichen Management und Technik. Meinem Freund Matthias Müller danke ich dafür, dass ich die Gelegenheit hatte, mit ihm Erfahrungen bei vielen Kundenbesuchen in Middle East und in weiten Teilen Asiens zu teilen. Meinem Doktorvater Professor Dr. Helmut Sabisch (TU Dresden, emeritiert) bin ich sehr dankbar, dass ich die Möglichkeit hatte, mit ihm wissenschaftlich zu arbeiten, und dass ich bis heute einen anregenden Gedankenaustausch mit ihm habe. Professor Dr.-Ing. Ludwik Finkelstein (†) OBE (City-University-London) und Professor Dr.-Ing. Heinz Weißmantel (TH Darmstadt, emeritiert) verdanke ich die Möglichkeit, dass ich Nachrichtentechnik (Measurement and Instrumentation) in London studieren konnte. Meinem früheren Chef Dr. Peter Köhler verdanke ich die Möglichkeit, weltweit Marktanalysen- und Strategieprojekte für die Geschäftsentwicklung durchzuführen und Vertriebsorganisationen zu leiten. Mark McGregor verdanke ich ein einzigartiges Führungskräfteseminar, welches mir die Bedeutung von

Führung, Selbstmanagement, Coaching und von persönlicher Ausgeglichenheit sowie geeigneter Ernährung vermittelt hat. Professor Dr.-Ing. Sven Hinrichsen und Professor Dr.-Ing Sven Tackenberg verdanke ich meinen Lehrauftrag an der TH Ostwestfalen Lippe für „Produkt- und Vertriebsmanagement in B2B". Diese Aufgabe war ein wesentlicher Anstoß für dieses Buch. Die Diskussionen mit Studierenden in Vorlesungen und Übungen haben dieses Buch zusätzlich bereichert.

Besonders danke ich auch dem Springer Gabler Verlag und dem Editorial Director für Business and Economics, Herrn Andreas Funk, der Programmleiterin Frau Barbara Roscher, dass der Verlag erneut ein Buch von mir veröffentlicht hat. Ganz besonderer Dank gilt meiner Lektorin Frau Angela Meffert dafür, dass sie die Entstehung dieses Buches hervorragend betreut und mir sehr viele wertvolle Hinweise gegeben hat.

Düsseldorf
im April 2023

Claus Tintelnot

Inhaltsverzeichnis

Abkürzungsverzeichnis

3C	Connected Commerce and Communication
4 Ps	Product, Place, Price and Promotion
5G	5. Generation Mobilfunk
6G	6. Generation Mobilfunk
A	Administration
AC	Actual
ADAC	Allgemeiner Deutscher Automobil Club
AGB	Allgemeine Geschäftsbedingungen
ARC	Asset Reconstruction Companies
ATEX	Atmosphères explosibles
B2D	Business-to-Distribution
B2D2B	Business-to-Distribution-to-Business
BANT	Budget Authority Need Time
BdVM	Bundesverband der Vertriebsmanager
BGB	Bürgerliches Gesetzbuch
BOM	Bill of Materials
BU	Budget
C2O	Configure-to-Order
CAD	Computer-Aided Design
CAGR	Compound Annual Growth Rate
CAS	Computer-Added Selling
CE	Communauté Européenne
CEO	Chief Executive Officer
CES	Consumer Electronic Show
CFO	Chief Financial Officer
CM	Contribution Margin
CNI	Cost of Net Income
CPO	Chief Purchasing Officer
CPSO	Chief Product and Sales Officer
CRM	Customer-Relationship-Management

CRP	Customer Recovery Program
CSCO	Chief Supply Chain and Purchasing Officer
CTO	Chief Technology Officer
D&B	Dun and Breadstreet
DCF	Discounted Cashflow
DIO	Days of Inventory Outstanding
DISG	Dominanz, Initiative, Stetigkeit, Gewissenhaftigkeit
DPMA	Deutsches Patent- und Markenamt
DSO	Days of Sales Outstanding
EBIT	Earnings Before Interest and Taxes
EBITA	Earnings Before Interest, Taxes and Amortisation
EBITDA	Earnings Before Interest, Taxes, Depreciation and Amortisation
EE	External Exposure
EPA	Europäisches Patentamt
EPCC	Engineering Procurement Construction and Commissioning
ERP	Enterprise Resource Planning
ESD	Emergency-Shut-Down
ESG	Environmental Social Governance
F	Forecast
FTE	Full Time Equivalents
GB	Geschäftsbereich
GPL	General Public License
GuV	Gewinn- und Verlustrechnung
HBM	Harvard Business Manager
HBR	Harvard Business Review
HGB	Handelsgesetzbuch
HK	Herstellkosten
HMI	Human Machine Interfaces
IBM	International Business Machines
IE	Internal Exposure
IEC	International Electronical Commission
IEEE	Institute of Electrical and Electronics Engineers
ifo	Institut für Wirtschaftsforschung der Universität München
IIoT	Industrial Internet of Things
IMEA	India Middle East Africa
IoT	Internet of Things
IP	Intellectual Property
IPC	Industrial PC
ISO	International Organisation for Standardisation
JV	Joint Venture

KA	Key Account
KAM	Key-Account-Manager
KI	Künstliche Intelligenz
KPI	Key Performance Indicator
LkSG	Lieferkettensorgfaltsgesetz
LTE	Long Term Evolution
M&A	Mergers & Acquisitions
MCP	Manufacturing Cost Price
MES	Management Execution System
MIFRI	Mittelfristplanung
MVP	Minimum Viable Product
MVS	Minimum Viable System
NDA	Non-Disclosure Agreement
NEC	National Electric Code
NLP	Neuro Linguistic Programming
OEM	Original Equipment Manufacturer
OPCUA	Open Platform Communications Unified Architecture
OPEX	Operational Expenses
OT	Operational Technology
PIM	Product Information Management
PLM	Product-Lifecycle-Management
PM	Produktmanagement
PPC	Purchasing Price and Cost
PSM	Produkt-Segment-Management
PY	Prior Year
QM	Qualitätsmanagement
RFID	Radio-Frequency Identification
ROCE	Return of Capital Employed
SCM	Supply-Chain-Management
SLA	Servicelevel-Agreement
SRO	Sales Resource Optimisation
SWOT	Strengths, Weaknesses, Opportunities and Threats
TCO	Total Cost of Ownership
TCSO	Total Cost of Supplier Ownership
TEAM	Toll, Ein Anderer Macht‘s
TEUR	Tausend EUR
TÜV	Technischer Überwachungsverein
TVO	Total Value of Ownership
USP	Unique Selling Proposition
VCI	Verband der Chemischen Industrie

VDE	Verband der Elektroingenieure
VDMA	Verband der Maschinen und Anlagenbauer
VR	Virtual Reality
VT	Vertrieb
YTD	Year to Date
ZVEI	Zentralverband der Elektrotechnischen Industrie

1 Einordnung von integriertem Produkt- und Vertriebsmanagement

Zusammenfassung

Produkt- und Vertriebsmanagement sind in der klassischen Organisationslehre Teil des Marketings und werden in den meisten Unternehmen nicht integriert geführt. Eine Corporate Strategie festzulegen, an die alle Führungskräfte im Unternehmen glauben, ist der Schlüssel zum Erfolg. Die Strategie mit integrierten, agilen und digital informierten Strukturen zu realisieren, bringt den Erfolg. Im Fokus der B2B-Strategie müssen immer die Kunden und die Kundenbedürfnisse stehen. Moderne Führung und Selbstmanagement sind bedeutend. Teams können durch Coaching bessere Leistungen erzielen. Führungskräfte müssen sich intern und extern gut verkaufen und sehr gute Leistungen erbringen, ohne ihre Kräfte in der Administration und in internen Machkämpfen zu verschleißen. Regeneration und Ernährung sind wichtige Komponenten. Organisationsstrukturen müssen an die Produkte, Kundenindustrien/-segmente und Regionen bzw. Länder angepasst werden. Dabei gilt es, Redundanzen zu vermeiden und Synergien zu nutzen. Eigentümer und die ausgewählten Topführungskräfte prägen die Unternehmenskultur. Das Unternehmerprinzip „wer nichts wagt, der kann auch nichts gewinnen“ bestimmt die Risikobereitschaft. Es gilt die Prämisse, dass ein Risiko sich als Chance oder Gefahr darstellen kann. Berufsverbände für Ingenieure und Vertriebsmanager fördern die Bedeutung der Berufsbilder und sichern den Managementnachwuchs durch die Darstellung der Berufschancen in der Öffentlichkeit.

Der Titel dieses Buches lautet „Integriertes Produkt- und Vertriebsmanagement im B2B“, weil technische Produkte, Komponenten, Software und Services für Unternehmen und technische Anwender betrachtet werden, die in der Regel nicht von Konsumenten

C. Tintelnot, *Integriertes Produkt- und Vertriebsmanagement im B2B*,
https://doi.org/10.1007/978-3-658-39788-3_1

erworben werden. Diese Güter und Dienstleistungen werden durch digitale Vertriebssysteme wie Online-Plattformen und durch klassischen Außendienst wie reisende Mitarbeiter, Händler und weitere im Buch dargestellte Kanäle vermittelt und verkauft.

Führende Wissenschaftler wie Meffert (1992), Kotler (1994) oder Backhaus und Voeth (2014) haben bei der Entstehung und Abgrenzung des Marketingbegriffes das Marketing als übergeordnete Unternehmensfunktion gesehen. Kotler etablierte die 4 Ps als Kernfunktionen des Marketings. Die 4Ps sind das Produkt (verantwortet von Produktmanagement, Entwicklungsbereich), der Preis (Produktmanagement, Vertrieb und Controlling), das Placement (Vertrieb, Marketing bzw. Werbung) und die Promotion (Unternehmenskommunikation/Public Relations, Marketing bzw. Werbung). Damals war das für die Wissenschaft und Praxis eine bedeutende Strukturierungshilfe. Weitere Detaillierungen der Unternehmensfunktionen, die man den 4Ps zuordnen kann, sind in Abb. 1.7 dargestellt. Obwohl Kotler (1994) sein Modell bei dessen Entstehung noch stark auf B2C-Geschäfte ausgerichtet hat, sind die Grundfunktionen seines Marketingmodells auch auf B2B- und B2D(Business-to-Distribution)-Geschäfte übertragbar.

Das Modell hat aber auch zu einer Trennung der Rollen und Aufgaben von Produktmanagern und Verkäufern geführt. Vor 30 Jahren waren Produkte technologisch einfacher und Software sowie die Digitalisierung innerhalb und außerhalb der Unternehmen spielten noch keine bedeutende Rolle. Deshalb war eine Trennung von Aufgaben in Vertriebs- und Produktmanagement möglich und durchaus sinnvoll. Die Digitalisierung und die Vernetzung der Entscheidungs- und Wertschöpfungsketten verlangen aber zunehmend nach einer stärkeren Abstimmung und Integration des Produktmanagements, des Applikationsengineerings und des Vertriebs.

Produktmanagement und Vertrieb haben eine Kernschnittmenge (Abb. 1.1) von Führungsaufgaben bei der Gestaltung und Realisierung der Unternehmensstrategie. Der Erfolg des Unternehmens hängt von einer sehr guten und abgestimmten Führung von Produktmanagement und Vertrieb ab. An dieser Stelle wird bewusst der Begriff „Führung" verwendet. Führung heißt, dass hier nicht kleinteilig gemanagt werden darf, sondern dass die Mitarbeiter kreative Freiräume erhalten müssen. Im Angelsächsischen ist der Begriff „Leadership" nicht negativ belegt. Im deutschsprachigen Raum wird der Begriff der Führung (Leiten als Vorbild) im historischen Kontext vorsichtig verwendet. Andernfalls würde dieses Buch ggf. „Integrierte Führung von Produktbereich und Vertrieb im B2B" heißen. Nicht zuletzt hat ein Topmanager den Autor oft gefragt, wo das „führende System" eines Unternehmens verankert sein sollte: Im Produktmanagement (Push-Bereich) oder im Vertrieb (Pull-Bereich)?

Die Unternehmensstrategie ist die konzeptionelle Klammer für alle Aktivitäten im Unternehmen. Die Beschreibung von Megatrends und deren Bewertung hilft, die zukünftigen Chancen und Gefahren gegeneinander abzuwägen. Dabei können Geschäftschancen auch in Bereichen entstehen, die nicht vom Mainstream der gängigen Megatrends erfasst werden. Innovative Unternehmer denken in der Regel über den Mainstream hinaus. Eigenes Technologiewissen und die Kompetenz von Partnern außerhalb des eigenen Unternehmens bestimmen den Lösungsraum für Innovationen.

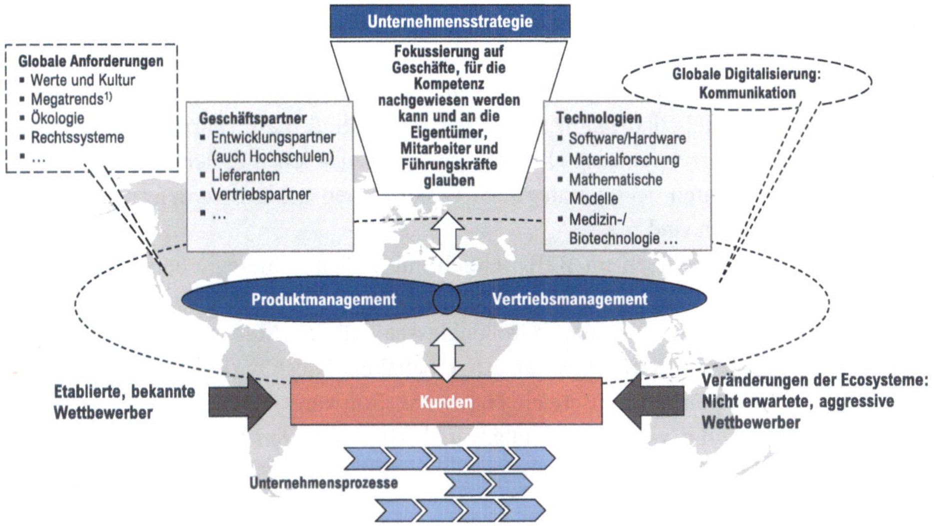

1) Erderwärmung und Energiekrise, Globalisierung und wirtschaftliche Machtverschiebung nach Asien, Überalterung der Gesellschaft, Stellenwert von Gesundheit und Selbstbestimmtheit von Mitarbeitern (Homeoffice) ...

Abb. 1.1 Einordnung von Produkt- und Vertriebsmanagement

Die Kunden in existierenden und in neuen Märkten können durch das eigene Unternehmen, durch die bekannten, etablierten Wettbewerber oder durch völlig neue Wettbewerber bedient werden. Auch neue Kernkompetenzen (Digitalisierungskompetenz) und Technologiewissen können die Machtverhältnisse zwischen den Anbietern grundsätzlich verändern. Zum Beispiel sind E-Bikes im Nahverkehr von bis zu 20 km Entfernung in den Wettbewerb zum Automobil getreten. Im Automobilbereich gibt es für die Hersteller klassischer Verbrennungsfahrzeuge völlig neue Wettbewerber aus dem Bereich der E-Mobility. Weitere Wettbewerber aus dem Bereich der Wasserstofftechnologie werden dazukommen. Welche Technologien sich durchsetzen werden und für welchen Zeitraum sie eine Geschäftsoption bieten, das muss der jeweilige Unternehmer mit seinen Führungskräften abwägen.

1.1 Unternehmensstrategie (Corporate Strategy)

Strategien sind Pläne, die für unterschiedliche Zeiträume definiert sein können. Nicht alle Unternehmen haben niedergeschriebene oder in den Köpfen der Eigentümer oder der Manager fixierte Pläne. Krisen, wie z. B. politische Krisen, ökologische Krisen oder gesundheitsbedingte Krisen – die beispielsweise durch Pandemien verursacht werden –, können unterschiedlich überwunden werden. Es ist schnelles und agiles Handeln notwendig. Die Unternehmensführung muss die Kostenstrukturen und die Profitabilität eines Unternehmens ggf. kurzfristig durch eine Task Force anpassen, wenn die Liquidität und der Bestand des Unternehmens gefährdet sind. Langfristige Strategien können dabei durchaus hinderlich und gefährlich sein. Allerdings sollte sich ein Unternehmen unbedingt kurz-, mittel- und langfristige Ziele setzen und diese schriftlich und in den Köpfen der Mitarbeiter verankern. Ob und wann man zu solchen Zielen nach einer Krise zurückkehrt, muss durch neue, strategische Diskussionen geklärt werden, nachdem die Probleme überwunden sind.

Auch kleine Unternehmen im B2B-Bereich müssen eine Strategie entwickeln. Auch sie können sich meistens nicht von einer globalen Instabilität abkoppeln. Technologiebasierte Unternehmen in allen Größenklassen müssen Megatrends, Technologietrends und politische Entwicklungen im Auge behalten. Diese wirken sich in der Regel gravierend auf die Märkte im Bereich Hardware, Software und Dienstleistungen aus. Die globale Vernetzung von Beschaffungs- und Absatzmärkten birgt unternehmerische Chancen und Gefahren.

1.1.1 Festlegen einer Business-Mission

An ein bestehendes Geschäft bzw. an eine Geschäftsoption „zu glauben" (vgl. Malik 2005a, S. 152 f.), ist die grundlegende Antriebskraft für einen Unternehmer und Investor. Führungskräfte (Manager), die nicht selbst Unternehmer sind, und alle weiteren Mitarbeiter müssen an den Erfolg eines Geschäftes oder einer Geschäftsoption glauben bzw. davon überzeugt werden (Abb. 1.2). Die eigenen Kollegen sind entscheidende Sparringspartner auf dem Weg zu Kunden.

Die Business-Mission: Woran glauben wir (nach Malik 2005b, S. 15 ff.)?

1. *Der Ursprung von Kundennutzen (Customer Value)*
   - Aus dem Zusammenwirken von Kundennachfrage und den Stärken eines Unternehmens kann Kundennutzen entstehen.
   - Wenn ein Bedarf existiert, aber das Unternehmen keine Stärken hat, dann kann trotzdem kein Kundennutzen entstehen. Das gilt insbesondere, wenn im Produktmanagement oder im Vertrieb erhebliche Schwächen vorhanden sind.
   - Wenn ein Unternehmen Kompetenz und Ressourcen hat, aber es keinen Bedarf gibt, dann kann ebenfalls kein Nutzen entstehen.
2. *Der Ursprung von Selbstvertrauen*
   Aus dem Zusammenwirken von Kompetenz und Erfahrung entstehen wichtige Motivationsfaktoren wie Stolz auf das Unternehmen und dessen Erfolge. Das führt zu Selbstvertrauen. Selbstvertrauen und darauf aufbauendes Durchhaltevermögen sind bei neuen Geschäftsideen und Produkten Voraussetzungen für den Erfolg. Allerdings muss auch der Abbruch von Projekten möglich sein.

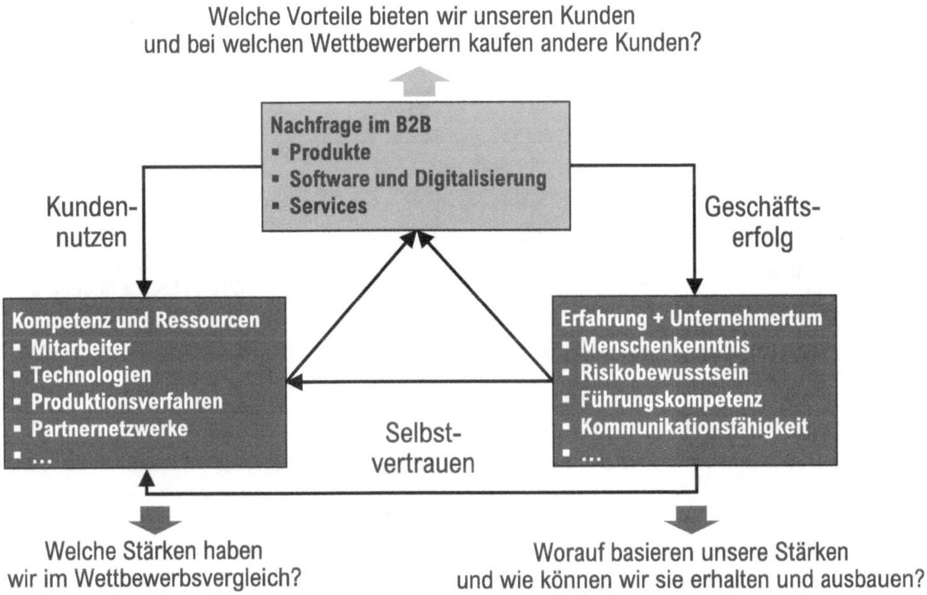

Abb. 1.2 Faktoren, die den Geschäftserfolg bestimmen. (In Anlehnung an Malik 2005a, S. 152 f.)

3. *Der Ursprung von Geschäftserfolgen*
   - Das Zusammenwirken von Unternehmertum und Nachfrage führt zu Geschäftserfolg.
   - An welche Chancen glauben wir als Unternehmer, aus denen wir die Kraft schöpfen, um die Gefahren zu überwinden?
   - Victor Frankel (siehe Malik 2005a, S. 153) zitiert den Satz von Nietzsche: „Wer ein Warum zu leben hat, erträgt fast jedes Wie …“ Aber Sollbruchstellen im Produktentstehungsprozess sollten vermeiden, dass man ruinös handelt.

Fazit: Man sollte eine eindeutige Business-Mission festlegen und nicht nur einer vagen Vision folgen. Der Begriff „Vision“ ist viel unschärfer als eine klare Geschäftsoption = „Business-Mission“. Auch Visionäre müssen profitable Ergebnisse in der berechneten und vereinbarten Zeit für den Kapitalrückfluss (Payback-time) abliefern.

1.1.2 Realisierung des erwarteten Geschäftserfolgs

Das 7 S-Modell (Abb. 1.3) enthält auch heute noch alle wesentlichen Elemente, die man zur Realisierung von geschäftlichem Erfolg benötigt. An der Spitze steht die Strategie, die hinsichtlich der Chancen und Gefahren zu bewerten ist. Die Aufbauorganisation muss festgelegt und die Beziehungen zu Tochter- und Partnerunternehmen müssen geklärt werden.

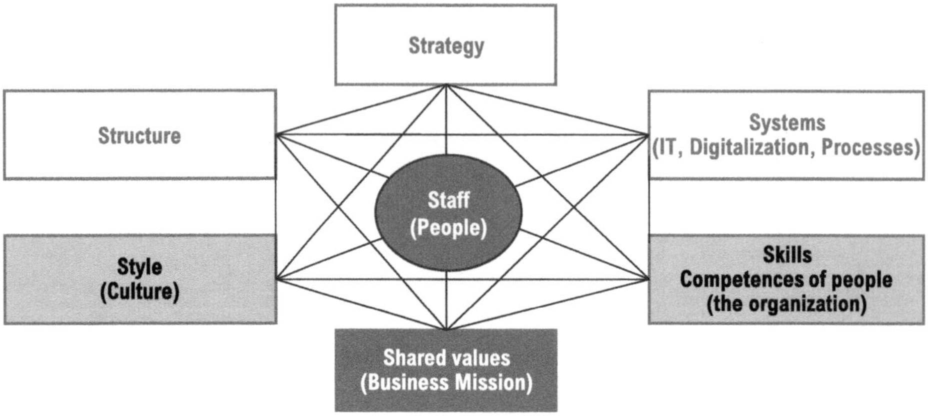

Abb. 1.3 Das 7 S-Modell nach McKinsey & Company. (Nach Peters & Watermann Jr. 1982, S. 9–12)

Der Führungsstil und die Kultur des Unternehmens müssen zu den Zielen passen. Neben den Fähigkeiten der Mitarbeiter und Führungskräfte sind Führungsstil und Kultur die beiden Hauptbestandteile des Motors eines Unternehmens. Die Größe der Antriebskraft dieses Motors bestimmt den Erfolg. Das wird in vielen Unternehmen unterschätzt. Die Unternehmenskultur wird von der Spitze des Unternehmens geprägt. Das Verhalten der Eigentümer und deren Umgang mit dem Topmanagement beeinflussen den Umgangsstil in allen Bereichen des Unternehmens. Ein Unternehmen kann nur erfolgreich sein, wenn gemeinsame Werte (Shared Values) die Business-Mission zum Ziel tragen. Die Mitarbeiter und der Respekt vor den Mitarbeitern sollten im Mittelpunkt stehen. Andernfalls kann nur durch Abhängigkeiten und Schmerzensgeld ein Teilerfolg des möglichen Ertrages erreicht werden. Sobald der monetäre Anreiz keine ausreichende Kompensation mehr darstellt, wird die Leistung nachlassen. Die Mitarbeiter werden das Unternehmen so bald wie möglich verlassen.

Führungskräfte und Mitarbeiter sollten sich keinen Illusionen hingeben. Das Sozialverhalten von Menschen in Organisationen und somit auch in Unternehmen kann dem Verhalten von wilden Tieren gleichen. George Orwell (1999) hat in seinem Roman „Animal Farm“ beschrieben, wie Tiere, die Menschen charakterisieren, sich in der Politik verhalten, um andere Personen zu unterdrücken und zu überflügeln. Das Gleiche gilt für Mitarbeiter von Unternehmen, die im Unternehmen mit unangemessenen Mitteln „politische Ziele“ verfolgen, um Macht und Einfluss zu erlangen, Unternehmen sollten nicht einem Raubtierkäfig gleichen, in dem Kämpfe um Alphapositionen stattfinden. Sie werden aber in der Regel auch kein Streichelzoo sein können. Mitarbeiter, die Karriereziele erreichen wollen, müssen sich gegen andere durchsetzen und diese verdrängen. Dazu gehört auch, dass sie die Entscheidungsträger von sich überzeugen und deren Anforderungen gerecht werden. „Wes Brot ich ess, des Lied ich sing“ galt nicht nur im

Mittelalter als kluges ökonomisches Verhalten. Wer mit seiner Karriere vorankommen will, verkauft sich an das Unternehmen und seine Entscheider.

Die persönliche Freiheit wird oft zu einem erheblichen Teil geopfert. Top-Führungskräfte müssen auch eine ständige Erreichbarkeit akzeptieren. Das wird sich nicht grundsätzlich ändern können und durch digitalisierte Kommunikation nur scheinbar gemildert. Probleme können aus dem Homeoffice oder auf dem Weg zum Sportstudio gelöst werden. Wer sich einem entsprechend konstruierten Leistungssystem entziehen will, der muss einen anderen Beruf ergreifen. Aber auch andere Berufsgruppen müssen oft auf einen Teil ihrer Freiheit verzichten.

Aber was ist eigentlich eine Strategie und woher kommt der Begriff? Strategien haben einen militärischen Ursprung. Ich möchte an dieser Stelle bemerken, dass ich ein ausgesprochener Pazifist bin. Die Planung, die Umsetzung und das Erreichen eines militärischen Zieles sind jedoch das Vorbild für wirtschaftliche Strategiekonzepte. Auch in einer sozialen Marktwirtschaft geht es hart zu und am Ende gibt es keine Gnade für die von einer Insolvenz Betroffenen.

Militärische Strategien, wie sie in der Schlacht bei Waterloo (s. Abb. 1.4) von den Alliierten gegenüber Napoleon verwendet wurden, können auch bei der Führung von Unternehmen nützlich sein. Entsprechende Strategien und Schwächen zu kennen, kann für die Unternehmensstrategie hilfreich sein:

1. *Die Strategie der Wettbewerber kennen:* Wie kann das eigene Unternehmen die Strategien der Wettbewerber umgehen oder diese verbessern und zum eigenen Erfolg nutzen? Die Flankenstrategie der Alliierten war dem direkten Vorrücken von

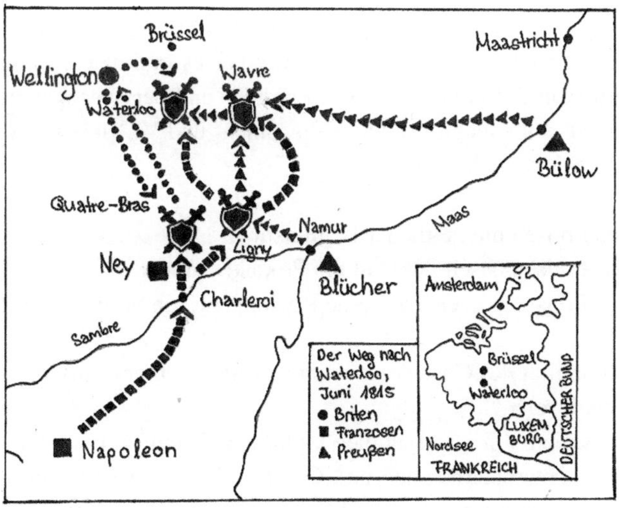

Abb. 1.4 Die Schlacht bei Waterloo. (Illustration: © Liv Tintelnot)

Napoleon überlegen. Die Schlachtaufstellung und die Manöver Napoleons vom 15. bis 18. Juni 1815 bei Waterloo waren die bis dahin gebräuchliche Praxis bei Schlachten. Die Flankenstrategie von General Blücher, eine bis dato unbekannte Form der Kriegsführung, wurde von Napoleon nicht erwartet. Eine solche Flankenstrategie kann man beispielsweise nutzen, um ein neues Geschäftssystem im Markt zu etablieren.
2. *Eigene Schwächen erkennen:* Was sind die Schwächen des eigenen Unternehmens und wie könnten Wettbewerber diese Schwächen nutzen? Wo hat das eigene Unternehmen offene Flanken? Fehlende Innovationen könnten z. B. mittels einer SWOT-Analyse als offene Flanke erkannt werden.

▶ Wettbewerb ist zwar nicht mit einer militärischen Aggression gleichzusetzen, aber auch er wird nicht immer friedlich ablaufen.

- *Der Kampf um die Kunden wird oft mit harten und zum Teil auch unfairen Mitteln geführt:* Wie kann ein Wettbewerber am besten ausgeschaltet werden?
- *Den harmlosen „Marktbegleiter" gibt es nicht:* Man sollte Wettbewerber und potenzielle, neue Konkurrenten immer ernst nehmen und respektieren.

Differenzierungsstrategien sind ein probates Mittel im Wettbewerb. Angriffe von Wettbewerbern kann man nur dann erfolgreich abwehren, wenn man eine Verteidigungsstrategie hat oder diese entwickelt. Im Wirtschaftsleben muss man seine Innovationen und Märkte strategisch schützen und ggf. auch durch Schutzrechte absichern, damit Wettbewerber diese nicht „einnehmen" können.

Differenzierung erreicht man nicht nur durch Produkte, sondern auch über schlagkräftigere, digital gesteuerte Abläufe in den „Operations". Auch diese Abläufe können integriert geplant und koordiniert werden. Dadurch kann man auf einem anderen Weg beim Kunden erfolgreich sein, als die Wettbewerber es praktizieren und erwarten. Die einzige Alternative zur Differenzierung des Produkt- und Serviceangebotes ist der Preiswettbewerb. Darauf sollten sich Produktmanagement und Vertrieb nur wohlüberlegt aus einer Position der Stärke einlassen:

- Absenken von Preisen mit zeitlicher Begrenzung
- Absenken von Preisen beschränkt auf ein Produktsegment
- Absenken von Preisen begrenzt auf eine Region bzw. ein Vertriebsgebiet

Die Gesamtprofitabilität des Geschäftes und des Unternehmens muss während der Preissenkungen gesichert sein.

Corporate Strategien von Unternehmen und die Teilstrategien von Geschäftsbereichen oder Divisionen, Tochterunternehmen und Geschäftsfeldern oder Business Units müssen oft Ansprüchen aus dem eigenen Unternehmen genügen, die nicht aus den Anforderungen der Kunden und Märkte oder den gesetzlichen Vorschriften resultieren (vgl. Ansoff 1987).

In Abb. 1.5 werden Ansprüche von Eigentümern und gesetzliche Rahmenbedingungen dargestellt, denen Unternehmen gerecht werden müssen. Diese Randbedingungen müssen in der Corporate Strategie und bei deren Realisierung berücksichtigt werden. Bemerkenswert ist, dass die unternehmerische Freiheit in vielen Bereichen und Ländern heute viel stärker gesetzlich geregelt wird als zu der Zeit, als Ansoff sein Modell entwickelt hat.

1. *Verantwortungsbewusstsein und Risikobereitschaft (Responsibility and Constraints)*
   Das Verantwortungsbewusstsein der Eigentümer oder ein Management, das über entsprechende Freiräume verfügt, kann die Profitabilität erheblich beeinflussen. Ökologisches Verantwortungsbewusstsein kann den rein monetären Erfolg schmälern, aber auch Kosten etwa durch das Sparen von Energie reduzieren. Selbstinteressen der Eigentümer können die strategische Ausrichtung beeinflussen. Auch die Risikobereitschaft als Unternehmer – das bedeutet Chancen und Gefahren auszubalancieren – kann zu übergroßer Vorsicht oder zu überzogener Bereitschaft, Gefahren in Kauf zu nehmen, führen. Man kann ein Unternehmen in eine Krise führen, weil man sich darauf beschränken will, das bisher Erreichte zu bewahren.
2. *Nicht wirtschaftlich basierte Einflüsse (Non-Economic Objectives)*
   Der Marktwert eines Unternehmens entspricht nicht unbedingt einer nur auf aktuellen Geschäftszahlen basierenden Bewertung. Das Ergebnis einer Discounted-Cashflow(DCF)-Analyse, welche die reale Entwicklung des Wertes eines Unternehmens in die Zukunft projiziert, ist ebenfalls nur ein Anhaltspunkt. Ideelle Werte können die Werterwartung von Familienunternehmern prägen. Falls die öffentliche Hand Anteile an einem Unternehmen hat, dann können gesellschaftliche oder soziale Aspekte Einfluss auf die Bewertung haben. M&A-Optionen haben in der Regel eine Hebelwirkung auf den Wert eines Unternehmens und dessen Liquidität. Wie viel Liquidität ermöglichen die Gesellschafter dem Unternehmen, indem sie sich Geld-

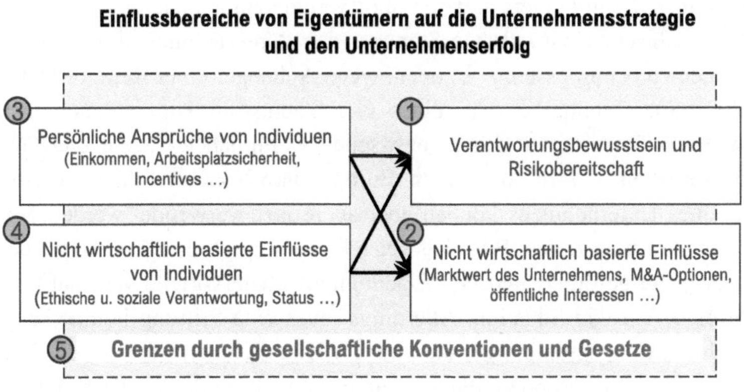

Abb. 1.5 Einflüsse von Eigentümern auf die Unternehmensstrategie. (In Anlehnung an Ansoff 1987, S. 72)

bestände aus ihren Kapitalkonten nicht ausschütten lassen? Sind Aktionäre bei Technologieunternehmen bereit, eine „große Wette auf die Zukunft" einzugehen. Wird einer noch nicht profitablen Aktiengesellschaft eine überproportionale Kapitalerhöhung genehmigt? Ebenso kann ein übermäßiges Abschöpfen von Gewinnen (das „Cash-out-Verhalten" der Eigentümer) die Investitionen und die Innovationen schwächen.

3. *Persönliche Ansprüche von Individuen (Economic Objectives of Individuals)*
   Eigentümer sind ggf. mit einer geringeren Ausschüttung zufrieden, weil sie einen geringeren Finanzbedarf und geringere Ansprüche haben als die Shareholder und Eigentümer der Wettbewerber. Wenn Eigentümer selbst im Unternehmen beschäftigt sind, hängen ihre berufliche Zukunft und ihr Gehalt vom Fortbestand des Unternehmens ab. Falls der Eigentümer eine Flugzeugführerlizenz hat, wird er das Produktportfolio seines Unternehmens ggf. stärker auf die Hersteller von Flugzeugen ausrichten und lässt Geschäftsoptionen in anderen Segmenten aus. Genießen Eigentümer durch das Unternehmen weitere Vorteile? Gesellschafterversammlungen könnten beispielsweise an touristisch interessanten Orten stattfinden, an denen das Unternehmen Niederlassungen unterhält. Für Gesellschafter mit kleinen Anteilen könnte eine Reise zum Produktionsstandort in Indien interessanter sein als eine höhere Ausschüttung. Incentives werden oft als wertvoll angesehen, selbst wenn dafür Steuern gezahlt werden müssen.
4. *Nicht wirtschaftlich basierte Einflüsse durch Individuen (Non-Economic Objectives of Individuals)*
   Eigentümer oder ein Management, denen ein Spielraum zur Selbstverwirklichung mit Mitteln des Unternehmens gewährt wird, können ggf. eigene Ziele verfolgen. Zum Beispiel könnte ein Unternehmer einen Fußballverein, dessen Fan er ist, sponsern und als Werbeträger für seine B2B-Marke nutzen. Anders als bei Konsumgütern wird in der Regel nur ein kleiner Teil der industriellen Kunden durch einen solchen Werbekanal erreicht. Es können große Streuverluste entstehen und der Einfluss auf den Umsatz ist gering. Auch muss bedacht werden, dass die Werbung negativ bei Kunden wirken könnte, die mit einem anderen Sportverein sympathisieren.
   Auch die ethischen Grundsätze können den Unternehmer dazu verleiten, Entscheidungen zu beeinflussen, z. B. dann, wenn Anhänger einer Religionsgemeinschaft, Menschen einer Hautfarbe oder eines Geschlechts im Unternehmen diskriminiert werden. Hier gibt es zum Glück inzwischen Compliance-Regeln und Gesetze, die solches Verhalten – insbesondere in Europa und Nordamerika – verurteilen. Die Erträge eines Unternehmens können aber auch dazu verwendet werden, um soziales Engagement zu finanzieren. Beispielsweise können durch die Gründung einer Stiftung soziale Projekte gefördert und den Eigentümern Steuervorteile verschafft werden. Es entsteht eine Win-win-Situation. Allerdings muss eine Stiftung liquide sein. Deshalb sind solche Stiftungsgründungen auch nur für Unternehmen sinnvoll, die Gewinnüberschüsse erzielen. Insbesondere dann, wenn diese nicht in das Kerngeschäft reinvestiert werden müssen. Stiftungen, die einen sozialen oder kulturellen Zweck verfolgen, können das öffentliche Ansehen der Eigentümer positiv beeinflussen.

5. *Grenzen durch Konventionen und Gesetze: Institutional Constrains*
   Arbeitssicherheit, Rassen- und Geschlechtergleichheit (Gendergerechtigkeit) sowie Vermeidung von Kinderarbeit sind Faktoren, die durch Compliance-Regeln und Gesetze geregelt sind oder geregelt sein sollten. Das Einführen und das Einhalten solcher Regeln sind aber nicht nur Kostentreiber, sondern sie haben in der Regel auch einen positiven Einfluss auf die Ergebnisse eines Unternehmens. Weitere Regeln werden durch regionale Kulturen und Konventionen bestimmt. Unternehmer und das Management bestimmen, in welchem Maß sie sich an solche Konventionen in den jeweiligen Zielmärkten halten. Das Verhalten der Mitarbeiter prägt das Image des Unternehmens in der Öffentlichkeit. Wie sich die Führungskräfte und deren Mitarbeiter gegenüber dritten Organisationen und Individuen verhalten, kann einen positiven oder einen negativen Einfluss auf den Unternehmenserfolg haben.

Ob Führungs- und Fachkarrieren in Unternehmen ermöglicht werden, hat einen wesentlichen Einfluss auf die Motivation der Mitarbeiter und das Leistungsniveau von Unternehmen. Zusätzlich muss zwischen internen Karrieren und der Auffrischung des Unternehmens durch externe Kompetenz abgewogen werden. Falls der Sohn oder die Tochter des Unternehmers dessen Nachfolge im Unternehmen antreten soll, ist das eine interne Förderung (Promotion). Die Bevorzugung von Familienmitgliedern kann in einer Satzung festgelegt sein. Bei guter Eignung der ausgewählten Personen kann das eine positive Kontinuität bewirken. Bei mangelhafter Eignung wird das Unternehmen jedoch gegenüber Wettbewerbern geschwächt.

Wie am Anfang dieses Kapitels beschrieben, sind die 4Ps von Kotler eine Struktur, in der man die wesentlichen Aufgaben des klassischen Marketings findet (Abb. 1.6). Allerdings ist das Marketing im B2B-Bereich heute in der Regel nicht die übergeordnete Disziplin bzw. die Organisationseinheit, die das Produktmanagement und den Vertrieb führt. Kotler (1994, S. 101) fasst unter dem Marketingbegriff Funktionen für die Planung, Organisation, Implementierung und Kontrolle zusammen. Diese werden in B2B-Unternehmen weitgehend durch die beiden Bereiche Produkt- und Vertriebsmanagement erfüllt. Kernfunktionen der externen Kommunikation in konventioneller oder digitaler Form sind heute oft in einem Marketingbereich zusammengefasst. Werbung und PR können in der Praxis aber auch Teil von Produkt- oder Vertriebsmanagement sein. Das Gleiche gilt für die Funktionen F&E (Produktentstehung) und Controlling, die zentral organisiert sein können. Diese beiden Funktionen können aber auch ganz oder teilweise in das Produkt- oder Vertriebsmanagement integriert sein.

In Abb. 1.7 wird deutlich, dass die strikte Trennung aller Aufgaben und Verantwortungsbereiche in Produktmanagement und Vertrieb nicht möglich ist. In vollständig oder teilweise digitalisierten B2B-Geschäften müssen die Informations- und Warenflüsse so verbunden werden, dass sie der Marketing-Kommunikation sowie den Anforderungen und Aufgaben eines integrierten Produkt- und Vertriebsmanagements genügen. Ein durchgängiges Management von digitalem Marketing-Content und den technischen Produktstammdaten ist unbedingt erforderlich, damit ein Unternehmen überhaupt geschäftsfähig ist.

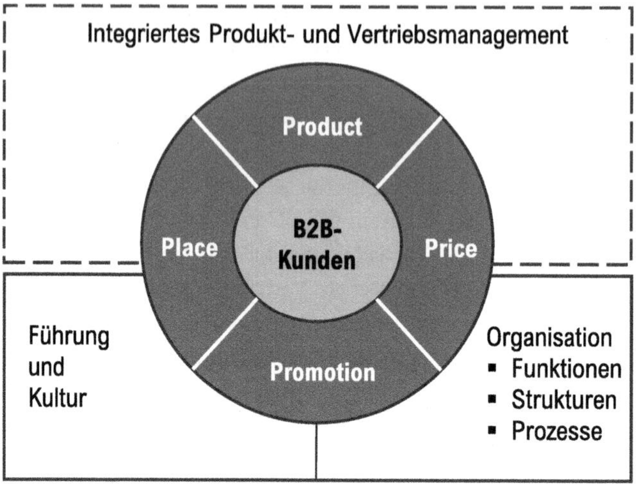

Abb. 1.6 Gestaltung der 4Ps im B2B-Geschäft. (Weiterentwickelt nach Kotler 1994, S. 101)

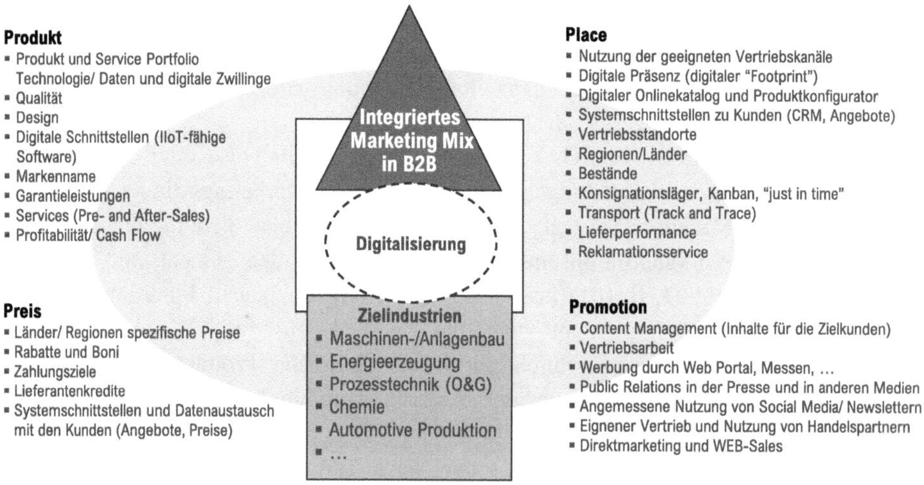

Abb. 1.7 Funktionen der 4Ps des Marketings und deren zunehmende Integration durch Digitalisierung. (In Anlehnung an Kotler 1994, S. 98)

Die Hierarchie der menschlichen Bedürfnisse nach Maslow spiegelt sich in Abb. 1.8 wider (vgl. Kotler 1994, S. 185).

Die von Maslow beschriebenen Merkmale der Bedürfnisse sind der Ursprung für Produktanforderungen und das Kaufverhalten von Kunden:

1. Die Bedürfnisse können zu einem neuen Produkt, einem neuen Service oder einem neuen Vertriebsansatz führen.
2. Die Bedürfnisse können das Kaufverhalten und die Entscheidungen von Kunden zugunsten eines Produktes oder eines Services erheblich beeinflussen.

Viele Produkte und Dienstleistungen, die Nachfragebedürfnisse erfüllen, werden mit Software, Hardware oder Services generiert und produziert. Deshalb basiert auch die Nachfrage bei B2B-Unternehmen auf den originären Bedürfnissen der Endverbraucher in B2C-Märkten. Konsumbedürfnisse bewirken ein Investitionsverhalten auf den B2B- bzw. den Investitionsgütermärkten, auf die dieses Buch zielt.

Die Strategie von B2B-Unternehmen muss die Bedürfnisse der Endmärkte berücksichtigen und die vertikalen Strukturen von Märkten abbilden, um erfolgreich zu sein. Dabei ist oft ein externer Blick auf die Strategie des eigenen Unternehmens hilfreich und gewünscht. Externe Strategieberater sowie Markt- und Technologieexperten können dafür engagiert werden.

Der Blick von außen und die Methodenkompetenz von Beratern können sehr nutzbringend sein. Der Aufwand für die Einarbeitung der Berater in die Ausgangssituation (Produkte, Technologien, Organisation) und das Geschäftsumfeld (Märkte ...) des Unternehmens muss aber in einem positiven Verhältnis zum Verbesserungspotenzial und zum Realisierungsaufwand stehen.

Ein *schlecht qualifizierter Berater,* der kein Fachwissen über Technologien und Märkte mitbringt, kann nur

- bestätigen und widerspiegeln, was seine Auftraggeber hören wollen, oder
- bereits bekannte Schwachstellen zusammenfassen, um einen Folgeberatungsauftrag für deren Behebung zu genieren.

Solche Berater nutzen oft nur das Wissen, das Gesprächspartner im Unternehmen mit ihnen teilen wollen.

Ein *gut qualifizierter Berater*

- hat bereits andere Unternehmen in vergleichbaren B2B-Märkten beraten.
- verschafft sich durch Marktkenntnisse Vertrauen bei seinen internen –Gesprächspartnern.
- hat ein Netzwerk im relevanten B2B-Markt.
- kann sich durch Besuche bei Kunden und Nichtkunden ein objektives Bild über Produkte, Technologien und Wettbewerber verschaffen.
- hat eine gute Methodenkompetenz.
- ist in der Lage, ein komplettes und strukturiertes Lagebild aus internen Schwachstellen und der externen Marktsituation zu zeichnen.

Bedürfnisse nach A. Maslow (1954)	Kauf-/ Konsumrelevante Ausprägungen	Marktbezogenes Verhalten und Angebote
1 **Bedürfnis nach Selbstverwirklichung**	▪ Erlebnisstreben ▪ Genussstreben ▪ Freude an eigenen Fähigkeiten ▪ Spaß an der Technik	▪ Alternative Lebensweise ▪ Do-it-Yourself ▪ Hobbys (Lesen, Malen, Musik, Basteln, Spielen, Reparaturen am Eigentum und an Fahrzeugen …) ▪ Leistungssport ▪ Bildung/Weiterbildung
2 **Geltungsbedürfnis** (Ich-Bedürfnis)	▪ Anerkennung ▪ Prestige ▪ Ruhm	▪ Luxuslokale ▪ Nobelautos oder Yachten ▪ Exklusive Kleidung ▪ Zweitwohnung ▪ Exotische Reiseziele ▪ Extremsportarten/Abenteuer
3 **Soziale Bedürfnisse**	▪ Liebe ▪ Zuneigung ▪ Geselligkeit ▪ Nächstenliebe ▪ Soziales Engagement ▪ Meinungsbildung und -äußerung	▪ Gastronomie, Hotellerie ▪ Kauf beim Erzeuger, Tierwohl ▪ Tafel für Bedürftige ▪ Öko-Zuschlag für erneuerbare Energien ▪ Zeitspende/Flüchtlingshilfe ▪ Spendenmarkt ▪ Presse
4 **Sicherheitsbedürfnis**	▪ Angst vor dem Tod ▪ Schutz von - Gesundheit - Familie, Freunden - Hab und Gut - Umwelt ▪ Absicherung gegen - Versorgungsengpässe - Kaufrisiken - Ungewissheit - Krankheiten, Pandemien - Arbeitslosigkeit - Alter - Kapitalmarktrisiken - Krieg	▪ Religion ▪ Vorräte und Hamsterkäufe ▪ Biokost, naturbelassene Lebensmittel ▪ Krankenversicherungen ▪ Lebensversicherungen ▪ Alten- und Pflegeheime ▪ Sicherheitsdienste ▪ Finanzberatung ▪ Markenartikel, Produkte, Software, Services ▪ Politik und Verteidigungsfähigkeit
5 **Fundamentale physiologische Bedürfnisse**	▪ Sicherheit der Daseinsgrundlagen	▪ Trinken ▪ Essen ▪ Kleidung ▪ Wohnung, Hausrat ▪ Mobilität, Bewegungsfreiheit ▪ Sexualität und Fortpflanzung

Abb. 1.8 Bedürfnishierarchie nach Maslow in Anlehnung an Dichtl. (Nach Sabisch 1991, S. 98)

Berater werden eingesetzt,

- wenn Vorstände und Geschäftsführer sich gegenüber Aufsichtsgremien wie Aufsichtsräten (Supervisory Boards), Beiräten oder Verwaltungsräten durch eine Bestätigung ihres Vorgehens absichern wollen oder
- die Eigentümer oder das Aufsichtsgremium eine unabhängige Meinung einholen wollen, um ggf. Verbesserungen und Konsequenzen hinsichtlich der Strategie oder deren Realisierung vom Vorstand oder von der Geschäftsführung einzufordern.

Ein Strategie- oder Realisierungsprojekt mit externen Beratern kann für die Mitarbeiter in Produktmanagement und Vertrieb sehr nützlich sein und zu neuen Erkenntnissen führen. Ein solches Projekt kann aber erheblichen Mehraufwand erzeugen, zu Rechtfertigungsdruck führen und demotivierend wirken, falls die Mitarbeiter den Eindruck bekommen, dass ihnen misstraut wird und ihnen Kompetenzen entzogen werden.

1.1.3 Partnerschaften zur Realisierung von Unternehmenszielen – Make or Buy, Unternehmensgründung oder M&A

Die Push- und Pull-orientierten Wertschöpfungsketten in Abb. 1.9 sind eine gute Ausgangsbasis, um zu überlegen, welche Leistungen ein Unternehmen selbst erbringen kann, sollte und muss. Wenn ein Unternehmen nicht die Kompetenz oder eine ausreichende Größe und Finanzkraft hat, um ein Produkt selbständig herzustellen oder zu vertreiben, dann sollte es sich Produktions- oder Vertriebspartner suchen. Die Unternehmensführung kann immer überlegen, ob „make or buy“ kostengünstiger ist. Leistungen, die

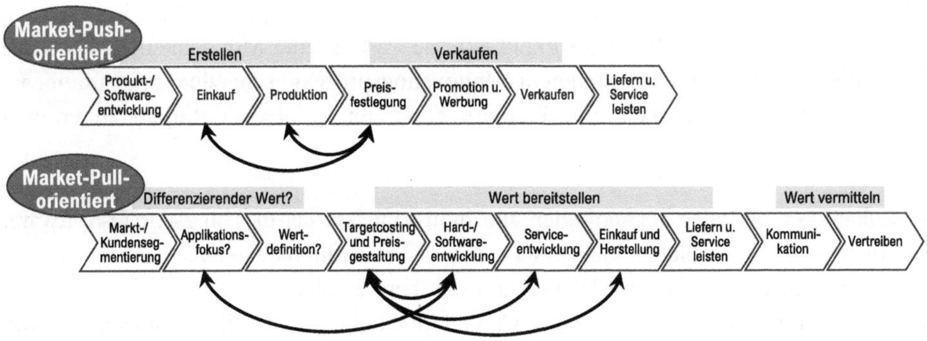

Abb. 1.9 Market-Push- und Market-Pull-orientierte Wertschöpfungsschritte. (Aufbauend auf Kotler 1994, S. 93)

beim Produkt, der Software oder dem Service eine erhebliche Differenzierung gegenüber Wettbewerbern darstellen, sollte ein Unternehmen immer selbst herstellen. Nur dann kann es sich vor Wissensabfluss und Verlust des Wettbewerbsvorsprungs schützen. Die Führung des Produktmanagements sollte für die Entscheidung verantwortlich sein, welche Leistungen vom Unternehmen selbst zu erbringen sind. Ab wann verliert ein Unternehmen zu viel Marge durch Fremdleistungen und wann ist es ggf. durch fremde Entwicklungs- und Produktionsleistungen erpressbar? Welche Komponenten kann oder muss man selbst fertigen, da sie Kernfunktionen betreffen, für die es keine ausreichenden Lieferantenalternativen gibt, um nicht in eine gefährliche Abhängigkeit von Lieferketten zu geraten? Dieses betrifft zum Beispiel seltene Erden aus Asien, die für Elektronikkomponenten benötigt werden.

Beispiele für Partner entlang der Wertschöpfungskette

- Lieferanten für Rohstoffe und Vorprodukte sowie Lieferanten zur Ergänzung des Kernsortiments
- Entwicklungspartner für Hardware und Software
- Produktionspartner: Es müssen Chancen und Gefahren von ausgelagerten Wertschöpfungsketten abgewogen werden – etwa Lieferengpässe in Folge der Corona Pandemie
- Logistikdienstleister für Lagerhaltung, Kommissionierung und Transport
- Unternehmens-, IT-Berater und Werbepartner bzw. -agenturen
- Vertriebspartner und Handelsvertreter
- Applikationspartner wie Ingenieurbüros, Servicepartner zur Anpassung und Wartung von Produkten oder Systemen

Damit Produktinnovationen möglich sind, muss eine geeignete Organisationsform gewählt werden (Abb. 1.10). Dabei sind externe Partner eine Möglichkeit, notwendige Kapazitäten zur Verfügung zu stellen und Innovationsprozesse schneller voranzutreiben.

Innovationsbeschleunigung mit Partnern kann durch folgende Initiativen erreicht werden:

- Zukauf von digitalen Technologien und Industrial-Internet-of-Things(IIoT)-Software: Auch große Unternehmen können das nicht eigenständig realisieren.
- Unternehmensgründung mit Kooperationspartnern erwägen.
- Start-up-Finanzierung und Venture-Capital-Gewinnung zur agilen Entwicklung von Produkten außerhalb des weniger flexiblen Mutterunternehmens.
- Kauf von Technologieunternehmen (M&A und ggf. auch der Kauf eines Vertriebs- bzw. Handelspartners (vgl. Homburg et al. 2016, S. 71), anstelle der Gründung eines Vertriebstochterunternehmens.

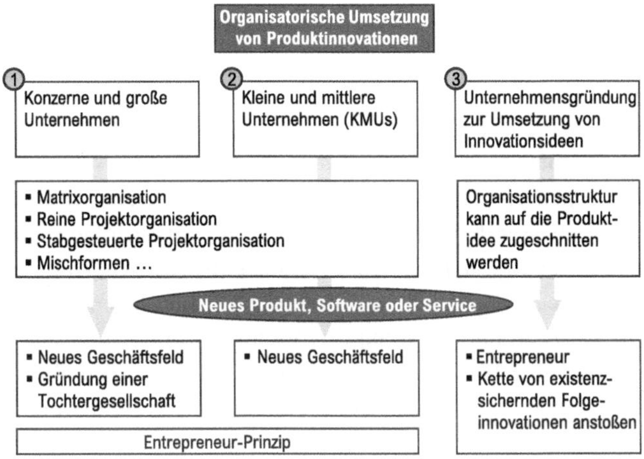

Abb. 1.10 Organisatorische Umsetzung von Produktinnovationen. (Nach Tintelnot 2013 S. 11)

1.2 Führung, Management und Selbstmanagement

Zwischen Führung und Management besteht ein großer Unterschied und eine Abhängigkeit. Unternehmen benötigen eine den Zielen und Erfolgserwartungen angemessene Führung. Dabei ist Führung mehr als die Leitung eines Geschäftes oder des gesamten Unternehmens. Führen heißt, den Menschen im Unternehmen Verhaltensweisen und Werkzeuge an die Hand zu geben, mit denen sie ihre Aufgaben erfüllen können. Dann können die Ziele sogar übererfüllt werden, ohne dass sich die Mitarbeiter dabei unverhältnismäßig psychisch oder physisch aufzehren. Diesen Zustand kann man als gute Führungskultur bezeichnen. Das bedeutet, die Unternehmensführung

- teilt den Erfolg mit den Mitarbeitern. Das können monetäre Gratifikationen oder sonstige Incentives sein. Die Reputation und Auszeichnungen für die Leistung einer Person, eines Teams oder eines Bereichs im Unternehmen zu kommunizieren, ist sehr wichtig.
- setzt sich für ihre Mitarbeiter ein und interessiert sich auch für deren Wohlergehen außerhalb des Unternehmens.
- stärkt und entwickelt Mitarbeiter durch Coaching und Ratschläge weiter.
- ist selbst authentisch, das heißt, sie lebt den gewünschten Stil mit Vorbildfunktion innerhalb und außerhalb des Unternehmens ebenfalls.

Schlechte Führung heißt, dass die Führungskraft befehlsartig managt und Ergebnisse bis auf die Detailebene kontrolliert, weil sie den Mitarbeitern misstraut. Sie gibt den Mitarbeitern keine Freiräume. Die schlechte Führungskraft wird Aufgaben der ihr unterstellten Mitarbeiter zum Teil selbst ausführen, und sie entwickelt ihre Mitarbeiter nicht durch Coaching weiter.

Auch eine schlechte Führungskultur, die kulturelle und gesellschaftliche Normen verletzt, kann zwar durchaus mittelfristig erfolgreich sein. Langfristig wird aber entweder das Unternehmen scheitern oder die Mitarbeiter werden ausgetauscht, weil sie kündigen oder weil man sie entlassen hat, da man Schuldige für Misserfolge sucht. Diese Art der Führung kann nur weiterbestehen, wenn es genug Nachwuchskräfte und Hochschulabgänger auf dem Arbeitsmarkt gibt, die praktische Erfahrungen gewinnen wollen und auf eine schnelle Karriere hoffen. Wenn die Nachwuchskräfte sehr gut bezahlt werden, dann wird eine unkomfortable Unternehmenskultur für einige Zeit akzeptiert. In diesem Fall kann ein Unternehmen mit einer Kultur weiter existieren, die die Mitarbeiter auszehrt.

Grundsätzlich gilt, dass Unternehmen, die Menschen innerhalb und außerhalb des Unternehmens positiv behandeln und begeistern, dauerhafter erfolgreich sind. Erfahrene Mitarbeiter bleiben im Unternehmen. Eine Führungskultur wirkt sich auf alle Ebenen aus, falls ein Unternehmen mit Hierarchiestufen führt: von den Eigentümern über das Topmanagement bis in die unterste Ebene. Das gilt auch, falls die Eigentümer nicht im Management des Unternehmens tätig sind.

- Die Menschen, die Eigentümer oder Aufsichtsgremien als Topführungskräfte des Unternehmens auswählen, prägen die Unternehmenskultur. Eine schlechte Unternehmenskultur kann in kurzer Zeit entstehen. Den Stil der Unternehmensführung durch neue Personen zu verbessern, kann viele Jahre dauern.
- Eigentümer und Aufsichtsgremien sollten nicht aktiv in die Führung des Unternehmens eingreifen und die Führungsautorität des Managements nicht untergraben.
- Der Stil, mit dem Eigentümer ihre Erwartungen (Ergebnis, Wachstum, Ausrichtung …) an die Führungskräfte formulieren, prägt die Kultur des Unternehmens wesentlich.

Führungskräfte bestimmen durch ihr Verhalten, ob sie einen wesentlichen Einfluss auf das Geschäft haben oder nicht. Nicht jede Führungskraft ist wirklich „eine Führungskraft“, auch wenn sie den Titel Geschäftsführer oder Vorstand führt. Es gibt Unternehmen, die in Wirklichkeit von anderen Mitarbeitern bestimmt werden. Die Marktposition und die Substanz eines solchen Unternehmens sind oft so stark und groß, dass auch nicht geeignete Führungskräfte eine Zeit lang auf ihren Positionen „überleben“. Allerdings ist das langfristig eine gefährliche Situation, da die Eigentümer ggf. nicht wissen, wie es um das Unternehmen steht. Wettbewerber können ein solches Führungsvakuum nutzen, um uneinholbar davonzuziehen.

Die Unternehmensführung sollte mit Demut handeln, ohne schwach zu wirken. Ihr Verhalten muss entsprechend den geltenden Normen positiv wahrgenommen werden. Dabei reicht es nicht aus, nach den geltenden Compliance-Regeln (siehe Abschn. 4.2.3) und Gesetzen zu handeln. Bei Mitarbeitern, Kunden und weiteren Personen, die mit dem Unternehmen zu tun haben, muss Vertrauen bestehen und entstehen. Empathisches Handeln ist notwendig (siehe Abschn. 4.2.1).

Wenn man Führungskraft ist und Mitarbeiter führt, dann sollte man deren Aufgaben nicht selbst übernehmen. Sonst wird man schnell von der Führungskraft zum Manager und letztlich zum ausführenden Mitarbeiter. Manager und Mitarbeiter werden sich künftig darauf verlassen. Sie werden ihrem Vorgesetzten die Arbeit und die Verantwortung für ihre Ergebnisse überlassen. Das nennt man Rückdelegation. Das gilt in gleichem Maße auch für die Moderatoren von agilen Teams. Sie arbeiten zwar mit anderen Führungsmechanismen, sind aber auch auf eine positive Autorität angewiesen. Nur so können die Ziele des Unternehmens, der Organisationseinheit oder des Teams erreicht werden. Um effektiv zu führen, sind die von Covey in Abb. 1.11 dargestellten Eigenschaften zu erfüllen. Die Kerneigenschaft einer guten Führungskraft ist, über Wissen zu verfügen, um zu erkennen, was zu tun ist und warum etwas getan werden muss. Zusätzlich muss die Führungskraft über Praxiserfahrung verfügen, um zu wissen, wie Geschäfte zum Erfolg geführt werden.

Meines Erachtens ist es notwendig, dass in einem Buch über integriertes Produkt- und Vertriebsmanagement auch Führung, Management und Selbstmanagement von Führungskräften und Managern behandelt werden. Letztlich hängt der Erfolg von Unternehmen maßgeblich von deren Führungskompetenz und den Mitarbeitern ab, die Eigenschaften von Produkten und Dienstleistungen gestalten und diese an Kunden verkaufen. Der Verkaufserfolg ist das Ergebnis von guter Führung und geeignetem Management. Diese beiden Instrumente müssen sich in einer Balance befinden. Nur dann können alle Mitarbeiter des Unternehmens das Optimale bewirken und leisten.

Abb. 1.12 zeigt, dass Führungskräfte und Manager in Unternehmen drei Tätigkeitsfelder haben, in denen sie Zeit einsetzen. Die angegebenen Prozentzahlen für den Zeitensatz in den drei Aufgabenfeldern basieren auf durchschnittlicher Praxiserfahrung. Entsprechend dem Geschäftssystem und den Märkten eines Unternehmens sind die drei

Abb. 1.11 Eigenschaften für effektive Führung und Selbstführung (vgl. Covey 1990, S. 48)

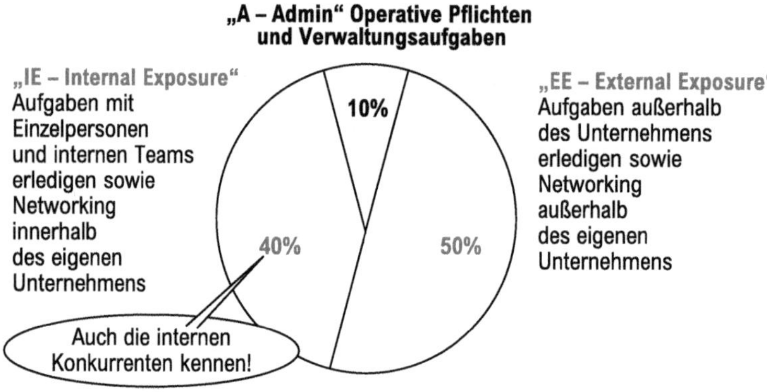

Abb. 1.12 Ideale Zeitverwendung eines sehr effektiven und effizienten Produkt- oder Vertriebsmanagers mit Berufserfahrung

Felder ggf. anders zu gewichten. Die angegebenen Werte sind Einschätzungen auf der Basis meiner privaten Diskussionen mit Führungskräften, Managern und Mitarbeitern. Die Prozentaufteilung sollte durch empirische Forschung überprüft und ggf. angepasst werden. Mit diesen Untersuchungen werde ich mich in den kommenden Jahren beschäftigen und dabei mit Experten zusammenarbeiten.

Die geeignete zeitliche Gewichtung der im Folgenden beschriebenen Tätigkeitsfelder von Führungskräften und Managern bestimmt deren Erfolge und Karriereentwicklung. Das gilt auch für Nachwuchskräfte, klassische Sachbearbeiter oder Facharbeiter, die Verantwortung übernehmen wollen und eine Karriere anstreben. Neben den drei Aufgabenfeldern spielen private Aktivitäten eine Rolle, da die jeweilige Person daraus Kraft für ihre berufliche Tätigkeit schöpfen kann.

1. *Operative Pflichten und Verwaltungsaufgaben*
   Dies (das sogenannte Tagesgeschäft) sind reine Fleißaufgaben. In der Regel werden sie am Schreibtisch oder am digitalen Arbeitsplatz erledigt. Sie sollten nur 10 % der Arbeitszeit beanspruchen.
2. *Internal Exposure – sich intern zur Schau stellen*
   Dies sind Aufgaben und Tätigkeiten, die im Unternehmen von Vorgesetzten und Mitarbeitern wahrgenommen werden. Die Ergebnisse können mit der jeweiligen Person in Verbindung gebracht werden. Die Aufgaben sollten 40 % der Arbeitszeit einnehmen. Beispiele dafür sind:
   - Aufgaben und Kontakte innerhalb des eigenen Unternehmens bzw. der eigenen Organisation wahrnehmen, herstellen, pflegen und nutzen
   - Abstimmung mit dem eigenen Chef, dem Eigentümerkreis oder dem Aufsichtsrats-/Beiratsgremium
   - Coaching von Mitarbeitern

- Abstimmung mit Kollegen innerhalb und außerhalb des eigenen Bereichs
- Interne Überzeugungsarbeit für Strategien, Konzepte und das eigene Vorgehen leisten (politische Arbeit): „Tue das Richtige und verkaufe es intern und extern möglichst gut, ohne ein Blender zu sein!"

3. *External Exposure – sich extern zur Schau stellen*
   Die eigenen Aufgaben außerhalb des Unternehmens wahrzunehmen und Kontakte neu herzustellen, zu pflegen und zu nutzen. In sozialen Netzwerken muss man so agieren, dass es einem selbst und damit auch dem Unternehmen nützt. Es sollte dem Unternehmen und einem selbst keinesfalls unmittelbar oder mittelbar schaden. Für externe Aufgaben sollten 50 % der Arbeitszeit zur Verfügung stehen. Beispiele dafür sind:
   - Mit Kunden und Entwicklungspartnern reden
   - Messen, Konferenzen, Verbände, Normungsausschüsse, Universitäten, Forschungsinstitute besuchen
   - Vorträge von Managern oder Politikern besuchen und sich an Diskussionen beteiligen
   - Kontakte zu Politikern und einflussreichen Personen nutzen, um Verständnis für die Aktivitäten des eigenen Unternehmens zu erzielen
   - Externe Informationen identifizieren, priorisieren und verwenden
   - „Die Augen aufhalten" und sich für alles interessieren, was für das Unternehmen und für die eigene Karriere wichtig ist

Seine Erfolge und die des eigenen Teams innerhalb oder außerhalb des Unternehmens angemessen zu verbreiten, ist nützlich. Noch viel wirkungsvoller ist es jedoch, wenn Kollegen oder Kunden positiv über eine Führungskraft oder die Erfolge und Leistungen eines Lieferanten sprechen.

Die individuellen Anforderungen und Interessenfelder (wie in Abb. 1.13 dargestellt) prägen Menschen, und die Ausrichtung ihres Lebens. Diese Faktoren beeinflussen auch die Entscheidungen und Handlungen von Führungskräften und Managern. Die Einteilung von Covey wurde in der Abbildung angepasst und die „individuelle Balance" wurde als Fundament ergänzt.

Wie stark Menschen selbstbezogen handeln, ist individuell unterschiedlich. Aber kein Mensch kann behaupten, dass das eigene Wohlergehen nie im Vordergrund stünde. Da der Mensch grundsätzlich für geistige bzw. psychische Leistungsfähigkeit einen angemessenen physischen Ausgleich – etwa Sport – benötigt, trägt dieser zur psychischen Balance bei. Bei den Faktoren wurde „Kirche" allgemeingültiger durch „Religion" ersetzt. „Vergnügungen" wurde durch „private und berufliche Freude" ersetzt, um die beruflichen und sozialen Effekte gesondert hervorheben zu können.

Die Anerkennung von Leistungen und die Anerkennung von positivem sozialem Verhalten sind im beruflichen und im privaten Bereich gleichsam unersetzlich. Die Motivation von Mitarbeitern und Teammitgliedern wird dadurch gestützt und aufrechterhalten. Motivation kann man sich als äußere Schale um das Modell von Covey vor-

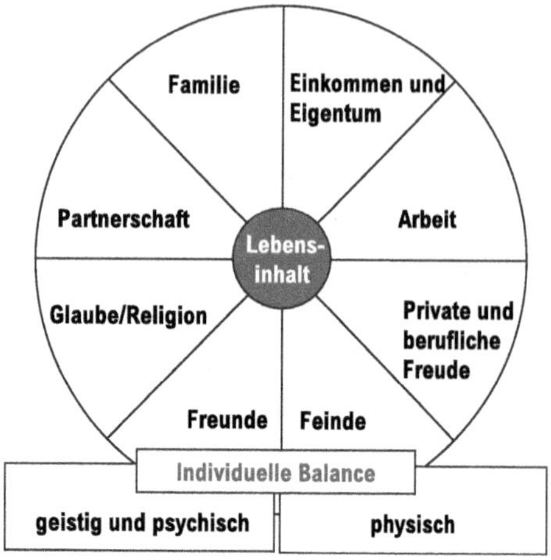

Abb. 1.13 Lebensinhalt und Anforderungen an Führungskräfte und Manager als Individuen. (In Anlehnung an Covey 1990, S. 125)

stellen. Oft wird von Eigentümern und Vorgesetzten unterschätzt, dass ein persönliches Lob und Wertschätzung bei Mitarbeitern viel mehr bewirken können als eine monetäre Zuwendung. Auch die Controller im Unternehmen werden diesen kostenneutralen Effekt begrüßen. Ein Dank schließt eine zusätzliche monetäre Gratifikation nicht aus – in jedem Fall ist aber das Wort „danke" kostenlos und kann sehr viel bewirken.

Abb. 1.14 und 1.15 zeigen ein Beispiel für einen Senior Produktmanager mit Geschäftsführungsverantwortung in einer Tochtergesellschaft nach der Struktur von Covey (1990).

Manager haben unterschiedliche Rollen und Aufgaben zu erfüllen. Ohne einen vollständigen Zeitplan mit Verabredungen, Verpflichtungen und Zielen wird man daran scheitern. Dafür reicht ein Standardkalender nicht aus, da die Zusammenhänge und Kategorisierungen der erforderlichen Aktivitäten darin nicht darstellbar sind.

1. *Private Rollen, Aufgaben und Kraft tanken*
   - Familienzeit und Verpflichtungen als Eltern
   - Vereinsmitgliedschaft
   - Persönliche Interessen (Hobbys)
   - Gemeinnützigkeit oder Ehrenämter
   - Private Reisen
   - …
2. *Rollen und Aufgaben im Unternehmen*
   - Führungsaufgaben und Coaching
   - Rücksprachen mit Vorgesetzten
   - Berichte an Vorgesetzte
   - Geschäftsreisen
   - Administration
   - …

Wochenplan nach der Struktur von Covey		Nr.	Kommunikationsziel
Rollen	Ziele		
Individueller, persönlicher Bereich (Mindset)	- Mission: Konzept erstellen	1	IE, A
	- Vertriebsmanager Verband/Networking	2	EE, P
	- Seminaranmeldung	3	EE, P
	- Bjarne im Krankenhaus besuchen	4	EE
Familie/Beziehung (Ehegatte/Freund, Kinder, Eltern)	- Konzertbesuch und Urlaub buchen	5	P
	- Caras Bio-Projekt	6	P
	- Livs Fahrad reparieren	7	P
	- Tanzkurs mit Heike	8	P
Neue Produkte mit Produktmanagement steuern (PM)	- Marktstudie für Projekt A ansehen (Carl)	9	IE, A
	- Bewerbungsgespräche neuer PM	10	IE, A
	- B2B-Studien-Ergebnisse (mit Frieda)	11	A
	- Vertriebsdiskussion (PM und VT)	12	IE
Vertriebserfolge unterstützen (VT)	- Digitalisierungserfolge mit dem Team prüfen	13	IE, A
	- Mit Controlling Servicekonzept prüfen	14	A
	- Networking mit Hans und Mike	15	IE
	- Vertrieb integrieren (Telefonat mit S, UK)	16	IE
Management und Coaching von Kompetenz-entwicklung	- Review mit Susanne (Beförderung?)	17	IE
	- Treffen mit John	18	IE
	- Feedback mit Regionalleiter Nord	19	IE
	- Coaching von H, S, R, Z, A, P, J.R.	20	IE
Administrative Aufgaben und Reporting	- Monatsabschluss-Report	21	A
	- Gehaltsverhandlungen/Reporting	22	A
	- Marketing-Review mit Andrea	23	A, IE
Das Vertrauen des Chefs erhalten und ausbauen (Meeting mit dem CEO)	- Agenda aufstellen	24	IE
	- Persönliches Treffen mit Peter	25	IE
	- Neuen Jahresplan vorbereiten	26	IE
	- Peter bei Strategieentwicklung unterstützen	27	IE
Regeneration - Erhalte und verbessere deine Kraft			
- Physisch			P
- Mental			P
- Spirituell			P
- Sozial/Emotional			P

Legende für die Kommunikationsziele:
IE (Interne Exposure)
EE (Externe Exposure)
A (Administrative Pflichtaufgaben)
P (Privater Frieden, dient dem Ziel ausgeglichen zu sein)

Abb. 1.14 Rollen und Kommunikationsziele einer Führungskraft. (Nach der Struktur von Covey 1990, S. 166)

Zeit	Sonntag	Montag	Dienstag	Mittwoch	Donnerstag	Freitag	Samstag
	Wöchentliche und tägliche Ziele						
	Grundsätzliches: 1 Spaziergänge im Park 24 Agenda 26 Jahresplan						
08:00				Rückkehr München	Jour fixe Assistenz	12 Vertriebsdiskussion	
09:00		9 Projekt A		4 Uniklinik	17 Review Susanne		Schwimmen oder Laufen
10:00			3 Assistenz		19 Feed-back RLN		
11:00	Kirchbesuch		Zwei Kundenbesuche in München Flug: IE, EE		22 Gehaltsliste	19 Coaching P, J.R. (persönlich)	7 Fahrrad reparieren
12:00	Rennrad und Pilates			16 Vertriebsleiter/ MDs in S, UK			
13:00		21 Monatsabschluss					Einkauf mit Heike
14:00		13 Digitalisierung des Vertriebs		18 John Late Lunch	10 PM Bewerber	15 Networking	
15:00				19 Coaching H, S, R, Z, A (Vertrieb)			
16:00		14 Servicekonzept					
17:00				25, 27 CEO Howard	9 B2B-Studie		
18:00	Grillen						
19:00				6 Caras Bio			
20:00		2 Rheinterrassen			5 Tonhalle		
21:00				8 Tanzen		Gymnastik	
22:00							
23:00							
00:00							

Legende:
- Nummerierung siehe vorherige Abbildung
- Felder mit grau hinterlegter Schrift dienen der Regeneration

Abb. 1.15 Wochenplan und Kommunikationsziele einer Führungskraft. (Nach der Struktur von Covey 1990, S. 166)

Zusätzlich lässt sich in einem solchen Wochenplan nach Covey (1990, S. 166) auch vermerken, welchen Bereichen wie External Exposure (EE), Internal Exposure (IE), Administration (A) oder private Pflichten und privates Krafttanken (P) sich die unterschiedlichen Aktivitäten zuordnen lassen. So kann man steuern, dass das gewünschte Verhältnis (von z. B. 50 %: 40 %: 10 % = 100 %) für die Verwendung der Arbeitszeit erreicht wird (vgl. Abb. 1.12).

Dazu kommt das Privatleben, das den Rest der „Lebenszeit" ausfüllt. Das Privatleben muss gegenüber dem Berufsleben so gewichtet sein, dass Führungskräfte und Mitarbeiter sich regenerieren können.

Covey (1990, S. 288) hat vier Bereiche charakterisiert, in denen eine Führungskraft bzw. ein Manger regelmäßig „Kraft auftanken" muss:

1. *Physisch*
   Übungen wie Sport jeglicher Art, die die Herzfunktion (z. B. Kardio-Ausdauersportarten wie Laufen, Wandern, Walken, Radfahren und Schwimmen) oder die Beweglichkeit (z. B. Gymnastik und Krafttraining) erhalten, sind ratsam. Insbesondere von männlichen Führungskräften und Managern wird die Bedeutung von Gymnastik unterschätzt. Im Laufe einer Karriere zeigt sich meistens, dass digitale Bildschirmarbeit und überwiegend sitzende Tätigkeiten im Büro oder das Nutzen von Verkehrsmitteln die Leistungsfähigkeit gefährden können. Eine ungünstige Körperhaltung sollte kontinuierlich ausgeglichen werden, damit das Nervensystem, das entlang der Wirbelsäule verläuft, intakt bleibt. Ein verstellbarer Stehschreibtisch kann dabei hilfreich sein, damit man zwischen stehender und sitzender Position abwechseln kann. Wenn man bereits Rückenschmerzen hat, sollte man einen Facharzt für Orthopädie zu Rate ziehen und die Körperhaltung ggf. auch regelmäßig durch einen Chiropraktiker korrigieren lassen. Ebenso wichtig ist eine gesunde Ernährung.
2. *Mental*
   Das Lesen und das Konsumieren von Informationen, die nichts mit dem Beruf zu tun haben, sind zu empfehlen. Träumen und das Visualisieren von Gedanken und Gefühlen ggf. durch Zeichnen (Mind-Mapping) ebenfalls. Führungskräfte können sich psychisch stärken, indem sie Phantasien nachgehen und Gedankenspiele anstellen. Erkenntnisse sollten aufgeschrieben werden. Negative Erfahrungen werden dadurch verarbeitet und können in positive Energie für zukünftige Erfolge umgewandelt werden. Der souveräne Umgang mit Stresssituationen verlängert das Leben von Führungskräften und Mitarbeitern.
3. *Sozial und emotional*
   Sich für andere Menschen einzusetzen, kann der helfenden Person Befriedigung und Kraft geben. Im sozialen Bereich können positive Energie und Empathie gefördert und verstärkt werden. Manger benötigen diese auch im Beruf, um in schwierigen Führungssituationen das erforderliche Einfühlungsvermögen zu haben. Dabei gilt es, die richtige Balance zwischen dem Berücksichtigen der Gefühle von Mitarbeitern und der notwendigen Autorität zu finden, um die Ziele des Unternehmens zu erreichen. Sozial und emotional im privaten Umfeld etabliert, anerkannt und gefestigt zu sein, wirkt sich positiv auf ein angemessenes Verhalten im beruflichen Umfeld aus. Selbstsicherheit durch soziale Anerkennung ist ein wesentlicher Stabilitätsfaktor, der einen hohen Einfluss auf die mentale Stabilität hat.
4. *Spirituell*
   Es ist sehr bedeutend, seine eigenen Werte zu kennen und diese auch im privaten und beruflichen Umfeld gefestigt vertreten zu können. Wenn man sich seiner eigenen

Werte absolut sicher ist und dies auch der Diskussion mit dem Partner, mit der Familie oder mit Freunden standhält, kann daraus Begeisterung für das, was man tut, entstehen. Um Klarheit zu erlangen, kann es hilfreich sein, auch Selbststudien und Meditation anzustellen. Falls es nicht möglich ist, die eigenen Werte mit der beruflichen Mission in Einklang zu bringen, muss man sich ggf. beruflich verändern.

Die Bedeutung der vier beschriebenen Segmente kann individuell sehr verschieden sein.

Hocheffektive Menschen haben sieben Eigenschaften bzw. Verhaltensweisen (s. auch Abb. 1.16; vgl. Covey 1990, S. 283):

1. „Sei proaktiv“, intern und beim Kunden: „Be proactive“.
2. „Habe von Anfang an das Ergebnis vor Augen“: Neue Produkte oder Verkaufsaktivitäten vom gewünschten Ergebnis her planen: „Begin with the end in mind“.
3. „Das Wichtigste zuerst tun“ – da löschen, wo es brennt: „Put First Things First.“
4. „Win–win-Situationen ermöglichen“. Was nützt das Projekt oder Produkt den Kunden, den Kollegen und dem Unternehmen? Alle zu Gewinnern werden lassen! – „Think win–win“

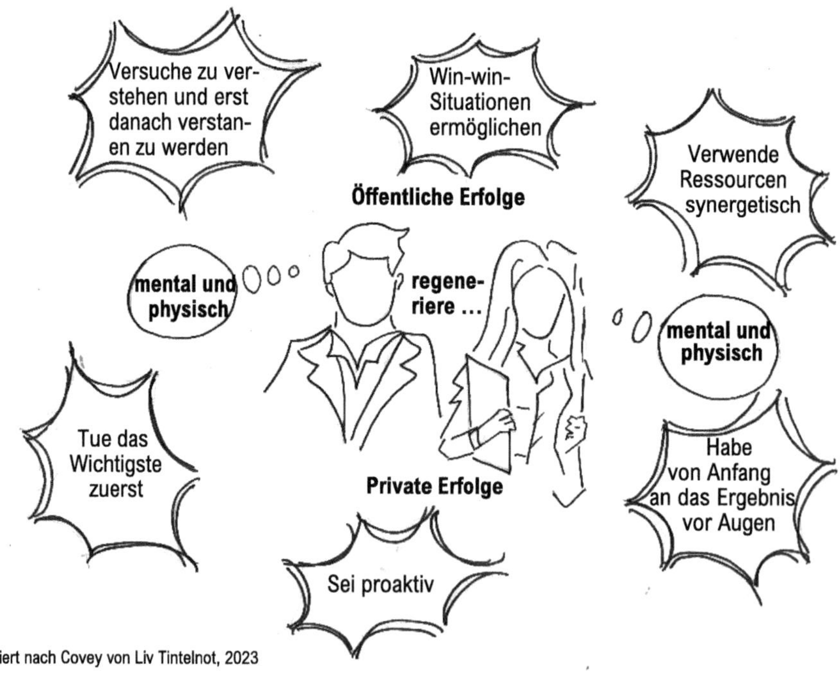

Abb. 1.16 Das Paradigma der „sieben Eigenschaften“ von in höchstem Maße effektiven Menschen. (Nach Covey 1990, S. 283; neu illustriert von © Liv Tintelnot)

5. „Versuche zuerst, Kunden und Kollegen zu verstehen, und erst danach, selbst verstanden zu werden“: Versuche, deine Gesprächspartner erst dann von deinen eigenen Ideen und Vorschlägen zu überzeugen, wenn du deren Einwände berücksichtigt hast und geeignete Gegenargumente anführen kannst: „Seek first to understand and then to be understood“.
6. „Verwende Ressourcen synergetisch“: „Synergise“.
7. „Bereite dich vor und regeneriere dich physisch, mental, sozial, emotional und spirituell“: „Sharpen the Saw“.

Gemäß der Erfolgsmatrix (Abb. 1.17) kann ein Gleichgewichtszustand aus Abwägungen und Wagnisbereitschaft erreicht werden. Es gilt das Unternehmerprinzip: „Wer nichts wagt, der kann auch nichts gewinnen!“ Auf der Basis von Erfahrungen bei der Umsetzung von Lösungen zur Realisierung der Mission können sich Entscheider und Unternehmen durch einen kontinuierlichen Verbesserungszyklus auf ein höheres Niveau schrauben. Der Prozess besteht aus (vgl. Covey 1990, S. 306; Kuckertz, 2017, S. 8 ff.):

1. Entscheiden für eine Lösung
2. Umsetzung der Lösung
3. Lernen aus dem Prozess und dem Ergebnis

Grundsätzlich haben nach Kotter (1989), wie in Abb. 1.18 dargestellt, persönliche Eigenschaften mit unterschiedlichen Ursprüngen Einfluss auf die Fähigkeiten und die Entwicklung einer Führungskraft. Angeborene Fähigkeiten, frühe Kindheitserfahrungen, formale Ausbildungen und Karriereerfahrungen sind jeweils die Ursprünge persönlicher

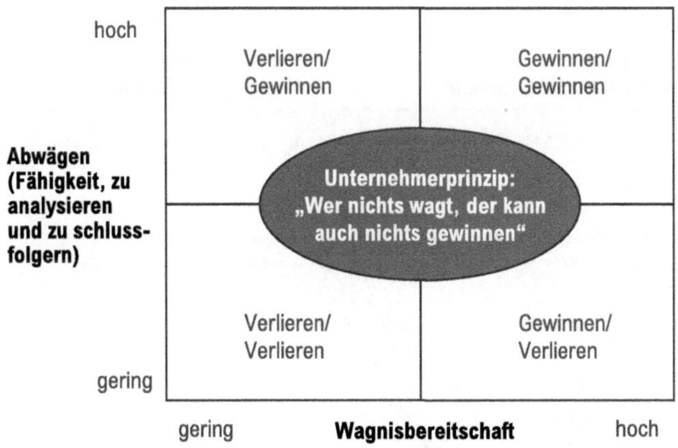

Abb. 1.17 Abwägen (Analyse und Schlussfolgerungen) versus Wagnisbereitschaft. (Auf Basis von Covey 1990, S. 218)

Voraussetzungen. Alle diese Voraussetzungen und Einflüsse müssen geeignet zusammenwirken, um eine effektive Führungskraft werden zu können.

Führungskräfte entwickeln immer einen eigenen Führungsstil, der nach Homburg et al. (2016, S. 155) im Vertrieb drei Zielrichtungen unterstützen kann. Auch bei einer integrierten Führung von Vertriebs- und Produktmanagement müssen diese drei Zielrichtungen berücksichtigt werden. Die Zielrichtung „Produkt und Serviceorientierung" kommt noch hinzu:

1. *Kundenorientierung*
   Der Kunde steht bei reiner Kundenorientierung im Mittelpunkt und alles wird auf seine Zufriedenheit hin ausgerichtet. Das kann bedeuten, dass die Anforderungen der Kunden sogar übererfüllt werden und die Kraft der Mitarbeiter dafür verpufft. Gegebenenfalls fordert der Vertrieb die Entwicklung von Produkten und Services, die heute gewünscht werden, keine Zukunft haben und zu stark individualisiert sind (zu geringe Economy of Scales) – Innovation Pull.
2. *Produkt- und Serviceorientierung*
   Im Produktmanagement wird viel Aufwand in das Produkt oder eine Dienstleistung gesteckt und zukunftsorientiert geplant. Der Markt wurde ggf. nicht ausreichend geprüft. Der Vertrieb kann die geforderten Services noch nicht ausreichend unterstützen und hat allenfalls eine langfristige Verkaufschance – Innovation Push.
3. *Leistungsorientierung*
   Wenn nur die Leistung zählt, dann stellt sich die Frage, an welchen Kriterien die Leistung gemessen wird (vgl. Abschn. 3.6 zu Vergütung und Incentives). Es besteht die Gefahr, dass die Mitarbeiter nicht motiviert sind und sich nicht mit den Zielen des Unternehmens identifizieren.

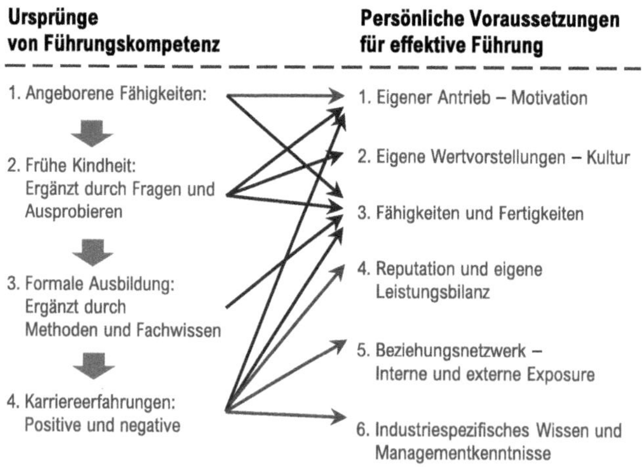

Abb. 1.18 Erfolgreiche Führung – Ursprünge und Voraussetzungen. (Nach Kotter 1989, S. 51)

4. *Mitarbeiterorientierung*
   Die Mitarbeiterorientierung hat in den vergangenen zehn Jahren an Bedeutung gewonnen. Freizeitorientierung, flexible Arbeitszeiten, Homeoffice und die meistens positiv empfundene Arbeitsatmosphäre in agilen Teams werden berücksichtigt. Nicht alle Eigentümer und Führungskräfte von Unternehmen sind davon überzeugt, dass die geforderten Ziele mit starker Mitarbeiterorientierung am besten erfüllt werden.

Der richtige Führungsmix hängt allerdings vom Unternehmen, dem Geschäftssystem und den Zielen ab.

Zwei dieser vier Orientierungsrichtungen – die Mitarbeiterorientierung und die Leistungsorientierung – haben Homburg et al. (2016) in Abb. 1.19 als Portfolio dargestellt. Die vier Felder der Matrix repräsentieren jeweils einen Führungsstil.

1. *Bürokratisch*
   Bürokratisches Verhalten ist ein Führungsstil, der auf Methoden der Analyse, Bewertung, Dokumentation und Überwachung von Mitarbeitern und deren Leistung setzt. Es wird unterstellt, dass die Mitarbeiter gerecht beurteilt werden. Homburg et al. nehmen an, dass in diesem Modell die Aufmerksamkeit und Wertschätzung für Mitarbeitern höchsten im mittleren Bereich der Skala liegen kann. Auch das Leistungsergebnis wird dann höchstens mittelmäßig ausfallen.
2. *Autoritär*
   Autoritäre Führungsstile geben Ziele vor. Die Mitarbeiter haben kaum eine Chance, selbst Ziele und Lösungen vorzuschlagen. Es wird meistens auf das Prinzip „Zuckerbrot und Peitsche“ gesetzt. Das Zuckerbrot in Form von Incentives muss als Schmerzensgeld akzeptiert werden. Das despotische und cholerische Verhalten von Vorgesetzten muss hingenommen werden, insbesondere, wenn der Mitarbeiter keinen neuen Arbeitgeber findet. Es ist möglich, dass Mitarbeiter die negativen Wertvorstellungen ihrer Vorgesetzten teilen und hoffen, Karriere zu machen und in der Hack-

Abb. 1.19 Vier Basisführungsstile (siehe Homburg et al. 2016, S. 153)

ordnung des Unternehmens aufzusteigen. Wenn diese Art von Führungskultur dem Unternehmen nicht bei Kunden oder bei der Rekrutierung neuer Mitarbeiter schadet, kann dieser Stil gemäß Homburg et al. zeitweise sogar erfolgreich sein. Grundsätzlich werden Mitarbeiter einen autoritären Führungsstil, der die Grenzen der Compliance überschreitet und Mobbing ausgeübt oder toleriert, nicht langfristig akzeptieren. Sie werden das Unternehmen verlassen. Durch Fluktuation verliert das Unternehmen Wissen.

3. *Patriarchalisch fürsorglich*
   In einigen Unternehmen mit starken Inhaber- oder Führungspersönlichkeiten kann es ein Management nach „Gutsherrenart" geben. Es wird ggf. ein autoritärer Führungsstil mit dem Verhalten nach Gutsherrenart kombiniert. Fallweise kann das sogar zu guten Ergebnissen führen. Aber patriarchalische Elemente können zu einer „verehrenden Abhängigkeit" der Mitarbeiter führen.
   Es gibt Eigentümer und Manager, die sich übermäßig stark für ihre Mitarbeiter einsetzen. Auch für schwächere Mitarbeiter wird ein Auffangnetz für Fehler und somit eine soziale Absicherung gewährleistet. In diesem Fall können Mitarbeiter auch mit einer bewusst gedrosselten Leistungsbereitschaft ihren Arbeitsplatz behalten und werden nicht entlassen oder auf eine unbedeutendere Position verschoben. Die Leistungsfähigkeit und die Profitabilität des Unternehmens werden dadurch aber in der Regel suboptimal sein.
4. *Kooperativ*
   Kooperative, agile und teamorientierte Führungsstile mit flachen Hierarchien und gegenseitigem Respekt gelten als leistungsfördernd und mitarbeiterorientiert. Spitzenresultate werden durch besondere Motivation erzielt. Es ist ein hohes Maß an Selbstmanagement und Disziplin der Beteiligten erforderlich. Die notwendigen Freiräume müssen optimal für die Unternehmensziele genutzt und dürfen nicht für persönliche Ziele missbraucht werden. Man darf als Produktmanager während der Arbeitszeit sportlich aktiv sein, wenn man anschließend – am Abend – Abstimmungsgespräche mit Kollegen in einer anderen Zeitzone führt. Virtuelle Teams, die digital aus dem Homeoffice zusammenarbeiten, haben bewiesen, dass zeitgemäßes Produkt- und Vertriebsmanagement nicht ohne kooperative Führungsstile funktionieren kann.
   Insbesondere bei integrierten Teams aus Vertriebsingenieuren, Produktmanagern, Produkt-/Softwareentwicklern und Applikationsingenieuren sollte kooperativ gearbeitet werden. Aber auch hier ist Führung zur Einhaltung der Rollen und für das Einfordern von Ergebnissen unabdingbar. TEAM im Sinne von „**T**oll, **E**in **A**nderer **M**acht's" zu interpretieren, funktioniert bei diesen Tätigkeiten nicht, da jeder im Team spezielle Aufgaben hat und passende Fähigkeiten benötigt.

Grundsätzlich sind kooperative und teamorientierte Führungsstile zu bevorzugen, wenn sie mit Respekt und kritischer Toleranz gelebt werden. Dabei müssen und sollten sich nicht alle Kollegen anfreunden. Vorteile dieser Führungsstile sind, dass die Mitarbeiter in Entscheidungsprozesse eingebunden werden können, um so ein Verständnis für Entscheidungen entwickeln zu können.

Nach Pleschak und Sabisch (1996, S. 285 f.) lassen sich vier Führungsprinzipien (Leadership Principles) unterscheiden:

1. *Leadership by Objectives*
   Dabei müssen strategische Ziele für das gesamte Unternehmen und passende Unterziele für das Produkt- und Vertriebsmanagement festgelegt werden. Für die relevanten Mitarbeiter und Teams könnten z. B. folgende Ziele vereinbart werden: Technologie bis zur Marktreife entwickeln, Roadmap vervollständigen, neue Produktgruppenstrategien entwickeln, Umsatzhöhe erreichen, Markanteil erreichen, Preiserhöhung durchsetzen, Indien als Markt erschließen …
2. *Leadership by Delegation*
   Aufgaben werden von der Führungskraft aufgeteilt und an Mitarbeiter delegiert. Zum Beispiel wird eine Produktentwicklungsaufgabe an Hardware- und Softwareentwickler weitergegeben, ein Vertriebsgebiet auf mehrere Außendienstler aufgeteilt, vertriebsunterstützende Aufgaben dem Vertriebsinnendienst übergeben …
3. *Leadership by Motivation*
   Es sollten angemessene Incentives aus der Maslow'schen Bedürfnispyramide (vgl. Abb. 1.8) abgeleitet werden. Zum Beispiel sollten Mitarbeiter oder das gesamte Team gelobt werden. Freizeitausgleich wird nach einer anstrengenden und erfolgreichen Auslandsreise gewährt, ein Sonderbonus für einen außergewöhnlichen Projekterfolg ausgezahlt … Incentives müssen bei der Budgetplanung mit einem Puffer berücksichtigt werden.
4. *Leadership by Development*
   Mit Mitarbeitern sollte ein Entwicklungsplan aufgestellt werden. Zum Beispiel sind Coaching-Gespräche zu führen, Weiterqualifikationsmöglichkeiten aufzuzeigen und anzubieten. Die Anforderungen an die Kompetenz sind festzulegen und realistische Karriereschritte sollten geplant werden. Es kann sein, dass das gewünschte Karriereziel im eigenen Bereich oder Unternehmen nicht erreichbar ist. Wenn es auch keine zufriedenstellenden Alternativen gibt oder Mitarbeiter überqualifiziert sind, dann sollte man sie dabei unterstützen, sich außerhalb des Unternehmens eine weiterführende Aufgabe zu suchen. Das ist besser, als einen unzufriedenen Mitarbeiter zu halten. Nachwuchskräfte sammeln dadurch Erfahrungen in anderen Unternehmen und kehren dann ggf. mit höherer Kompetenz zurück.

Die Unternehmensführung und der Personalbereich (HR-Management) sollten Titel mit Vorsicht vergeben. Abb. 1.20 zeigt Beispiele für Titel, die in der deutschen und englischen Sprache verwendet werden. In der Außenwirkung zu Kunden und in der Innenwirkung im eigenen Unternehmen haben Titel eine nicht zu unterschätzende Bedeutung (vgl. External Exposure). Bei Kunden, im Freundes- und Bekanntenkreis, im öffentlichen Leben und

		Produktmanagement	**Vertriebsmanagement**
	Führungsebenen (Beispiele)	Alle Titel können w/m/d sein und entsprechend besetzt werden	
1	Vorstand oder Geschäftsführer (CTO, CSO, CSMO) oder CEO mit Integrationsfunktion		
2	Divisions-/Geschäftsbereichsleiter (EVP)		Regionalleiter (z.B. Europa) oder Arealleiter (z.B. Südeuropa)
3	Business Unit-/Geschäftsfeldleiter (VP)		Geschäftsführer Tochtergesellschaft (MD)
4	Head of	Leiter Produktgruppe, Teamleiter, Koordinator	Sales Manager in einem Land oder Gebiet Regional Salesmanager (mehrere Länder)
5		Produktmanager oder Programmmanager	Senior Sales Engineer, Distribution Sales Manager, Sales Specialist for certain Products
6		Junior Produktmanager oder Produktsupporter	Sales Engineer

MD = Managing Director VP = Vice President EVP = Executive Vice President Head of = Director (in Deutschland antiquiert)

Abb. 1.20 Führung, Hierarchieebenen und Titelbeispiele in Produktmanagement und Vertrieb

bei der Suche nach einem neuen Job spielt der Titel, der die aktuelle Position beschreibt, eine große Rolle. In Unternehmen, die in unterschiedlichen Ländern operieren, sind die Titel auch innerhalb der Organisation von erheblicher Bedeutung (vgl. Internal Exposure). Man vergleicht sich gerne mit Kollegen aus anderen Organisationsteilen. Deshalb ist eine Konsistenz der Titel sinnvoll, aber auch recht schwierig umsetzbar. In unterschiedlichen Ländern werden die Titel anders eingestuft. Insbesondere Änderungen von Titeln, die der Kunde wahrnimmt, sind kritisch. Oft werden neue Titel in Organisationen – insbesondere in Vertriebsorganisationen – vergeben, da der Mitarbeiter nach einigen Jahren eine Beförderung erwartet. Flache Hierarchien im Vertrieb erlauben es nicht, nur „Salesmanager" zu beschäftigen. Ein Salesmanager sollte in der Regel mehrere Sales Engineers (Vertriebsingenieure) führen. Oft wird deshalb der Titel „Senior Sales-Engineer" vergeben. Der neue Titel kann den Mitarbeiter auch ohne eine signifikante Gehaltserhöhung für einige Zeit zufriedenstellen.

Wenn man einen „Salesmanager" zum „Sales-Engineer" oder „Sales-Expert für die Produktgruppe A" abstufen würde, dann wäre das für die betroffene Person ein Gesichtsverlust bei ihren Kunden, aber in der Regel auch bei Kollegen und Freunden. Die Motivation sinkt und die betroffene Person zieht sich eventuell in die „innere Kündigung" zurück. Der Managertitel wird von vielen Personen verwendet, die gar kein Team führen. Produktmanager managen oft nur Produkte, ohne Führungsverantwortung zu haben. Neben Führungskarrieren sollte es in Unternehmen auch Fachkarrieren geben. Zum Beispiel ist nicht jeder hervorragende Softwareentwickler in der Lage, eine Abteilung oder ein Team zu leiten, und will das oft auch gar nicht.

Berufsverbände sowie daraus entstehende Kommunikationsplattformen und Netzwerke können das Berufsbild von Produkt- und Vertriebsmanagern sowie anderen Unternehmensfunktionen prägen. Die aufgeführten technisch orientierten Fach- bzw.

Industrieverbände und hochschulnahen Organisationen fördern Nachwuchs und bieten weiterbildende Seminare an.

Beispielhafte Auswahl von Berufsverbänden

- Der Verband für Wirtschaftsingenieure (VWI) hat an einigen Hochschulen Fachgruppen für Studierende gegründet.
- Produktmanager orientieren sich meistens an technischen Fachverbänden wie dem VDMA, ZVEI, dem IEEE und an Industrie- bzw. Branchenverbänden (z. B. für die holzverarbeitende Industrie).
- Vertriebsmanager in Deutschland haben den Verband „Die Vertriebsmanager" (BdVM Bundesverband der Vertriebsmanager) gegründet. Man kann sich dort bei Konferenzveranstaltungen, Unternehmensbesuchen, Schulungen und Stammtischen über die eigene Branche hinaus mit Vertriebsmanagern austauschen und vernetzen. „BenchLearning" mit Vertriebskollegen aus anderen Branchen ist möglich. Man trifft bei diesen Veranstaltungen seltener Wettbewerber.
- Einige Fachgruppen in technischen Fachverbänden decken auch den Informationsbedarf von Vertrieblern ab.

1.3 Organisation von Produkt- und Vertriebsmanagement

In Abb. 1.21 werden der Informationsbedarf, die Aufbauorganisation und die Ablauforganisation dargestellt. Auch in einer sehr digitalisierten Welt wird es immer das Bedürfnis geben, sich im direkten Gespräch mit Kunden, Produktmanagement, Vertrieb sowie mit anderen Personen innerhalb und außerhalb des Unternehmens abzustimmen und auszu-

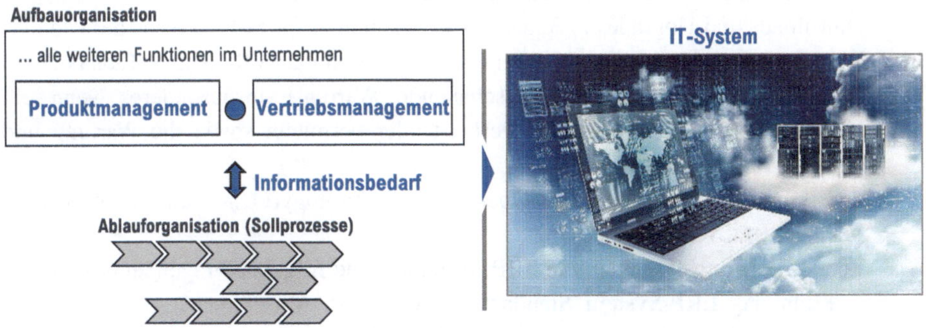

Abb. 1.21 Aufbauorganisation und Prozesse, deren Management durch IT-Systeme unterstützt werden muss. (Grafik rechts: © de.dreamstime.com)

tauschen. Ein persönliches Kennenlernen und ein persönliches Gespräch sind mindestens zu Beginn von Kundenbeziehungen und wenn neue Kollegen Verantwortung übernehmen notwendig. Digitale Kommunikations- und Analysetechnologien sowie Entscheidungsunterstützung durch künstliche Intelligenz sind aber für eine erfolgreiche Führung nicht mehr wegzudenken – sie sind unersetzlich. Die IT-Systeme ermöglichen in Kollaboration mit den Menschen eine höhere Kundenzufriedenheit und eine höhere Profitabilität.

IT-Systeme werden immer stärker mit Kommunikationstechnologien, wie z. B. den Kommunikationsprotokollen für Ethernet oder Single Pair Ethernet sowie Drahtlostechnologien wie LTE, 5G und später auch 6G und weiteren Mobilfunkgenerationen, vernetzt. Dafür sind die Datenintegration und ein automatisiertes Ineinandergreifen der Systeme unabdingbar. Noch sind Produktmanagement, Vertrieb, Finanzbuchhaltung und die Operations (Auftragsabwicklung mit Beschaffung, Lagerung, Produktion und Auslieferung, Reklamationsbearbeitung) oft nicht vollständig zu einer Systemwelt integriert. Für das Produktmanagement und das Vertriebsmanagement werden Systeme mit unterschiedlichen Schwerpunkten verwendet. Im Folgenden sind ausgewählte Systeme aufgeführt:

1. *Produktmanagementsysteme*
   - ERP-Systems (SAP, Oracle …)
   - Dashboard Reporting über Abverkäufe nach Ländern, Industriesegmenten und Produktgruppen (Cognos von IBM …)
   - CAD-Systeme und digitale Zwillinge mit Simulationssoftware
   - Product-Lifecycle-Management (PLM)-Systeme – Welche Variante des Produktes hat der Kunde damals bestellt und erhalten?
   - Benutzer- und Lizenzverwaltung (Asset Management) insbesondere bei Software und IIoT
2. *Vertriebsmanagement, Service und verkaufsbezogene Systeme*
   - PIM Produkt-Information-Managementsysteme (Content Server: technische Produkt-, Software- und Servicedokumentationen, Bedienungsanleitungen, technische Zulassungen und Standards wie z. B. TÜV-Zertifikate …)
   - Downloads und Upgrades z. B. per Docker Container für Software aus der Cloud
   - Wartungs- und Servicefunktionen mit virtueller Realität (VR-Brillen, Tablets …)
   - Analytics-Funktionen für vorausschauende Wartung, insbesondere, wenn ein Maschinenbauer die Maschinen verleast oder vermietet sowie die Wartung und Verfügbarkeit garantiert
   - ERP- und MES-Systeme mit Operations Technology(OT)- und Supply-Chain-Management(SCM)-Anbindung

     Bei der Leistungsfähigkeit von ERP-Systemen sind folgende Fragen zu prüfen:
     - Kann das ERP-System Standardkomponenten-, Maschinen-, Anlagen-, Software- und Servicegeschäfte in der erforderlichen Komplexität bis hin zu einem Lösungsgeschäft abbilden?
     - Was kostet das System, welche Kosten spart es ein und welchen Wettbewerbsvorteil bietet es?

 - Wie hoch sind die Datenintegration, die Durchgängigkeit und der Datenpflegeaufwand des Systems?
 - Wie automatisiert können die Geschäfte als „B2B-Websales“ oder mit Handelspartnern abgewickelt werden?

 Die Antworten auf die folgenden Fragen sollten ERP-Systeme geben und als Dashboard aufbereiten können:
 - Wie hoch sind die Bestände?
 - Wie ist der Lieferstatus?
 - Wie wahrscheinlich ist es, dass der Kunde bestellt (Forecasting in Prozentpunkten) und welche Auswirkungen haben noch nicht erteilte Aufträge auf die Bestände?
 - Fakturierung – hat der Kunde gezahlt?
 - Welche Reklamationsmeldungen liegen vor?
 - Wie entwickeln sich die Qualitätskennzahlen?
 - Welche Kunden und Projekte sind bisher nicht profitabel gewesen (Nachkalkulation)?
- CRM/CAS-Systeme (z. B. Salesforce, SAP, Microsoft Dynamics, Oracle, Siemens, Rödel & Partner, CAS Software AG …)
- Web-Sales-Systeme für Online-Kataloge, Web-Portale, Distributoren-Anbindung, Sendungs- und Rücksendungsverfolgung mit Track and Trace

Kunden erwarten im B2B-Geschäft in der Regel Systeme, welche die Leistungsfähigkeit, Reaktionszeiten und Bedienungsfreundlichkeit von Systemen erreichen, die sie von privaten Onlinegeschäften im B2C-Bereich kennen. Man muss aber bedenken, dass B2B-Geschäfte oft individuellere Anforderungen haben. Trotzdem müssen auch B2B Lieferanten den steigenden Ansprüchen im harten Wettbewerb des Onlinehandels gerecht werden.

Kommunikationssysteme wirken entlang der gesamten internen Wertschöpfungskette bis zu externen Partnern, Lieferanten, Distributoren und Kunden. Sie dienen dem Austausch zwischen Bereichen, Abteilungen und Projektteams. Deshalb müssen gut geeignete Systeme ausgewählt und nach festgelegten Regeln genutzt werden. Die Möglichkeit der Kommunikation über Video- oder Audiokonferenzen (z. B. mit Microsoft Teams), Augmented-Reality-Unterstützung für Kunden bei der Wartung von Maschinen oder Anlagen, klassisches Telefon, E-Mail, Messangerdienste und Newsportale sind nur Beispiele. Private Kanäle sollten nicht genutzt werden, da hier die Vertraulichkeit für eine professionelle Nutzung nicht sichergestellt werden kann. Daneben gibt es Datenspeicherung auf klassischen mitarbeiterbezogenen Laufwerken, Cloudservern oder Edge-Controller-basierten-Servern (on premise). Integriert arbeitende Produkt- und Vertriebsbereiche sollten sich unbedingt auf die notwendigen Systeme verständigen und festlegen, wer welche Zugriffsrechte darauf erhält. Den Zugriff auf die Datenstrukturen kann man z. B. über Usergruppen (z. B. Microsoft Teams) oder über Sharepoints organisieren. Sich nicht verbindlich auf eine Datenstruktur und ein Speichermedium zu einigen sowie die Zugriffsrechte nicht festzulegen, ist gefährlich. Versionsbezüge von Dokumenten können verloren gehen und Daten werden nicht wiedergefunden. Interne oder externe Personen ohne Berechtigungen könnten Zugang zu Informationen erhalten, die nicht für sie bestimmt sind. Wichtig ist es auch, veraltete Systeme abzulösen und die Kunden darauf vorzubereiten. Dafür muss es im Unternehmen einen zentralen IT-Bereich geben, der Standards und Schnittstellen für Administrations-, Produktmanagement-, Vertriebs- und OT-Systeme (Operations Technology für Produktion und Logistik) mit den Funktionsbereichen abstimmt und verantwortet.

1.3.1 Organisation von Produktmanagement in der Beziehungsmatrix

Vertrieb im B2B-Geschäft ist selten zweidimensional (Produkte versus Regionen, Länder bzw. Verkaufsbezirke), sondern in der Regel kommt eine Markt- bzw. Marktsegmentdimension dazu. Das heißt, die Produkte können mit den gleichen oder leicht angepassten Funktionseigenschaften in unterschiedlichen Anwendungsmärkten, Industriemärkten und Applikationen verkauft werden. Dann besteht eine dreidimensionale Matrixorganisation, was die Gefahr von Kompetenzüberschneidungen in den Führungsstrukturen mit sich bringt.

Das Beispielunternehmen in Abb. 1.22 liefert Tanks für Flüssigkeiten und Tankfahrzeuge in Länder, in denen es eigene Vertriebsorganisationen unterhält. Es werden Chemietanks, Öltanks und Wasserstofftanksysteme angeboten.

- Die chemische Industrie kauft Spezialtanks.
- Mineralöl-/Wasserstoffvertriebsgesellschaften und Tankstellenbetreiber kaufen Tanks für Öl, Benzin und Wasserstoff.
- Mineralöl-/Wasserstoffvertriebsgesellschaften kaufen Tankfahrzeuge. Fahrzeuge werden zunächst nur in Europa insbesondere in der DACH-Region in den Markt eingeführt.

Die unterschiedlichen Kundengruppen sind nicht in allen Ländern so zahlreich vorhanden, dass sie eine spezialisierte Vertriebsorganisation rechtfertigen. Entsprechend den Märkten und Zielen sollten auch das Produktmanagement, die Engineering-Bereiche für die applikative Anpassung der Produkte und die Operations dimensioniert sein. Gibt es Gründe, kundennah zu produzieren oder Endmontagen vorzunehmen? Gründe für lokale Fertigung können Logistikkosten, Zölle, geforderter Local Content, lokale Lohnkosten oder gewünschte Redundanz in der Produktion sein. Es wäre unsinnig, Ressourcen an Standorten vorzuhalten, an denen die Nachfrage keine kritische Masse und Profitabilität erreicht. Service und Wartungsfunktionen sollte man ggf. an Servicepartner abgeben (outsourcen).

Die ideale Organisationsstruktur mit überschneidungsfreien Kompetenzen gibt es nicht. Das gilt insbesondere in Unternehmen mit breiten Produktportfolien, mehreren Industriesegmenten als Zielmärkten und unterschiedlichen Vertriebsregionen.

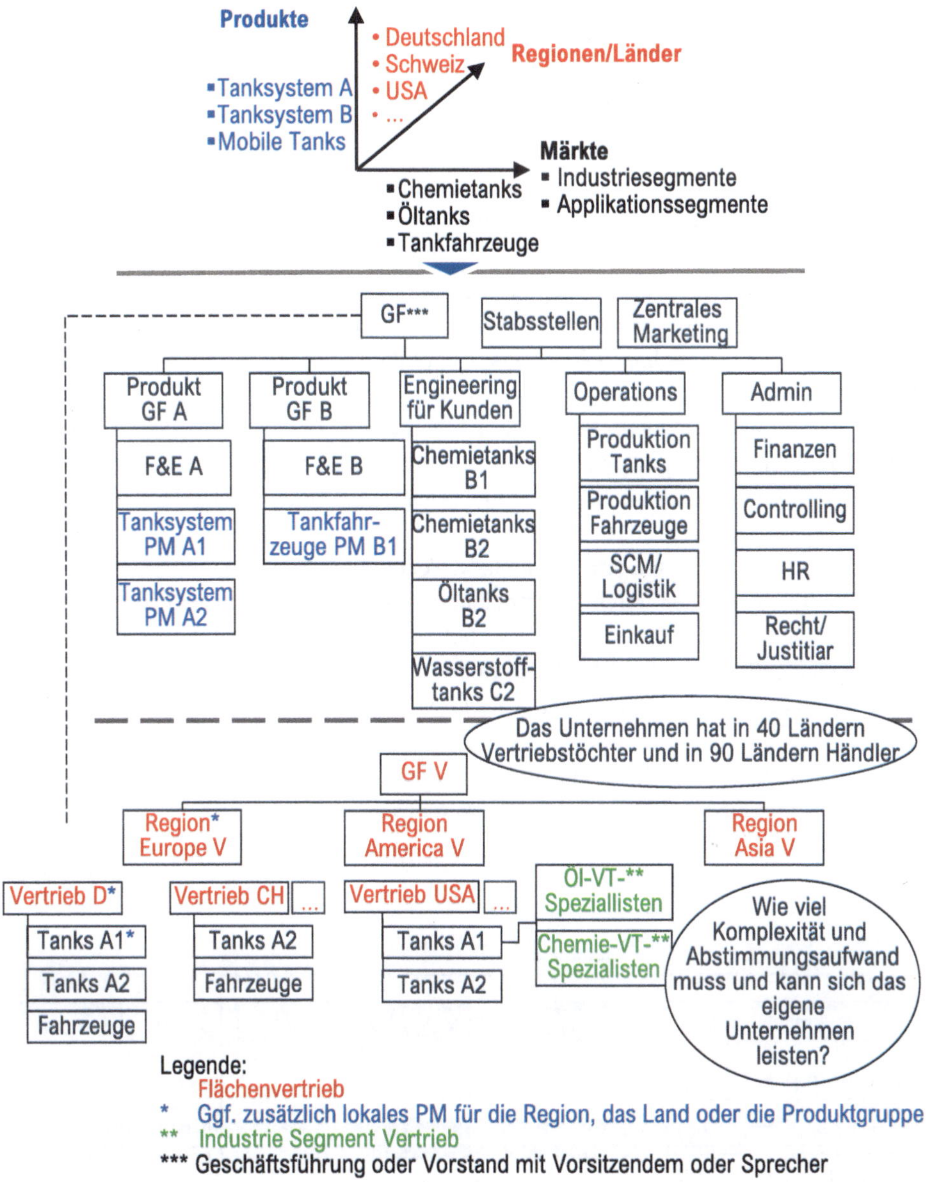

Abb. 1.22 Vermarktungsbeispiel mit Matrixorganisation nach Produkten, Vermarktungsgebieten und Industriesegmenten

1.3.2 Organisationsstrukturen für das Produkt- und Vertriebsmanagement

In Abb. 1.23 wird dargestellt, wie ein Unternehmen in unterschiedlichen Industriesegmenten angepasste Produkte anbietet. Es gibt eine zentrale Produktentwicklung (F&E)

und gemeinsame Operations mit Einkauf, Produktion, Logistik und Administration. Die Industriesegmente werden durch Segmentmanager geführt. Das Produktmanagement kann dann auf die Industriesegmente aufgeteilt werden. Das Gleiche gilt für die F&E. Das ist dann besonders sinnvoll, wenn industriespezifische Lösungen für den Anlagen- oder Spezialmaschinenbau aus vielen eigenen und zugekauften Hardwarekomponenten, Software und Serviceleistungen bestehen. Der spezielle Applikations- und Beratungsaufwand kann oft nicht von einer universellen Organisationseinheit geleistet werden. Für Geschäfte in unterschiedlichen Industrien wie z. B. bei Automobilherstellern, für den Schiffbau oder die Energietechnik muss abgewogen werden, welche Spezialisierung man sich für die Kundenorientierung leisten kann. Welche Synergien können genutzt werden? Die Größe der Marksegmente (erreichbarer Markt) bestimmt die kritische Masse. Fasst man zu viele Aufgaben in einer Organisationseinheit zusammen, dann besteht die Gefahr von Mehrfachaufgaben und Mehrfachunterstellungen von Mitarbeitern. Das kann zur Führungslosigkeit und zu Kundenverlusten führen. Vorstand oder Geschäftsführung muss eine Segmentstrategie verabschieden und festlegen, wie sie organisatorisch umgesetzt wird.

Ausrichtung an Industrien (Branchen bzw. Verticals)

Industriebereiche können durch Industrieleiter (IL) oder Industriemanager z. B. für den Maschinenbau, die Prozessindustrie, die Medizintechnik oder für Telekommunikationsinfrastruktur geführt werden. Die Industrien können dann ggf. noch tiefer in Industriesegmente unterteilt werden (vgl. auch Abb. 1.23):

- *Vorteil:* Spezielle Produkte für Industriemärkte können entwickelt und ggf. über Spezial- oder Flächenvertriebe verkauft werden.

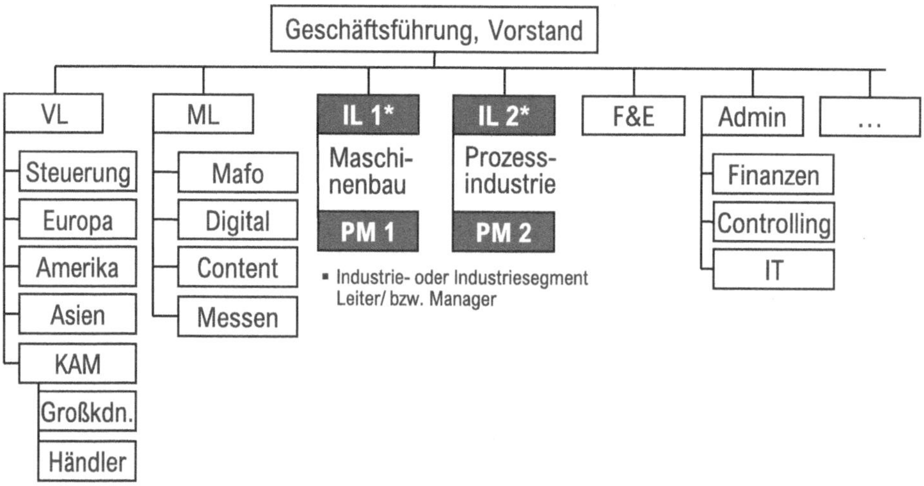

Abb. 1.23 Organisation nach Industriesegmenten mit je einem Industriemanager pro Teilmarkt

- *Nachteil:* Synergiepotenzial und eine Vermarktung gleicher Produkte in den anderen Industriemärkten werden nicht oder nicht ausreichend genutzt.

Ausrichtung an Produktgruppen
Jeweils ein Produktmanager (PM) ist beispielsweise für Industriepumpen, Armaturen oder Kompressoren verantwortlich. Ein größerer Bereich kann auch von einem Divisions- oder Businessunit-Manager geführt werden (vgl. auch Abb. 1.24).

- *Vorteil:* Es können Produkte entwickelt werden, die eine Vielzahl von Märkten adressieren, wie Kläranlagen, die Ölindustrie oder die chemische Industrie.
- *Nachteil:* Die Produkte sind ggf. nicht speziell genug auf eine Anwendung ausgerichtet (Normungen, Zulassungen). Die Vertriebsleute sind nicht in der Lage, das breite Portfolio aus den drei Produktbereichen Pumpen, Armaturen und Kompressoren in allen Segmenten anzubieten, weil sie die Produkte und die Applikationen der Endkunden nicht detailliert genug kennen können. Das Potenzial eines Cross-Sellings zwischen den Produktgruppen bleibt ungenutzt.

Ausrichtung nach Regionen
1. Neben starken Vertriebsorganisationen mit eigener Geschäftsführung in den Regionen und Ländern gibt es auch ein Headquarter bzw. eine Holding mit einem übergeordneten Vorstand bzw. übergeordneter Geschäftsführung. Die Holding erbringt zentrale Dienstleistungen bis hin zu Produktion und Logistik für die Tochterunternehmen.
2. Die Vertriebsorganisationen (Töchter) haben selbst eigene Produktmanagement- und Marketingfunktionen, die auf den regionalen Markt ausgerichtet sind und die ggf. auch eigene Lager unterhalten.

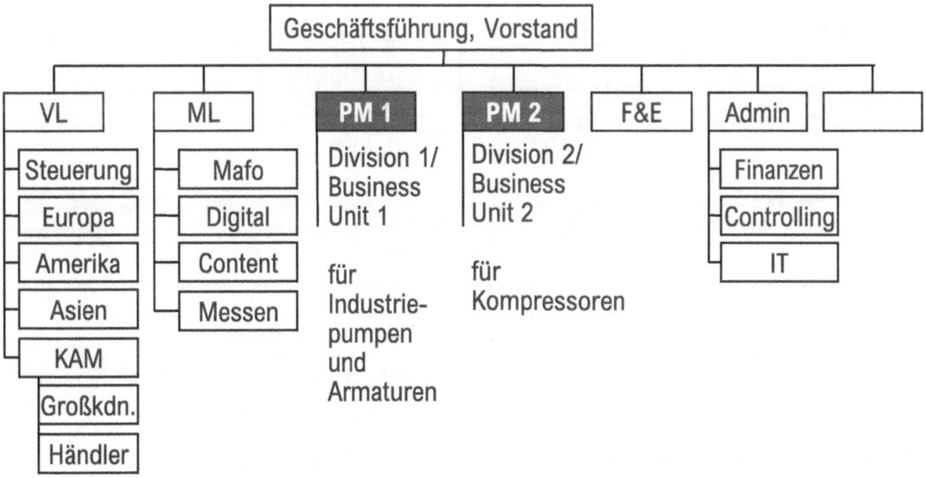

Abb. 1.24 Organisation nach Produktgruppen ohne Unterscheidung nach Marktsegmenten

3. Tochterunternehmen haben eigene Produktionen, die Produkte für den lokalen Markt (Prinzip: *local for local*) herstellen, was in Folge von Zöllen, unterschiedlichen Steuersystemen oder Wechselkurseffekten notwendig sein kann. Auch technische Standards und lokale Zulassungen spielen dabei eine Rolle (vgl. auch Abb. 1.25).
   - *Vorteil:* Wenn das Standardsortiment an mehreren Orten gefertigt wird, senkt das die Gefahr von Lieferengpässen. Insbesondere für Produkte mit geringem Gewicht und geringem Volumen, bei denen die Logistikkosten weniger relevant sind, ist eine Konzentration der Fertigung sinnvoll.
   - *Nachteil:* Die Fertigung des Standardsortiments an mehreren Standorten erhöht die Produktionskosten. Eine wesentliche Gefahr der lokalen Entwicklung und Produktion liegt darin, dass Unternehmen zu viele Artikel und Spezialprodukte anbieten. Das Portfolio aus Hard- und Software ist nicht mehr überschau- und steuerbar. Das Unternehmen bietet einen „Bauchladen von Produkten" an, die für die Kunden in keinem logischen Zusammenhang stehen. Die Zentrale ist nicht mehr in der Lage, eine Corporate Strategy zu definieren. Das Unternehmen ist von einer strategischen Holding zu einer reinen Finanzholding geworden.

Ausrichtung nach Geschäftsbereichen bzw. -feldern und Zentralfunktionen einschließlich Operations

Eine Geschäftsbereichsorganisation wie in Abb. 1.26 nutzt ggf. nur noch Synergien in den Operations und im administrativen Bereich.

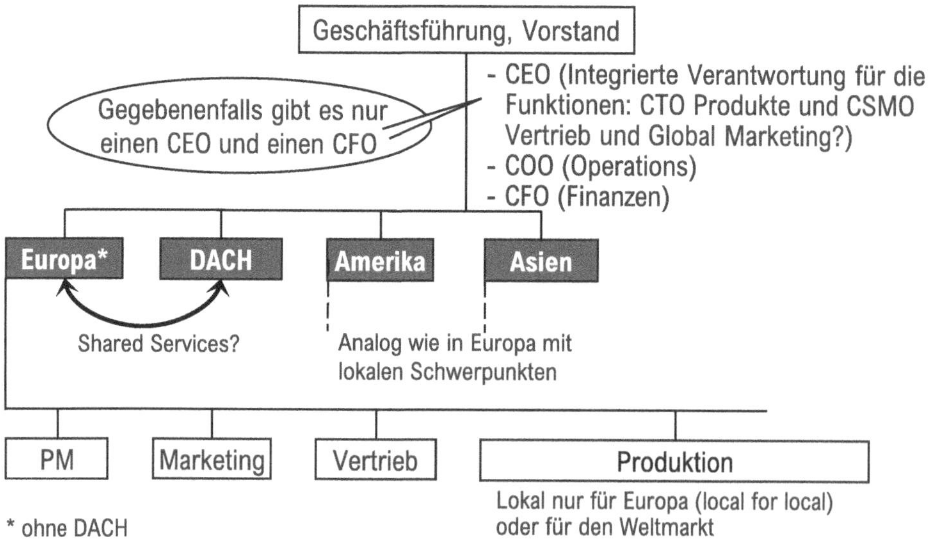

Abb. 1.25 Organisation nach Produktgruppen ohne Unterscheidung nach Marktsegmenten

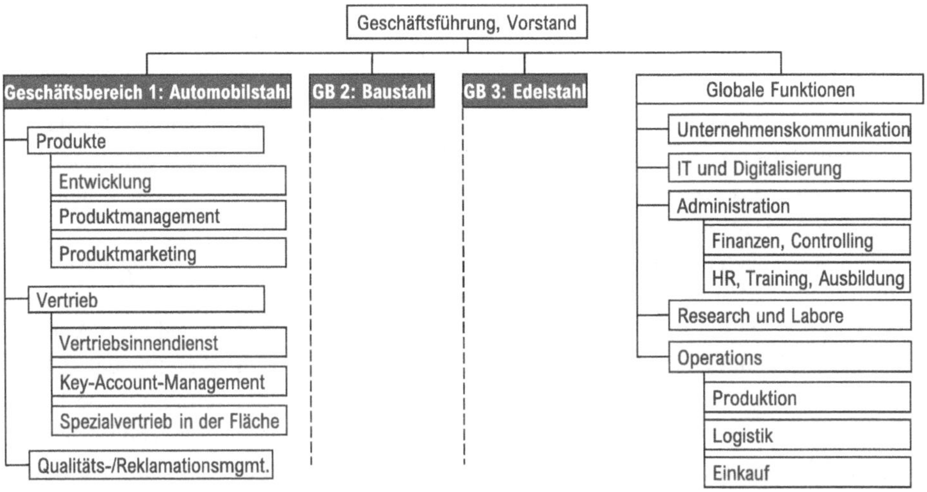

Abb. 1.26 Organisation des Unternehmens nach Geschäftsbereichen bzw. -feldern und Zentralfunktionen einschließlich Operations

- *Vorteil:* Es können spezielle Produkte für diese Märkte entwickelt werden und die GB können wie Tochterunternehmen geführt werden. Bei einer Geschäftsbereichsorganisation ist die integrierbare Abstimmung von Produktmanagement und einem direkt zugeordneten Geschäftsbereichs-Spezialvertrieb unter einer Gesamtleitung gut möglich (vgl. Aumayr 2019, S. 83)
- *Nachteil:* Die Nachteile sind ähnlich wie bei der Ausrichtung nach Produktgruppen (Abb. 1.24). Synergien und Cross-Selling in den Märkten sind außer beim Rohmaterial- und Energieeinkauf kaum möglich.

Das Beispielunternehmen in Abb. 1.26 hat die drei Geschäftsbereiche Automobilstahl, Baustahl, und Spezialstähle. Bei der Stahlproduktion kann es sinnvoll sein, die Werke für unterschiedliche Produktsorten gemeinsam zu nutzen. Es ist aber auch denkbar, dass Produktentwicklung, Produktion und Logistik den Geschäftsbereichen zugeordnet werden. Dann könnte eine der Sparten auch einfach separiert und verkauft werden, falls das strategisch sinnvoll ist.

Zwei Sonderformen der Produktmanagement-Organisation

1. Produktmanagement als Teil des Vertriebes
   - *Vorteil:* Das Unternehmen kann sich ggf. besser auf den Bedarf in den lokalen Märkten ausrichten, wenn es eine zentrale Produktentwicklung gibt, aber das Produktportfolio durch lokale Produktmanager in den Ländern ergänzt wird.

- *Nachteil:* Der Vertrieb setzt bei neuen Produkten ggf. nur auf die derzeitige Nachfrage und denkt nicht strategisch genug. F&E wird aus mehreren Länderorganisationen beauftragt. Nach welcher Priorität wird F&E gesteuert? Falls eine zentrale Produktentwicklung die Projekte selbst priorisiert, dann ist das das oft nicht effektiv (marktgerecht) und nicht effizient (kostengünstig). Es besteht die Gefahr, dass das Produktangebot „ausufert" und Synergien verloren gehen (vgl. auch Abb. 1.25).

2. Produktmanagement als Teil des Marketings – das klassische Marketing basiert auf dem B2C-Marketing
   - *Vorteile:* Diese Organisationsform hat im B2B Bereich in der Regel kaum Vorteile: Eine hohe Integration von Produktmanagement und Vertrieb scheint gemäß der 4Ps von Kotler (siehe Abschn. 1.1.2 und Abb. 1.7) unter der Marketingfunktion bereits erfüllt zu sein. Allerdings fehlt im Marketing in der Regel die notwendige Technologiekompetenz, um die Aufgaben eines Produktmanagements im B2B zu erfüllen.
   - *Nachteil:* Es ist die Aufgabe von Produktmanagern, die technologischen Möglichkeiten (den Push von F&E) und die Kundennachfragen aus dem Vertrieb (den Pull) auszubalancieren. Das Produktmanagement sollte nicht dem Marketing unterstellt sein, das in den meisten B2B-Unternehmen für externe Kommunikation mit Kunden wie Werbung, Pressearbeit und Social Media verantwortlich ist. Ein Produktmanager sollte die Expertise von Unternehmensfunktionen wie Marktforschung, Werbung und Vertrieb für den Kundenzugang nutzen.

Literatur

Ansoff I (1987) Corporate strategy. McGraw-Hill, New York

Aumayer KJ (2019) Erfolgreiches Produktmanagement. Tool-Box für das professionelle Produktmanagement und Produktmarketing, 5. Aufl. Springer Gabler, Wiesbaden

Backhaus K, Voeth M (2014) Industriegütermarketing. Grundlagen des Business-to-Business-Marketings, 10. Aufl. Vahlen, München

Covey SR (1990) The 7 habits of highly effective people. Powerful lessons in personal change. Simon & Schuster, New York

Homburg, C, Schäfer H, Schneider J (2016) Sales excellence. Vertriebsmanagement mit System, 8. Aufl. Springer Gabler, Wiesbaden

Kotler P (1994) Marketing management. Analysis, planning, implementation and control. Prentice Hall, New Jersey

Kotter JP (1989) Erfolgsfaktor Führung. Führungskräfte gewinnen, halten und motivieren – Strategien aus der Harvard Business School. Campus, Frankfurt a. M.

Kuckertz A (2017) Management: Corporate entrepreneurship. Springer Gabler, Wiesbaden.

Malik F (2005a) Management. Das A und O des Handwerks. Frankfurter Allgemeine Buch, Frankfurt a. M.

Malik F (2005b) Führen, Leisten, Leben. Wirksames Management für eine neue Zeit., 17. Aufl. Deutsche Verlags-Anstalt GmbH, München

Meffert H (1992) Marketingforschung und Käuferverhalten, 2. Aufl. Gabler, Wiesbaden

Orwell G (1999) Animal Farm. Penguin Student Editions, London

Peters TJ, Waterman RH Jr (1982) In search for excellence – lessons from America's best-run companies. Harper & Row, New York

Pleschak F, Sabisch H (1996) Innovationsmanagement. Schäffer-Poeschel, Stuttgart

Sabisch H (1991) Produktinnovationen. Poeschel, Stuttgart

Tintelnot C (2013) Einführung in das Innovationsmanagement. In: Tintelnot C, Meißner D, Steinmeier I (Hrsg) Innovationsmanagement. Springer, Heidelberg, S 1–12

Produktmanagement 2

Zusammenfassung

Die Führung des Produktmanagements im B2B-Geschäft hat viele Aufgaben und Ziele. Diese können nicht ohne eine Integration und somit ohne eine abgestimmte Zusammenarbeit mit dem Vertrieb und anderen Funktionsbereichen erfüllt werden. In diesem Kapitel werden die Aufgaben dargestellt, um verstehen zu können, was die Herausforderungen des Produktmanagements sind und wie sie integriert und mit digital unterstützter Kommunikation bewältigt werden können.

Das Produktmanagement ist für die Produkt- und Servicestrategie, die Wettbewerbsstrategie und die Nutzung geeigneter Technologien für Innovationen verantwortlich. Es ist ein Balanceakt, einerseits das Produkt- und Serviceangebot für die Kunden zu individualisieren und andererseits eine Standardisierung mit Kostensynergien bzw. Economies of Scale zu erzielen. Kann und sollte das eigene Unternehmen zum System-/Lösungsanbieter mit hoher Spezialisierung und Differenzierung werden, wenn es bisher nur Erfahrungen im Serienmaschinen- oder Komponentengeschäft erworben hat? Welchen zusätzlichen Nutzen haben Industrial-Internet-of-Things(IIoT)-Funktionen für die Kunden und Endkunden? In welchen Bereichen kann man diese Technologien profitabel verkaufen? Diese und weitere Fragen müssen vom Produktmanagement beantwortet werden, damit man der richtigen Strategie folgt.

Ergänzende Information Die elektronische Version dieses Kapitels enthält Zusatzmaterial, auf das über folgenden Link zugegriffen werden kann https://doi.org/10.1007/978-3-658-39788-3_2.

C. Tintelnot, *Integriertes Produkt- und Vertriebsmanagement im B2B*,
https://doi.org/10.1007/978-3-658-39788-3_2

Operative, mittelfristige und strategische Planungshorizonte mit entsprechenden Roadmaps sollten erstellt werden. Forschungs- und Entwicklungsprojekte müssen klassisch oder agil für die Hardware- und Softwareentwicklung organisiert und geführt werden. Das Marketing muss im Bereich der allgemeinen Kommunikation und der Markteinführung neuer Produkte klassisch und digital aktiv sein. Kundengespräche für die Überprüfung des Bedarfs und der Erwartungen von Kunden sollten von Produktmanagement und Vertrieb gemeinsam durchgeführt werden. Ist die Strategie zielführend? Ein integriertes Produkt- und Vertriebsmanagement muss dafür sorgen, dass die Erfolgsquote bei neuen Produkten durch die gebündelte Expertise steigt.

Die Kommunikation mit Kunden und Geschäftspartnern wird in steigendem Umfang mit digitalen Medien unterstützt. Die bisherigen Präsenzmessen werden hybrider und haben klassische Messestände, die Kunden physisch besuchen können, und Inhalte, die digital besucht werden können. Social Media und der Onlinehandel gewinnen an Bedeutung. In Kap. 3 und 4 wird später dargestellt, dass der persönliche Kontakt zu Kunden auch in Zukunft ein bedeutender, differenzierender Faktor sein wird. Zahlreiche klassische Tools und neue Kommunikationsmittel stehen dem Produktmanagement und dem Vertrieb für Analysen zur Verfügung. Die interne Kommunikation und die bereichsübergreifende Zusammenarbeit haben hohe Bedeutung. Gute Ideen von Mitarbeitern sollten nicht an divergierenden Interessen von Vorständen oder Geschäftsführern und deren Zuständigkeit für die klassisch abgegrenzten Funktionsbereiche im Unternehmen scheitern. Es gibt Beispiele von innovativen Unternehmen wie 3M, bei denen jeder Mitarbeiter 15 % seiner Arbeitszeit dafür aufwenden darf, um an neuen Ideen und Erfindungen zu „tüfteln".

2.1 Grundlagen des Produktmanagements

In Kap. 1 wurden die Ursprünge von Produkt- und Vertriebsmanagement beschrieben, die unter dem Schirm der Marketingfunktion entstanden sind. Die Anforderungen an das Marketing im klassischen B2C-Konsumgütergeschäft waren andere als die, welche heute bei technischen B2B-Gütern zu erfüllen sind.

Ich erinnere mich an ein Gespräch, das ich Mitte der 1980er Jahre mit meinem Vater Walter Tintelnot geführt habe, der Unternehmer, Geschäftsführer und Berater in der Konsumgüterindustrie war. Mein Vater stellte mir die Frage, warum es im B2B-Geschäft überhaupt eine Marketingfunktion geben müsse. Damals war das B2B-Geschäft in Deutschland teilweise noch ein reines Beziehungsgeschäft. Zum Beispiel haben Maschinen- oder Schaltschrankbauer ihre Komponenten wie Schrauben, Maschinenteile oder elektrische Anschlusstechnik teilweise selbst bei den Herstellern abgeholt. Sie mussten ihre Lieferanten wegen des starken Marktwachstums ggf. sogar darum bitten, dass ihnen eine größere Menge zugeteilt wird! In dieser Zeit wurde verteilt und kaum aktiv vermarktet. Kunden aus Australien und anderen Exportländern baten um B2B-Lieferungen von Maschinen und Anlagen aus Großbritannien, Deutschland und anderen europäischen Ländern. Diese Unternehmen hatten damals oft noch keinen Auslandsvertrieb, sondern begannen zunächst, Exportabteilungen zu gründen, die Kundenanfragen bearbeiteten.

Wissenschaftler wie Backhaus und Voeth (2014) haben seit Mitte der 1970er Jahre daran gearbeitet, ein Investitionsgütermarketing zu etablieren. Dieses basiert auf den von Kotler (1994) dargestellten 4 Ps mit Fokus auf B2C-Märkte (vgl. Abb. 1.7). Backhaus und Voeth haben die Marketingfunktionen für die B2B-Märkte angepasst.

Markt und Technologieanalysen sind Standardaufgaben, um die Kundenanforderungen in der Breite aufzunehmen. Marktgröße und Marktwachstum sollen ermittelt werden. Der „State of the Art" und die von Wettbewerbern eingesetzten Technologien müssen bekannt sein. Dass bei der Befragung von Kunden zur Klärung eines Kundenauftrages erhebliche Missverständnisse entstehen können, zeigt der Comic in Abb. 2.1:

1. „Was der Marketingbereich im Web und auf Messen offerierte"
   Es wurde ein klassisches Rennrad mit hervorragenden Fahreigenschaften vorgestellt. Marketingabteilungen und Geschäftsführungen bzw. Vorstände stellen gerne neue Produkte und Lösungen vor. Dabei werden z. B. auch Muster und digitale Zwillinge von Produkten gezeigt, die noch nicht marktreif sind. Wie beim Starten eines „Testballons" wird im Beispiel von Abb. 2.1 das Kundeninteresse an Rennrädern geprüft, auch wenn das Produkt ggf. noch gar nicht existiert. Digitale Zwillinge sind Visualisierungen und dahinterliegende Datenmodelle, mit denen die optische

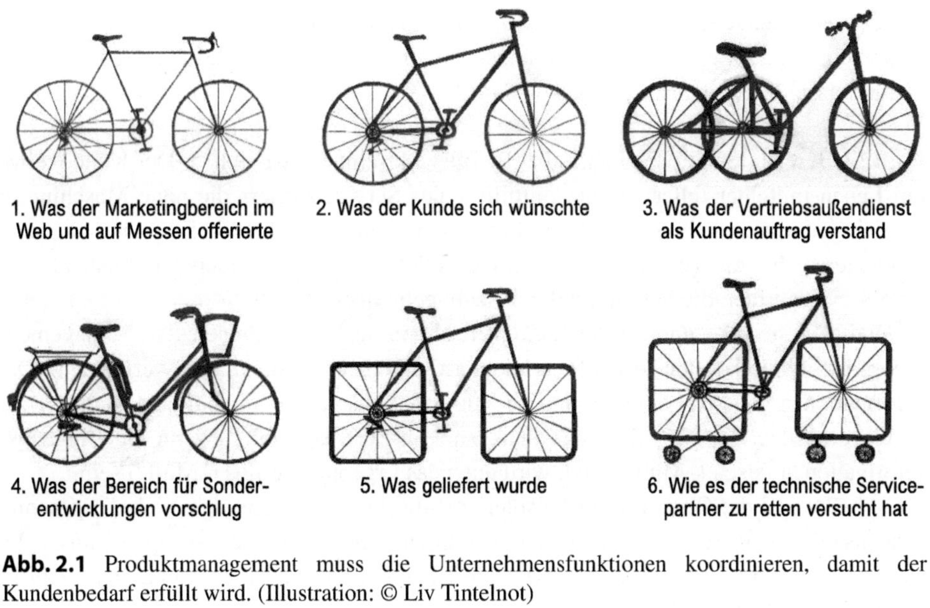

Abb. 2.1 Produktmanagement muss die Unternehmensfunktionen koordinieren, damit der Kundenbedarf erfüllt wird. (Illustration: © Liv Tintelnot)

Erscheinung (in 3D) und die Funktionen eines Produktes auf Monitoren dargestellt und simuliert werden können. Beispielsweise kann dadurch ein Fahrrad oder ein innovatives B2B-Produkt, wie etwa ein Roboter, vorgestellt werden, von denen es noch keine physischen Funktionsmuster gibt. Wenn die Produkte dann aber niemals auf den Markt kommen, besteht die Gefahr, dass das Unternehmen unseriös wirkt und die Mitarbeiter sich bei den Kunden als „Schaumschläger" disqualifizieren.

2. „Was der Kunde sich wünschte"
Der Kunde hatte ein schnelles Fahrrad mit sehr guten Fahreigenschaften verlangt. Er wünscht sich aber kein reines Rennrad, da er Rückenbeschwerden hat und aufrechter sitzen möchte. Lieferant und Kunde verständigten sich auf eine Sonderanfertigung.
3. „Was der Vertriebsaußendienst als Kundenauftrag verstand"
Der Vertrieb nahm an, dass ein dreiradartiges Fahrrad am besten geeignet ist, damit der Kunde beschwerdefrei fahren kann.
4. „Was der Bereich für Sonderentwicklungen vorschlug"
Der Bereich für Sonderentwicklungen glaubte, dass man die Kundenwünsche am besten durch ein Fahrrad mit Elektroantrieb erfüllen könnte. Diese Lösung wurde aber wegen zu hoher Kosten verworfen. Daraufhin wurden die Entwickler besonders kreativ und entwickelten ein völlig neuartiges, kostengünstiges, quadratisches Radkonzept, welches es bisher nicht gab.
5. „Was geliefert wurde"
Das „Fahrrad mit eckigen Rädern" wurde an den Kunden geliefert, aber es war nicht fahrtüchtig.
6. „Wie es der technische Servicepartner zu retten versucht hat"
An die quadratischen Räder des Fahrrades wurden Noträder montiert. Der Kunde hatte ein Fahrzeug zur Verfügung, das aber überhaupt nicht seinen Wünschen entsprach. Dieses konnte er als Übergangslösung nutzen, bis das Fahrrad geliefert wurde, das tatsächlich seinen Wünschen entsprach.

Im B2B-Bereich könnte das Fahrrad z. B. einer Maschine entsprechen. Der Kunde, etwa ein Lebensmittelhersteller, könnte mithilfe eines Servicepartners die neue Maschine in Betrieb genommen haben. Mit der Behelfslösung kann er während einer Übergangszeit produzieren, bis die gewünschte Maschine geliefert wird. Besonders im Ausland sind gute Servicepartner, die helfen, Fehler auszubügeln, unersetzlich.

Digital gesteuerte und verbundene Wertschöpfungsketten können das Management dieser oft komplizierten Abläufe erleichtern und Missverständnisse vermeiden. Die Informationen müssen validiert und die Informationsquellen in digitalen Netzwerken gepflegt werden. Es gilt: „Garbage in is implying Garbage out." Wenn die Eingangsinformationen falsch („Müll") sind, wird auch das Ergebnis wertlos („Müll") sein.

Abb. 2.2 und die Organisationsbeispiele in Abschn. 1.3 zeigen, dass sich die gesamte Organisation entsprechend einer abgestimmten Choreographie bewegen muss. Es ist wichtig, im Takt und in eine festgelegte Richtung zu marschieren und sich nicht in chaotischem „Kreuz und Quer" zu verirren.

1. Cheerleader ohne Führung

2. Cheerleader mit Coach

Abb. 2.2 Rollenerwartung und Rollenverständnis des Produktmanagers als Cheerleader. (Illustration: © Liv Tintelnot)

Organisationen ohne Matrixführungsverantwortung existieren fast nicht mehr. Weiterhin gilt aber: Wenn zu viele Führungskräfte vorhanden sind und zu wenige ausführende Mitarbeiter produktiv sind, kann die Organisation nicht erfolgreich sein: Es gibt dann zu viele „Häuptlinge" und zu wenige „Indianer". Die hierarchisch höchste Führungskraft muss den Takt vorgeben und vorleben, dass sie aktiv ist. Sie sollte aber keine Rückdelegation zulassen, damit sie nicht selbst zum „Indianer" „degradiert" wird (vgl. Aumayer 2019, S. 69) (Abb. 2.3).

Das Produkt-, Markt- und Vertriebsmanagement sind in Unternehmen meistens getrennte Funktionen und haben oft unterschiedliche Vorgesetzte im Topmanagement. Mit Markt- bzw. Industriemanagement wird eine Organisationsform bezeichnet, die nach Kundenindustrien oder -segmenten wie etwa Maschinebau, Energietechnik, Elektroinstallation oder Prozessindustrie unterteilt und ausgerichtet wird (vgl. Abb. 1.23).

Die meisten Unternehmen benötigen sowohl ein Produkt- als auch ein Marksegmentmanagement. Es ist allerdings kaum möglich, beide Funktionen in allen Regionen, Ländern und Vertriebsbezirken aufzubauen und zu unterhalten. Deshalb muss man sich für die übergeordnete Organisationsform entscheiden, welche die größeren Synergien bietet, und dann regionale Schwerpunkte setzen. Es muss abgewogen werden, wo die Nachfrage der Kunden derzeit und zukünftig am größten ist und wo es sich nicht lohnt, entsprechende Organisationsstrukturen vorzuhalten. Die Schnittstellen zum Vertrieb sind zu klären. Marketingaufgaben können in Marktsegmenten und für bestimmte Produktgruppen anfallen und innerhalb der Teilbereiche oder in einer übergeordneten Markt- und Kommunikationseinheit organisiert sein.

Welche Organisationseinheit ist aktuell führend und welche Einheit sollte es in Abhängigkeit vom gewählten Geschäftssystem des Unternehmens zukünftig sein? Ist es das Produktmanagement (PM), das Marktsegmentmanagement (PSM) oder der Vertrieb

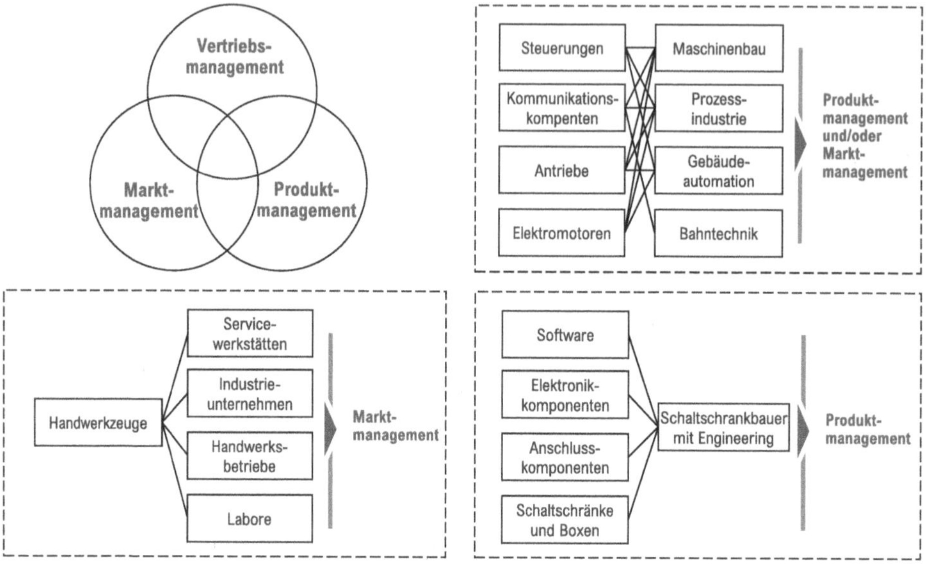

Abb. 2.3 Produktmanagement versus Marktsegmentmanagement und die Rolle des Vertriebs. (In Anlehnung an Aumayer 2019, S. 104 f.)

(VT)? PM und PSM fördern in der Regel den „Push“ von Innovationen in den Markt mehr als der VT, der ein „Pull“ von Innovationsideen fordert und damit von der Produktentwicklung einen anderen. Fokus erwartet. Integrierte Strukturen würden zwingend zu abgestimmten und ausgewogenen Entscheidungen bei der Produktentwicklung führen. Das Produkt- und Produktsegmentmanagement müssen sich wegen begrenzter Ressourcen fokussieren und sollten lang- und mittelfristig planen. Der Vertrieb wünscht sich, neue Produkte am liebsten „gestern“ für den Verkauf an Kunden zur Verfügung zu haben. An Synergien, das heißt daran, z. B. gleichartige Produkte für unterschiedliche Industriesegmente zu entwickeln, denkt ein Vertrieb eher selten. Sowohl Push- als auch Pull-Chancen müssen wahrgenommen werden. Wo sind jeweils die besten Quellen und Ziele für Innovationen (vgl. auch Tintelnot 2013 S. 3; Specht und Beckmann 1996, S. 52 und die Wertekette in Porter 1992, S. 146)?

Es gibt viele Überschneidungen von Aufgaben. Einige Beispiele sind:

- Das Produktmanagement übernimmt auch Marketingaufgaben, indem es eine Produktpräsentation mit PowerPoint erstellt.
- Vertriebe übernehmen Marketingaufgaben, die länder- oder marktsegmentspezifisch sind. Der Vertrieb in Indien übernimmt z. B. auch Produktmanagementaufgaben und bereitet anstelle des Produktmanagements eine digitale Roadshow für den indischen Markt in englischer Sprache vor, die an die lokalen Kundenanforderungen angepasst werden muss.

- Das Key-Account(KA)-Management passt Unterlagen oder Marketingmaterial den Anforderungen von Großkunden an. Dafür werden digitale Medien, Präsentationen mit Applikationsbeispielen und teilweise auch noch gedruckte Broschüren verwendet.

2.2 Strategische Kernfunktionen und Aufgaben des Produktmanagements

Die strategischen Kernfunktionen von B2B-Unternehmen sind es, den richtigen Produktmix bestehend aus Hardware, Software und Services zu entwickeln, damit er an Kunden verkauft werden kann. Das Produktmanagement muss den Kundenbedarf kennen, die Wettbewerber beobachten und deren Strategie antizipieren, um die Kernkompetenzen des betrachteten Unternehmens richtig einzuschätzen zu können und geeignete Technologien verfügbar zu machen. Daraus kann dann mit eigenen Entwicklern und Partnern eine neue Kerntechnologie geschaffen werden. Das „marktstrategische Viereck" nach Hieronymus et al. (1996) sollte heute im Bereich der Kerntechnologien um Werkzeuge der Digitalisierung ergänzt werden. Die digitalen Informations-/Datenflüsse entlang der Wertschöpfungskette sind ein zusätzlicher Bestandteil der Kerntechnologie, aber selbst keine zusätzliche Dimension.

Zukunftsorientierte B2B-Geschäftssysteme basieren stets auf digitaler Informationsbereitstellung. Beim Verwender einer Maschine muss ein messbarer monetärer Nutzen erzielt werden. Zum Beispiel könnte eine Maschine weniger Ausschuss produzieren. Die hergestellten Werkstücke werden über Bilderkennung mit einem digitalen Zwilling verglichen. Durch Algorithmen künstlicher Intelligenz (KI) werden neue Fehler an den Werkstücken erkannt und können zukünftig vermieden werden.

Im technologiestrategischen Viereck (Abb. 2.4) stehen Kerntechnologien und die Digitalisierung im Mittelpunkt:

1. Kerntechnologien
   - Durch Forschung getrieben: Diese Kerntechnologien werden häufig öffentlich gefördert, beispielsweise Wasserstofftechnologien, da sie dem Klimawandel entgegenwirken.
   - Durch Nachfrage getrieben: Biotechnologien entwickeln sich durch die Nachfrage nach Krebstherapien und Impfstoffen weiter (beispielsweise Corona-Pandemie).
2. Digitalisierung
   Kommunikations- und Informationstechnologien (IIoT) verändern Geschäftsprozesse und das Verhalten von Marktteilnehmern.

Angewandte Technologien, Kunden, Wettbewerber und das eigene Unternehmen bilden die Ecken des technologiestrategischen Vierecks:

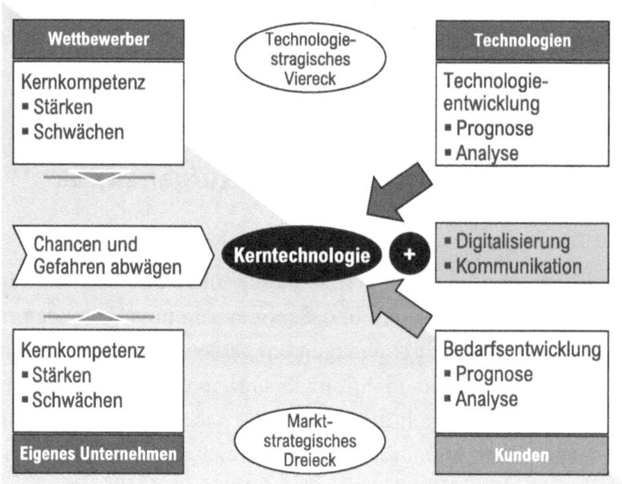

Abb. 2.4 Technologiestrategisches Viereck mit Digitalisierung. (In Anlehnung an Hieronymus et al. 1996, S. 27)

1. Angewandte Technologien ermöglichen Produkt- und Produktionsprozesslösungen.
2. Kunden
   - Der Bedarf der Kunden erweitert oder ändert sich (vgl. Maslow'sche Bedürfnispyramide in Abb. 1.8).
   - Volkswirtschaftliche Effekte, Krisen (Finanzkrisen, Corona, Energiekrisen …) sowie steuerliche und politische Entscheidungen bzw. gesetzliche Regelungen (z. B. CO_2-Bepreisung) verändern die Nachfrage.
3. Wettbewerber
   - Etablierte Wettbewerber haben bereits Kernfähigkeiten für Lösungen, die aber durch Patente geschützt sind. – Ist eine Me-too-Strategie sinnvoll und können Patente „legal" umgangen werden?
   - Neue Wettbewerber verändern den Markt durch Technologien: Google (Automobil), Apple (Informationsverhalten), SpaceX (Raumfahrt), Amazon (Cloudservices) …
4. Das betrachtete, eigene Unternehmen

Um die Kompetenz des eigenen Unternehmens und die der Wettbewerber bewerten zu können, sollte eine SWOT-Analyse erfolgen (vgl. Abschn. 2.8.3). Die Stärken, Schwächen, Chancen und Gefahren sind aus der Sicht des eigenen Unternehmens zu bewerten. Man sollte Wettbewerber niemals als „Mitbewerber" oder „Marktbegleiter" bezeichnen. Das verharmlost den Ernst der Lage für das eigene Unternehmen, welches immer einer harten Konkurrenz gegenübersteht. Ist der Wettbewerb schwach, könnten bei mehr Engagement der Führungskräfte und Mitarbeiter Marktanteile gewonnen werden. Das Unternehmen könnte profitabler sein, wenn es diese Chance nutzte und sich nicht nur auf seinen Lorbeeren ausruhte. Nutzt man die Schwäche von Wettbewerbern nicht konsequent aus, dann kann man selbst sehr schnell Boden verlieren.

Eine vielfach unterschätzte Aufgabe von Produktmanagern ist es, Strategien intern „zu verkaufen". Produktideen, Produktkonzepte und Roadmaps müssen dem Vorstand oder der Geschäftsführung, dem Aufsichtsrat, dem Beirat und anderen Managern aus Vertrieb, Operations und Controlling erklärt und für sie attraktiv dargestellt werden.

Dafür dürfen Präsentationen nicht zu umfangreich, zu kompliziert und zu detailliert sein. Die wesentlichen Aspekte werden oft nicht einfach und klar genug dargestellt. Die Folge ist, dass gute Ideen scheitern oder erst mit viel Nacharbeit und mit großer Verzögerung als Produkt oder Service auf den Markt kommen. Dann hat die Konkurrenz jedoch eventuell bereits früher und erfolgreicher neue Produkte in den Markt eingeführt.

Vor fast 30 Jahren wurde mir von einem Kollegen aus der Unternehmensberatung der Rat gegeben: „Sie müssen die Präsentation ganz simpel machen. Stellen Sie sich vor, unsere Kunden (Eigentümer, Vorstände oder Geschäftsführer) sind wie Kinder, die nicht lesen und schreiben können. – Machen Sie es ganz einfach." Damals fand ich die Aussage und den Stil, wie sie vorgetragen wurde, despektierlich. Ich habe allerdings sehr bald verstanden, dass der Kollege im Kern recht hatte. Aufsichtsgremien, Vorstände, Geschäftsführer und andere hochrangige Führungskräfte in Unternehmen sind in der Regel überdurchschnittlich intelligent und gut ausgebildet. Diese Personen haben eine Vielzahl von Aufgaben, im Rahmen derer sie Entscheidungen treffen müssen. Sie sind alleine vom Zeitaufwand her gesehen nicht in der Lage, sich auf einer niedrigen und sehr spezialisierten „Detailflughöhe" in ein Thema hineinzudenken. Der Terminplan ist eng getaktet und Entscheidungen müssen ggf. schnell getroffen werden. Damit gute Ideen eine Chance haben, müssen diese effektiv und anschaulich aufbereitet und präsentiert werden. Andererseits muss man das Vertrauen dafür einholen, dass man alles Wesentliche geprüft und berücksichtigt hat. Die Detailanalysen sollte man deshalb als Backup im Kopf und als Datei dabeihaben.

Sehr viele gute Ideen und Projekte scheitern an internen Machtkämpfen um Ansehen, Beförderungen und Ressourcen. Manager, die im Produkt- und Vertriebsmanagement mit guten Ideen erfolgreich sein wollen, dürfen politischen Machtkämpfen nicht ausweichen. Sie müssen ihre Ideen geschickt verkaufen. Dazu gehören auch Vorgespräche mit wichtigen Einflussnehmern und Gegnern, um zu wissen, welche Argumente gegen die eigenen Ideen ins Feld geführt werden und wer die Befürworter und Gegner sind. Vor einer Präsentation in größerer Runde sind Gespräche notwendig, um Entscheider und Beeinflusser vorzubereiten und abzuholen sowie die Gegner der eigenen Vorschläge und ihre Argumente zu kennen.

In einer großen Runde mit Vorgesetzten und Kollegen steht man als Produktmanager oft ganz alleine vorne. Nur wenige Chefs sind bereit, für einen vortragenden Manager in die Bresche zu springen. Auch einen sehr guten Vorschlag eines Produktmanagers wird seine Führungskraft möglicherweise nicht gegen die Angriffe der Kollegen verteidigen, wenn der Produktmanager mit dem Rücken an der Wand steht.

2.2.1 Wettbewerbsstrategie

2.2.1.1 Einflussfaktoren auf die Wettbewerbsstrategie

Die Abb. 2.5 zeigt Einflussfaktoren für das eigene Unternehmen und für das Verhalten der Wettbewerber. Im Unterschied zu der ursprünglichen Darstellung nach Porter wurde die Kommunikation berücksichtigt. Diese kann durch die Werkzeuge der Digitalisierung immer intensiver genutzt werden. Die Unternehmensumwelt bedingt ökonomische und ökologische Marktanforderungen. Gesetze und Normen bestimmen und begrenzen die Unternehmensumwelt für Anbieter und deren Kunden. Die Wahl der Absatzkanäle und die Ausrichtung der Wettbewerbsstrategie müssen daran angepasst sein.

Eine Multichannelstrategie zielt auf eine breite Marktabdeckung sowie eine differenzierte Antwort auf die Angebote der Wettbewerber. Dementsprechend müssen die Funktionalität der Produkte und deren Qualität (Wartungsintervalle, Lebensdauer etc.) differenziert realisiert werden. Das ermöglicht, Kostensenkungen in profitable Absatzsteigerungen umzumünzen. Umso spezieller die segment-/applikationsspezifischen Anforderungen – etwa im Maschinenbau oder in der Automatisierungstechnik – sind, desto höher sind die Anforderungen an die Funktionen der Produkte, die Software und die Services. Ebenso ist das mit dem Kunden vereinbarte Qualitätsniveau, das heißt der maximale Anteil der Produkte oder Services, die wesentliche Mängel haben können, durch die Entwicklungs-, Produktions- oder Serviceprozesse zu gewährleisten. Von den Kunden müssen für geeignete Funktionen und das geforderte Qualitätsniveau entsprechende Preise verlangt werden. Kostenführerschaft hängt von den Preisforderungen der Wettbewerber ab. Strebt man eine bedingungslose Funktionsführerschaft mit sehr speziellen Einzellösungen für Kunden an, dann hat man keine Mengensynergien (Economies of Scale), sondern man muss auskömmliche Preise für die individuellen Einzellösungen erzielen können.

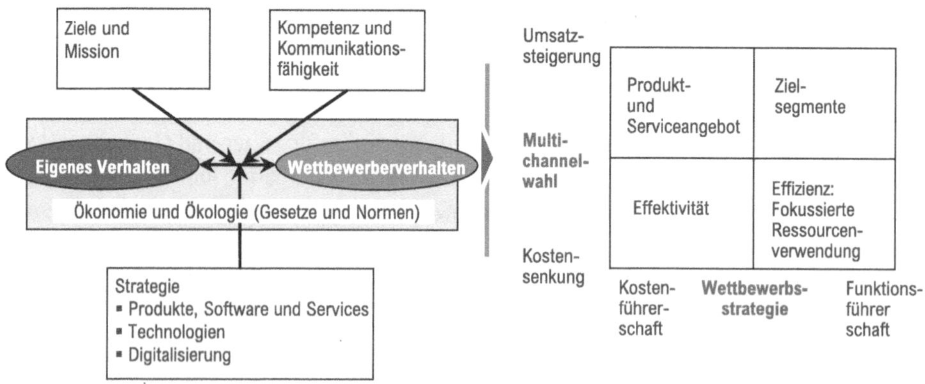

Abb. 2.5 Einflussfaktoren auf das relative Wettbewerbsverhalten. (Nach Porter in Anlehnung an Backhaus und Voeth 2014, S. 140 in Kombination mit Homburg et al. 2016, S. 57)

Multichannelziele und das Multichannelmanagement bergen Gefahren. Wenn eine B2B-Marke in unterschiedlichen Preissegmenten verwendet wird, dann kann sie in der Kundenwahrnehmung an Wert verlieren. Sie wird wie im Konsumgütergeschäft „verramscht“. Auch die Bedienung unterschiedlicher Vertriebskanäle mit differenzierten Service- und Preiserwartungen birgt Risiken.

Je ein Beispiel für ein Risiko und eine Chance des Multichannelmanagements sind:

- Durch das eigene Webportal entsteht für die Portale der Vertragshändler Konkurrenz (Gefahr).
- Durch ein KAM (Key-Account Management) wird ein Großkunde besser bedient als durch den Flächenvertrieb der Wettbewerber (Chance).

2.2.1.2 Technologiekompetenz der Konkurrenten

Abb. 2.6 verdeutlicht, dass die dem eigenen Unternehmen und den Konkurrenten zur Verfügung stehenden Technologien geprüft und verglichen werden müssen. Können die Innovationsziele hinsichtlich der Kundenerwartung erreicht werden? Es sollten dafür Kunden sowie Markt- und Technologieexperten befragt werden. Welche neuen Konkurrenten sind im Markt zu erwarten, die heute noch gar nicht Teil des eigenen ökonomischen Systems (Ecosystems) sind? Diese potenziellen Wettbewerber stellen bisher eventuell völlig andere Produkte her oder erbringen digitale Dienstleistungen.

Wenn sich die Option für den Einsatz einer Technologie bietet, sollte abgeschätzt werden, ob das eigene Unternehmen diese Technologie im erforderlichen Zeitrahmen entwickeln oder zukaufen und beherrschen kann. Ist das eigene Unternehmen beispielsweise selbst in der Lage, Brennstoffzellen der folgenden Leistungsgeneration für Wasserstoff zu entwickeln? Haben Wettbewerber bereits die Brennstoffzellen der nächsten Generation in der F&E? Gibt es Technologieunternehmen, von denen man diese Brennstoffzellen zukaufen oder mit denen man diese gemeinsam weiterentwickeln kann?

	Aktuelle Konkurrenten	**Potenzielle Konkurrenten**
Aktuelle Technologien	▪ Technologiepotenzial ▪ Innovationsziel ▪ Technologiestrategie ▪ Annahmen	▪ Markteintritt ▪ Marktexpansion
Potenzielle Technologien	▪ Einführung neuer Technologien ▪ Forschungsziele	▪ „Neuer Markt“

Abb. 2.6 Zielfelder von technologischen Konkurrenzanalysen. (Siehe Hieronymus et al. 1996, S. 27)

Zusätzlich muss man immer im Blick haben, ob potenzielle Wettbewerber völlig neue Technologien entwickeln, die einen weiteren Markt eröffnen. Webbasierte Technologien ermöglichen heute völlig neue Geschäfte, die es in der bisher überwiegend physischen Produktwelt nicht gab.

Man muss mit neuen Wettbewerbern rechnen und sollte diese nicht unterschätzen, z. B.:

- Automobilindustrie: Teslar, Byton (China) oder Google
- Datenbank- und Cloudprovider: Der Onlinehändler Amazon wurde mit „AWL“ zum B2B-Cloud- und IIoT-Service-Provider
- Taxiservice: Uber

▶ Chinesische Weisheit: Kenne dich selbst und deine Feinde (Wettbewerber) gleich gut! (Meister Sun-dsï, Chinesischer General und Militärstratege, um 544–496 v. Chr.)

Abb. 2.7 verdeutlicht, dass Geschäftspartner, Kunden und Anbieter aus anderen Branchen zu gefährlichen Wettbewerbern werden können. Dafür könnten diese Anbieter z. B. ihr Geschäftsmodell vertikalisieren (Vorwärts- oder Rückwärtsintegration von Wertschöpfung). Lieferanten, die beispielsweise Elektronikkomponenten entwickelt haben, könnten selbst mit vergleichbaren Endprodukten an den Markt gehen. Dasselbe könnten auch Hersteller von Ersatzteilen tun, die im Original Equipment Manufacturing(OEM)-Markt aktiv sind.

Neben der klassischen Wettbewerbersicht verschieben sich die Grenzen auch zwischen den Wertschöpfungsstufen z. B. bei den Anbietern von IIoT-Technologien und -Services. Normen und Standards der Digitalisierung wie 5G-Kommunikations-

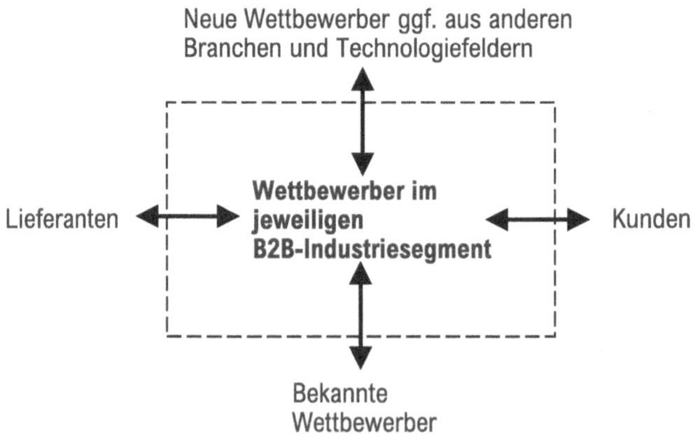

Abb. 2.7 Veränderungen der Branchen-/Industriegrenzen und neue Wettbewerber. (In Anlehnung an Porter 1992, S. 244)

technik oder OPCUA-Datenkommunikationsstandards erfordern eine offene Zusammenarbeit von Wettbewerbern in Gremien. Darüber hinaus werden Softwaresysteme immer komplexer und müssen trotzdem flexibel anpassbar sein. Auch große Unternehmen und Weltkonzerne können es sich nicht leisten, sämtliche Software im eigenen Haus zu entwickeln. Sie integrieren Open-Source-Softwarebausteine in ihren eigenen Quellcode. Die Kundenapplikation ist Eigentum des jeweiligen Kunden, aber das Gesamtsystem bleibt Eigentum des Anbieters. Softwarebausteine müssen für alle Nutzer der Open-Source-Plattform freigegeben werden. So entstehen, wie Abb. 2.8 zeigt, neue Ecosystems mit unterschiedlichen Teilnehmern, die innerhalb ihres Markt- und Kompetenzsegments konkurrieren. Durch Kompatibilität über Standards werden Anbieter austauschbarer. Die Unternehmen müssen hier ihre eigene Differenzierung – z. B. ihren Service – stärker in den Vordergrund rücken und verkaufen. Auch dafür ist ein integriertes Handeln von Produkt- und Vertriebsmanagement von hoher Bedeutung.

2.2.1.3 Preiswettbewerb und -management

B2B-Märkte sind in der Praxis weniger volatil als B2C-Konsumentenmärkte. Aber es gibt Marksegmente, wie z. B. elektronische Bauteile oder mechanische Komponenten, auf die ein breites Spektrum von Industriekunden, Automobilhersteller und Konsumentenbranchen zugreift. Dadurch kann es zu Verknappungssituationen kommen, die Gefahren bergen. Die Kunden müssen unter Umständen sehr hohe Preise akzeptieren.

Die vollständige Transparenz von Preisstrategien und Gewinnen unter Marktteilnehmern entspricht nicht der Realität (vgl. dazu den spieltheoretischen Ansatz in Back-

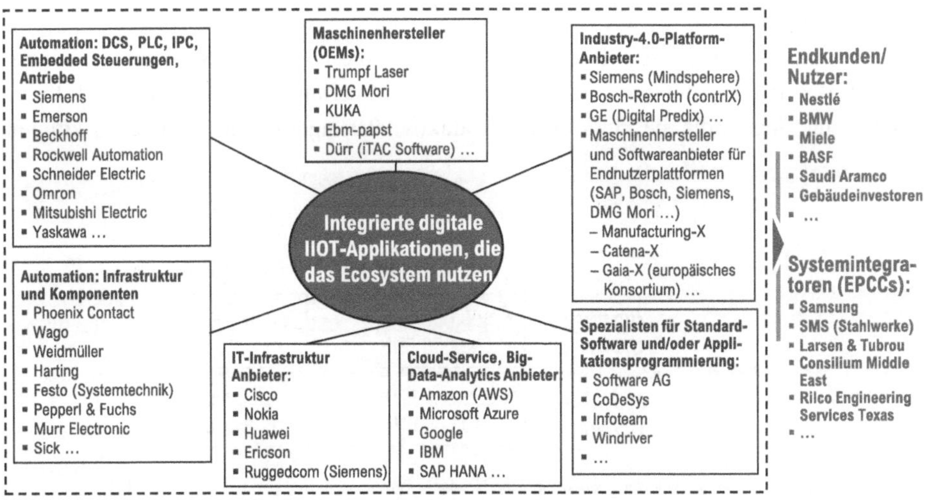

Anmerkung: Unternehmen sind willkürliche als Beispiele für eine große Zahl von weiteren Marktteilnehmern

Abb. 2.8 Ecosysteme der Digitalisierung am Beispiel von IIoT-Elementen und deren mögliche Anbieter und Endkunden haus und Voeth 2014, 151, der auch im Beispiel von Abb. 2.9 verwendet wurde). In der Regel werden auch Angebotsengpässe nicht ewig andauern. Es wird sich ein neues Marktgleichgewicht bilden. Das Beispiel in Abb. 2.9 zeigt die Handlungsalternativen für Preisforderungen von zwei Unternehmen auf dem Mikrochip-Markt. Es wäre für beide Konkurrenten profitabler, wenn sie für eine Verpackungseinheit mit 100 Mikrochips jeweils 600 EUR verlangen würden. In diesem Fall würden die Unternehmen bei gleichen Herstell- und Vertriebskosten einen Gesamtgewinn von 810.000 EUR erzielen. Falls beide Chiphersteller unabhängig voneinander und ohne Kartellabsprachen handeln, werden sie versuchen, durch ein Absenken des Preises auf jeweils 400 EUR pro 100 Stück einen höheren Marktanteil zu erzielen. Beide Unternehmen müssen sich deshalb mit einem Gesamtgewinn von 500.000 EUR zufriedengeben. Dabei wird angenommen, dass beide Anbieter dieselben Kosten haben. Würden sie den Preis noch weiter absenken, dann würden sie keinen ausreichenden Gewinn erzielen, um in die Entwicklung und Produktion der folgenden Chipgeneration zu investieren.

Preise hängen neben Angebot und Nachfrage auch von anderen Faktoren ab, z. B.:

- Preise können bei der Betrachtung von regionalen Märkten völlig unterschiedlich sein, da die Preiserwartungen in Märkten wie Afrika oder Indien andere sind als in Europa. Es gibt ggf. günstigere, lokale Anbieter.
- Die Funktionen der Produkte haben ein unterschiedliches Leistungsniveau und somit einen Unterschiedlichen Wert, der z. B. durch die Produktivität einer Maschine bestimmt wird.
- Kunden haben unterschiedliche Anforderungen an die Lebensdauer und Qualität eines Produktes.

Gutes Preismanagement ist aufwendig und muss an die regionalen Strategien angepasst sein. B2B-Anbieter müssen z. B. in Folge von Materialpreiserhöhungen und Lohnkostensteigerungen, die sie nicht durch Produktivitätssteigerungen ausgleichen können,

		Preisstrategie Unternehmen 2	
		400 EUR/ 100 Stk	600 EUR/ 100 Stk
Preisstrategie Unternehmen 1	400 EUR/ 100 Stk	▪ 500.000 EUR ▪ 500.000 EUR	▪ 810.000 EUR ▪ 250.000 EUR
	600 EUR/ 100 Stk	▪ 250.000 EUR ▪ 810.000 EUR	▪ 625.000 EUR ▪ 625.000 EUR

Legende: 1. Betrag ist jeweils der Gewinn von Halbleiteranbieter 1
2. Betrag ist der Gewinn von Halbleiteranbieter 2

Abb. 2.9 Preisstrategie für elektronische Chips

den Preis erhöhen. Nur so können die notwendigen Profitabilitätsziele erreicht werden. In Boomphasen von Industriesegmenten ist das in Folge von hoher Nachfrage einfacher als in Zeiten normaler Nachfrage oder bei geringer Nachfrage in Krisenzeiten. Man darf die richtigen Zeitpunkte für ein kontinuierliches Anheben der Preise nicht verpassen, da die Kunden keine überproportionalen Preissprünge akzeptieren.

Drei Praxisbeispiele für mögliches Marktverhalten entsprechend Abb. 2.10, auf die ein deutscher Hersteller mit einem passenden Preisangebot und mit geschickter Kommunikation reagieren muss:

- *Deutschland*
  Der Kunde A zahlt für das Produkt X1 in Deutschland nur einen Preis von 9 EUR, obwohl der Hersteller D dafür in Deutschland eigentlich 10 EUR verlangt. Der Vertragshändler des deutschen Herstellers D verzichtet also auf einen Teil seiner Handelsmarge.
- *Deutschland, Indien*
  Im indischen Zukunftsmarkt will der deutsche Hersteller D erste Erfolge erzielen. Die Preise sind in Indien bis zu 50 % niedriger. Das Produkt X1 wird den indischen Kunden in einer Version X2 mit reduzierten Funktionen für 6 EUR angeboten. Der deutsche Maschinenbau-Stammkunde A erfährt davon. Ab sofort will er in Deutschland für das Produkt X1 auch nur noch den indischen Preis für die Version X2 zahlen. Die Marge von X1 würde erodieren, falls der Hersteller D sich darauf einlassen

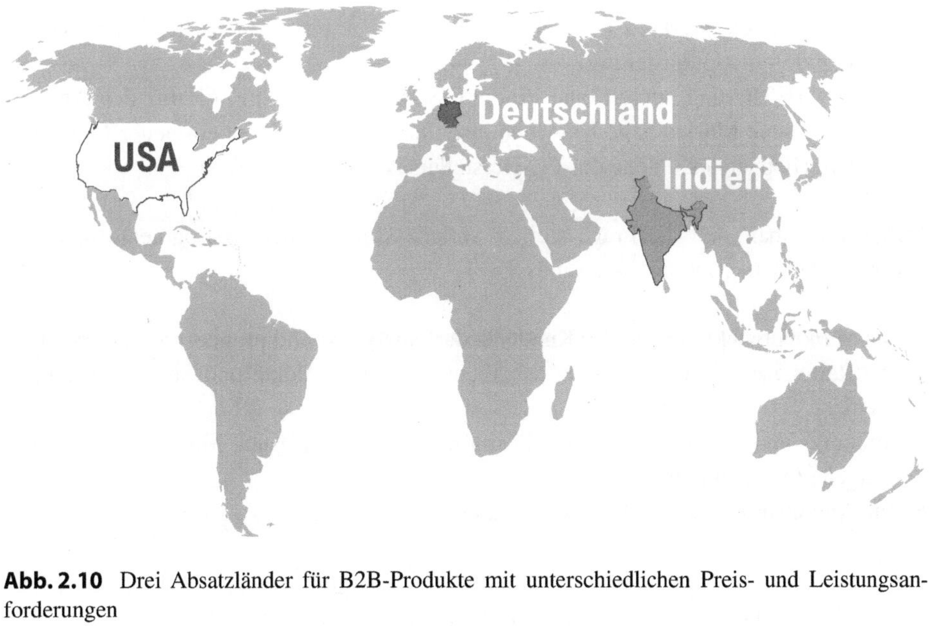

Abb. 2.10 Drei Absatzländer für B2B-Produkte mit unterschiedlichen Preis- und Leistungsanforderungen

müsste und es zwischen den Funktionen der Produkte X1 und X2 keine signifikanten Unterschiede gäbe.

- *USA, Deutschland, Indien*
  Dem weltweit aktiven KA-Großkunden B wird das Produkt X1 in den USA für 11 EUR, in Deutschland für 10 EUR und in Indien für 8 EUR verkauft: Nach Einführung einer global verantwortlichen Einkaufsabteilung – die zumindest einen Teil des Konzerns überschaut –, will der internationale KA-Kunde B weltweit nur noch 8 EUR zahlen.

2.2.2 Produktstrategie und Innovationsmanagement

Das Produktmanagement sollte die aktuellen Positionen und Optionen des Produkt- und Serviceportfolios in einer 4-Felder-Matrix nach Ansoff (vgl. 1987, S. 109) bestimmen. Auf der X-Achse werden die Produkte bzw. die Services und auf der Y-Achse die Mission abgetragen:

A. *Aktuelle Mission*
   - „Marktpenetration" der derzeit bearbeiteten Märkte bzw. Branchen mit den vorhandenen Produkten und Services
   - „Produkt-/Serviceentwicklung" im Rahmen der aktuellen Mission (Roadmap)

B. *Optionale Mission*
   - „Marktentwicklung" durch das Anbieten der vorhandenen Produkte und Services in bekannten Märkten bzw. Branchen, die aber bisher nicht bearbeitet wurden (Bsp. Internationalisierung)
   - „Diversifizierung" durch eine Produkt-/Serviceentwicklung, die für den Anbieter völlig neue Märkte bzw. Branchen erschließt oder durch die ein neuer Markt entsteht (Bsp. erstes iPhone des PC-Herstellers Apple)

Dabei muss man sich die Frage stellen, welche strategischen Zielsegmente man verteidigen oder neu erobern will. Es müssen

- die Marktentwicklung und der Kundenbedarf analysiert und prognostiziert werden,
- die Reife- bzw. Sättigungsgrade der Technologien, Produkte und Services bestimmt werden,
- die kurz- und mittelfristigen Plan-Positionen (Umsatz, Kosten, Marge, Cash Bedarf) festgelegt werden und
- Innovationsprozesse im F&E-Bereich angestoßen werden.

Auch in einer zunehmend digital geprägten Ökonomie gelten die drei von Porter beschriebenen alternativen strategischen Stoßrichtungen unverändert:

1. Es kann eine „Fokussierung auf Schwerpunktsegmente innerhalb einer Industrie" gewählt werden. Die Kosten und die Preise der Angebote von Hardware, Software und Services müssen dafür der Nachfrage und der Wettbewerbsintensität in den jeweiligen Industrie- bzw. Branchensegmenten angepasst werden.
2. Es kann ein vom Wettbewerb „differenzierendes Portfolio" von Produkten aus Hardware, Software und Services in der gesamten Breite der Industrie angeboten werden. Die Wettbewerbsvorteile müssen einfach und eindeutig darstellbar sein.
3. Es wird eine umfassende Kosten- und Preisführerschaft in der Summe der angebotenen Leistung aus Hardware, Software und Services angestrebt. Diese ist aber in der gesamten Breite von Branchen- und Industriesegmenten kaum erreichbar. Kontinuierliche Effizienzsteigerung ist die Voraussetzung für Kostenführerschaft. Auch bei Kostenführerschaft muss das Unternehmen profitabel sein und einen ausreichenden Cashflow erzielen, damit weiter in Produkte oder Kosteneinsparungen investiert werden kann.

Innovationsprozesse sollten vom Produktmanagement gesteuert werden.

1. Der Innovationsprozess gemäß Abb. 2.12 muss an der Portfoliostrategie für die Produkte und Services ausgerichtet werden. Die Strategie sollte die Kundenbedürfnisse, die Wettbewerbssituation (was bieten andere an?) und die relevanten Technologien reflektieren.

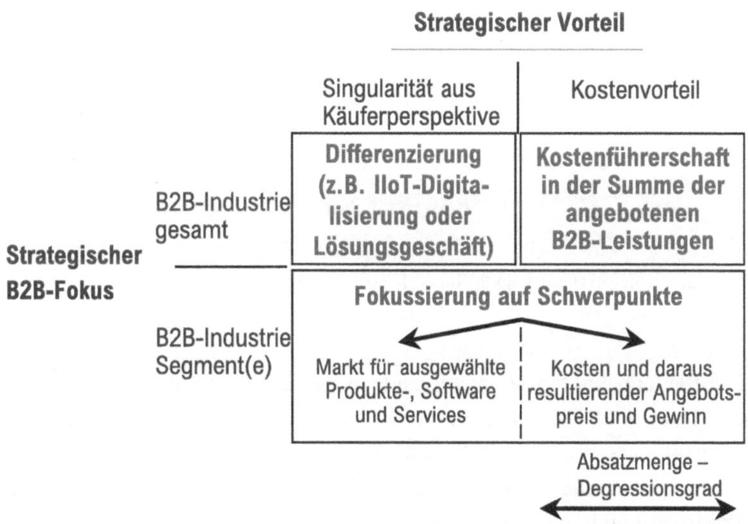

Abb. 2.11 Wettbewerbsvorteile durch Produkteigenschaften oder Kostenführerschaft. (In Anlehnung an Porter nach Pleschak und Sabisch 1996, S. 85)

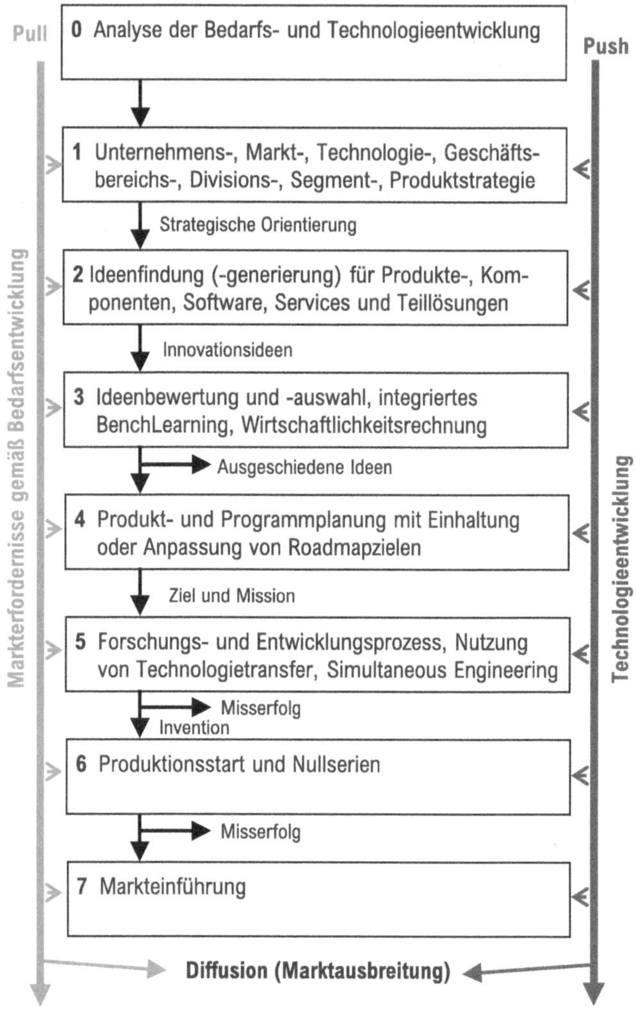

Abb. 2.12 Innovationsprozess. (Nach Sabisch 1991, S. 16)

2. Darauf aufbauend sollten Innovationsideen generiert und im Team gemeinsam mit externen Markt- und Technologieexperten bewertet werden:
   - Nicht erfolgversprechende Alternativen sollten verworfen werden.
   - Erfolgversprechende Ideen sollten in der Produktprogrammplanung und in der Produktroadmap berücksichtigt werden.

   Wegen sich ändernder Marktanforderungen oder neuer technischer Lösungsoptionen sollten auch nach dem Beginn einer Entwicklung immer wieder Überprüfungen vorgenommen werden.

   Beispiel: Die Akzeptanz von batteriebetriebenen Elektrofahrzeugen ist wegen ihrer geringeren Leistungsfähigkeit gegenüber Fahrzeugen mit Verbrennungsmotor noch begrenzt. Die Wasserstofftechnologie ist insbesondere bei schweren Fahrzeugen eine Alternative gegenüber der Batterietechnologie. Sie hat Vorteile beim Betanken und in der Reichweite. Die Herstellung und die Nutzung von Batteriefahrzeugen kann bisher noch keine positive Ökobilanz aufweisen. Trotzdem fördert die Politik die Batterietechnologie. Das Beispiel zeigt, dass Subventionen und Steuervorteile einen erheblichen Einfluss darauf haben können, welche Technologien sich in frühen Phasen der Markentwicklung behaupten. Langfristig wird sich immer die effektivere und kostengünstigere Technologie durchsetzen.

3. Der Forschungs- und Entwicklungsprozess kann abhängig von der Produktart klassisch sequenziell oder iterativ bzw. agil geführt und organisiert werden.
   - Ein Beispiel für eine klassische Produktart ist das Emergency-Shutdown-System (ESD; Notfallabschaltungssystem) für eine Ölraffinerie.
   - Ein Beispiel für eine Produktart, die agil entwickelt werden kann, ist ein Softwaretool im Bereich IIoT für die Qualitätskontrolle an einer Hobelmaschine (Predictive Quality Management).
4. Markteinführung: Eine Invention bzw. eine Erfindung wird erst zur Innovation, wenn sie im Markt akzeptiert wird und profitabel ist.

2.2.2.1 Preispositionierung

Die Abb. 2.13 verdeutlicht an einem Beispiel für Handwerkzeuge die Relation von Preis und Funktionsumfang (vgl. Homburg et al., 2016, S. 72):

- Für ein Premiumprodukt wäre ein Sonderpreis von 28 EUR günstig. Der angenommene Normalpreis im Handel beträgt 36 EUR (ohne die Betrachtung von Listenpreisen und Rabatten).
- Die Leistung oder Funktion eines Produktes hat primär nichts mit der Qualität der Ausführung zu tun. Wenn sich beispielsweise bei einem Premiumprodukt nach sechs Monaten die Griffe lösen würden, dann würde das den Qualitätserwartungen widersprechen. Auch bei einem Low-Spec-Produkt sollte ein funktionsfähiger Griff vorhanden sein. Kunden im Low-Spec-Segment nehmen wegen eines günstigen Preises

Abb. 2.13 Preis versus Leistung (Funktion und Service) am Beispiel von Schneidwerkzeugen

aber oft jedoch nicht nur eine geringere Funktionalität, sondern auch Qualitätsdefizite in Kauf.

2.2.2.2 Produkt- und Leistungsfokus

Gemäß Porter (siehe Abb. 2.11) muss sich jedes Unternehmen fokussieren. Ein Unternehmen mit starkem Kostenfokus sollte nicht in jedem Marktsegment Produkte anbieten. Es besteht die Gefahr der Verzettelung und der Enttäuschung von Kundenerwartungen. Diese entsteht insbesondere dann, wenn digitale Kommunikation und das Marketing die Kunden erreicht, aber der erwartete Kundenservice nicht flächendeckend geleistet werden kann.

Unternehmen haben ein Image. Der Anbieter wird von den Kunden mit bestimmten Produkten und Leistungen als Firma oder Marke in Verbindung gebracht. Dieses Markenbild könnte Schaden nehmen, wenn durch Fehler in neuen Märkten das etablierte Stammgeschäft in Verruf gebracht wird. Die alte Weisheit „Schuster bleib bei deinen Leisten“ darf jedoch nicht zu eng ausgelegt werden. Wenn der „Schuster Meier“ neben Schuhen auch innovative Ledertaschen anbietet, dann kann das eine sinnvolle Geschäftserweiterung sein. Falls der „Schuster Meier“ aber auch Ledersofas anbieten möchte, wird er das mit Hilfe des „Möbelhauses Müller“ tun müssen. Es kann allerdings sein, dass sich der „Schuster Meier“ damit verzettelt. Die Geschäftserweiterung bedingt in der Regel zusätzliche Einkaufs-, Produktions-, Logistik-, Produkt- und Vertriebskompetenz in Zusammenarbeit mit dem Handel.

In der Abb. 2.14 werden Quellen aufgeführt, aus denen Unternehmen Ideen für Innovationen gewinnen können. In der Regel mangelt es nicht an Ideen, sondern an Mitarbeitern und an finanziellen Ressourcen, um sie zu realisieren. Die wesentliche Heraus-

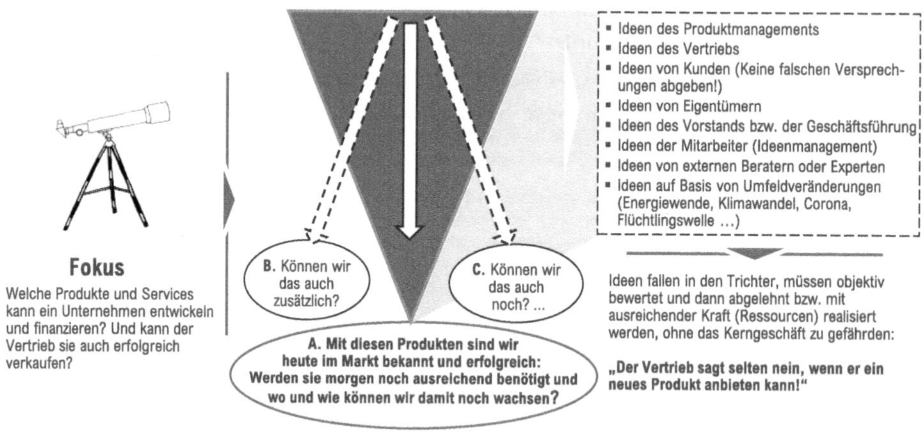

Abb. 2.14 Fokus auf ein ausgewähltes Produkt- und Serviceprogramm. (Illustration: © Liv Tintelnot)

forderung ist das Filtern und Bewerten, ob neue Ideen oder Produktvarianten erfolgreich umgesetzt werden können. Es zählt die Fokussierung!

Der Vertrieb sagt selten nein zu einem neuen Produkt, das er anbieten könnte. Oft überschätzen einzelne Kollegen die Gesamtnachfrage auf Basis ihres eigenen Vertriebsgebietes. Für sie ist es schwierig, den gesamten Markt zu beurteilen. Vertriebe drohen oft damit, dass ein Kunde oder ein Markt verloren gehen könnte. Der Vertrieb fordert möglicherweise Produktvarianten für spezielle Applikationen, die ein einzelner Kunde fordert oder die der Wettbewerb anbietet. Dabei wird oft das Gesamtziel aus den Augen verloren. Ideen müssen immer objektiv bewertet werden. Daraus muss resultieren, ob ein Produkt realisiert oder abgelehnt wird. Der Fokus auf das Kerngeschäft darf nicht aufgegeben werden. Das funktioniert nur, wenn es ein abgestimmtes bzw. ein integriertes Produkt- und Vertriebsmanagement gibt.

2.2.2.3 Innovationen und Synergien – Standardisierung versus Individualisierung

Differenzierung kann eine Individualisierung erfordern, die im negativen Fall zur Defokussierung des Unternehmens führen kann. Ein daraus resultierender, nicht zusammenhängender und unüberschaubarer „Bauchladen" von Produkten und Services kann den Verlust von Synergien bedeuten und den Bestand des Unternehmens gefährden.

Ein anbietendes Unternehmen muss strategisch abwägen, ob es ein Volumengeschäft oder ein individualisiertes Geschäft profitabler gestalten kann (vgl. zu Synergien auch Backhaus 2014, S. 601):

- Volumengeschäft mit Massenprodukten ermöglicht Economies of Scale und geringere Stückkosten als individuelle Produkte.
- Individualprodukte in Nischen ermöglichen höhere Gewinne pro Stück. Aber die Stückkosten z. B. für „One-Piece-Flow" in der Fertigung und die individuellen Vertriebskosten sind in der Regel höher (vgl. Porter 1992, S. 308).

Eine Differenzierung und Individualisierung gemäß Abb. 2.15. hat folgende Vor- und Nachteile:

1. Vorteile: Wenn man ein Investitionsgut sehr individuell als Lösung anbietet, dann entsteht eine starke Fokussierung auf einzelne Kunden. Es wird eine hohe Wechselbarriere zu Wettbewerbern aufgebaut.
2. Nachteile:
   - Man kann nicht für jeden Anwendungsfall der Kunden eine Lösung entwickeln, da sonst die Gefahr besteht, dass man alle Synergien mit dem Standardgeschäft verliert.
   - Zusätzlich kann eine Haftungsrisiko durch Verzettelung und mangelnde Kompetenz entstehen. Die Fachkenntnisse reichen ggf. nicht einmal für den Zukauf von Fremdkomponenten aus.

Abb. 2.15 Innovationsgrad versus Individualisierung von Kundenwünschen. (Nach Pleschak und Sabisch 1996, S. 82)

2.2.2.4 Service als Differenzierung und als Geschäftsmodell

Der Service kann ein differenzierender Faktor sein oder er ist ein notwendiges Element des Geschäftssystems, ohne das ein Geschäftsmodell nicht erfolgreich sein kann

1. Service als Differenzierung und als Zusatzgeschäft:
   Durch Serviceleistungen kann man sich von Wettbewerbern unterscheiden, aber sie sollten so weit wie möglich in Rechnung gestellt werden. Beispiele (Abb. 2.16):
   – Ein Maschinenbauer bietet die Programmierung der Maschine, Inbetriebnahme und Wartung in Eigenleistung oder mit qualifizierten Service-Partnern an. Das kann der profitabelste Teil des Maschinen- und Anlagenbaugeschäftes sein. Dazu können Fernwartungsservices oder ein Monitoring mit Predictive Maintenance für die Endkunden des Maschinebauers bzw. die Betreiber und Nutzer der Maschinen

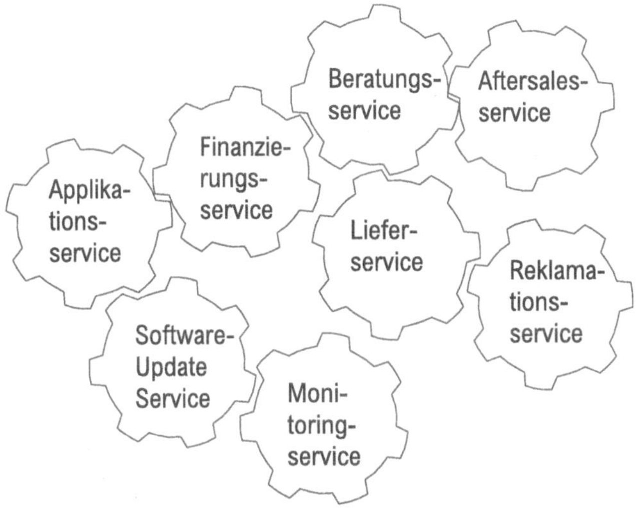

Abb. 2.16 Innovationsgrad versus Individualisierung von Kundenwünschen.

gehören. Wichtig ist, dass den Betreibern von Maschinen und Anlagen ein tragfähiges Servicemodell vorgerechnet werden kann. Wie viele Störungen gibt es in den Maschinen wirklich und welche Kosten werden durch eine höhere Verfügbarkeit der Maschinen vermieden? Maschinen werden dann ggf. nicht mehr verkauft, sondern mit einer Verfügbarkeitsgarantie vermietet. Für den Vertrieb ist das eine sehr anspruchsvolle Aufgabe, da hier über die vertikalen Stufen und Netzwerke (vgl. Abb. 2.8) hinweg gedacht, erklärt und überzeugt werden muss.

– Ein Steuerungshersteller X bietet auch die Planung für das elektrische Steuerungskonzept einer Anlage an. In vielen Fällen engagiert der Endkunde auch einen Anlagenplaner bzw. ein Ingenieurbüro. Das Ingenieurbüro wälzt dann jedoch im Rahmen der Ausschreibung oft einen großen Teil der Elektroplanung auf den Steuerungshersteller ab. Der Steuerungshersteller wird dafür vom Planungsbüro in der Ausschreibung erwähnt und indirekt empfohlen. Man erwartet von konkurrierenden Anbietern ein Angebot von Steuerungskomponenten, die den Produkteigenschaften der Firma X entsprechen. Die Wahrscheinlichkeit ist hoch, dass die Firma X den Zuschlag erhält, falls der angebotene Preis angemessen ist. Beratungsleistungen in Rechnung zu stellen, ist für die Hersteller solcher Steuerungskomponenten nicht einfach, da die Kunden diese Art der Beratungsleistung meistens gratis erwarten.
– Lieferanten bieten Finanzierungsservices wie Lieferantenkredite, Konsignationslager für Komponenten oder Leasing von Maschinen und Anlagen an. Die Übernahme von Serviceleistungen bei Endkunden ist eine Vorwärtsintegration. Bei

den bisherigen Direktkunden, die Maschinenbauer (OEMs) sind, ist das ggf. unerwünscht. Sie kaufen Vorprodukte ein, um sie in ihre Maschinen zu integrieren. Oft wollen sie die Servicemarge bei ihren Endkunden, den Nutzern der Maschinen, selbst erzielen. Man wird vom Zulieferer des OEM zu dessen Wettbewerber. Das kann zum Verlust des Geschäftes mit den Vorprodukten führen.

Fazit: Wertschöpfungserweiterung ist nicht einfach, aber wenn man die Chance dazu nicht nutzt, dann könnten Wettbewerber in das Basisgeschäft einsteigen.

2. Service als notwendiges Element des Geschäftssystems:
   - Beratungsservice beim Verkauf ist unentgeltlicher Teil des Angebotes.
   - Applikationsservice für Hardware und Software sollte ebenso wie Inbetriebnahmen von Maschinen und Anlagen in Rechnung gestellt werden.
   - Lieferservice mit Frachtführern sollte in Rechnung gestellt werden.
   - Software-Update-Services per Docker aus der Cloud und das Erwerben von Apps mit Zusatznutzen sollten angeboten und weitgehend in Rechnung gestellt werden.
   - Reklamationsservice darf nicht in Rechnung gestellt werden.
   - After-Sales-Service und Störungsbehebung muss man anbieten, aber man sollte diese so weit wie möglich in Rechnung stellen:

     Der Störungsbehebungsservice kann z. B. auf drei Ebenen angeboten werden:

     First-Level-Support 24/7 durch den lokalen Vertriebsinnendienst, der pro Verkaufsland oder auch regional organisiert sein kann.

     Second-Level-Support über das Produktmanagement (zentral oder dezentral organisiert). Bei entsprechender Fallzahl kann er durch ein separates Kundenserviceteam mit Applikationsingenieuren ausgeführt werden. Es können hohe Reisekosten durch Flüge etc. entstehen. Für Leistungen, die über eine normale Garantieleistung hinausgehen, sollte man ein Servicelevel-Agreement (SLA) in Form eines Rahmenvertrags abschließen.

     Third-Level-Support, bei dem detaillierte Kenntnisse der Hard- und Software erforderlich sind, kann oft nur durch die Entwicklungsabteilung geleistet werden.

2.3 Marktstrategie

Abb. 2.17 zeigt Analysemethoden zum Sammeln von Informationen für Produktideen, technische Lösungsprinzipien und Produktlösungen (vgl. dazu Sabisch und Tintelnot 1997, S. 88 f.).

Die Marktstrategie muss immer basieren auf

- Marktwissen, das heißt, die Kundeanforderungen und Wettbewerberangebote zu kennen, und
- Technologiewissen, das auch aus anderen Branchen adaptiert werden kann.

Objekte / Analysen	Produktideen (Anregungen)	Technische Lösungsprinzipien	Produkte (Lösungen)	Prozesse bzw. Abläufe und IT
1 Nachfrage-analyse Kundenbedarfs-analyse	Anforderungen potenzieller Kunden	Lead-User- bzw. Lead-Customer-Inventionen	Lead-User-Innovationen	Lernen von potenziellen Kunden
2 Angebotsanalyse Wettbewerber	Imitation von Ideen (Lizenzen oder ungenutzte Patente ggf. auch aus anderen Industrien wie Konsumgüter-anbieter)	Imitation fremder Prinzipien und Inspiration für eigene Prinzipien	Imitation fremder Produkte und Inspiration für eigene Produkte	Lernen von Wettbewerbern
3 Technologie-analyse Generische Technologie-quellen und Management-techniken	Abgeleitete Ideen oder Prinzipien aus F&E-Ergebnis	Adaption von Prinzipien	Imitation fremder Prinzipien als Inspiration oder als Basis für eigene Produkte	Einführung fremder Prinzipien als Inspiration oder Basis für eigene Prozesse oder IT-Strukturen

Abb. 2.17 Informationsmatrix für das Produktmanagement. (Nach Sabisch und Tintelnot 1997, S. 87)

BenchLearning, das heißt vergleichendes Lernen aus vorhandenen Lösungen und aus der aus der Natur zu übernehmen, das sollte ein Grundprinzip bei der Ideenfindung in Produktmanagement und Produktentwicklung sein. Das gilt sowohl für betriebswirtschaftliche Management-Aufgaben als auch für technische Aufgabenstellungen.

In der Abb. 2.18 wird deutlich, welches Marktvolumen durch Marketing im Investitionsgütersegment (B2B-Geschäft) beeinflusst werden kann. Die Hebel-

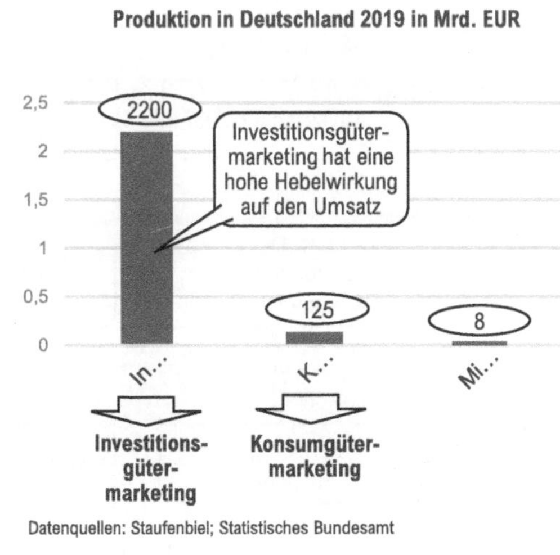

Abb. 2.18 Investitions-, Konsum und Militärgüterproduktion in Deutschland. (In Anlehnung an Backhaus und Voeth 2014, S. 3 auf Basis von Datenquellen des Statistischen Bundesamtes und von Staufenbiel)

effekte sind im B2B-Geschäft absolut größer als im Konsumgütergeschäft, da die Marketingmaßnahmen wie Werbung oder Fachmessen gezielter und mit geringeren Streuverlusten durchgeführt werden können.

Produktmanager im B2B sollten nicht nur auf ihre eigene Branche fixiert sein. Sie sollten auch das Konsumgütergeschäft und die allgemeine IT-Entwicklung im Blick haben. Für Produktmanager im B2B sind nicht nur die internationalen Investitionsgütermessen, sondern auch Konsumentenmessen wie z. B. die „Consumer Electronic Show" (CES) in Las Vegas oder die virtuellen Produktpräsentationen von Unternehmen wie Apple oder Google relevant.

Früher entstanden Technologiesprünge nach Abb. 2.19 oft überwiegend im Bereich der Militärtechnologie oder in der Forschung im Zusammenhang mit Weltraumprojekten (Rocket Science). Von dort gelangten die Neuerungen dann über die Investitionsgüter und Produktionsfortschritte (neue Möglichkeiten) in den Konsumgüterbereich. Im 21. Jahrhundert hat sich diese Reihenfolge der Technologieverbreitung verändert. Für Software gilt der Einfluss auf die Militärtechnologie allerdings weit weniger als für Hardware. Die Digitalisierung im militärischen Bereich bedingt hohe Sicherheitsanforderungen, um Angriffe auf militärische Kommunikationssysteme durch Feinde und Hacker auszuschließen. Deshalb sollte die Nutzung von zivilen Softwaresystemen für militärische Zwecke kaum möglich sein.

Anforderungen an Strategien (Märkte, Kunden, Ziele) im Investitionsgüterbereich sind:

- Investitionsgüter sind tendenziell langlebiger konzipiert als Konsumgüter, weil der Maschinen- und Anlagebetreiber erwartet, sie über die Abschreibungsdauer hinaus nutzen zu können.

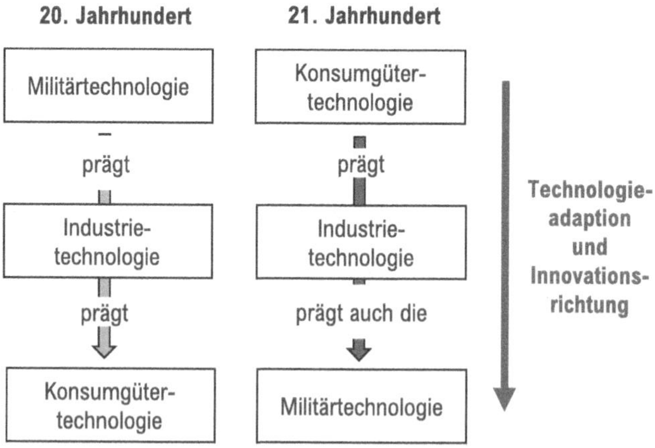

Abb. 2.19 Quellen für neue Technologien und Innovationen

- Da Konsumgüter mit Investitionsgütern produziert werden, ist die Anpassbarkeit von Maschinen, Anlagen und Software entsprechend den kürzeren Innovationszyklen bei Konsumgütern gefragt. Zum Beispiel muss eine CNC-Holzverarbeitungsmaschine (Hobelmaschine oder Fräse) wegen kurzfristiger Modeländerungen bei Möbeln anpassbar sein. Die Investition muss sich amortisieren (Rüstzeiten, One-Piece-Flow, Kundenindividualisierung). Fertigungslinien werden modular aufgebaut und müssen flexibel sein. Wie in der Automobilindustrie werden Produkte, die als Solitär oder in kleinen Stückzahlen gefertigt werden, immer mehr zu Softwareagenten und lösen die Abfolge ihrer Produktionsschritte selbst aus. Dadurch ist es möglich, eine hohe Variantenzahl mit einer Fertigungslinie zu produzieren. Ein extremes Beispiel für die Individualisierung ist die adaptive Fertigung (3D-Druck), die aber für größere Stückzahlen zu aufwendig ist.

2.3.1 Strategische Planungsszenarien und Zielsetzung

Die Produktnachfrage beeinflusst wesentlich die Umsatz- und Ergebnisentwicklung eines Unternehmens. Es gilt, vorhersehbare, deterministische Ereignisse, die mit einer bestimmten Wahrscheinlichkeit eintreten können, und stochastische Ereignisse, die innerhalb einer Bandbreite zu Erfolgen oder zu Misserfolgen führen können, zu berücksichtigen. Solche Einflüsse können auch auf Megatrends wie z. B. Klimawandel, einer sich ändernden Altersstruktur oder Modetrends bei Konsumenten basieren. Megatrends können die Nachfrage bei Investitionsgütern positiv beeinflussen. Der Megatrend der Globalisierung hat demgegenüber teilweise auch zu instabilen Lieferketten aus Asien und somit zu Verlusten von Geschäften geführt. Kriege sind nicht vorhersehbar, aber sie sollten als negatives Szenario in Erwägung gezogen werden. Solche Trends und Ereignisse sollten, soweit sie überhaupt vorhersehbar sind, abgewogen werden und dafür strategische Alternativen geprüft werden (Abb. 2.20).

Zahlreiche intrinsische Ereignisse im Unternehmen beeinflussen die Entwicklung von Umsatz und Profitabilität und können ggf. antizipiert werden. Extrinsische Ereignisse im Umfeld des Unternehmens wie Finanzkrisen oder Pandemien kann man viel weniger genau kennen und vorhersehen. Aber auch für solche Ereignisse sollte man Szenarien und Notfallpläne überlegt haben, die man ergreifen kann, falls der Umsatz des Unternehmens dadurch kurzfristig einbricht. Der Werkzeugkasten, den man für Gegenmaßnahmen bereithält, kann für eine Wirtschaftskrise, politische Verwerfungen, Finanzkrisen oder Pandemien ähnliche Instrumente enthalten (vgl. Herrmann und Huber 2013, S. 54; Sabisch und Tintelnot 1997, S. 89).

Viele Unternehmen lassen sich zu strategischen Plänen verleiten, die zu optimistisch sind. Sie gehen von ungebremstem Wachstum ohne Störereignisse aus. Solche Planungen können auch entstehen, wenn die Eigentümer des Unternehmens zu hohe Renditeerwartungen haben und das Management sich genötigt sieht, unrealistische

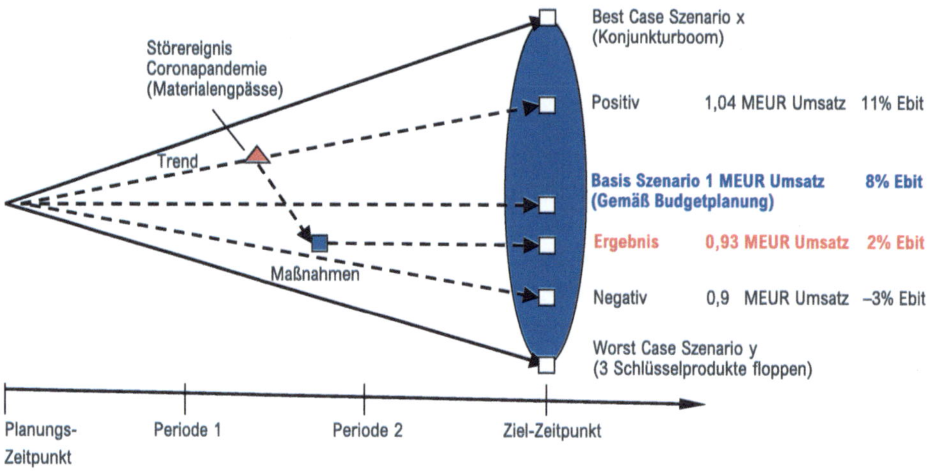

Abb. 2.20 Planen mit Szenarioanalysen

Pläne aufzustellen. Das Ergebnis der Planung hängt auch von der Qualifikation, dem Beurteilungsvermögen, den persönlichen Meinungen und möglichen Eigeninteressen der Mitglieder in Aufsichtsgremien und von externen Beratern der Eigentümer ab. Pläne sollten realistisch sein. Es gibt in der Regel kein grenzenloses und ewiges Wachstum von Unternehmen.

Die Finanzkrise und die Coronakrise haben gezeigt, wie wichtig es ist, dass man nach einer Krise die notwendigen Finanzressourcen (Working Capital, Cashflow) und die erforderliche Zahl von Mitarbeitern an Bord hat. Dann kann man sofort von der Erholung der Märkte profitieren und Marktanteile gewinnen. Falls man die Kapazitäten übermäßig reduziert hat, kann das Unternehmen nicht liefern und man verliert Marktanteile.

Die Grundregeln strategischer Planung lauten:

1. Mit Störereignissen rechnen, denn volkswirtschaftlich gibt es kein unendliches Wachstum ohne Rezessionen.
2. Eine valide Bandbreite für Szenarien festlegen und mit alternativen Szenarien planen.

Es gibt Störereignisse wie Naturkatastrophen oder Kriege, die so wenig vorhersehbar sind, dass man die Auswirkungen auf das eigene Unternehmen nicht mit einem Szenario antizipieren kann. Allerdings wird ein Unternehmen, das Störereignisse in Erwägung zieht und alternative Szenarien vorsieht, besser vorbereitet sein. Nach mehreren guten Jahren ist immer eine Stagnation oder ein Rückgang von Umsätzen und Erträgen zu erwarten. Die Unternehmensleitung sollte den Eigentümern keine unrealistischen Ausschüttungen und den Mitarbeitern keine kaum erreichbaren Boni in Aussicht stellen.

2.3.1.1 Markforschung für Kundenverhalten und -bedarf

Eine Marktbeurteilung, wie in Abb. 2.21, bei der nur der Vertrieb mit Stammkunden oder potenziellen Kunden spricht, reicht nicht aus. Der Boomerang kommt immer zum Produktmanagement zurück. Es ist ein abgestimmtes und integriertes Vorgehen von Produktmanagement, Produktentwicklung und Vertrieb erforderlich, um die technische Applikation und das Geschäft der Zielkunden zu verstehen. Das bedeutet, dass ein Zugang aller relevanten Bereiche zu den Kunden notwendig ist. Die reine Innensicht reicht nicht aus, da man mit diesem limitierten Wissen nicht ernsthaft an die eigenen strategischen Produkt- und Serviceziele glauben kann. „Worüber Manager meistens ‚alles' wissen ist die Innenwelt ihrer Organisationen; und worüber sie meistens fast gar nichts wissen, ist ihr Umfeld." (Malik 2005, S. 150).

In Abb. 2.22 werden Vor- und Nachteile gezeigt, wenn man Kunden bei der Entwicklung von Produkten und Services am Entwicklungs- bzw. Planungsprozess beteiligt. Dabei muss man bei Serienprodukten, die den Anforderungen von vielen Kunden in der Breite genügen sollten, anders vorgehen. Individuelle Produkte sind beispielsweise

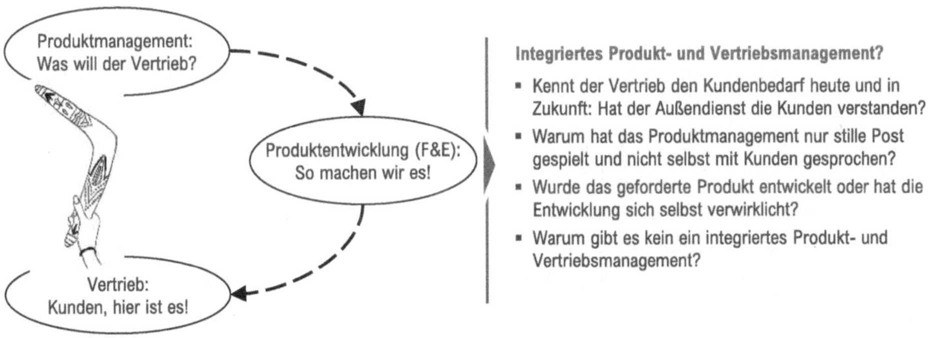

Abb. 2.21 Der Boomerang-Effekt bei unkoordinierter Marktbeurteilung durch Produktmanagement, Produktentwicklung und Vertrieb. (In Anlehnung an Davidson 1987, S. 46; Illustration: © Liv Tintelnot)

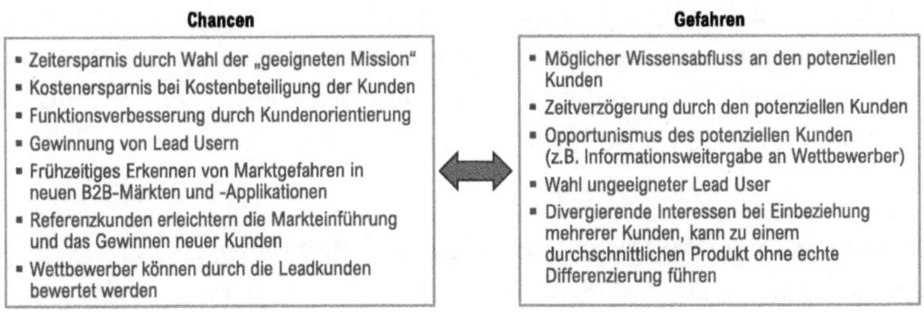

Abb. 2.22 Chancen und Gefahren von Produktentwicklungen mit Kundeneinbindung. (In Anlehnung an Backhaus und Voeth 2014, S. 230)

Aktivität im Innovationsprozess (Erfolg bedingt gezieltes Vorgehen)	Erfolgsquote Aktivität	Kumulative Erfolgsquote	Kosten-anteil in %
1. Synthese und Screening	1:40	1: 40	1
2. Angewandte Forschung	1:10	1: 400	9
3. Produkt- u. Verfahrensentwicklung	1: 5	1: 2.000	21
4. Produktionsüberführung	1: 2,5	1: 5.000	51
5. Markterschließung	1: 2	1:10.000	18

Abb. 2.23 Ausfallraten im Innovationsprozess. (Siehe Specht und Beckmann 1996, S. 26)

Sondermaschinen oder speziell für einen OEM entwickelte Komponenten. Grundsätzlich gilt, dass bei Serienprodukten die Gefahren einer möglichen Zusammenarbeit stärker zu berücksichtigen sind. Bei sehr individuellen Produkten und Sonderanfertigungen überwiegen die Chancen durch die Kundenbeteiligung fast immer. Die Gefahr ist geringer, dass man am Kundenbedarf vorbei entwickelt hat und mit erhöhtem Aufwand nacharbeiten muss.

Die Abb. 2.23 zeigt gemäß der Forschung von (Hinterhuber 1989, S. 69), dass statistisch gesehen nur eine von 10.000 Produktideen zu einem erfolgreichen und profitablen Produkt (Innovation) wird. Die vorliegenden Zahlen sind aus den 1990er Jahren. In einigen Segmenten der B2B-Märkte ist die Innovationsrate infolge digitaler Simulationen heute eventuell höher. Allerdings ist die prinzipielle Erkenntnis richtig, dass man Ideen sorgfältig prüfen und filtern muss. Die Marktforschung muss genutzt werden und die Produktentwicklung muss vom Produktmanagement mit Beteiligung des Vertriebs gesteuert werden. Fehlinvestitionen müssen minimiert werden. Ein Innovationserfolg erfordert viele gezielte Aktivitäten. Der Abbruch eines Innovationsprozesses bedeutet immer „versunkene" Kosten. Ein Abbruch in einer späten Phase des Prozesses, etwa ab der Produktionsüberführung, bedeutet, dass bereits 70 % der Kosten verursacht wurden.

Anbieter und Informationsquellen für Marktforschung sind im B2B-Geschäft weniger verfügbar als im Konsumgüterbereich (B2C-Geschäft). Dort gibt es beispielsweise in vielen Segmenten regelmäßig Absatzzahlen wie etwa von Nielsen oder GFK. Anbieter wie Rheingold führen Produkttests mit Konsumenten durch. Es gibt Testzeitschriften und Online-Veröffentlichungen wie die von der Stiftung Warentest oder der Zeitschrift Chip, die IT-Geräte und Software im Konsumentenbereich bewerteten.

Quellen und Methoden der Marktforschung für den B2B-Bereich

1. Studien kommerzieller Anbieter und Marktforschungsinstitute
   – ihs markit, global data, Frost & Sullivan, ARC (Asset Reconstruction Companies) Advisory Group for Industry Market Studies …

- Industrieverbände wie IEEE, VCI (Chemische Industrie), VDMA (Maschinen und Anlagenbau) oder ZVEI oder VDE (Elektrotechnik) veröffentlichen regelmäßig Zahlen für die Gesamtbranchen.
- Produkttests in Fachzeitschriften wie dem „SPS-Magazin“ (Automatisierungstechnik), „IT & erfolgreiche Produktion“ sowie Newsletter für diverse Industrien enthalten ebenfalls Produktübersichten und -informationen.
- Öffentliche Statistiken vom Statistischen Bundesamt, bei dem Unternehmen Absatz- und Exportzahlen melden müssen. Allerdings passen die dort aufgeführten Produktkategorien (Branchen-/Industrieschlüssel) oft nicht zur eignen Suche. Außerdem reduzieren viele Wettbewerber ihre Angaben auf ein Minimum und veröffentlichen sie erst mit erheblicher zeitlicher Verzögerung.
- Automobilverbände und Automobilclubs wie der ADAC veröffentlichen oft Zahlen und Tests. Die Automobilherstellung, der Schiff- und Flugzeugbau sind wegen der Zulassungspflicht für Fahrzeuge Beispiele für transparentere B2B-Märkte.
- Nachteil: Viele Standardstudien für Industriegüter sind sehr teuer (z. B. 20.000 EUR für eine Marktstudie über Prozesspumpen) und bieten oft nur einen Teil der notwendigen Informationen. Viele Marktforscher sind in Indien, China oder anderen asiatischen Ländern tätig: Sie arbeiten überwiegend mit Desk-Research, haben selbst kaum Produktkenntnisse und besuchen selten Kunden.

2. Auftragsforschung
   Zum Beispiel TNS Infratest, Lünendonk, spezialisierte Unternehmensberater …
   Vorteil: Diese Marktforschungsexperten führen spezifische und neutrale Kundenbefragungen und Desk-Research für Industriekunden durch.
   Nachteil: Der Preis ist zwangsläufig hoch und die Marktforscher müssen mit erheblichem Aufwand durch das Produktmanagement eingearbeitet werden.
3. Eigene Marktforschung: Kundenbesuche und Zahlenabschätzungen sollte das Produktmanagement steuern
   - Produktmanagement und Vertrieb sollten gemeinsam einen Kundenfragebogen bzw. einen Gesprächsleitfaden entwickeln.
   - Bei der Kundenauswahl sollten Kunden und Nichtkunden berücksichtigt werden.
   - Das Produktmanagement sollte eine telefonische Vorbefragung mit einem Kurzfragebogen durchführen. Dadurch sollte geprüft werden, ob sich die Reise zu einem potenziellen Kunden lohnt.
   - Terminabstimmung durch den Vertrieb bei Bestandskunden und durch das Produktmanagement bei potenziellen Kunden: Die Reiseroute muss so optimiert werden, dass die Wege zwischen den Kundenbesuchen kurz sind.

Gesprächspartner bei den Kunden sollten die Nutzer der Produkte und nicht nur die Einkäufer sein.
- Expertengespräche mit Mitarbeitern von Hochschulen, Forschungseinrichtungen, Verbänden und unabhängigen Experten können eine gute Ergänzung zu Kundengesprächen sein. Ersetzen können sie die direkten Gespräche mit Kunden nicht.
- Die Stichprobe für eine Kundenbefragung sollte eigene Bestandskunden und potenzielle Neukunden berücksichtigen, die bei Wettbewerbern ähnliche Produkte kaufen. Die Stichprobe sollte in einem Vertriebsgebiet (Region, Land), in dem man bisher wenig Erfahrung gesammelt hat, ca. 40 Kunden umfassen. Kennt man den Markt bereits gut und benötigt man keine statistische Auswertung der Daten, dann kann auch eine kleinere Zahl von etwa zehn bis 20 Expertengesprächen ausreichend sein. Die Kunden bzw. die Gesprächspartner sollten vorab befragt werden, ob sie zu den entsprechenden Produkten aussagefähig sind und ob sie überhaupt Interesse daran haben, entsprechende Produkte oder Services zu kaufen. Das kann in einer kurzen, telefonischen Vorbefragung anhand eines Gesprächsleitfragens mit wenigen Schlüsselfragen geklärt werden. Bei diesen Vorgesprächen kann dann im Idealfall bereits ein Besuchstermin beim Kunden vereinbart werden. Befragungen auf Messen sind theoretisch auch möglich. Die Kunden haben bei Industriemessen in der Regel nur Zeit für die eigenen Kunden, aber keine Zeit für Lieferanten. Auf https://link.springer.com/book/10.1007/978-3-658-39787-6_2 kann man rechts unter „elektronisches Zusatzmaterial" einen Beispielfragebogen für Handwerkzeuge, die bei der Elektroinstallation und im Schaltschrankbau verwendet werden, heruntergeladen. Der Fragebogen ist für eine ca. 60-minütige Kundenbefragung konzipiert worden. Technische Details kann man während dieser Gesprächsdauer kaum erfassen. Deshalb sollte man später mit wenigen befreundeten Leadkunden noch intensiver sprechen.

4. Onlinebefragungen oder der Versand von gedruckten Fragebögen sind nicht zielführend. Wer beantwortet die Fragen? Ein Praktikant oder ein Kunde, der nicht repräsentativ ist?

Ein Fragebogen kann als Leitfaden für Kundengespräche dienen, um die Kundenanforderungen an technische Produkte, Komponenten und Services, aber auch für gesamte Maschinen und Anlagen aufzunehmen und zu berücksichtigen.

Am aussagekräftigsten sind Befragungen, wenn ein Produktmanager sie in Begleitung des für den Kunden zuständigen Vertriebsingenieurs durchführt. Dabei sollte man unbedingt versuchen, auch die Entwicklungsbereiche, die Fertigung oder die Werkstätten der Kunden zu besuchen, um zu sehen, wie die Produkte verwendet werden. Vertriebsingenieure und Produktmanager kennen den Markt und die Kundeanforderungen nur, wenn sie – bildlich gesprochen – „regelmäßig bei Kunden im Öl unter der Maschine liegen". Das gilt nicht nur für den Maschinen- und Anlagenbau, sondern für alle Industriesegmente, für die B2B-Produkte und -Services angeboten werden.

Es können aber auch Interviewer eines Marktforschungsinstitutes oder Studierende eingesetzt werden. Diese Personen müssen aber zunächst intensiv geschult werden.

2.3.1.2 Markforschung für Wettbewerberverhalten und deren Angebote

Wettbewerber sollte man durch Recherche von Presseartikeln, deren Marketing, deren Messeauftritte, deren Veröffentlichungen in Fachzeitschriften, deren Webseiten sowie Unterlagen zum Finanzstatus der Unternehmen wie Bilanz, Gewinn- und Verlustrechnung (GuV) und Mitarbeiterentwicklung analysieren. Dafür kann man Wirtschaftsauskünfte z. B. bei D&B oder bei der Kreditreform einholen. Auch Verbandstreffen geben Einblick in die Strategie und den Status von Konkurrenten. Allerdings muss man im direkten Gespräch mit Wettbewerbern Compliance-Regeln strikt einhalten, damit den beteiligten Unternehmen keine Kartellabsprachen oder Ähnliches unterstellt werden können.

Die eigenen Kunden sollten auch zum Serviceangebot und zu den Produkten der Wettbewerber befragt werden. Im Beispielfragebogen, der auf https://link.springer.com/book/10.1007/978-3-658-39787-6_2 rechts unter „elektronisches Zusatzmaterial" heruntergeladen werden kann, findet der Leser dafür die Fragen acht und neun. Kunden sollten zunächst in Frage sieben die generelle Bedeutung der Erfolgsfaktoren bewerten. Dann sollten die Hersteller bzw. Lieferanten der untersuchten Produktgruppen anhand derselben Kriterien bewertet werden. Warum bevorzugen die Kunden die jeweiligen Hersteller oder Lieferanten? Dann sollte man die drei wichtigsten Lieferanten des Kunden erneut anhand der ausgewählten Erfolgsfaktoren bewerten lassen. Aus Zeitgründen wird es nicht gelingen, dass man die Kunden die Leistungen der Hersteller „numerisch" auf einer Skala von 1 bis 5 bewerten lässt. Ein erfahrener Produktmanager oder ein gut geschulter Interviewer wird aber in der Lage sein, auf Basis der qualitativen Aussagen der Kunden eine numerische Einstufung vorzunehmen. Befragungen von Kunden sollten nicht länger als 60 min dauern. Man muss immer damit rechnen, dass die eigentliche Befragung später beginnt. Der Kunde will am Anfang des Gesprächs oft über laufende Aufträge oder unangenehme Liefer- und Qualitätsprobleme sprechen. Auf diese Punkte sollte man vorbereitet sein. Am Ende des Gespräches sollte man immer die Chance nutzen, die Fertigung bzw. die Werkstatt des Kunden zu besuchen. Man muss die eigenen und die Produkte der Wettbewerber im Einsatz sehen. Solche direkten Eindrücke bei Kunden kann eine digitale Kommunikation nicht ersetzen.

Folgende Punkte sollten bei Abfragen, Auswertungen und Darstellungen von technischen und kaufmännischen Erfolgskriterien auf der Basis von Fragebögen und Gesprächsleitfäden beachtet werden:

- Es können offene Fragen als Gesprächsleitfäden für ein Kunden-/Experteninterview vorbereitet werden oder geschlossene Fragen mit vorgegebenen Antworten zur Auswahl gestellt werden.
- Eine statistische Analyse der Daten mit multivariaten Analysemethoden ist erst ab Stichproben von 40 Kunden valide (vgl. Opitz 1980).
- Bei geschlossenen Fragen können nominale (bei Daten, die in keine logische Reihenfolge gebracht werden können, z. B. Haarfarbe), ordinale (wenn die Bildung einer Rangfolge möglich ist, aber keine Aussagen zu den Abständen zwischen den Rängen getroffen werden können, z. B. 1., 2., 3. Platz eines Turniers) oder kardinale (sowohl Reihenfolgen als auch quantifizierbare Abstände können gebildet werden, z. B. Körpergröße) Skalen verwendet werden. Zur Auswertung bieten sich Statistikprogramme (z. B. SPSS PC+) mit geeigneten Analysen wie Mittelwert (arithmetischer Durchschnitt), Median (der mittlere Wert), Modus (der häufigste Wert), Standardabweichungen, Regressionen sowie Cluster-, Faktor- und multidimensionale Analysen an. In der Unternehmenspraxis wird meistens nur der Mittelwert betrachtet.
- Für den Vergleich der eigenen Leistungsfähigkeit gegenüber den Kundenanforderungen und Wettbewerbslösungen eigenen sich Polarkoordinaten. Es ist ein normierter Vergleich mit unterschiedlichen Skalen für Nutzwerte, Preise oder physikalische bzw. technische Parameter möglich.

In Abb. 2.24 sind technische Leistungsparameter eines B2B-Produktes mit Polarkoordinaten abgebildet. Tabellen oder Balkenliniendiagrammen, wie in Abschn. 2.8.5 gezeigt, eignen sich für die Darstellung von Erfolgsfaktoren oder Leistungsparametern. Zu beachten ist, dass die imaginäre Bestlösung für alle Kundenanforderungen und Wünsche nicht realisiert werden kann. Die Kriterien lassen sich nicht unabhängig voneinander optimieren. Der Preis ist z. B. nicht unabhängig von der Funktion eines Produktes.

2.3.2 Produkt- und Serviceplanung

Bei Produkten und Services wird zwischen einer jährlichen, mittelfristigen MIFRI-Planung von drei bis fünf Jahren und einer darüber hinausgehenden, langfristigen Planung unterschieden. Die Technologieentwicklung, Gesetzesänderungen oder unvorhersehbare Störereignisse sind für einen längeren Zeitraum nicht planbar. Es nützt einem Unternehmen wenig, wenn man versucht, die unbekannte Zukunft in einer „Glaskugel“ zu betrachten. Notfallszenarien wie in Abschn. 2.3.1 beschrieben sollte man in der Schublade haben.

In Abb. 2.25 sind die Dimensionen einer integrierten Planung für das Produkt- und Vertriebsmanagement dargestellt (vgl. Aumayer 2019, S. 316 f.). Man bezeichnet eine solche Planung auch als hybride Roadmap.

Vorteile und Aspekte einer hybriden Roadmap sind: Mit einer hybriden Roadmap können die Aktivitäten in den Bereichen Produkte, Vertriebsgebiete, Industriesegmente,

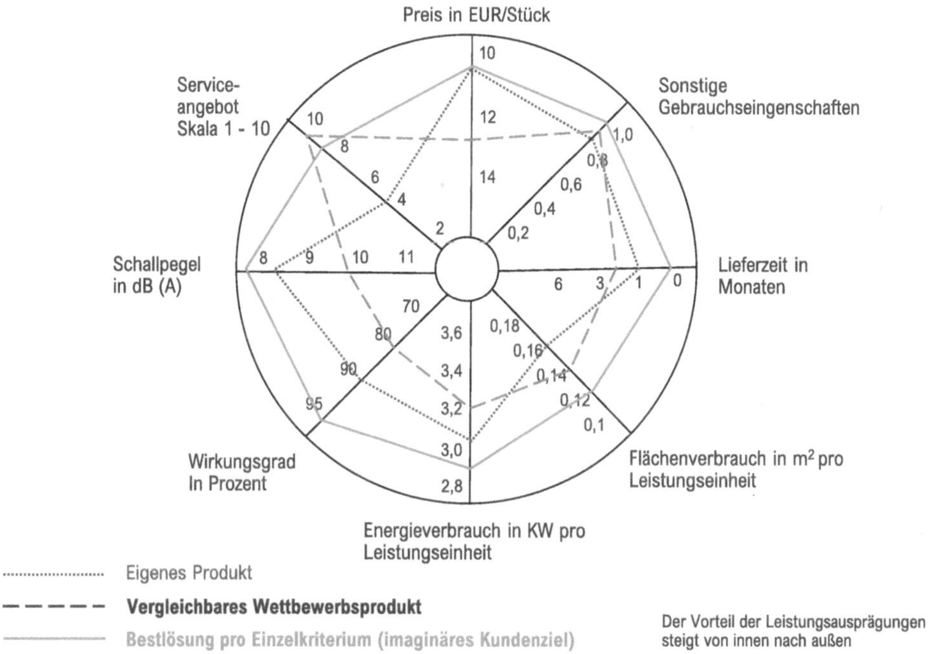

Abb. 2.24 Benchmarking von Wettbewerbsprodukten/-services mit Polarkoordinaten. (In Anlehnung an Sabisch und Tintelnot 1997, S. 38)

Technologien, Marketing, Kundenpotenzial, Absatzkanäle und Service-Angebot entlang der Zeitachse dargestellt werden.

1. Entwicklung neuer Produkte und Services planen:
   Kurz- bis mittelfristige Planung durchführen. Bei einigen Produkten, wie Flugzeugen oder Großanlagen, ist eine langfristige Planung notwendig.
2. Produktlaunches und -relaunches festlegen:
   Bei Automobilen sind das oft Facelifts, bevor eine neue Modellreihe eingeführt wird. Das gibt es auch bei Maschinen und anderen Investitionsgütern, bei denen zusätzliche Funktionen bei etablierten Produkten angeboten werden.
3. Vorentwicklung betreiben:
   Technologien wählen und deren Nutzung in der Vorentwicklung testen.
4. Marketingaktivitäten und Markteinführungskonzept vorbereiten:
   Klassische Instrumente wie Präsenzmessen und digitale Medien für den Produktlaunch in geeigneten Vertriebskanälen nutzen.
5. Vertriebskommunikation vorbereiten (Produkt- und Vertriebsmanagement):
   Trainings für Vertriebsmitarbeiter und Kunden durch Trainer oder Produktmanager durchführen.

Abb. 2.25 Planung mit einer integrierten Produkt- und Vertriebsroadmap im B2B-Geschäft

6. Industriesegmente und Kunden gemäß ihrem Umsatz und Wachstumspotenzial bearbeiten:
   – Segmente wählen: Maschinenbau, Automobilindustrie, Energieversorger …
   – Kunden mit einer ABC-Analyse clustern oder mit einer Sales Resource Optimisation (SRO) priorisieren (vgl. Abschn. 3.5.4.3).
7. Vertriebsgebiete global nach Regionen bzw. Ländern priorisieren:
   Ressourceneinsatz entsprechend dem Kundenbedarf und dem Marktzugang planen. Der „Home Market" (z. B. Deutschland) sollte Priorität eins haben, falls das Produkt oder der Service hier eine angemessene Nachfrage haben. Made in Germany verkauft sich im Exportgeschäft viel besser, wenn es in Deutschland erfolgreiche Applikationsbeispiele gibt.

8. Vertriebskanäle nutzen:
   - Key-Account(KA)-Kunde
   - Direktkunde
   - Distributionskunde
   - …

2.3.2.1 Produkt- und Service-Roadmap

Roadmapping wird seit Anfang der 2000er Jahre in der Unternehmensplanung eingesetzt (vgl. Machate 2006). Abb. 2.26 zeigt das Beispiel einer Produktroadmap eines Automobilherstellers. Nicht nur im Automobilmarkt, der kein B2B-Markt ist, werden Produktlaunches immer mit großem Interesse erwartet. Bei Automobilen sieht man Testfahrzeuge mit verschleiertem Design als sogenannte „Erlkönige“ auf öffentlichen Straßen. Investitionsgüterhersteller starten „Testballons“ mit Prototypen auf realen oder virtuellen Messen. Es wird getestet, wie neue Produkteigenschaften bei Kunden aufgenommen werden.

Produkt- und Service-Roadmaps haben einen internen Planungsnutzen, aber sie erzeugen bei Kunden Erwartungen, wenn sie veröffentlicht werden.

- Interner Planungsnutzen:

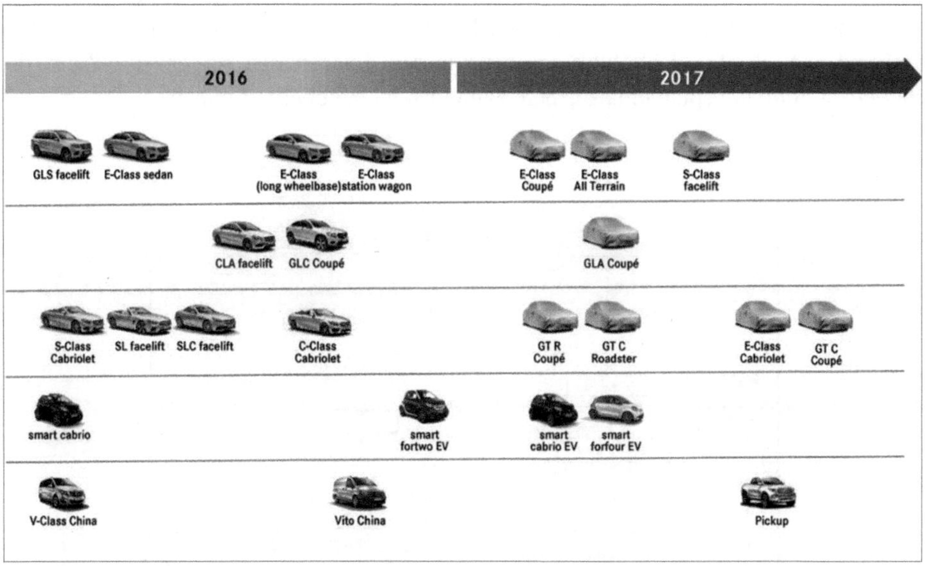

Abb. 2.26 Produkt-Roadmap des Automobilherstellers Mercedes Benz (http://blog.mercedes-benz-passion.com/2016/07/daimler-ag-bestaetigt-offiziell-kommende-modelle/, abgerufen: 19.04.2020)

Finanz- und Planungsbudgets sollten entlang der Zeitachse aufstellt werden. Es kann dargestellt werden, ab welchem Zeitpunkt eine Produktgeneration technisch veraltet ist und abgelöst werden muss. Es können mehrere oder alternative Produktlinien vergleichend gegenübergestellt werden. Welche Neu- oder Ersatzentwicklungen müssen begonnen werden und welche Entwicklungen können mit dem vorhandenen Budget finanziert werden?
- Externe Verpflichtung:
  Roadmaps, die man den Kunden zeigt, erzeugen die Erwartung, dass man Produkte oder Komponenten weiterhin liefern wird bzw. ein verbessertes Produkt auf den Markt bringen wird. Ändert der Lieferant die Roadmap und weicht somit von den Versprechungen ab, so können die Kunden ggf. ihre eigenen Roadmaps nicht einhalten. Es besteht die Gefahr, dass stark enttäuschte Kunden zu Wettbewerbern abwandern oder gar keine andere Wahl haben, als ihren Bedarf aus anderen Quellen zu decken.

Die Roadmap eines Softwareherstellers, der sein Angebot auf verschiedene Betriebssysteme, Hardware- und Vermarktungsplattformen mit entsprechenden Meilensteinen ausrichtet, zeigt Abb. 2.27.

2.3.2.2 Mittel- und Langfristplanung

Eine Planung in Jahresscheiben ist unerlässlich. Börsennotierte Unternehmen müssen in der Regel Quartalspläne vorlegen. Man sollte mit einer rollierenden Planung arbeiten. Dabei ist der Zeithorizont zwischen den Eigentümern, den Kontrollgremien und dem Vorstand bzw. der Geschäftsführung abzustimmen. Langfristige strategische Ziele, die über einen Fünfjahresplan hinausgehen, kann man nicht detailliert planen:

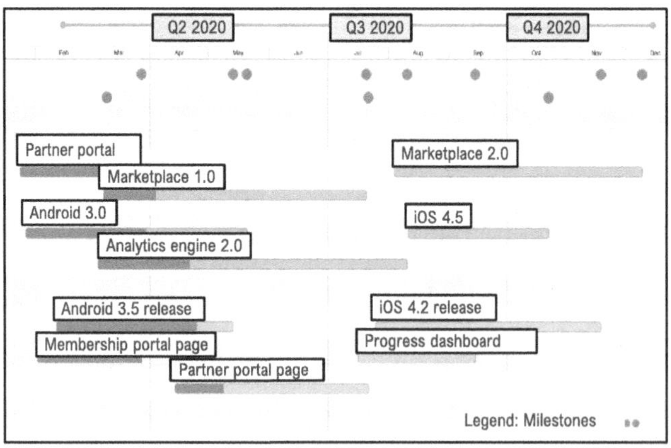

Abb. 2.27 Produkt- und Service-Roadmap eines Softwareherstellers. (In Anlehnung an https://www.aha.io)

A. Wie hoch sollen der Umsatz, die Profitabilität und die Ausschüttungen an Eigentümer bzw. Aktionäre sein?
B. Ist es realistisch, dass man die dafür notwendigen Mitarbeiter halten oder zusätzliches Personal einstellen kann? Welche Investitionen sind erforderlich und wie werden sie finanziert (vgl. Abschn. 2.3.1)?

Ambitionierte, aber realistische Ziele sollten der Ausgangspunkt sein. Es ist ratsam, eine Mittelfristplanung (MIFRI) für die kommenden drei bis fünf Jahre aufzustellen. Im Projektgeschäft hängt die Auslastung davon ab, wie viele Projekte man gewinnt. Der Ausfall einzelner Projekte kann starke Schwankungen des Umsatzes bewirken. Im Projektgeschäft sollte vorzugsweise mit einer rollierenden Dreijahresplanung gearbeitet werden. Im weniger volatilen Produktgeschäft kann eine rollierende Fünfjahresplanung sinnvoll sein.

In Krisenzeiten können gesamte Branchen oder Volkswirtschaften von starken Umsatz- und Profitabilitätseinbrüchen betroffen sein. Dann ist wie in der Seefahrt bei Nebel „ein Fahren auf Sicht“ notwendig. Personal- und Investitionsbudgets sollten dann innerhalb eines Wirtschaftsjahres stückweise freigegeben werden. Das Unternehmen darf nicht durch Insolvenz (Überschuldung oder Zahlungsunfähigkeit) gefährdet werden. Zusätzlich müssen ggf. schmerzliche Kosteneinsparungsprogramme einschließlich Personalreduzierung und Kurzarbeit genutzt werden. Mitarbeiter mit einer hohen technischen Qualifikation zu entlassen, hat auch oft die Auswirkung, dass der Wiederaufschwung nach der Krise nicht ausreichend genutzt werden kann.

Das Planungsbeispiel für eine MIFRI-Planung in Abb. 2.28 zeigt Folgendes:

1. Das Unternehmen befindet sich im März des Jahres 2020. Das Basisjahr ist mit „Actual 2019“ gekennzeichnet, da der Jahresabschluss mit GuV und die Bilanz noch nicht fertiggestellt und testiert wurden.
2. Die ursprüngliche Planung entspricht dem Budget des Jahres 2020. Die Coronapandemie und weitere Nachfrageeffekte (das Geschäft in Südkorea wächst stärker als erwartet) sorgen dafür, dass die Umsatzvorhersage (Forecast F2020) gegenüber dem Budget korrigiert werden musste. Sparmaßnahmen mussten wegen der Pandemie eingeleitet werden und in Südkorea ist in Folge des Wachstums ein höherer Vertriebsaufwand notwendig. Der Forecast ist eine zentrale Plangröße. Die Produktionskapazitätsplanung einschließlich des Auslösens von Investitionen hängt davon ab. Wann wird die neue Verpackungsmaschine und wann werden die zusätzlichen Laborarbeitstische benötigt? Der Forecast dient auch als Grundlage für den Einkauf, welche Materialmengen bestellt werden müssen. Ab wann sind neue Mitarbeiterstellen im Vertrieb zu besetzen?
3. Die Planung für die Folgejahre (P2021 bis P2024) bleibt bis in das zweite Halbjahr 2020 unverändert bestehen. Bis zum Ende des Geschäftsjahres müssen die Geschäftsführung und das Aufsichtsgremium tagen und die Planung bis zum Jahr P2025 beschließen.

MIFRI 2020 - 2022 und erweiterte MIFRI - 2024 (5 Jahre)

	Mio. EUR	% of Net	Mio. EUR	% of Net Sales	Mio. EUR	% of Net Sales	Mio. EUR	% of Net Sales	Mio. EUR	% of Net	Mio. EUR	% of Net Sales	Mio. EUR
Product Group A consolidated	Actual 2019		Budget 2020		F2020		P2021		P2022		P2023		P2(
Invoiced Value (incl. deductions)	66,00				Corona								
Net Sales (in Mio. EUR)	**64,00**		**69,00**		**57,00**		**64,00**		**67,00**		**72,00**		**82,00**
Cost of Sales (Herstellkosten)	**-34,90**	**54,53%**	**-37,63**	**54,53%**	**-36,63**	**-64,26%**	**-34,90**	**54,53%**	**-36,79**	**54,90%**	**-39,78**	**55,25%**	**-45,56**
Gross Profit Margin (CM-II)	**29,10**	**45,47%**	**31,37**	**45,47%**	**31,37**	**55,04%**	**29,10**	**45,47%**	**30,21**	**45,10%**	**32,22**	**44,75%**	**36,44**
Product Management and R&D (CM-III)	**-4,40**	**-6,88%**	**-4,74**	**-6,88%**	**-4,74**	**-8,32%**	**-4,40**	**-6,88%**	**-4,61**	**-6,88%**	**-4,95**	**-6,88%**	**-5,64**
Product Management for A	-0,60	-0,94%	-0,65	-0,94%	-0,65	-1,13%	-0,60	-0,94%	-0,63	-0,94%	-0,68	-0,94%	-0,77
F&E for A	-3,80	-5,94%	-4,10	-5,94%	-4,10	-7,19%	-3,80	-5,94%	-3,68	-5,49%	-3,65	-5,07%	-4,16
Logistics Cost/ SCM (CM-IV)	**-2,20**	**-3,44%**	**-2,37**	**-3,44%**	**-2,37**	**-4,16%**	**-2,20**	**-3,44%**	**-2,60**	**-3,89%**	**-3,10**	**-4,30%**	**-3,83**
Selling Expenses and Marketing (CM-V)	**-9,30**	**-14,53%**	**-10,03**	**-14,53%**	**-10,03**	**-17,59%**	**-9,30**	**-14,53%**	**-9,74**	**-14,53%**	**-10,46**	**-14,53%**	**-11,92**
Marketing Communication (incl. Trade fairs	-1,50	-2,34%	-1,62	-2,34%	-1,62	-2,84%	-1,50	-2,34%	-1,53	-2,28%	-1,60	-2,23%	-1,79
Key Account Management	-0,20	-0,31%	-0,22	-0,31%	-0,22	-0,38%	-0,20	-0,31%	-0,21	-0,31%	-0,23	-0,31%	-0,26
Distribution Management	-0,30	-0,47%	-0,32	-0,47%	-0,32	-0,57%	-0,30	-0,47%	-0,31	-0,47%	-0,34	-0,47%	-0,38
Sales Management (Zentrale Vertriebssteue	-0,80	-1,25%	-0,86	-1,25%	-0,86	-1,51%	-0,80	-1,25%	-0,88	-1,31%	-0,98	-1,37%	-1,16
Special Sales force for selected Products of	-1,00	-1,56%	-1,08	-1,56%	-1,08	-1,89%	-1,00	-1,56%	-1,05	-1,56%	-1,13	-1,56%	-1,28
Field Sales force (Flächenvertrieb)	-2,50	-3,91%	-2,70	-3,91%	-2,70	-4,73%	-2,50	-3,91%	-2,22	-3,31%	-1,98	-2,75%	-1,86
Technical Sales Support (Application Engin	-1,20	-1,88%	-1,29	-1,88%	-1,29	-2,27%	-1,20	-1,88%	-1,26	-1,88%	-1,35	-1,88%	-1,54
Sales Support (Backoffice)	-1,40	-2,19%	-1,51	-2,19%	-1,51	-2,65%	-1,40	-2,19%	-1,47	-2,19%	-1,58	-2,19%	-1,79
Intercompany costs with sales daughter com	-0,40	-0,63%	-0,43	-0,63%	-0,43	-0,76%	-0,40	-0,63%	-0,42	-0,63%	-0,45	-0,63%	-0,51
Administration (company coverage - CM-	**-3,50**	**-5,47%**	**-3,77**	**-5,47%**	**-3,77**	**-6,62%**	**-3,50**	**-5,47%**	**-3,46**	**-5,17%**	**-3,52**	**-4,89%**	**-3,81**
EBITDA (CM-VII)	**9,70**	**15,16%**	**10,46**	**15,16%**	-0,54	-0,95%	**9,70**	**15,16%**	**9,80**	**14,63%**	**10,19**	**14,15%**	**11,25**
(Earnings before Interest, Tax, Deprec., Armortisat.)													
Anual Sales compare to prior year			107,8%		82,6%		112,3%		104,7%		107,5%		113,9%

Abb. 2.28 Beispiel einer drei- bis fünfjährigen Mittelfristplanung für eine Produktgruppe im B2B-Geschäft

4. Die Struktur des Businessplanes erlaubt es, Zwischenstufen entsprechend einer mehrstufigen Deckungsbeitragsrechnung (vgl. Abb. 2.29 und 2.30) darzustellen. Die Margen der Zwischenstufen können absolut und anteilig berechnet und dargestellt werden. Bezugswert ist der „Net Sales Value". Das ist der Nettoumsatz nach Abzug von Erlösschmälerungen (Deductions from the Invoiced Value). Diese Abflüsse entstehen durch Bonuszahlungen an Handelspartner.
5. Die Großprofitmarge CM-II, die sich nach Abzug der Herstellkosten vom Umsatz ergibt, ist ein Indikator für den Rohertrag und die Produktivität in der Fertigung. Wenn ein hoher Materialanteil erforderlich ist, dann muss das bei den Schlussfolgerungen aus dieser Kennzahl berücksichtigt werden. Das Produktmanagement sollte und muss bei der Entscheidung für Produktionsstandorte, Produktionsverfahren, Beschaffung von Materialien oder Komponenten beteiligt sein. Das Produktmanagement ist letztlich auch für die CM-II-Marge und die Kosten verantwortlich.

Structure of a Contribution Margine Calculation (CM-II to CM-IX)	Comments
Invoiced Value	
- Other Sales - Deductions	- Sales reduction for scrap or logistics etc. - Sales bonuses, cash discounts
Net Sales	
- Cost of Sales **(manufacturing cost and logistics)** - Cost other (production and material) - Cost other	- Planned CoS - Differences in CoS from production oders (material prices, quantity, structure) - Inventory: valuations, differences, scrapping etc., CoS for other sales
CM-II = Gross Profit (contribution magin II = raw margin)	
- Product management costs (BU) - Product management costs overall	- Direct cost (primary & secondary) of the business Units incl. PM - PM of the Division; cost of cross divisional services
CM-III	
- R&D costs (BU) - R&D- costs overall	- Direct cost (pri.& sec.) of the business units - Division overall; technology development; laboratory; PQM
CM-IV	
- Logistic costs	- Total costs (pri. & sec.) for warehousing and outbound logistics
CM-V	
- Sales and distribution costs	
CM-VI	
- Administration costs	
CM-VII = EBITDA	
- Depreciation	- For longterm investmensts
CM-VIII = EBITA	
- Armortisation	- Until all depts and the own capital for investments have been payed off
CM-IX = EBIT	- Earnings before interest and personal taxes of the corporation or its shareholders

Abb. 2.29 Schema der mehrstufigen Deckungsbeitragsrechnung

6. Die *CM-III-Marge* ergibt sich nach Abzug der Kosten für das Produktmanagement. Das Produktmanagement hat direkten Einfluss auf die Kostenentstehung. Allerdings werden hier in der Regel auch Zentralkosten wie Projektmanagementsysteme, ein Aufwand für ein zentrales Stammdatenmanagement, eine zentrale Dokumentation oder Online-Bereitstellung von Produktdaten zugeordnet. Auf diese Kosten hat das Produktmanagement nur indirekten Einfluss.
7. Die CM-IV-Marge ermöglicht Rückschlüsse auf die Lagerhaltungs- und Transportkosten für die Lieferungen zu den Kunden (Outbound Logistik). Ist der Transportanteil von Luftfracht ungewöhnlich hoch? Durch geeignete Standortwahl und Planungen kann man Kosten optimieren und trotzdem die Lieferzeiterwartungen erfüllen (siehe Abb. 2.30).
8. Die CM-V-Marge enthält die eigenen Vertriebskosten, den Anteil der Marge, der an Händler und Vertriebspartner abgebeben werden muss, sowie die Marketingkosten. Die Vertriebskosten werden zu einem wesentlichen Teil durch die Zahl der notwendigen Vertriebsmitarbeiter bestimmt, die benötigt werden, um den erwarteten Umsatz zu erreichen. Daraus ergibt sich ein Abstimmungsbedarf zwischen Produkt- und Vertriebsmanagement. Sind Produkt- und Vertriebsmanagement integriert, ist die Budgetdiskussion einfacher, da sie dann hauptsächlich mit dem Controlling

		Geschäftsfeld 1 Neu entwickelte Produkte		Geschäftsfeld 2 Bisheriges Produktprogramm	
Nr.	Produkt	A	B	C	D
1	**Umsatz**	12.000	5.200	60.000	80.000
2	- Variable Kosten (z.B. 24%)	3.000	1.300	15.000	20.000
3	**DB I (Perioden Deckungbeitrag)**	9.000	3.900	45.000	60.000
4	- Produktabhängige Fixkosten (z.B. F&E, Marketing ...)	5.000	3.000	10.000	20.000
5	**DB II (produktbezogen)**	4.000	900	35.000	40.000
6	**Summe DB II (Geschäftsfeld)**	4.900		75.000	
7	- Fixkosten (Geschäftsfeld)	10.000		30.000	
8	**DB III (Geschäftsfeld)**	-5.100		45.000	
9	**Summe DBs (für beide Geschäftsfelder)**	39.900			
10	- Fixkosten (für beide Geschäftsfelder)	20.000			
11	**DB IV (Rohertrag vor Vertrieb etc.)**	19.900			

Abb. 2.30 Mehrstufige Produktdeckungsbeitragsrechnung unter Berücksichtigung neuer und etablierter Produkte. (Nach Sabisch 1991, S. 178)

geführt werden muss. Marketingkosten werden bis heute in vielen Unternehmen als sehr variabel angesehen. Allerdings ist ein hybrides Marketing, bestehend aus einer digitalen Präsenz und klassischem Marketingaufwand für Annoncen, Fachartikel in Printmedien oder Präsensmessen, nicht beliebig deaktivierbar. Die Unternehmenskommunikation zu den Mitarbeitern nach innen und zu den Kunden nach außen kann Teil eines Kommunikationsbereiches im Unternehmen sein. Die Kosten reduzieren dann ebenfalls die CM-V-Marge. Insbesondere die Kommunikation mit den Mitarbeitern und Pressemitteilungen sollten von einem CEO, oder dem Unternehmenssprecher im Vorstand bzw. in der Geschäftsführung verantwortet werden.

9. Die CM-VI-Marge berücksichtigt alle Administrationskosten, unter anderem auch die Kosten eines zentralen Vorstandes oder einer zentralen Geschäftsführung. Diese Gremien sollten im Gegenzug Führungsdienstleistungen erbringen. Grundsätzlich kann an einer Deckungsbeitragsrechnung immer kritisiert werden, dass die Kostenzuordnung nicht stimmt. Wie werden Einzel- und Fixkosten im Unternehmen den Produkten und Produktgruppen verursachungsrecht zugeordnet? Wer steuert diese Kosten wirklich? Die Verteilung des Fixkostenoverheads und der Zentralkosten auf einzelne Produktgruppen und Services ist niemals einfach. Es wird meistens mit Gemeinkostenzuschlagsätzen gearbeitet, die immer Unschärfen in der Kostenverursachung bedingen.
10. Der EBITDA oder die CM-VII-Marge enthält keine Versteuerung, keine Abschreibungen und keine Amortisationen für Investitionen. Der EBITA berücksichtigt demgegenüber die Abschreibungen. Der EBIT enthält auch die Amortisation (z. B. die Zinsen). Schließlich ist „E" mit dem Ergebnis nach Abführung der Ertragssteuern gleichzusetzen. Für thesaurierte Gewinnen gelten in der Regel andere Steuersätze als für ausgeschüttete Gewinne. Aktionäre bzw. Eigentümer müssen ihre Abgaben auf die ausgeschütteten Gewinne pauschal als Kapitalertragssteuer oder auf Basis ihres persönlichen Einkommensteuersatzes abführen.

Die Deckungsbeitragsrechnung verdeutlicht die kaum trennbare, integrierte Verantwortung von Produktmanagement und Vertrieb für die Kosten und die Profitabilität entlang der Wertschöpfungskette. Das Produktmanagement muss die führende Organisationseinheit sein, die strategische Entscheidungen koordiniert und letztlich verantwortet. Kollegen aus dem Produkt- und Vertriebscontrolling müssen Kalkulationen erstellen und sollten mit kritischen Fragen dafür sorgen, dass profitabel gearbeitet wird. Das Produktmanagement ist für die Produkte und Leistungen verantwortlich und darf die daraus abgeleitete Führungsverantwortung nicht teilen oder abgeben.

Man sollte die MIFRI auch mit Mitarbeiterzahlen (Full Time Equivalents, FTE) hinterlegen und damit den Personalbedarf und die Personalkosten in allen Wertschöpfungsstufen planen.

2.3.3 Produkt- und Servicecontrolling

In Abb. 2.30 werden anders als bei der MIFRI-Planung nur vier Deckungsbeitragsstufen verwendet. Es können die Produkt- oder Service-DBs einer Division, einer Businessunit oder des gesamten Unternehmens bewertet und verglichen werden. Die Profitabilität etablierter Produkte kann den Ergebnissen von neuen Produkten oder Produktkonzepten gegenübergestellt werden. Außerdem kann man feststellen, durch welches Kernportfolio sich das Unternehmen oder einzelne Bereiche finanzieren. Kann man sich die neuen Produkte dauerhaft leisten? Sollte man Produkte aus reiner Finanzsicht abkündigen[1], weil sie Verlustbringer sind? Aus Portfoliosicht muss man solche verlustbringenden Produkte oder Services wegen positiver Koppeleffekten (Cross-Selling) möglicherweise trotzdem weiter anbieten.

An dieser Stelle des Buches werden dem Leser die gebräuchlichsten Controllinginstrumente für ein Produktmanagement vorgestellt, weil der wirtschaftliche Erfolg das übergeordnete Ziel für alle Aktivitäten des Produktmanagements ist. Produktcontrolling ist Umsatz-, Kosten- und Ergebnisplanung und deren kontinuierliche Überprüfung.

Ausgewählte Controllinginstrumente für das Produktmanagement im B2B sind:

1. MIFRI (drei bis fünf Jahre; vgl. Abb. 2.28) und ggf. eine Langzeitplanung für bis zu zehn Jahre:
   Es sind Umsatz, Großprofit- bzw. Rohmarge, EBITDA-, EBTA- und EBIT-Analysen sowie zeitliche Projektionen möglich. Diese sollten ggf. für
   - Unternehmen oder Unternehmensgruppen,
   - Divisionen bzw. Geschäftsbereiche,
   - Business Units bzw. Geschäftsfelder und
   - Produktgruppen, Einzelprodukte und Services

   durchgeführt werden.
2. Mehrstufige Deckungsbeitragsrechnungen können für Produkte oder Services bis zum DB-VII bzw. CM-VII durchgeführt werden (vgl. Vahrs und Schäfer-Kund 2015, S. 485; Sabisch 1991, S. 178 f.; Schweitzer und Küpper 1995, S. 436 und Abb. 2.29).
3. Target Costing dient der Zielkostenplanung und -kontrolle während der Produktentwicklung (vgl. Abb. 2.35ff).
4. Wirtschaftlichkeitsrechnungen sind insbesondere für Produktneuentwicklungen notwendig (Amortisation – Return on Capital, vgl. Abb. 2.42).
5. Prozesskostenrechnung: Fixe und variable Kosten, die auch als prozessabhängige, leistungsmengenneutrale und leistungsmengeninduzierte Kosten klassifiziert werden

[1] Abkündigen bedeutet in Sprache von Produkt- und Vertriebsmanagement, den Kunden anzukündigen, dass man die Produkte ab einem bestimmten Zeitpunkt nicht mehr liefern wird. Abkündigen ist das Gegenteil vom Ankündigen neuer Produkte.

können. Leistungsmengenneutrale Kosten können bei geringer Auslastung entlang der Wertschöpfungskette des Unternehmens reduziert werden. Es besteht aber die Gefahr, dass leistungsmengenneutrale Kosten wie z. B. Marketingkosten oder Reisekosten für den Vertrieb neuer Produkte in Krisenzeiten zuerst reduziert werden. Sie lassen sich nicht direkt durch Umsätze (Leistungsmengen) rechtfertigen. Dadurch verpuffen eventuell Produktentwicklungen, weil neues Geschäft beworben werden müsste.

2.4 Produktentstehungsprozess und Wertschöpfungskette bis zur Markteinführung

Die Produktentstehung in Abb. 2.31 beginnt mit dem Erkennen einer Marktchance. Ideen könnten von Kunden, vom Produktmanagement, Vertrieb, Topmanagement, von Eigentümern und natürlich von allen anderen Mitarbeitern des Unternehmens eingereicht werden. Dafür sollte es auch ein organisiertes Ideenmanagement und Vorschlagswesen geben. Kreativitätstechniken können in Workshops genutzt werden, um Produktideen und Lösungen zu generieren. Dazu können externe Experten eingeladen werden (siehe Abb. 2.43, vgl. Sabisch und Tintelnot 1997, S. 111 ff.).

Die Ziele und Aufgaben der Produktentwicklung sollten in Plichten- und Lastenheften vereinbart werden. Bei agilen Entwicklungsprozessen sollte das Zielprodukt als Mission beschrieben und die Aufgaben sollten in Backlogdokumenten festgehalten werden. Es kann unter anderem die Scrum-Methode angewendet werden. Es gibt Anforderungen

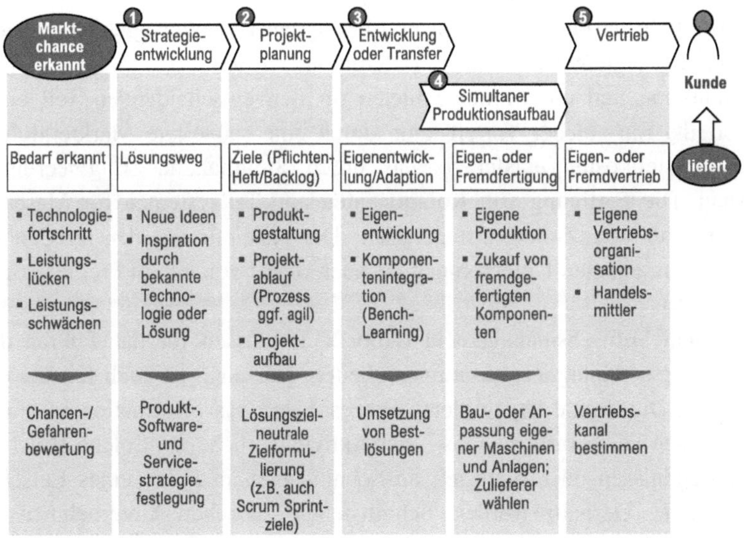

Abb. 2.31 Produktentstehungsprozess bis zur Lieferung an einen Kunden. (Nach Tintelnot 2013, S. 9)

Abb. 2.32 Wertschöpfungsprozess mit integrierten Funktionen von Produkt- und Vertriebsmanagement. (In loser Anlehnung an Porter nach Backhaus und Voeth 2014, S. 146)

und Arbeitsschritte, die zu Beginn eines agilen Projektes noch gar nicht bekannt waren und die sich weiterentwickeln. Diese Aufgaben werden als Backlog festgehalten. Das klassische oder das agile Entwickeln kann man auch mit externen Partnern durchführen. Diese können Mitarbeiterressourcen, Technologiewissen oder spezielle Laborausrüstung beisteuern. Dabei ist eine Sicherung des geistigen Eigentums (Intellectual Property, IP) notwendig. Eine simultane Entwicklung (Simultaneous Engineering) von Produkt und Produktionsmitteln ist bei klassischen und bei agilen Projekten gleichermaßen wichtig (vgl. Sabisch und Tintelnot 1997, S. 77 f.; Krottmaier 1995).

Die Produktion und die Montage bieten oft den entscheidenden Teil eines Wettbewerbsvorteils. Ein solcher Vorteil kann durch eine schnellere Markteinführung und niedrigere Herstellkosten entstehen, was durch Simultaneous Engineering erreicht werden kann. Die Fertigung von Komponenten und Teilsystemen für Maschinen und Anlagen wird oft von Zulieferern geleistet. Die Auslieferung der fertigen Produkte kann sowohl vom eigenen Unternehmen als auch direkt von einem Fremdfertiger an die Kunden erfolgen.

Produkt- und Vertriebsmanagement (Abb. 2.32) müssen für das Führen des Wertschöpfungsprozesses integriert zusammenarbeiten. Nur dann ist auch Kundenzufriedenheit erreichbar. Die digital abgebildeten Prozesse und das Informationssystem (Digital Backbone) lassen keine Informations- oder Aktivitätsbrüche zu. Solche Brüche können zu Missverständnissen oder Wartezeit an Schnittstellen in Folge eines Entscheidungsvakuums führen. Deshalb werden Schnittstellen zwischen Unternehmensbereichen zunehmend digitalisiert und automatisiert. Diese Art der Prozesssteuerung erfordert hohe Validität und Aktualität von Stammdaten und Forecasts.

Die Bereiche Produkt- und Vertriebsmanagement sind immer der Ausgangspunkt der Wertschöpfung. In der Praxis haben die Bereiche aber oft unterschiedliche Ziel- und Bonusvereinbarungen. Vertriebe werden immer die meiste Zeit darauf verwenden, die Produkte bei den Kunden anzubieten, die einen kurzfristigen Auftrag erwarten lassen. Produktmanager wollen hingegen, dass der Außendienst die Kunden auch auf neue Produkte vorbereitet. Diese Diskrepanz muss von der Unternehmensführung aufgelöst werden. Nur durch einen höheren Innnovationsgrad wird die zukünftige Wettbewerbsfähigkeit gesichert. Infolge des Technologiewandels in vielen Industriesegmenten und fortschreitender Digitalisierung ist es notwendig, dass die oft noch getrennt denkenden und handelnden „Fürstentümer" Produkt- und Vertriebsmanagement stärker integriert werden.

2.4.1 Forschung – Grundlagenforschung und angewandte Forschung (Vorentwicklung)

Wenn ein Unternehmen dauerhaft in B2B-Märkten erfolgreich sein will, dann muss es kontinuierlich in Forschung und Produktentwicklung (F&E) investieren. Nach Angaben des Verbands Deutscher Maschinen und Anlagenbauer (VDMA 2021) haben deutsche Unternehmen 2019 in diesem Segment 8,2 Mrd. EUR investiert. Das entspricht einer Quote von 4,1 % des Umsatzes. Nicht berücksichtigt ist der Entwicklungsaufwand von Zulieferern des Maschinenbaus für Komponenten, Teilsysteme und Elektronik, die insgesamt zu einem noch höheren Entwicklungsaufwand geführt haben. In den technischen B2B-Industrien findet man sogar F&E-Investitionsquoten von über 20 %, wenn es sich um den Bereich der Digitalisierung und softwaredominiertes Geschäft handelt. Zum Beispiel hatte die Siemens AG im Geschäftsjahr 2019/2020 bei 57 Mrd. EUR Umsatz eine F&E-Quote von 8 % zu verzeichnen.

Bei Software ist der entwickelte Code oder die Softwareplattform auch gleichzeitig das Endprodukt. Getestete Software kann direkt per Docker-Container oder Downloads zum Kunden geliefert werden.

Forschung und Produktentwicklung bilden die Grundlage für eine Differenzierung von B2B-Anbietern im Wettbewerb (Abb. 2.33):

1. Grundlagenforschung
   - Universitäten oder Forschungsgesellschaften (Fraunhofer, Max-Planck-Gesellschaft ...) erzielen Ergebnisse, die sie veröffentlichen. Unternehmen können diese Informationen nutzen.
   - Öffentliche Forschungsprojekte werden einzeln oder für Forschungsgemeinschaften ausgeschrieben (EU, DFG, BMFT ...). Die Ergebnisse müssen veröffentlicht werden. Wegen der erheblichen Bürokratie und des damit verbundenen Zeitaufwands können es sich kleinere Unternehmen kaum leisten, Förderanträge zu stellen.

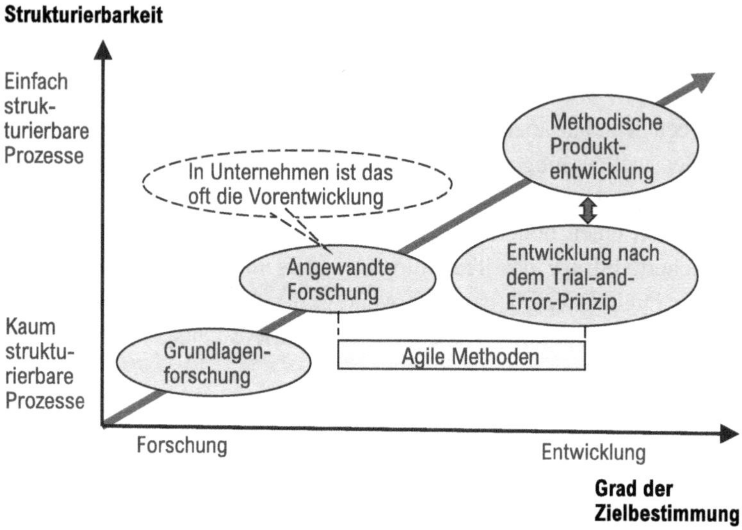

Abb. 2.33 Forschung und Produktentwicklung – Strukturierbarkeit nach dem Grad der Zielbestimmung. (In Anlehnung an Sabisch und Tintelnot 1997, S. 49)

– Bei der Entwicklung von Basistechnologien und Standards ohne Differenzierungspotenzial arbeiten auch Wettbewerber zusammen. Es darf dabei aber kein Kartell entstehen.

2. Vorentwicklung und angewandte Forschung bis zu Funktionsmustern
Die Unternehmen haben ein Innovationsziel. Anders als bei einer Grundlagenforschung können der Zielmarkt und die Anwendung konkreter beschrieben werden.
3. Trial-and-Error-Prinzip bzw. agile Produktentwicklung mit Sprints, mit Zwischenständen und mit Rückschritten
Dieses Prinzip kann in der Forschung und in der Entwicklung angewendet werden. Früher war eine solche Vorgehensweise nach dem Trial-and-Error-Prinzip nicht hoch angesehen. Oft gibt es am Anfang eines Projektes aber unbekannte Kundenanforderungen, die so flexibler und schneller gelöst werden können. Agile Projekte müssen konsequent geführt werden, um zeit- und kostenaufwendige Irrwege zu vermeiden.
4. Methodische Produktentwicklung für eine bekannte Kundenanwendung
Methodische Produktentwicklung bedingt einen hohen Grad an Strukturierbarkeit der Aufgabe und eine detaillierte Vorausplanung. Das ist nicht immer vollständig möglich. Agile Teilprozesse, z. B. für die Entwicklung von Betriebs- oder Anwendungssoftware für eine Maschine, können dann zur Lösung von Teilaufgaben in eine strukturierte Entwicklung integriert werden. Entwicklung hat nicht immer Innovationen zum Ziel. Man kann auch „Me-too-Produkte" ohne Differenzierung entwickeln, falls keine Patente verletzt werden.

2.4.2 Technologieentwicklung

Die Abb. 2.34 zeigt, dass die Technologieattraktivität und die Ressourcenstärke des Unternehmens den Erfolg bedingen. Hat ein Unternehmen die notwendigen Ressourcen, um ein Produkt oder eine Dienstleistung auf Basis der Technologie profitabel zu vermarkten? Wurde die Technologie bei Wettbewerbern bereits zum neuen Standard im Bestandsgeschäft? Kann und muss man die Technologie adaptieren und welche Investitionen sind erforderlich? Würde es zum Verlust des Bestandsgeschäftes führen, wenn man eine neue Technologie nicht beherrschen könnte?

Wie kann ein Unternehmen als Innovator den größten Wettbewerbsvorteil mit einer neuen Technologie erzielen? Porter unterscheidet dabei die „Differenzierung" und den „Kostenvorteil" als Parameter für einen Wettbewerbsvorteil (vgl. Abb. 2.11).

Diese beiden Ausprägungen von Wettbewerbsvorteilen müssen technologisch führende und technologisch folgende Unternehmen geeignet nutzen (nach Porter, vgl. Pleschak und Sabisch 1996, S. 111)

1. Wettbewerbsvorteil Kostenaspekt
   A. Technologische Führer
      – Als erster Anbieter kostengünstige Produktgestaltung einführen
      – Als erstes Unternehmen eine Lernkurve durchlaufen
      – Die Wertschöpfungskette unter Kostengesichtspunkten optimieren
   B. Technologische Folger

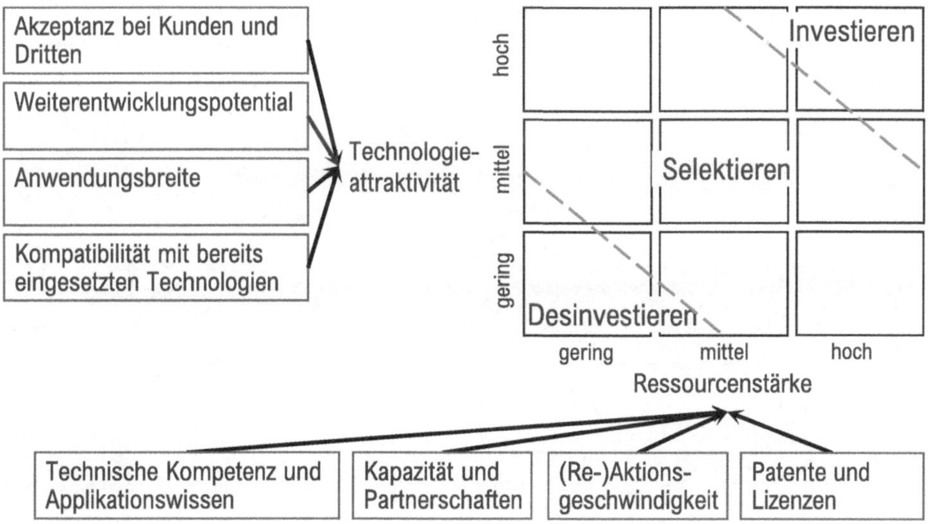

Abb. 2.34 Technologieportfolio-Optionen. (Nach Pfeifer in Anlehnung an Hieronymus et al. 1996, S. 28)

- Kosten eines Produktes entlang der Wertschöpfungskette senken, indem man durch Benchmarking bzw. BenchLearning aus den Aktivitäten des Technologieführers lernt (vgl. Tintelnot 1997b, S. 50)
- Durch Nachahmung F&E- und Marketingkosten vermeiden, da die Kunden der „State-of-the-Art-Technologie" des Wettbewerbers bereits vertrauen

2. Wettbewerbsvorteil Differenzierung
   A. Technologische Führer
      - Als erster Anbieter ein einmaliges, neues Produkt oder einen neuen Service in den Markt einführen. Zu einer Innovation wird das Produkt erst, wenn es mit Erfolg verkauft wird.
      - Als erstes Unternehmen Teilverbesserungen bei Produkten oder Services vornehmen, die auch zu Innovationen werden können, wenn sie den Kundennutzen gegenüber Wettbewerbsprodukten oder Services signifikant steigern
   B. Technologische Folger
      - Das Produkt, den Service, den Vertrieb oder die Lieferkette besser als der Technologieführer an den Kundenbedarf anpassen
      - Erfahrungen des Konkurrenten beobachten und daraus lernen

2.4.3 Vorentwicklung und Produktentwicklung

Die Strategie und der Glaube an ein Produkt oder einen Service sollten am Anfang von Forschungs- und Entwicklungsaktivitäten wie in Abb. 2.35 stehen. Die Nutzung von Ergebnissen aus der Grundlagenforschung kann sich daran anschließen. Grundlagenforschung etwa in den Bereichen Physik, Werkstoffe, Chemie oder Biologie findet man in Hochschulen und Forschungsinstituten. Aus der Grundlagenforschung kann die Gründung eines Start-up-Unternehmens folgen. In der Vorentwicklung wird aus der

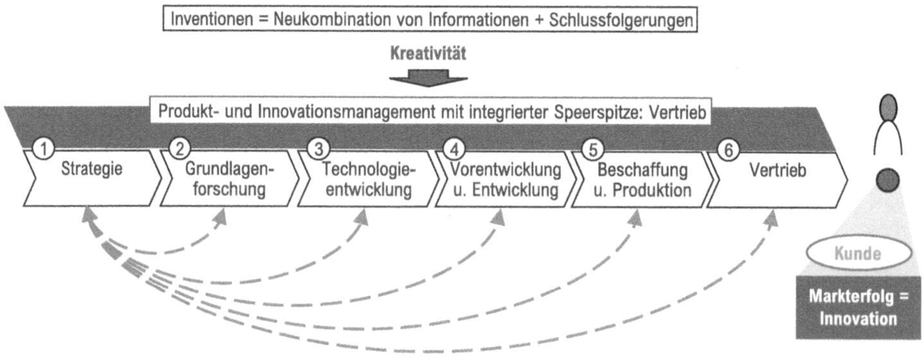

Abb. 2.35 Produkt- und Innovationsmanagement mit dem Vertrieb als Speerspitze zu den Kunden. (Nach Tintelnot 2013, S. 3)

Basistechnologie mittels Prototypen oder digitaler Zwillinge und durch Simulationen eine marktnahe Anwendung geprüft. Die sich anschließende Produkt- oder Softwareentwicklung, die Zusammenarbeit mit Zulieferern und die Entwicklung der Produktionsanlagen sollten simultan ablaufen. Im gesamten Innovationsprozess sind die Kreativität der Mitarbeiter sowie ein kontinuierlicher Informations- und Wissensaustausch notwendig. Das Mitwirken des Vertriebes als Bindeglied zu den Kunden ist ein Schlüsselfaktor.

2.4.4 Entwicklung von Hardware, Software und Services – Einfluss von Digitalisierung und Industrial IoT

Angebote für Investitionsgüterkunden können aus einer Kombination von Hardware, Software und Services bestehen. Eine kreative Kombination dieser drei Bestandteile kann einen höheren Gewinn pro Kunde und eine höhere Kundenbindung erzeugen:

1. „Hardware" ist oft der Ursprung und die Basis eines Geschäftes im Industriegüterbereich. Kunden haben das Gefühl, bei Hardware einen greifbaren, physikalischen Gegenwert zu erhalten. Darum verkaufen beispielsweise Anbieter von Software diese teilweise nicht als Download, sondern im Speicher eines Raspberry-Pi-Kleinrechners oder mithilfe anderer Hardwarespeicher.
   Steuerungshardware ist die Basis, mit der Daten wie Messwerte von Sensoren in automatisierten Regelkreisen zur Steuerung der Leistungselektronik für Motoren von Maschinen genutzt werden können. Zusätzlich können diese Informationen auf einem PC, einer Edge-Komponente oder in einer Cloud gespeichert und für Leistungsanalysen verwendet werden. IIoT-Systeme verwenden die bereits vorhandenen Sensoren in Maschinen bzw. Anlagen und ggf. auch zusätzliche Sensoren, die Betriebs- (Temperatur, Druck …) und Qualitätsdaten (Vibration, Bilder von fehlerhaften Produkten …) erfassen können.
2. „Software" für Betriebssysteme, Steuerungen, spezielle Anwendungen, Analysen und Visualisierungen ermöglicht erst den Betrieb und den vollen Nutzen eines Investitionsgutes. Für den Anbieter von Hardware besteht die Gefahr, dass der Kunde die Software und notwendige Updates dafür gratis erwartet und nicht bereit ist, dafür zu zahlen. Bei einem reinen Softwareanbieter von Apps etc. ist der Kunden demgegenüber eher bereit, dafür zu zahlen.
   Mit Software, die auf mathematischen Modellen basiert, kann IIoT in Form von Datenerfassung, Analyse und Auswertung einen Mehrwert erzielen. Dieser Nutzen ist immer dort am größten, wo der Mensch nicht mehr eingreifen muss und durch KI, z. B. während des Betriebs einer Maschine, der Ausschuss reduziert wird. Das ist am wirkungsvollsten, wenn die Betriebsparameter (Sollwerte) der Maschine über die Maschinensteuerung in Verbindung mit KI automatisch angepasst werden. Somit steigt die Qualität. Der Ausschuss und die Nacharbeit sinken.

3. „Services“ bieten viele Möglichkeiten für Zusatzgeschäfte (vgl. Abschn. 2.6). Ein Service muss wie ein Produkt geplant und entwickelt werden. Dabei sind Kreativität und Innovationen gefragt.

In der Vorentwicklung werden Tests durchgeführt. Diese können, wie in Abb. 2.36 dargestellt, mit realen Laboraufbauten (Prototypen) oder mit Referenzmodellen (wie digitalen Zwillingen) als Simulation ablaufen. Die Verfügbarkeit der Daten zur ausreichenden Beschreibung relevanter Eigenschaften eines digitalen Zwillings limitiert dabei häufig die Anwendung von Simulationen. Außerdem gibt es oft einen unzureichend dokumentierten Altbestand von Anlagen oder Maschinen in sogenannten „Brownfield-Projekten“. Bei diesen lässt sich eine Simulation der physikalisch-technischen oder chemischen Eigenschaften nicht mit vertretbarem Aufwand abbilden. Die zunehmende Zahl von „Greenfield-Projekten“ für Anlagen, die völlig neu errichtet werden, wird das Datenproblem lösen. Es werden dann genügend Daten aus digitalen, simulationsfähigen CAD- und Engineeringsystemen vorhanden sein.

2.4.4.1 Entwicklung mit Zielkostenerreichung durch Target Costing

In der Praxis müssen die Zielkosten eines Produktes meistens noch durch Referenzkosten aus der Produktion und dem Einkauf ermittelt werden. Dafür ist viel Erfahrungswissen erforderlich. Es wird Tabellenkalkulation wie beispielsweise Microsoft Excel eingesetzt. Die Abb. 2.37 verdeutlicht, dass Unternehmen idealerweise digitale Systeme zur Zielkostenkontrolle einsetzen sollten. Die Zielkosteninformationen und

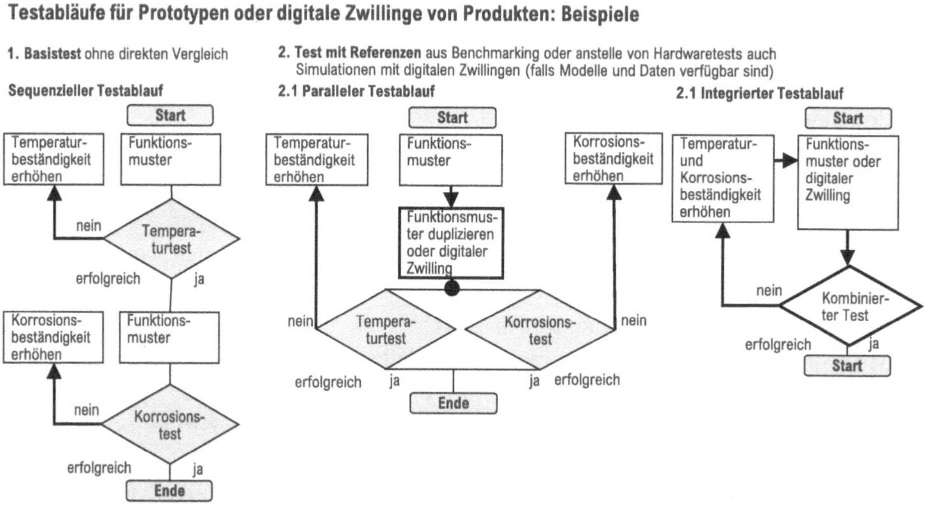

Abb. 2.36 Funktionsmusterprüfungen in Vorentwicklung und Entwicklung mit digitalen Zwillingen. (Nach Sabisch und Tintelnot 1997, S. 107)

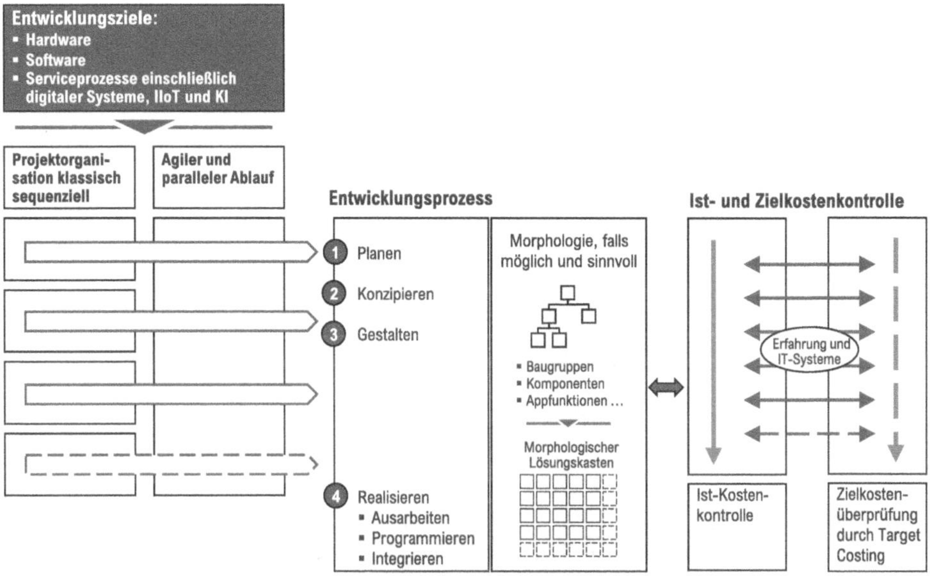

Abb. 2.37 Produktentwicklung mit Target Costing zur Bestimmung der Gesamtkosten

Referenzgrößen können im Idealfall direkt in eine Kostensimulation einfließen, falls es Schnittstellen zu den Entwicklungssystemen (CAD und Engineering), dem ERP-System für die Einkaufskosten (anhand von Angeboten und Beständen) und dem MES-System für die Fertigung (Produktionskosten, Maschinenzeiten) gibt. Zukünftig sind lernende Systeme denkbar, die auf der Basis von Gestaltungsalternativen mittels KI die Gesamtkosten des fertigen Produktes simulieren und bewerten könnten.

In der Praxis wird aber deutlich, dass im Produktentwicklungsbereich keine Automatisierung von Entscheidungen möglich ist (vgl. Beispiel in Abb. 2.1). Ohne erfahrene Produkt- und Vertriebsmanager, die Markt- und die Applikationsanforderungen sowie die technischen Lösungsalternativen durch BenchLearning kennen, können keine Entscheidungen getroffen werden (vgl. Tintelnot 1997a, S. 54 f.). Es müssen immer die technische Sicherheit, die Umweltverträglichkeit und weitere Normen eingehalten werden. Das kann zu höheren Kosten führen. Dafür muss letztlich ein leitender Ingenieur verantwortlich zeichnen. Diese Entscheidungen können Menschen nicht an Systeme delegieren. Target-Costing-Simulation kann letztlich nur eine Entscheidungshilfe sein (vgl. auch Müller und Wobold 1993, S. 72; Gaiser und Kieninger 1993, S. 152).

In klassischen Projekten und Teilprojekten kann das Zielprodukt in der Regel durch eine morphologische Strukturierung in Baugruppen, in Komponenten und deren Schnittstellen zerlegt werden (siehe Abb. 2.37). Teillösungen für das Zielprodukt können unter Kosten- und Nutzenaspekten ausgewählt werden. Wie wichtig ist den Kunden eine bestimmte Funktion des Produktes und was sind sie bereit dafür zu bezahlen?

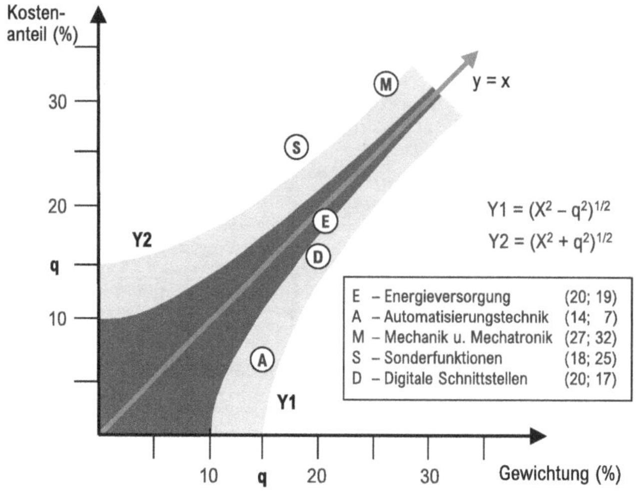

Abb. 2.38 Zielkostenkorridor im Kostenkontrolldiagramm als Beispiel für eine Produktionsmaschine. (In Anlehnung an Deisenhofer 1993, S. 106)

Marktanforderungen und Kosten bedingen den Korridor in Abb. 2.38. Gemäß Deisenhofer (1993) ist die Festlegung der „Breite q" grundlegend. Je bedeutender der Preis bzw. die Kosten für den Erfolg eines Produktes sind, desto kleiner sollte der q-Wert gewählt werden. Wenn es sich beispielsweise um eine kostengünstige Maschine für den indischen Markt handelt und die Anforderungen an die Funktion und die Lebensdauer relativ gering sind, dann sollte der q-Wert klein gewählt werden.

Im Folgenden wird das Beispiel einer Produktionsmaschine genutzt. Es werden Teillösungen für

- E. die Energieversorgung (Netzteile und die Energieverteilung),
- A. Automatisierungstechnik mit Steuerungen, Sensoren, elektrischen Antrieben, Elektronikkomponenten und Sensoren für die Maschinen-/Anlagensteuerung,
- M. den mechanischen und mechatronischen Aufbau,
- S. von Kunden wählbare Sonderfunktionen und
- D. digitale Schnittstellen zu den MES-, ERP- und IIoT-Systemen und Anwendungen

betrachtet.

2.4.4.2 Kaufmännischer und technischer Wert einer Lösung

B2B-Produkte haben, wie in Abb. 2.39 dargestellt, einen betriebswirtschaftlichen Kapitalwert (Buchwert und Rendite) und einen technischen Nutzwert. Diese sollte man bewerten und auf dieser Basis unterschiedliche Lösungsalternativen für das gesamte

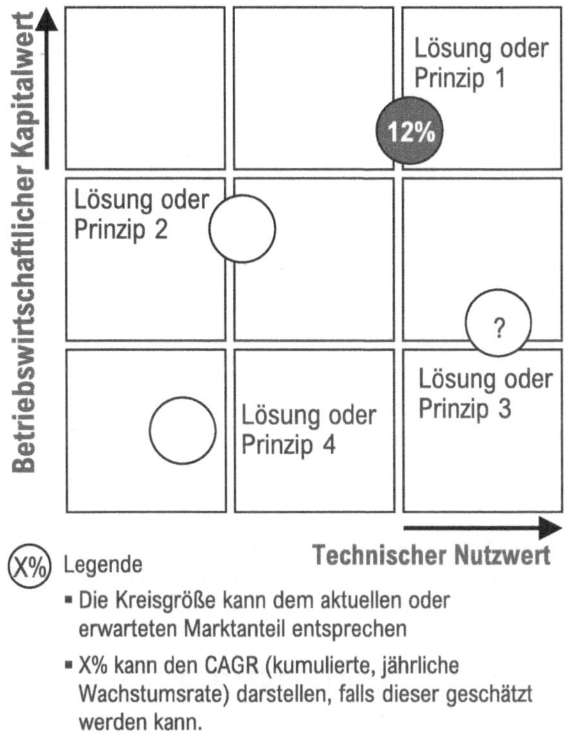

Abb. 2.39 Betriebswirtschaftlicher Kapital- und technischer Nutzwert einer Produktlösung entsprechend VDI 2225. (Nach Hieronymus et al. 1996, S. 8)

Produkt, einzelne Baugruppen oder Komponenten vergleichen. Eine geniale technische Lösung ist wertlos, falls sie keinen wirtschaftlichen Nutzen hat. Beispiel: Ein IIoT-Analysetool kann den Ausfall von Maschinen voraussagen. Das Tool kann von den Meistern in der Produktion aber nicht selbst bedient werden, weil sie nicht genügend Zeit dafür haben oder sie sich nicht damit auseinandersetzen wollen. Dafür einen IT-Spezialisten zu beschäftigen, wäre zu aufwendig. Das Tool hat somit keinen wirtschaftlichen Nutzen.

1. *Faktoren für den betriebswirtschaftlichen Wert*
   - Was kann wirtschaftlich profitabel realisiert werden?
   - Wird das Angebot öffentlich gefördert?
   - Was will und wird der Kunde dafür bezahlen? – Wie viel ist das Investitionsgut dem Kunden wert und für welchen Preis kann es verkauft werden?
   - Wie hoch ist der Entwicklungs-, Produktions-, Logistik- und Finanzierungsaufwand?

   - Welche Lieferbedingungen gibt es? – An welchen Orten will der Kunde das Produkt einsetzen und ab wann muss es geliefert werden (vgl. Davidson 1987, S. 46)?
   - Welche Zahlungsbedingungen müssen dem Kunden eingeräumt werden?
2. *Faktoren für den technischen Wert*
   - Wie einzigartig sind das Produkt und die zugrunde liegende Technologie? Sind die Kunden bereit, von Standardlösungen oder Normen abzuweichen und Sonderlösungen zu akzeptieren (vgl. Sabisch 1991, S. 155)? Wird evtl. sogar die Kompatibilität mit Wettbewerbslösungen gefordert (Second Source zur Reduzierung von Abhängigkeiten der Kunden)?
   - Sind alle Funktionen für den Kunden wirklich notwendig oder erzeugen diese ggf. unnötige Komplexitäts- und Folgekosten? Technische Verspieltheit und Over-Engineering werden in der Regel höchstens bei Konsumgütern honoriert.
   - Wird das geforderte Funktionsniveau erfüllt (vgl. Abb. 2.13)?
     Premium
     Mid-Spec (Just Enough)
     Low-Spec (unterster Funktionslevel, der ggf. auch eine geringe Lebensdauer hat)
   - Werden die geforderte Qualität, Wartungsfreundlichkeit und Lebensdauer erfüllt?

2.4.5 Produkttypen und Entwicklungsarten

Leistungen von Unternehmen, die Kunden im B2B-Geschäft erwarten, lassen sich in Hardware, Software und Dienstleistungen kategorisieren (vgl. Abschn. 2.4.4).

Aus Kundensicht gibt es im B2B-Geschäft Standard- und Spezialprodukte bzw. Lösungen:

1. Standardprodukte (Standardmaschinen, Standardfahrzeuge, chemische Grundprodukte, Bauteile für Gebäude …), Komponenten (Handgriffe, Sägeblätter, Maschinenschrauben, elektronische Bauteile, Elektronikkomponenten …) und Standardsoftware (CAD-Programme, Engineering-Tools …).
2. Spezialprodukte mit hoher Anpassung an die jeweilige Kundenapplikation im System und Lösungsgeschäft (Lebensmittelproduktions- und Verpackungsanlage, Chemiebetrieb, Raffinerie, Bohrplattform, Anlage zur Stromerzeugung, Spezialfahrzeuge, Wasserstoff-Hydrolyse Anlage, Verkehrsleitsysteme …) und Applikationssoftware, die für eine spezielle Anwendung programmiert wurde.

2.4.5.1 Entwicklung von Standardprodukten und -komponenten mit Langfristplanung

Die Idee für ein neues Standardprodukt nach Abb. 2.40 kann z. B.

- durch die notwendige Ablösung von Produkten oder Produktfamilien in Folge von Überalterung,

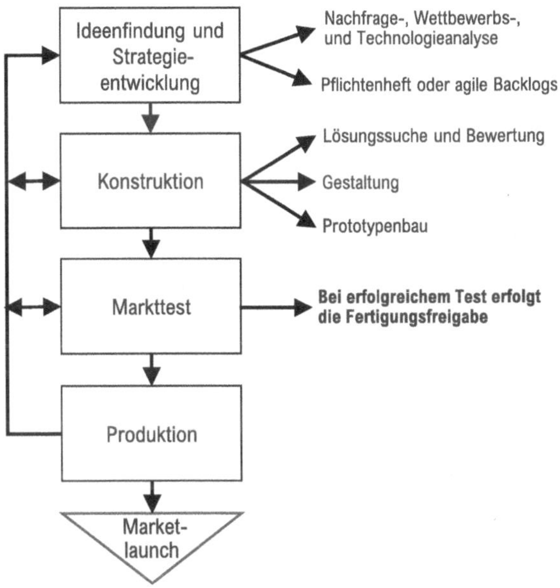

Abb. 2.40 Produktentwicklung und Konstruktion von Standardprodukten bis zur Markteinführung. (In Hieronymus et al. 1996, S. 28)

- aus neuer oder veränderter Nachfrage, die die Vertriebsingenieure oder Produktmanager bei ihren Kundengesprächen erfahren haben,
- aus Angeboten oder Aktivitäten der Wettbewerber oder
- aus Möglichkeiten, die eine neue Technologie aus dem B2C-Bereich im B2B-Geschäft eröffnet,

entstehen.

Bei Standardprodukten besteht ein intensiverer Wettbewerb. Bei steigender Menge sinken die Stückkosten des Anbieters. Es können hohe Marktanteile und hohe, absolute Gewinne erzielt werden, auch wenn die Marge am einzelnen Produkt relativ gering ist (vgl. Abb. 2.41).

Bei Standardprodukten und -komponenten kann es Auftragsfertiger geben, die sich auf kleine Losgrößen oder Ersatzteile spezialisiert haben. Sie differenzieren sich durch kurze Vorbereitungs- und Durchlaufzeiten in der Produktion und können eine schnelle Lieferung garantieren. Gegebenenfalls sind sie auch bei kleineren Mengen relativ kostengünstig und profitabel. Sie können immer dann einspringen, wenn der Spitzenbedarf eines Herstellers durch einen externen Lieferanten abgefedert werden muss. Oft verlangt der Kunde zur Absicherung der Lieferungen eine Second Source. Bei großen Mengen sind diese spezialisierten Auftragsfertiger in der Regel nicht mehr wettbewerbsfähig, insbesondere falls der Automatisierungsgrad gering ist und auf Handarbeit gesetzt wird.

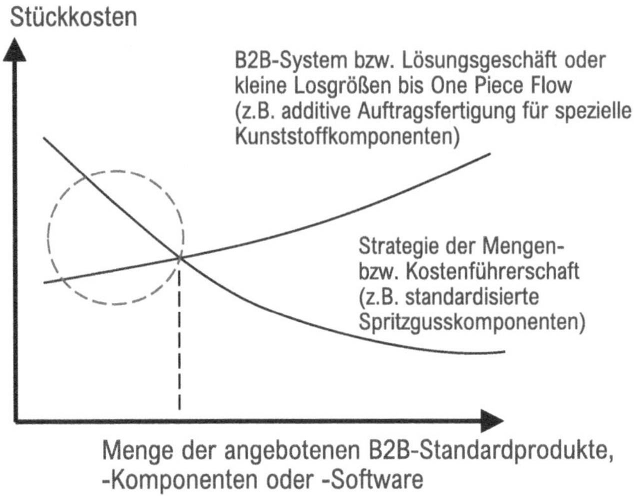

Abb. 2.41 Stückkosten für das Standard- und Lösungsgeschäft im B2B. (Nach Porter 1992, S. 308)

Wenn ein neues Standardprodukt oder eine neue Standardkomponente entwickelt wird, ist eine Wirtschaftlichkeitsrechnung immer unerlässlich. In Abb. 2.42 werden „Payments-in", das heißt die Umsätze mit Kunden für eine Standardindustriepumpe, dargestellt. Dazu kommen ggf. Zuflüsse von Kunden als Kostenbeiträge für die Produktentwicklung. Der Weiterverkauf der bezuschussten Produkte kann ggf. auf ausgewählte Vertriebsregionen bzw. Länder beschränkt werden und man tritt nicht mit den eigenen Kunden in den Wettbewerb. Die Entwicklungskosten werden in diesen Fällen oft zwischen dem Hersteller und dem Kunden geteilt.

Bei Industriegütern kann die Nutzungsdauer sehr lang sein. Dies ist oft dann der Fall, wenn Produkte in Anlagen eingesetzt werden, von denen eine Gefahr ausgehen kann. Das gilt z. B. für die Systemsteuerungen von Ölraffinerien oder elektrische Anschlusskomponenten in nuklearen Kraftwerken. Solche Komponenten werden oft noch nach Jahrzehnten in unveränderter Form nachgefragt. Wenn ein Hersteller mit solchen Produkten zugelassen und gelistet ist, kann er damit auch noch nach Jahrzehnten viel Geld verdienen. Andere Produkte müssen sich schnell amortisieren, da sich die technischen Anforderungen und Möglichkeiten fortlaufend ändern.

Den Zuflüssen aus Umsätzen werden die Abflüsse bzw. die Kosten „Payments-out" gegenübergestellt. Dies sind die Herstellkosten seit dem Marketlaunch und die Investitionen in Maschinen, Anlagen und Hilfsmittel. Dazu kommen die Entwicklungskosten, die bereits vor der Markteinführung entstanden sind. Im Produktions- und Logistikbereich muss man ggf. für Kapazitätserweiterungen auch in den Folgejahren weiter in Maschinen, Werkzeuge oder die IIoT-Digitalisierung investieren. Auch weitere

offer title	**Beispiel: Neue Industriepumpe**			
date update		product margin II	23.392.780	**61,83%** accumulated
year (beginning) (YYYY)	2017	product margin III	22.922.651	**60,59%**
project duration (years)	10			

internal interest rate: 15,00%

years	0	1	2	3	4	5	6	7	8	9	10
payment flow / period	**2017**	**2018**	**2019**	**2020**	**2021**	**2022**	**2023**	**2024**	**2025**	**2026**	**2027**
payments (-in)											
customer shares for tools											
customer shares for project costs											
external sales	0	0	35.000	175.000	875.000	1.750.000	3.500.000	5.250.000	7.000.000	8.750.000	10.500.000
sum payments (-in)	**0**	**0**	**35.000**	**175.000**	**875.000**	**1.750.000**	**3.500.000**	**5.250.000**	**7.000.000**	**8.750.000**	**10.500.000**
payments (-out)											
manufacturing cost	0	0	24.172	120.861	604.304	960.360	1.920.720	1.718.634	2.291.512	2.864.390	3.437.268
investments	225.000	275.000	0	0	0	0	0	0	0	0	0
project costs	120.346	154.598	195.184								
sum payments (-out)	**345.346**	**429.598**	**219.356**	**120.861**	**604.304**	**960.360**	**1.920.720**	**1.718.634**	**2.291.512**	**2.864.390**	**3.437.268**
payments total	**-345.346**	**-429.598**	**-184.356**	**54.139**	**270.697**	**789.640**	**1.579.280**	**3.531.366**	**4.708.488**	**5.885.610**	**7.062.732**
capital value at the end of the respective period	**-345.346**	**-718.910**	**-858.310**	**-822.712**	**-667.940**	**-275.350**	**407.417**	**1.734.988**	**3.274.201**	**4.947.259**	**6.693.058**
return on capital				**-81%**	**-31%**	**4%**	**25%**	**41%**	**50%**	**54%**	**57%**
period of amortisation	**no**	**no**	**no**	**no**	**no**	**no**	**5,40**				

Abb. 2.42 Wirtschaftlichkeitsrechnung für ein neues Standardprodukt am Beispiel einer Industriepumpe

Entwicklungskosten können nach der Markteinführung anfallen, falls man zusätzliche Varianten anbieten will.

Um den Kapitalbedarf (Working Capital) und die Amortisationsdauer (Kapitalrückflussdauer, Payback Time) zu bestimmen, berechnet man die Kapitalwerte jeweils am Ende eines Jahres. Der Kapitalwert wird mit einem internen Zinsfuß berechnet. Dieser basiert auf der Mindestverzinsung, die man erzielen muss, um Fremdkapital zu refinanzieren. Im Beispiel beträgt die Amortisationsdauer 5,4 Jahre. Das ist bei Investitionsgütern kein langer Zeitraum. Die Erfahrung zeigt, dass Unternehmen im B2B-Geschäft im Durchschnitt stabile Umsatzrenditen von über 8 % erzielen sollten. Dann sind sie auch in der Lage, ausreichend zu reinvestieren. Bei mittelständischen Unternehmen, die in Familienhand sind, werden oft längere Amortisationszeiten als bei börsennotierten Gesellschaften akzeptiert. Die Eigentümer verzichten auf Ausschüttungen und haben langfristige Gewinnerwartungen. Auch diese Unternehmen müssen natürlich darauf achten, Geld zu verdienen und durch ein ausreichendes Eigenkapital für Krisenzeiten gerüstet zu sein.

2.4.5.2 Entwicklung von Produkten mit hoher Anpassung an Kundenapplikationen – System- und Lösungsgeschäft

Das Produktmanagement im System- und Lösungsgeschäft erfordert ein integriertes und koordinierendes Projektmanagement. Abb. 2.43 verdeutlicht, wie Produkte, Komponenten und Software zu Teilsystemen/-lösungen oder zu gesamten Maschinen und Anlagen integriert werden. Damit ergibt sich für den Kunden ein zusätzlicher Nutzen. In der Regel haben diese Kunden keinen eigenen Maschinenbau, keine Elektronikfertigung, keinen Schaltschrankbau und keine eigenen Installateure, die diese Integrationsleistungen selbst erbringen könnten. Anbieter solcher Kundenlösungen können sich dadurch erheblich von Wettberbern differenzieren. Es besteht jedoch die

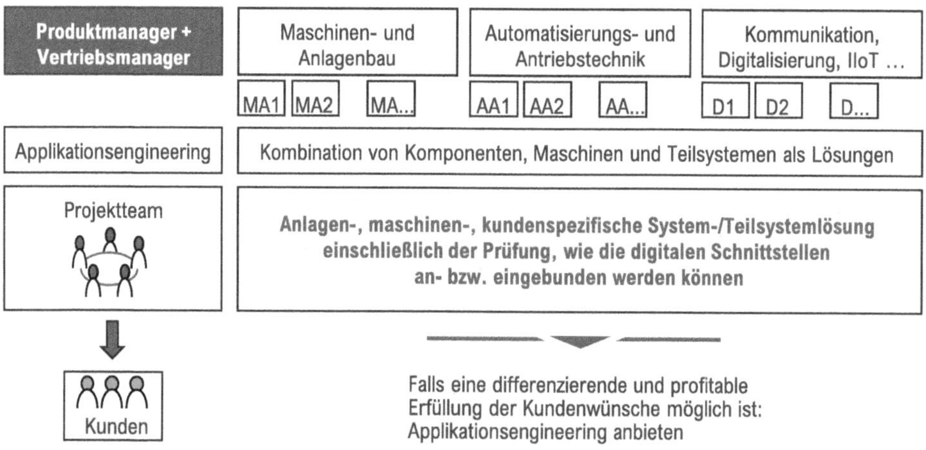

Abb. 2.43 System und Lösungsgeschäft im Industriebereich

Gefahr, dass Lösungsanbieter, insbesondere wenn sie aus dem Komponentenbereich kommen, sich mit einem solchen Geschäft verzetteln und ihre Margen erodieren. Diese Gefahr ist insbesondere dann groß, wenn sie einen zu niedrigen Anteil an Eigenprodukten in den Lösungen verwenden. Solche Unternehmen sind oft nicht wettbewerbsfähig gegenüber reinen Engineering-Anbietern, die selbst keine Produkte herstellen und die über ein Netzwerk aus Komponentenherstellern, Systemintegratoren und Sondermaschinenbauern verfügen.

Bei neuen Systemangeboten, für die noch kein Systembaukasten vorhanden ist, muss überlegt werden, welche Systemkomponenten für ein Minimum Viable Product(MVP) oder ein Minimum Viable System(MVS) ausreichen. Welche System- und Lösungsangebote sind bereits mit einem kleinen Systembaukasten möglich, damit diese frühzeitig bei Kunden implementiert werden können und man Referenzkunden nachweisen kann?

Vorwärts- oder Rückwärtsintegration bedeutet, wie bereits in Abschn. 2.2.1.2 erwähnt, auch mit den eigenen Kunden oder Lieferanten in den Wettbewerb zu treten. Im Lösungsgeschäft ist der Preiswettbewerb geringer, da man sich von Wettbewerbern über die individuelle Leistung differenzieren kann. Beispiele: Hochspannungsschaltanlage, Feuerlöschanlage, Spezialpumpe, Wirkstoff im Pharmabereich, Abfüllanlage, Zementfabrik, Stahlwerk, Verpackungsanlage, Logistikanlage, Fabrikschiffe, aber auch kleinere Lösungen wie z. B. Filtersysteme, Kartonaufrichter, Spezialgetriebe, Dichtungsringe für aggressive Medien etc.

Organisation des Lösungs- und Systemgeschäftes

Bei aufwendigen Geschäften muss die Integration von Lösungen und Systemen über die Verzahnung von Produkt- und Vertriebsmanagement hinausgehen, wenn man bei Industriekunden erfolgreich sein will. Mehrdimensionale Matrixorganisationen (vgl. Aumayer 2019, S. 117) sind global stets schwer zu führen und bedürfen daher der Vereinfachung und der Bildung von Projektteams. Das Applikationsengineering sollte man im Projektgeschäft gemeinsam mit dem Produktmanagement führen. Grundsätzlich sollte hier immer das „Biggest-User-Principle“ gewählt werden. Das bedeutet, dass die Organisationseinheit, die eine Funktion am meisten beansprucht sowie die höchsten Umsätze und Ergebnisbeiträge liefert, diese auch verantwortlich leiten sollte. Das Gleiche gilt auch für die Projektteams im Systemgeschäft.

Man kann durch das Lösungsgeschäft eine hohe Kundenbindung erzielen. Es besteht gleichzeitig jedoch die Gefahr, dass man bei schlechter Leistung viel Reputation im Markt verliert.

2.4.6 Klassische Entwicklung versus agile Entwicklungsmethoden

Dilbert illustriert in Abb. 2.44, dass die agile Entwicklung von Produkten oder Software oft gewünscht wird, man aber auf die klassische Planung und Kontrolle trotzdem nicht verzichten möchte. Agile Methoden ermöglichen eine kurze Entwicklungsdauer und

Abb. 2.44 Notwendigkeit von detaillierter Planung versus agiles Vorgehen. (© www.dilbert.com)

eine hohe Flexibilität bei der Spezifikation. Dieses Vorgehen erlaubt keine umfangreiche Planung wie bei der klassischen Entwicklung mit Pflichten- und Lastenheften. Trotzdem wollen sich Entwicklungschefs in der Regel durch zusätzliche Projektpläne absichern. Insbesondere falls ein Produkt floppt oder gravierende Mängel auftreten, muss sich der Entwicklungsleiter selbstverständlich gegenüber der Geschäftsführung rechtfertigen. In diesen Fällen ist es hilfreich, wenn man von der Marktanalyse bis hin zum Projektmanagement eine detaillierte Planung und Kontrolle durchgeführt hatte.

Die Kunst in der Entwicklung ist es, den goldenen Mittelweg zu finden. Agile Teams müssen die notwendigen Freiheiten erhalten, aber das Entwicklungsziel darf nicht aus den Augen verloren werden. Die Anforderungen an Produkte, an Komponenten und insbesondere an Software sind im B2B-Bereich seit Beginn der 2010er Jahre immer umfangreicher geworden. Am Anfang eines Entwicklungsprojektes ist man nicht in der Lage, alle Anforderungen, Funktionen und Schnittstellen eines Entwicklungszieles in vollem Umfang zu beschreiben. Deshalb sollte man nur die unbedingt notwendigen Produktfunktionen und die nicht verhandelbaren Kundenanforderungen in einer verbindlichen Spezifikation festlegen. Außerdem sollte man versuchen, bei Hardware und Software auf Plattform- bzw. Modulkonzepte zu setzen, sodass man Kernfunktionen immer wieder verwenden kann. Aufbauend auf Standardmodulen kann man dann mit agilen Teams notwendige Varianten erzeugen, die einen geringeren Dokumentationsaufwand haben. Bereits funktionierende Grundkonzepte und Module werden Vorgesetzte nicht infrage stellen.

Es muss zwischen der erforderlichen Planungssicherheit und der „Time-to-Market" abgewogen werden. In welchen Bereichen funktioniert agile Entwicklung?

- Eine kritische Infrastruktur (Chemieanlage, Kernkraftwerk …) wird man nicht agil bzw. iterativ entwickeln können. Die Auftraggeber bestehen auf Pflichten- und Lastenheften.
- Insbesondere bei Produkten, die nur Erfolg haben, wenn sie schnell auf den Markt kommen und deren Features Schritt für Schritt erweitert werden müssen, sind agile Methoden unumgänglich.

Beispiel: Software- und Hardwareentwicklung für die Digitalisierung (IIoT) bei B2B-Maschinenanbietern. Die Anlagen müssen der Software- und Chiptechnologie von B2C-Konsumgütern dynamisch folgen, weil neue Konsumgüter damit hergestellt werden sollen.

In Abb. 2.45 werden Kriterien aufgeführt, mit denen die Effektivität und die Effizienz von Entwicklungsorganisationen bewertet werden können:

- Der geforderte Kundennutzen sollte zunächst aus der Sicht der Maschinen-/Anlagenbauer, Engineering-Anbieter, Schaltschrankbauer oder Installateure, die Teilsysteme oder Komponenten einkaufen, effizient erreicht werden.
- Letztlich zählt aber nur die Effektivität, das heißt der Nutzen von Maschinen, Anlagen oder Produkten für die Endanwender. Deshalb sollte das Entwicklungsziel wie eine Maschine, ein Produkt, eine Komponente, eine Software oder ein Service mit einer Nutzwertanalyse untersucht werden.

Es sollten die von den Endanwendern erwarteten Mindestfunktionen sowie weitere Wunsch- und Zusatzfunktionen aufgelistet und bewertet werden (vgl. Sabisch und Tintelnot 1997, S. 130). Das heißt, es gilt zu untersuchen, ob Zusatzfunktionen sich positiv verstärken, abschwächen oder unabhängig voneinander sind. Dem geschätzten Aufwand für die Entwicklung und Herstellung ist der Nutzen einzelner Produktfunktionen gegenüberzustellen. Lösungsalternativen sind zu erwägen.

Die Produktivität und der Energieverbrauch von Maschinen und Anlagen haben einen hohen Einfluss auf deren Herstell- und Betriebskosten. CO_2-Emissionen und Abfälle werden zunehmend erheblich bepreist und müssen in ein ökonomisches und ökologisches Gleichgewicht gebracht werden. Das gilt für die Produktion der Maschinen durch deren Hersteller und für den Betrieb von Maschinen durch die Endkunden gleichermaßen.

Eine monetäre Bewertung mit Total Cost of Ownership(TCO) für Endkunden ist hilfreich und verkaufsfördernd. TCO beschreibt eine Methode, mit der ermittelt wird, welche Betriebs-, Material oder Personalkosten der Kunde einspart, wenn er in eine neue Maschine oder Software investiert. Wie schnell amortisiert sich die Maschine für deren Endnutzer? TCO zu ermitteln, ist eine anspruchsvolle Aufgabe für Produktmanager und Applikationsingenieure. Um dem Endkunden die Kostenvorteile dann vorrechnen und erklären zu können, bedarf es einer abgestimmten Zusammenarbeit zwischen Produktmanagement und Vertrieb.

Die Zeit bis zur Erreichung der Marktreife (Time-to-Market) ist der wichtigste Erfolgsfaktor nach dem Kundennutzen und dem Einhalten von Zielkosten. Falls die Markteinführung zu spät kommt, kann das Produkt bereits veraltet sein, oder der Markt wurde durch Wettbewerber besetzt. In den B2B-Märkten erwarten die Kunden inzwischen Produkteigenschaften und digitale Services, die bisher nur aus B2C-Märkten bekannt waren. Die Entwicklungsgeschwindigkeit hat sich erhöht und die Techno-

Kriterien für die Entwicklung von Produkten und Software	
Kriteriengruppe	**Einzelkriterien (Merkmale bzw. Kenngrößen)**
Kundennutzen von neuen Produkten	▪ Leistungskennzahlen ▪ Zuverlässigkeit und Fehlerfreiheit ▪ Geforderte digitale Schnittstellen und Datenmodelle ▪ Niveau der Formgestaltung ▪ Montage-, Installations- und Integrationsfähigkeit ▪ Umweltverträglichkeit und Lebensdauer
Kosten	▪ Herstellkosten oder Servicekosten je Einheit ▪ Forschungs- und Entwicklungskosten je Projekt ▪ Anteil F&E-Kosten am Umsatz (Innovationsfähigkeit) ▪ Kostenstrukturen und Prozesse
Zeit und Flexibilität bzw. Agilität	▪ Time to Market ▪ Zeitspanne bis zur Rentabilität eines Produktes oder Services ▪ Entwicklungsdauer neuer Produkte, Software, Produktionsverfahren und Services (auch Teilprozesse) ▪ Anpassungsfähigkeit an veränderte Aufgabenstellungen
Produktivität der Entwicklung	▪ Zahl neuer Produkt- und Softwareerzeugnisse je Entwickler und Jahr ▪ Zahl der Patente je Team oder Entwickler pro Jahr ▪ Anteil der abgebrochenen oder gravierend angepassten Projekte (Ziele)
Aufwand und Verbrauchskennzahlen	▪ Personalkosten (für Projekt) ▪ Spezifischer Materialverbrauch ▪ Spezifischer Energieverbrauch ▪ Schadstoffemissionen einschließlich CO_2

Abb. 2.45 Kriterien für die Entwicklung von Produkten und Software. (In Anlehnung an Sabisch und Tintelnot 1997, S. 47)

logiezyklen sind kürzer geworden. Die Automatisierungstechnik mit integrierter IIoT-Datentransparenz und Services wird heute oft durch Industrie–PCs (IPCs) realisiert. Deren Leistungen entsprechen den neusten Prozessorgenerationen in Konsumentenmärkten (PCs, Smartphones und Spielekonsolen). Deshalb sind diese IPCs in der Lage, neben ihren Steuerungsfunktionen auch IIoT-Funktionen z. B. als Daten-Gateway zur Cloud zu übernehmen. Oder die IPCs können als Edge-PC zur lokalen Ausführung von KI-Anwendungen genutzt werden.

2.4.6.1 Klassische methodische Entwicklung mit Bewertungsschritten und Gates

Der klassische Entwicklungsprozess beruht auf einer sequenziellen Abfolge von Entwicklungsschritten. Eine Parallelisierung von Schritten wird durch eine Zerlegung der Aufgabe in Module nach dem Morphologieprinzip möglich. Allerdings ist dafür zusätzlicher Aufwand für die Schnittstellendefinition der Module notwendig. Dieser ist allerdings auch bei agilen Entwicklungsmethoden (vgl. Abschn. 2.4.6.2) erforderlich, wenn ein großes Gesamtprojekt in Teilaufgaben für Teilteams untergliedert werden muss.

In der Regel werden im klassischen Entwicklungsprozess sogenannte Entscheidungsgates, die in Abb. 2.46 mit Ziffern von 1 bis 9 gekennzeichnet sind, eingebaut. Der jeweils folgende Schritt muss dann durch einen Projektlenkungsausschuss (Steering Committee) oder durch das Team in „Sprintsitzungen“ freigeben werden, oder es muss ggf. nachgebessert werden.

Ein klassischer, geplanter Entwicklungs- und Konstruktionsprozess (mit Iterationsschleifen) sieht wie folgt aus:

1. Die Kunden sollte man „richtig verstehen“. Man sollte nur die Funktionen und Produkteigenschaften in den Zielkatalog aufnehmen, die zum Kundennutzen und zur Profitabilität des Produktes oder der Komponente beitragen: Ein Standartprodukt sollte nicht durch Features „aufgebläht“, verteuert oder gebremst (Time-to-Market!) werden, die nur für wenige Kunden relevant sind. Vor Beginn der Entwicklung muss der Project-Owner bestimmt werden, welcher der interne Auftraggeber bzw. der interne Kunde des Projektes ist. Das kann ein Produktmanager, Divisions-, Business-Unit-, Bereichsleiter oder ein Vorstand bzw. Geschäftsführer sein. Dieser sollte einen Projektleiter bestimmen, der in der Lage ist, ein Team zu führen und die Detailaufgaben zu managen.
2. Zerlegen der Aufgabenstellung in Teilprojekte und Teilaufgaben: Die Verantwortung muss angemessen auf Teilteams verteilt und externe Entwickler von Dienstleitern müssen eingebunden und gesteuert werden.
3. Pflichten- und Lastenhefte müssen erstellt werden. Falls möglich, sollten diese mit Kunden bzw. Lead Usern abgestimmt werden (vgl. von Hippel 1988). Die Schnittstellen, technischen Variablen und die geforderten IIoT-Funktionen müssen beschrieben werden.
4. Lösungsprinzipien für die Teilaufgaben (siehe Punkt 2) durch Adaption vorhandener Komponenten und Technologien (BenchLearning) nutzen, kreativ weiterentwickeln und bewerten. Wissen, ob und wie es die Wettbewerber gelöst haben. Ist Me-too sinnvoll und lassen Patente, das heißt geschützte IP dies zu?

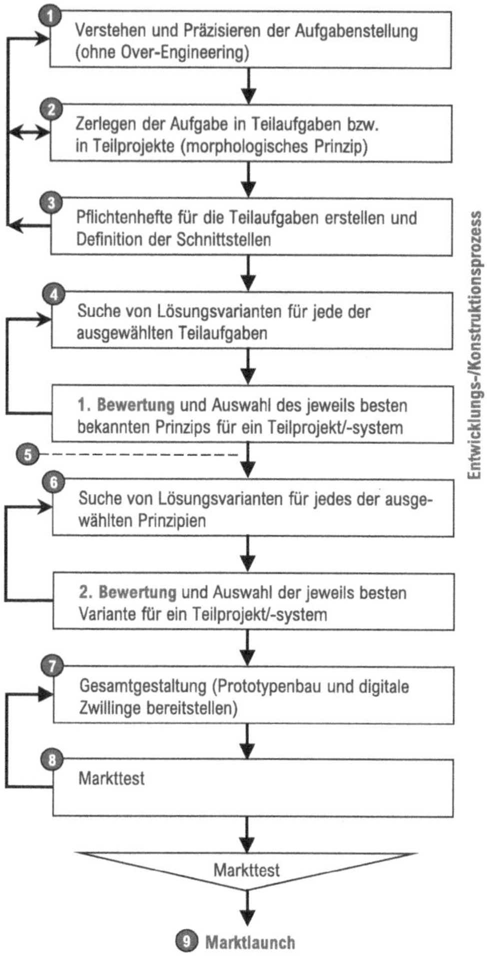

Abb. 2.46 Entwicklung und Konstruktion von Produkten mit Bewertungsstufen. (Nach Hieronymus et al. 1996, S. 29)

5. Integration der Teillösungen zu einer geeigneten Gesamtlösung.
6. Suche nach Lösungsvarianten, die möglicherweise zu einer noch besseren Gesamtlösung führen (erste Bewertung). Die besten Teillösungen verteuern das Produkt oft unangemessen oder sind nicht kompatibel mit der Gesamtlösung. Es muss ggf. ein Kompromiss gefunden werden.
7. Gesamtgestaltung (Prototypenbau, zweite Bewertung) abschließen.
8. Markttest bei „befreundeten" Kunden unter Vertraulichkeit durchführen.
9. Markteinführung starten.

In der Software-Entwicklung nach Abb. 2.47 gibt es Abläufe, die denen der Hardwareentwicklung gleichen. Auch hier können entsprechende Gates eingebaut werden, bei denen in Teammeetings entschieden wird, ob mit dem folgenden Schritt begonnen werden kann.

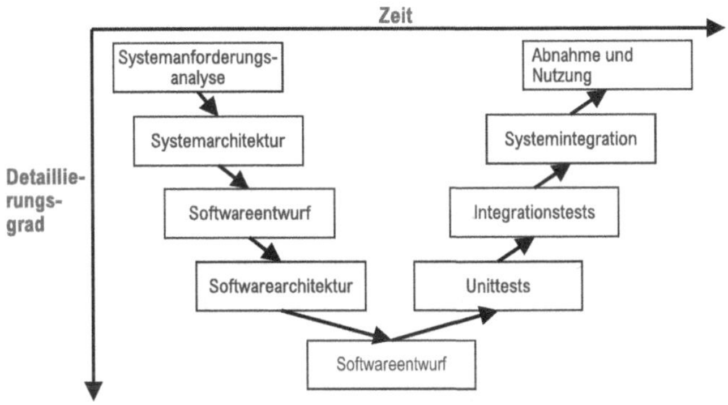

Abb. 2.47 V-Modell bei der klassischen, methodischen Entwicklung von Software

2.4.6.2 Agile Entwicklungsmethoden

Ihren Ursprung haben agile Ansätze in der Softwareentwicklung. Dort sind sie heute weit verbreitet. Mit der Zeit haben sie aber auch Bereiche wie die Hardwareentwicklung, das Marketing, das Personalwesen und die „Chefetage" erreicht (vgl. dazu auch Rigby et al. 2020, S. 5).

Für die agile Entwicklung von Software, wird oft auf fertige und frei verfügbare Open-Source-Softwarebausteine, etwa nach dem Linux-Vorbild, zugegriffen. Die Lizensierung des Linux-Kernels (PC-Betriebssystem) erfolgt unter einer freien Lizenz (General Public License, GPL). Die neuen Linux-Routinen bzw. Bausteine müssen für die Community freigeben werden. Die individuelle Produktlösung (Sourcecode) bleibt das geistige Eigentum (IP) der Nutzer. Die Integration von solchen Softwarebausteinen ist mit agilen Teams einfacher, da diese ihre Arbeit flexibler an den bereits vorhandenen Softwarebausteinen ausrichten können.

Agile Teams haben folgende Vor- und Nachteile:

1. Mit agilen Teams kann besonders gut im innovativen Bereich gearbeitet werden. Kreativität kann zielgerichtet eingesetzt werden, um neue Produkte und Dienstleistungen, Prozesse oder Geschäftsmodelle zu entwickeln und zu verbessern. Solche Teams sind vorzugsweise klein und interdisziplinär.
   - Wenn Teams ein großes, komplexes Problem lösen sollen, gliedern sie es in Module und nutzen Rapid Prototyping. Es werden sofort Funktionsmuster für die Module realisiert und die Teillösungen werden zu einer kohärenten Gesamtlösung verbunden.
   - Es ist für ein agiles Team wichtiger, sich an Veränderungen anzupassen, als einem festen Plan zu folgen. Solche Teams werden an Ergebnissen wie Wachstum, Gewinn und Kundentreue und nicht an ihrer Produktivität gemessen (etwa der Anzahl geschriebener Software-Codezeilen oder der Zahl neuer Produkte, die sie entwickelt haben).

2. Agile Teams sind prädestiniert für komplexe Aufgabenstellungen, bei denen
   - die Lösungen sehr unklar sind und sich die Projektanforderungen mit der Zeit ändern,
   - eine enge Zusammenarbeit mit den Endnutzern notwendig und möglich ist oder
   - kreative Teams bessere Ergebnisse erwarten lassen als streng hierarchisch organisierte Gruppen.

   Im Umkehrschluss bedeutet das: Für repetitive Tätigkeiten, die wie Anlagenwartung, Einkauf oder Rechnungswesen immer gleich ausgeführt werden müssen, sind agile Teams weniger geeignet.
3. Agile Teams können Scrum verwenden (Abb. 2.48).
   Es ist eines der bekanntesten agilen Vorgehensmodelle und wurde von den Wissenschaftlern Ikujiro Nonaka und Hirotaka Takeuchi bereits im Jahr 1998 in dem Artikel „The New Product Development Game" in der Zeitschrift HBR veröffentlicht. Weitere agile Methoden sind z. B. Design Sprint, Lean Start-up und Business Model Canvas (vgl. auch Aumayer 2019, S. 318 ff.).

2.4.7 Lösungsfindung und Innovationen durch Wissen und Kreativitätstechniken

Das Wissen der Menschheit, insbesondere die Erklärungsansätze für naturwissenschaftliche Phänomene und die Lösung von technischen und wirtschaftlichen Aufgaben, wächst exponentiell. In der Medizin verdoppelte sich das Wissen im Jahr 1950 innerhalb von 50 Jahren, 1980 innerhalb von sieben Jahren und 2010 innerhalb von vier Jahren.

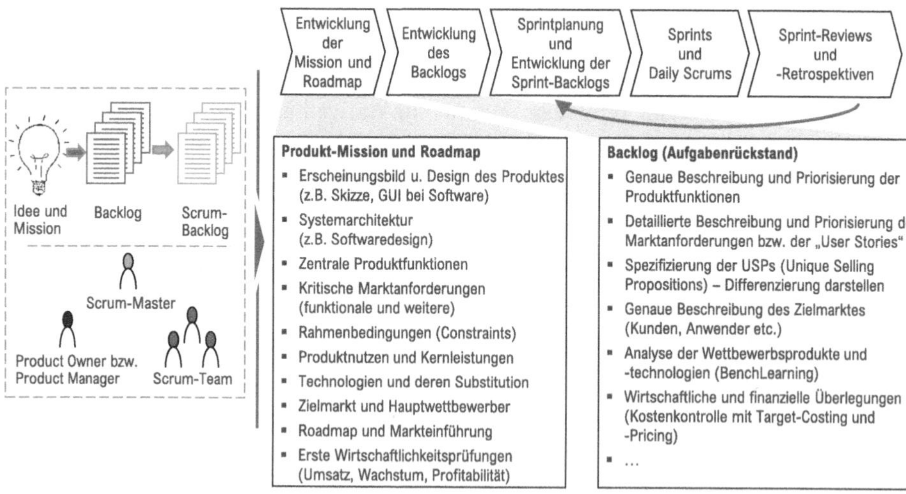

Abb. 2.48 Hauptelemente von Scrum und der Scrum-Prozess. (Illustration: © Liv Tintelnot)

Seit dem Jahr 2020 verdoppelt sich alleine das Wissen in der Medizin nach Schätzung von Wissenschaftlern alle 73 Tage (siehe Lux 2017, S. 139). Für Wissenschaftshistoriker besteht die Aufgabe darin, anerkanntes Wissen als solches zu kennzeichnen. Die Digitalisierung bietet die einzige effiziente Möglichkeit, Wissen zu finden, zu verwalten und zu kategorisieren. Dabei müssen gefälschte oder falsche Informationen, die vorsätzlich oder fahrlässig veröffentlicht wurden, herausgefiltert und gelöscht werden. Gefälschte oder falsche Information ist nicht mit veralteten Informationen im Bereich von Technologien, Lösungen und Kundeanforderungen gleichzusetzen. Veraltetes Wissen hat einmal dem Stand der Wissenschaft entsprochen und wird in Folge der Wissensentwicklung durch aktuelles Wissen ersetzt. Veraltetes Technologie- und Applikationswissen kann aber durchaus nützlich sein, da es in einer neuen Anwendung zu einer differenzierenden Lösung führen kann. Deshalb ist historisches Technologie- und Applikationswissen nicht nur für Geschichtswissenschaftler interessant.

Neue Lösungen erfordern Wissen, Kompetenz und Kreativität:

1. Wissen durch „BenchLearning" erweitern
   Basiswissen gewinnt man durch Ausbildung, selbständiges Lernen und Trainings. Ein Entwicklungsteam kann in Folge der schnellen Wissensentwicklung kaum alles wissen, was benötigt wird, um ein Produkt oder eine Software zu entwickeln. Deshalb ist das reine Faktenlernen über ein Basiswissen hinaus nicht zielführend: Methodenwissen und Methodenanwendung haben hingegen eine zentrale Bedeutung:
   – „Benchmarking" hat eine hohe Bedeutung bei der Generierung von Innovationen. Die gezielte und methodische Informationssuche wird in diesem Zusammenhang durch den Begriff „BenchLearning" am treffendsten charakterisiert (vgl. Karlòf et al. 2001, S. 1 ff.). Bekannte Teillösungen können zu einer neuen Gesamtlösung zusammengefügt werden. Dieses Vorgehen ist in klassischen und agilen Entwicklungsprozessen hilfreich (vgl. Sabisch und Tintelnot 1997, S. 111 ff.).
   – Die Bionik ist eines von vielen Beispielen für BenchLearning. Mit Bionik versucht man, Lösungen aus der Natur auf elektrische, elektronische, optische, mechanische, mechatronische oder optoelektronische Anwendungen zu übertragen. Dabei könnten z. B. die Facettenaugen von Fliegen oder Libellen als Vorbild bei der Entwicklung eines optischen Sensors dienen.
   – Als Wissensquellen für die Entwicklung sollten auch Universitäten, Hochschulen und Forschungsinstitute genutzt werden.
   – Industrie und Produktexperten, Berater, Auftragsentwickler und Zulieferer können ebenfalls als Wissensquellen für Projekte dienen. Diese Leistungen müssen in der Regel vergütet werden.
2. Kreativitätstechniken nutzen
   Wissen und Kreativität (kreativitätsfördernde Methoden) sind der Schlüssel für Inventionen, die mit geeigneter Führung der Mitarbeiter zu Innovationen werden sollen:

- Entsprechend der Aufgabenstellung eignen sich die bekannten Kreativitätsmethoden unterschiedlich gut (vgl. Abb. 2.49 und Sabisch und Tintelnot 1997, S. 111 ff.).
- Kreativitätstechniken werden in der Regel von Entwicklungsteams angewendet. In Verbindung mit BenchLearning auf Basis externer Wissensquellen (Wettbewerberprodukte, Technologien, Lösungen aus anderen Branchen und für andere Applikationen) sind Kreativitätstechniken als Motor für klassische und agile Entwicklungsprozesse geeignet.

2.4.8 Entwicklungspartnerschaften und Auftragsentwicklung

Partnerschaften können von der Entwicklung bis zur Markteinführung gebildet werden. Es sollte geprüft werden, ob die beteiligten Partnerunternehmen und die verantwortlichen Personen mit gegenseitiger Empathie, gegenseitigem Respekt und harmonisch zusammenarbeiten können. Der „Faktor Mensch" ist bei internen Teams und umso mehr bei der Beteiligung von externen Dienstleistern der Schlüssel zum Erfolg. Die persönlichen Eigenschaften und die fachliche Kompetenz müssen zusammenpassen (Abb. 2.50).

Kreativitätsförderung durch	Ideen auslösendes Prinzip	
	Assoziation und Abwandlung	Konfrontation
Systematisches, analytisches Konzept	**1 Methoden der systematischen Abwandlung** ▪ Morphologisches Tableau ▪ Modifizierte Morphologie (Attribute-listing) ▪ Progressive Abstraktion	**2 Methoden der systematischen Konfrontation** ▪ Morphologische Matrix ▪ TILMAG – Transformation idealer Lösungselemente durch Matrizen der Assoziations- und Gemeinsamkeitsbildung (Abwandlung der Synektik) ▪ Sytematische Reizobjektermittlung ▪ Bionic – Übertragung von Lösungen aus der Natur
Verstärkung der Intuition	**3 Produktvision und Roadmap** *Brainstorming-Methoden* ▪ Klassisches Brainstorming ▪ Schwachstellen-Brainstorming ▪ Parallel-Brainstorming (Beschleunigung durch Arbeiten in parallelen Teams) *Brainwriting-Methoden* ▪ Ringtauschtechnik (Methode 6-3-5) ▪ Brainwriting-Pool ▪ Kartenumlauftechnik ▪ Galeriemethode ▪ Ideendelphi ▪ Ideen-Notizbuch-Austausch	**4 Methoden der intuitiven Konfrontation** ▪ Reizwortanalyse ▪ Exkursionssynektik ▪ Visuelle Konfrontation in der Gruppe ▪ Bildmappen-Brainwriting ▪ Semantische Intuition

Abb. 2.49 Kreativitätstechniken für Lösungsideen. (Nach Geschka in Sabisch und Tintelnot 1997, S. 111)

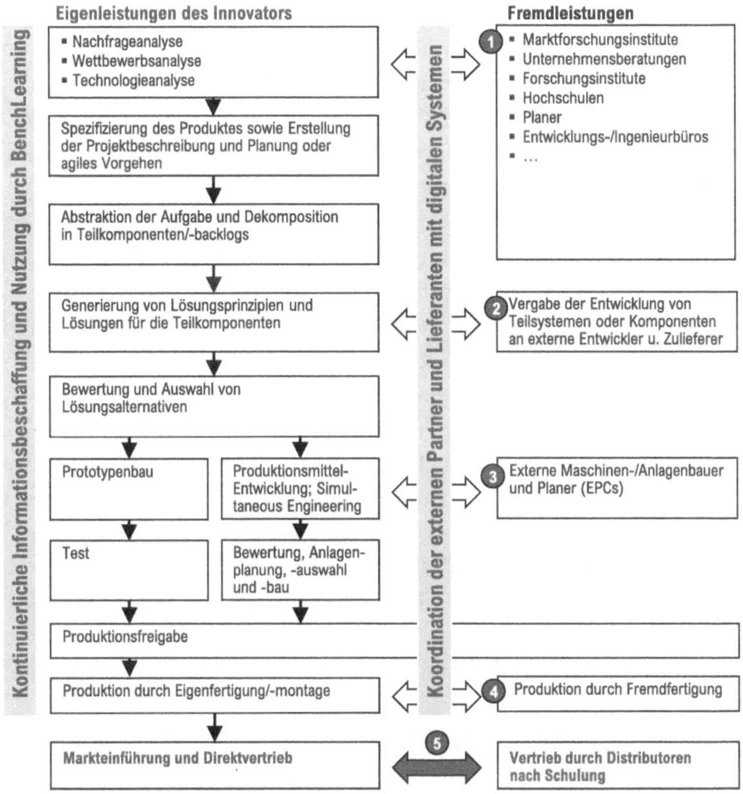

Abb. 2.50 Eigen- und Fremdleistungen von der Produktentstehung bis zum Vertrieb. (Nach Sabisch und Tintelnot 1997, S. 80)

Fast kein Unternehmen, das gilt für alle Größenklassen, ist heute in der Lage, alle Leistungen in einem Produktentwicklungsprozess selbst zu erbringen. Insbesondere für die Softwareentwicklung benötigt man unterschiedliche Kompetenzen und hat oft keine ausreichende Zahl (kritische Masse) von Softwareentwicklern.

Bei einer Produktentwicklung können externe Partner von der Marktanalyse bis zur Markteinführung genutzt werden:

1. Für Nachfrage-, Wettbewerbs-, Technologieanalysen und die Entwicklung von Konzepten gibt es Dienstleister wie Markforscher, Planer und Berater. Es muss auch in dieser Phase von Projekten bereits mit Vertraulichkeitsvereinbarungen (Non-Disclosure Agreements, NDA) gearbeitet werden, um die eigene IP zu schützen.
2. Ein gesamtes Produktentwicklungsprojekt oder auch Teile davon können an Auftragsentwickler mit geeigneter Produktkompetenz vergeben werden. Ein Brand-Labelling von vorhandenen Produkten ist möglich, falls die Partner ihre Produkte in

unterschiedlichen Markt-/Industriesegmenten oder in jeweils anderen Regionen bzw. Ländern vertreiben. Insbesondere die Entwicklung von Software wird oft an Partner vergeben. Dabei ist stets der Steuerungs- und Abstimmungsaufwand des Projektmanagements zu berücksichtigen. Wenn man sich kennt und vertraut, dann ist eine Zusammenarbeit mit Videokonferenzen oder auf gemeinsamen Entwicklungsumgebungen/-plattformen auch webbasiert sehr gut möglich.

3. Externe Maschinen-, Anlagen-, Sondermaschinenbauer oder Ingenieurbüros können für die Neuentwicklung, Herstellung oder die Anpassung vorhandener Fertigungs-, Verpackungs- oder Logistikanlagen genutzt werden. Oft ist allerdings auch das Fertigungswissen ein erheblicher Differenzierungsfaktor. Deshalb gibt es viele B2B-Unternehmen, die einen eigenen Sondermaschinenbau unterhalten.
4. Die Produktion von Komponenten oder Produkten kann durch Zulieferer, ggf. einschließlich deren Entwicklung, erfolgen. In diesem Fall sind unbedingt die IP und die Notfertigungsrechte zu sichern, falls der Lieferant insolvent, durch M&A übernommen oder lieferunfähig wird. Es kann auch eine Second Source vereinbart werden. In diesem Fall wird ein Teil, in der Regel weniger als 50 % des Auftragskontingentes, von einem zweiten Partner gefertigt.
   Oft benötigt man Partner für die Inbetriebnahme und den Wartungsservice bei Endkunden. Bei diesem Schritt spielen der eigene Einkauf und juristische Expertise eine große Rolle, da die Partner Lieferanten sind, mit denen Verträge ausgehandelt werden müssen.
5. Für die Markteinführung können der eigene Vertrieb, Handelsvertreter oder Distributoren genutzt werden.

2.4.9 Laborprüfungen, Zulassungen, Listungen und Patentanmeldungen

Damit z. B. eine Maschine, eine Ölraffinerie, ein Kraftwerk, eine Windkraftanlage, ein Solarpark oder eine Umspannstation an einem bestimmten Standort (Region, Land) betrieben werden darf, müssen Voraussetzungen erfüllt sein. Bei vielen Investoren und Anlagenbetreibern müssen der Lieferant und die Vorlieferanten mit ihren Fertigungsstandorten gelistet sein. Für die Fertigungsstandorte müssen Qualitäts- oder Umweltauditzertifikate vorgelegt werden. Compliance-Verstöße, etwa Kinderarbeit, müssen durch Besuche von Fertigungen ausgeschlossen werden.

Folgende Funktions- und Qualitätsprüfungen, Kundenabnahmen und Audits für Kundenlistungen sind Voraussetzung für Markteinführung und Verkauf (Abb. 2.51):

1. Interne und externe Laborprüfungen, deren Ergebnisse im Unternehmen bleiben und die der Sicherung der Produkteigenschaften und der Produktionsstabilität dienen, sollten selbst durchgeführt oder beauftragt werden.

Abb. 2.51 Beispiele für Laborprüfungen, Zulassungen, Prozessaudits und Patente. (Bildquelle: © de.dreamstime.com)

2. Externe Laborprüfungen und Abnahmen, wie Laborberichte, Sicherheitsabnahmen oder Eichprotokolle müssen Kunden offengelegt werden. Dafür sind oft Laborprüfungen des Herstellers oder Zertifikate von unabhängigen, zertifizierten und akkreditierten Laboren und Prüforganisationen nachzuweisen. Funktions- und Qualitätsprüfungen können Voraussetzung sein, um bei Kunden oder bei deren Endkunden (Nutzer einer Maschine) zugelassen zu werden.
   Beispiele für Zertifizierungen (keine vollständige Listung aller Normen):
   a) Zertifizierung von Wertschöpfungsprozessen (ISO 9000 für Qualität, ISO 14000 für Umwelt, ISO 27000 für IT insbesondere hinsichtlich Cyber Security …) und Akkreditierung von Laboren des OEM (Original Equipment Manufacturer), des Maschinebauers etc. oder deren Lieferanten werden vorausgesetzt. Beispielsweise inspizieren ölproduzierende Unternehmen die Produktionsstandorte von Pumpen- oder Explosionsschutzherstellern und führen dort Prozessaudits durch.
   b) Zertifizierung von Produkten, Software oder Services z. B. durch Dienstleister wie TÜV, Dekra oder United Underwriter Laboratories (USA). Dabei wird beispielsweise nach Normen von IECex (global für Explosionsschutz), von NECex (USA für Explosionsschutz) oder von ATEX (EU für Explosionsschutz) zertifiziert. Außerdem gibt es das CE-Kennzeichen, da nach der europäischen Kennzeichnungspflicht eine Selbstkennzeichnung der Hersteller gefordert wird.

Der Schutz der geistigen Eigentumsrechte bei einer neuartigen Produktentwicklung muss vor und während einer Entwicklung geplant und beantragt werden. Solche Rechte zu schützen, bedeutet, dass juristische Formen und Formulierungen einzuhalten sind. Insbesondere die verbale, technische Beschreibung des zu schützenden Gegenstandes oder eines Verfahrens ist beim Patent-/Gebrauchsmusterschutzantrag sehr anspruchsvoll. Das Mitwirken von Patentingenieuren und Patentanwälten ist erforderlich. Anmeldungen bei Patentämtern wie dem Deutschen Patent- und Markenamt (DPMA), dem Europäischen Patentamt (EPA) und den Patentämtern einzelner Länder verursachen einen erheblichen Kosten- und Zeitaufwand. Es muss geprüft werden, in welchen Ländern ein Schutz der Rechte erforderlich ist.

Das Sichern und Prüfen der Eigentumsrechte (IP) an Innovationen ist notwendig, um anderen Anbietern das Kopieren zu verwehren und keine Schutzrechte von Dritten zu verletzen:

1. Markenrechte und Markenname
2. Patente und Gebrauchsmuster
   - Patente auf Antrag für max. 20 Jahre bei Gegenständen und Verfahren mit inhaltlicher Prüfung
   - Gebrauchsmuster ohne sachliche Prüfung für max. zehn Jahre nur für Gegenstände und ohne inhaltliche Prüfung

Dienstleister wie Patentanwälte und Patentingenieure sollten beauftragt werden, wenn man sich z. B. keine eigene Schutzrechtsabteilung leisten kann.

Außer dem hohen Aufwand kann das Schützen von Eigentumsrechten weitere Nachteile haben. Es kann sein, dass man in Länder liefert, in denen man sein Recht nicht zu angemessenen Kosten und in einer angemessenen Zeit durchsetzen kann. Gegebenenfalls will man seine Wettbewerber auch nicht frühzeitig durch eine Patentanmeldung darüber informieren, dass man neue Produkte auf den Markt bringen will. Wettbewerber könnten dann selbst eventuell früher mit Neuentwicklungen beginnen und versuchen, das Schutzrecht zu umgehen.

Die Produktmanager eines Konkurrenten halten das eigene Unternehmen ggf. mit Patentstreitigkeiten und einstweiligen Verfügungen bei Gericht von der Vermarktung ab. Wettbewerber könnten die bösartige Strategie verfolgen, bei einem kleineren Konkurrenten durch Patentstreitigkeiten viel Personal im Produktmanagement für die Verteidigung der Rechte zu binden und die Markteinführung dadurch zu verzögern.

2.4.10 Parallele Entwicklung von Produkt- und Produktionstechnik – Simultaneous Engineering

In Abb. 2.52 wird für eine zu liefernde Komponente, wie z. B. ein Wälzlager oder eine Rogowski-Spule, die Parallelisierung der Produktentwicklung und der Neuentwicklung

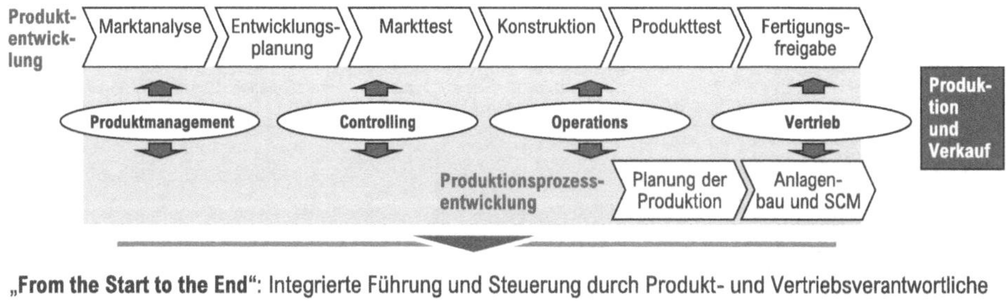

Abb. 2.52 Simultaneous Engineering mit den beteiligten Funktionsbereichen. (In Anlehnung an Sabisch und Tintelnot 1997, S. 62)

oder Anpassung von Produktionsanlagen dargestellt. Die Marktanalyse und der Markttest bei Kunden sollten bereits abgeschlossen sein. An diesen Schritten sind Produktmanagement, Marketing, Produktentwicklung, der externe oder interne Anlagenbau, die Produktion und der Einkauf beteiligt. Das Produktmanagement und der Vertrieb sollten den Prozess abgestimmt und integriert steuern.

Die Abb. 2.53 verdeutlicht, welche erhebliche Zeitersparnis simultanes Vorgehen ermöglicht. Insbesondere wenn Entwicklungsbereiche wie Elektronik-, Mechanik und Softwareentwicklung koordiniert werden müssen.

Das Simultaneous Engineering ermöglicht es, eine integrierte Optimierung von Produkt und Produktionsprozess (Operations) durchzuführen.

1. Durch Software und Digitalisierung wie KI können z. B. die Hardwareparameter der CAD-Systeme für die Mechanik- und die Elektronikentwicklung eines Produktes mit den Betriebsparametern einer Produktionsmaschine/-anlage verknüpft werden. Darauf basiert die Prozesssimulation der Herstellung und es werden digitale Zwillinge (Datenmodelle) des Produktes einschließlich physikalischer Parameter und Werkstoffeigenschaften (z. B. mechanische Reibwerte der Oberflächen) verwendet.
2. Wenn der Geschäfts-/Produktbereich über eine eigene Produktion verfügt, deren Management an den selben Bereichsleiter wie das Produktmanagement berichtet (etwa an einen Chief Technology Officer, CTO), dann lässt sich eine Optimierung der Produktion einfacher realisieren, als wenn die Führungsverantwortung auf mehrere Personen verteilt wird.

Abb. 2.54 zeigt, dass die Effekte von Prozessinnovationen (Produktivitätssteigerung, Qualitätssteigerung und Kostensenkung) erst nach der Produkteinführung realisiert und optimiert werden können. Falls ein Produkt z. B. montagegerechter als seine Vorläufer konstruiert wird, dann ist eine Produktionsprozessinnovation möglich und die Herstellkosten sinken. Es kann ab der Markteinführung eine entsprechend höhere Rohmarge erzielt werden.

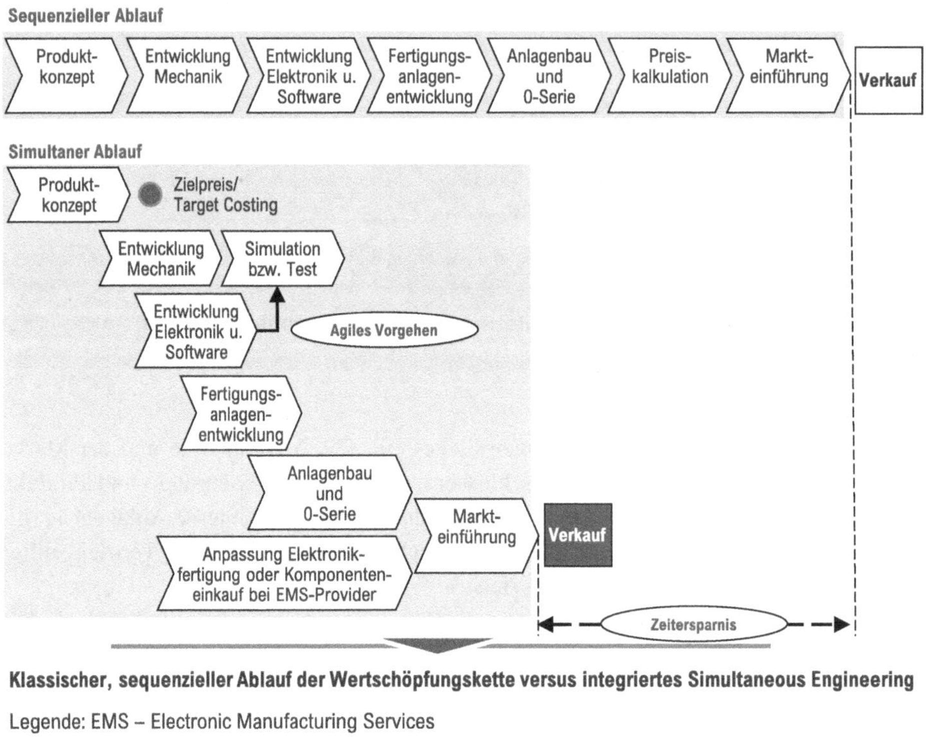

Abb. 2.53 Sequenzieller Ablauf entlang der Wertschöpfungskette versus Simultaneous Engineering

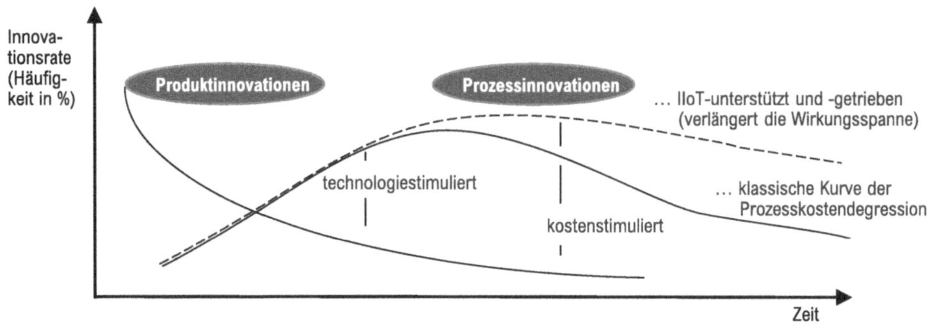

Abb. 2.54 Bedeutung von Produkt- und Prozessinnovationen im Zeitverlauf. (Nach Brockhoff, siehe Sabisch 1991, S. 83)

2.5 Markteinführung und die Rollen von Produktmanagement, Vertrieb und Marketing

Auch bei der Markteinführung ist eine Integration und Verzahnung von Produktmanagement, Business Development (vgl. Abschn. 3.5.2) und Vertrieb absolut notwendig. Für die Markteinführung sollte ein Team aus den beteiligten und verantwortlichen Personen gebildet werden. Diese müssen nicht physisch, sondern können ggf. rein virtuell über Kommunikationssysteme wie Cisco-Webex-Meetings, Google Meet oder Microsoft Teams zusammenarbeiten. Über diese Plattformen können Dokumente, Bildmaterial, Videos, technische Informationen und Pläne ausgetauscht und es kann gemeinsam daran in Usergroups gearbeitet werden.

Die Kommunikation mit den Kunden muss bei der Markeinführung mittels Kundenbesuchen, digitalen Plattformen, digitalen sowie physischen Messen und sozialen Netzwerken geführt werden. Die Befragten in einer Studie von Walther und Wäldchen (2021) gaben an, dass sich nur 36 % des Nutzens einer physischen Messe virtuell abbilden lassen. Demgegenüber hatte die „Hannover Messe Industrie" nach eigener Darstellung im Juni 2022 nur noch 50 % Aussteller im Vergleich zur letzten Präsenzmesse im Jahr 2019 vor der Corona-Pandemie zu verzeichnen. Die SPS-Automatisierungsmesse in Nürnberg hatte im November 2022 angegeben, seit der Corona-Pandemie etwa ein Drittel ihrer Besucher verloren zu haben. Wenn sich dieser Trend bestätigt, dann muss das bei der Markteinführung und der Präsentation von Produkten berücksichtigt werden.

Insbesondere bei der Markeinführung in neuen Marksegmenten, in technischen Applikationsfeldern und in weiteren Ländern bzw. Vertriebsgebieten ist eine „Business-Development-Funktion" unerlässlich. Die damit verbundenen Aufgaben der Geschäftsentwicklung kann das global zuständige Produktmanagement übernehmen. Sie können aber auch regional zugeordnet werden. Oft ist ein dezentrales Business Development Teil der jeweiligen Vertriebsorganisation. Der Vorteil eines Business-Development-Managers ist bei einer dezentralen Organisation, dass er die Ideen aus dem Markt von den Kunden in das Unternehmen trägt und gleichzeitig Produkte und Produktideen bei Neu- und bei Stammkunden vorstellen kann. Business-Development-Manager müssen die digitalen Kanäle zum Kunden nutzen. Aber Geschäftsentwickler müssen auch zu Kunden reisen. Es ist hilfreich, eine direkte Beziehung von Mensch zu Mensch aufzubauen und die technischen Anforderungen beim Kunden zu verstehen. Business-Development-Manager müssen z. B. in elektrische Schaltschränke hineinsehen und dürfen sich nicht zu schade sein, „im Öl unter den Maschinen zu liegen". Kundenbesuche müssen unbedingt mit dem zuständigen Vertriebsingenieur abgestimmt sein, der für den jeweiligen Kunden verantwortlich ist. Das Prinzip „One face to the customer" gilt durch die Digitalisierung und die technische Komplexität von Produkten nicht mehr in vollem Umfang. Trotzdem muss der Kunde weiterhin einen Hauptansprechpartner im Vertrieb haben.

Business-Development-Manager für Produkte oder Produktgruppen können auch zusätzlich die Rolle von Industrie-/Branchenmanagern übernehmen (vgl. Abb. 1.22 bis 1.26). Industriemanager konzentrieren sich auf bestimmte Segmente wie den Maschinenbau oder die Energieerzeugung. Falls die Funktion regional ausgerichtet ist, besuchen Business-Development-Manager auch Kunden in neuen Ländern oder Regionen (z. B. Indien oder Nigeria), bevor das Geschäft in die Standardorganisation überführt wird. Dann betreut er ggf. alle Produktgruppen und Industrien in dem entsprechenden Land.

In Abb. 2.55 wird ein neues Produkt durch einen Ball symbolisiert. Diesen „neuen Ball mit neuen Eigenschaften" muss der Kunde rechtzeitig als vorteilhaft erkennen und bildlich ausgedrückt auch „auffangen" können. Bei der Markteinführung und der späteren Marktpflege werden bei B2B-Anbietern oft die größten Fehler gemacht. Bei der Markteinführung wird möglicherweise gespart, nachdem zuvor viel – oder evtl. sogar zu viel – in die Produktentwicklung investiert wurde. Es wurde dem Kunden ggf. nicht vermittelt, dass der neue Ball weniger wiegt und haltbarer ist. Der Produkterfolg bleibt weit unter den Erwartungen (Produkt-Flop) und die eigentlich gut überlegten Produkte oder Komponenten füllen die Lager bis zu ihrer Verschrottung und Abschreibung.

Zentrale Unternehmensfunktionen bei der Markteinführung (vgl. Abb. 2.55) sind:

1. Vertrieb
   Der Vertrieb kommuniziert mit dem Kunden und sollte dessen Erwartungshaltung steuern. Einige Vertriebe neigen dazu, dem Kunden Produkte sehr früh anzukündigen. Sie versprechen z. B., bestimmte Produktentwicklungen zu beschleunigen, auf die der Kunde schon lange wartet oder die ein Wettbewerber bereits anbietet. Ein maßvolles Steuern der Kundenerwartungen (Management of Expectations) ist wichtig, damit die Kunden sich nicht enttäuscht abwenden.

Abb. 2.55 Markteinführung und Markteinführungsteam

2. Business Development (Abb. 2.55)
   Diese Sonderfunktion des Produktmanagements sollte den Produktbedarf im Gesamtmarkt oder in regionalen Teilmärkten identifiziert haben und sollte dort auch die Markteinführung steuern.
3. Marketing als Mix gestalten (siehe 4Ps in Abb. 1.10)
   - Das betrifft das „Web" (Website, Webshop, siehe Abschn. 4.5.3) einschließlich einer vom Unternehmen zu kontrollierenden Nutzung von sozialen Medien. Kunden sollten aktiv angesprochen werden und es sollte nachverfolgt werden, ob diese darauf reagieren (Kauf- und Wiederkaufvorschläge).
   - Artikel in Fachzeitschriften platzieren.
   - E-Mail-Posts und Links zu YouTube-Filmen müssen die richtigen Adressaten erreichen. Marketing und Vertrieb sollten die Kontaktdaten der relevanten Kunden zur Verfügung haben. Viele Vertriebsingenieure sehen Kundenkontaktdaten als ihr „Eigentum" an und pflegen sie unzureichend im CRM-System. In der Tat sind die Kundenbeziehungen ein zentraler Faktor, warum ein Unternehmen eine bestimmte Person im Vertrieb weiterbeschäftigt und nicht ersetzt.
   - Messen (siehe Abschn. 2.5.2) und zunehmend auch Onlinemessen können genutzt werden. Dafür werden auch Kataloge und Anwendungsbroschüren benötigt, obwohl deren Bedeutung abnimmt (siehe Abschn. 3.7.5). Mittels QR-Codes auf Produkten oder durch das Scannen des Codes oder Tags eines Kunden auf dessen Eintrittskarte können sich interessierte Kunden bei den Ausstellern registrieren. Nach der Messe kann den Interessenten dann die passende Information zu den neuen Produkten zugesendet werden. Bei Online-Messen, bei denen sich Kunden anmelden müssen, bleiben diese ohnehin nicht anonym und können wieder angesprochen werden.

2.5.1 Interne Schulungen für eigene Vertriebsmitarbeiter, Handelsvertreter und Distributoren

Hersteller von erklärungsbedürftigen B2B-Industriegütern bieten in der Regel Produktschulungen durch das Produktmanagement an oder betreiben sogar eine eigene Schulungsakademie. Abb. 2.56 zeigt Beispiele für Präsenzschulungen, für die Trainer zu Kunden reisen, und Schulungen in Trainingsräumen beim Hersteller der Produkte. Das ist notwendig, wenn voluminöse oder schwere Produkte nicht einfach transportiert werden können. Eine Einladung von Kunden zum Hersteller kann die persönliche Kundenbindung besonders stark fördern. Die Reisekosten des Kunden sollten dann als „Incentive" ganz oder teilweise vom Hersteller übernommen werden. Eine Alternative sind Schulungsprogramme und Schulungsfilme, die online angeboten werden und die kostengünstiger als Präsenzschulungen sind.

Die folgenden Aspekte von Produkt- und Serviceschulungen sind zu berücksichtigen:

Abb. 2.56 Beispiele für Produkt- und Serviceschulungen als „Face to Face"- oder Onlinetraining. (Bildquelle: © de.dreamstime.com)

1. Produktschulungen (Face to Face) für Kunden
   - sollten einen theoretischen Teil mit Erklärungen, Fragen und Antworten enthalten und
   - sollten auch einen praktischen Teil mit Produktdemonstrationen anbieten, während dessen die Teilnehmer die Produkte auch anfassen und Software ausprobieren können.
2. Produktschulungen für den eigenen Vertrieb und für den Fremdvertrieb sind auf die Kollegen im eigenen Unternehmen, Handelsvertreter, Distributoren und Onlinehändler ausgerichtet, falls diese Kunden besuchen oder Verkaufsgespräche führen.
3. Trainer einer eigenen Schulungsakademie oder Produktmanager können die Schulungen von Vertriebskollegen in der Zentrale oder in den Niederlassungen durchführen, wenn die notwendigen Produktmuster dort mit vertretbarem Aufwand bereitgestellt werden können. Oft werden auch Kunden zu solchen „Inhouse-Schulungen" eingeladen.
4. Immer mehr Unternehmen bieten Onlineschulungen mit Trainern oder als interaktive Trainings mit Wissenstests an. Das ermöglicht eine hohe Aktualität des Produkt- und Applikationswissens im Vertrieb. Eine Schulung von Mitarbeitern anderer Bereiche wie Marketing, Produktmanager, die andere Produktsegmente verantworten, neu eingestellten Führungskräften oder Werkstudenten trägt ebenfalls dazu bei, dass die Mitarbeiter das eigene Produktportfolio kennen. Trainings sollten durch Videoschulungen ergänzt werden, die auch Kunden als YouTube-Videos im Web zur Verfügung gestellt werden können und die somit auch eine Marketingfunktion erfüllen.

2.5.2 Industrie-, Hausmessen und Web-Auftritt (digitale Touchpoints)

In Abb. 2.57 werden Möglichkeiten der direkten und der digital unterstützten Kundeansprache gezeigt. Digitale Messen ermöglichen es den Industriekunden, an Diskussionsrunden, virtuellen Messestandführungen oder individuellen Videogesprächen mit Vertriebsingenieuren und Produktmanagern teilzunehmen. Die Besucher müssen sich gut vorbereiten und festlegen, an welchen Veranstaltungen sie teilnehmen möchten, und sie müssen dafür in der Regel Termine vereinbaren. Das versuchen Verkäufer bei

Messestände | Beispiel Showtruck und Industrie 4.0 auf der Hannover Messe Industrie | Kundengespräche

Abb. 2.57 Beispiele für Messen, Hausmessen und digitale Webauftritte. (Bildquelle: © de.dreamstime.com)

Präsenzmessen ebenfalls zu stimulieren, indem sie ihre Kunden im Vorfeld zu festen Terminen einladen. Bis zu Beginn der Corona-Pandemie bestand immer der Druck, als Aussteller an B2B-Messen teilzunehmen, auch wenn die Messeleads (insbesondere für neue Kundenkontakte) ggf. gering waren und der Einfluss auf das Geschäft nicht signifikant zu sein schien. Ein Auslassen einer Messe oder ein kleinerer Messestand wurde von den Ausstellern trotzdem selten gewagt. Die Kunden hätten ggf. denken können, der Anbieter sei auf dem Rückzug oder wäre wirtschaftlich nicht mehr erfolgreich. Es ging also um „Sehen und gesehen werden".

Der große Vorteil einer Präsenzmesse ist, dass sich die Kunden bei Rundgängen von spontanen Eindrücken und Gesprächen beeinflussen lassen. Kleine Anbieter können sich oft nur kleine Messestände leisten. Aber es gibt die Möglichkeit, dass sie damit zufällig neuen Kunden ins Auge fallen. Im Web würden sie wahrscheinlich nicht entdeckt werden. Es besteht immer die Gefahr, dass Kunden einen digitalen Messetermin wegen erhöhten Arbeitsaufkommens im Unternehmen absagen oder digitale Meetings verlassen. Die Reisen zu Präsenzmessen mit gebuchten Übernachtungen werden weniger häufig storniert.

Industriemessen, mobile Showrooms, Hausmessen und der Webauftritt sind für Unternehmen Foren und Plattformen, um ihre Produkte und Services darzustellen.

1. Industrie- und Fachmessen (nationale und internationale Messen)
   Die Standcrew bestehend aus Produktmanagern und Vertriebsingenieuren, kann Kontakte pflegen und gelegentlich werden auch Neukunden auf den Anbieter und seine Produkte aufmerksam. In der Regel ist nur ein geringer Teil der Besucher Neukunde. Voraussetzungen für den Besuch von Präsenzmessen ist, dass Kunden reisen dürfen und dass ausreichend Zeit dafür vorhanden ist. Eine hohe Arbeitsauslastung der Kunden „in guten Zeiten" und ein limitiertes Reisekostenbudget „in schlechten Zeiten" begrenzt die Messebesuche. Haben die Kunden wenig Zeit, durch die Messehallen zu laufen, fokussieren sie ihren Besuch meistens nur auf die Stände ihrer eigenen Lieferanten und eventuell noch auf die ihnen bereits bekannten Alternativanbieter.
2. Mobile Produktausstellungen z. B. in einem Truck oder Van sind oft eine reine Vertriebsaufgabe. Vorteil solcher mobilen Showrooms ist es, dass die Kunden nicht

reisen müssen und auch die Techniker oder Werker, aus den operativen Bereichen des Kunden die Gelegenheit haben, solche Produktausstellungen zu besuchen.

3. Hausmessen am Standort des Produktherstellers, in Zelten oder angemieteten Räumen haben den Vorteil, dass man während der Veranstaltung nicht mit Wettbewerbern konkurriert. Die volle Konzentration der Kunden ist gesichert. Oft werden neben der umfangreichen Bewirtung auch die Anreise und Übernachtungskosten für die Kunden erstattet.
4. Ein guter Webauftritt mit einfach zu bedienender Navigation (digitale Touchpoints) mit vollständigen Produktinformationen ist ein „Must-Have-Kriterium". Die digitale Präsenz ist eine Voraussetzung, um mit realen Messen und weiteren Marketingmaßnahmen erfolgreich zu sein.
   - Die am häufigsten genutzten digitalen Touchpoints in B2B sind die Website eines Herstellers als Landingpage für
     den Onlinekatalog,
     E-Commerce für direkte Bestellungen in einem Webshop,
     Serviceanfragen mit Links zu Servicefilmen (z. B. zu YouTube-Inhalten),
     Reklamationen,
     Downloadbereich für Software/Apps, technische Informationen und digitale Zwillinge
   - Darüber hinaus werden Hinweise und Links zu
     Kontaktdaten für Telefon oder Mail,
     Vertriebstochterunternehmen und Niederlassungen,
     Handelspartnern und deren Websites,
     Digitalen Plattformen und Portalen von Software- oder Cloudanbietern erwartet.

   Digitale Touchpoints haben meistens einen öffentlichen Bereich, wo alle interessierten Personen die Unternehmensbeschreibung mit dem Branchenfokus, Applikationsbeispielen und den Produkt- und Leistungskatalog einsehen können. Zusätzlich gibt es oft nicht-öffentliche Bereiche, die eine Registrierung und Anmeldung der Nutzer erfordern.

▶ Bei Messen in Asien, aber auch in Europa werden häufig Produktplagiate angeboten und Markenrechte verletzt. Zum Beispiel wurden auf einer Messe in Asien Plagiate von Produkten eines Herstellers unter ähnlichem Markennamen und mit der gleichen Farbgebung angeboten. Leider ist es oft sehr aufwendig und juristisch erfolglos, im Country of Origin der Plagiate oder in den Exportmärkten dagegen vorzugehen.

2.5.3 Individualisierung des Angebotes im B2B

Mit dem Grad der Individualisierung für Kunden steigt auch der Planungs- und Beratungsbedarf. Die Vertriebsingenieure sollten den Kundenkontakt und die Kommunikation zu den Kunden koordinieren. Sie müssen immer informiert sein, wer wann was mit einem Kunden besprochen und vereinbart hat. Dabei ist die Dokumentation in einem CRM-System sehr wichtig, aber nicht ausreichend. Insbesondere wenn man persönliche Eindrücke und die Stimmungslage vermitteln will, die beim Kunden bzw. dem Ansprechpartner und im gesamten Kundenunternehmen herrscht. Deshalb sollten die Kollegen im Team sich immer austauchen und informieren. Es ist sehr wichtig, die geeignete Verkaufspsychologie anzuwenden und dass ein integriertes Verkaufsteam stets mit abgestimmter Empathie auftritt, um den gewünschten Auftrag zu erhalten.

Beim Kunden steht dem Verkaufsteam in der Regel ein Kundeneinkaufsteam mit unterschiedlicher Kompetenz gegenüber. Diese Einkäufer und Ingenieure fassen ihre Lieferanten durchaus nicht immer mit „Samthandschuhen" an, sondern verhandeln hart. Deshalb kann es bei schwierigen Gesprächen durchaus erforderlich sein, die Rollen in „Good Guys" and „Bad Guys" aufzuteilen, um am Ende möglichst geringe Zugeständnisse machen zu müssen und ohne einen dauerhaften Gesichtsverlust zu erleiden. Ein Gesichtsverlust kann bewirken, dass einzelne Personen vom Kunden nicht mehr als authentisch wahrgenommen werden und bei Folgeaufträgen weitere Preis- und Konditionenzugeständnisse eingeräumt werden müssen.

Wenn Vertriebsingenieure die Produktmanager und Applikationsingenieure zu Kunden mitnehmen, damit sie den Verkaufsprozess unterstützen, dann müssen diese Kollegen über die notwendige Qualifikation verfügen und angemessen auftreten. Falls das Produktmanagement und andere Mitarbeiter eines Lieferanten inkompetent auftreten, dann besteht die Gefahr, dass der Vertrieb sich abschottet und Kundenbesuche erschwert oder sogar blockiert werden.

Die folgende Übersicht zeigt die Aufgabenverteilung beim Überzeugen von Kunden und beim Verkaufen (siehe auch Abb. 2.58):

1. Vertriebsingenieur
   Er ist in der Regel Produktspezialist, hat einen Kundenkontakt oder öffnet die Tür zu neuen Kunden:
   - Kennt den Kunden, die Basisanforderungen, weiß, wie das Kundenunternehmen technisch, sowie wirtschaftlich tätig ist und kennt idealerweise auch die Schlüsselpersonen wie die Ansprechpartner und Entscheider in Technik sowie Einkauf außerhalb des bisherigen Bestandsgeschäftes.
   - Muss die Wettbewerber im Bereich seiner Kunden kennen und sollte wissen, bei welchen Konkurrenten seine Kunden zusätzlich Produkte und Services kaufen, die das eigene Unternehmen auch liefern könnte.
2. Produktmanager
   Er kennt die Produkte, die Funktionen der Produkte, Services und die Preise und Konditionen für die Kunden:
   - Muss wissen, in welchen Branchen bzw. Marksegmenten und Applikationen die Produkte seines Unternehmens bei Kunden eingesetzt werden können.
   - Kennt auch die Wettbewerber und deren Produkte (Stärken, Schwächen, Preisbereiche).

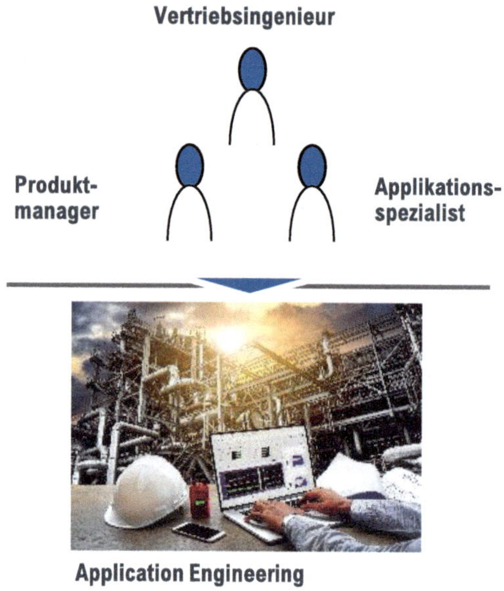

Abb. 2.58 Verkaufen und Überzeugen im erklärungsbedürftigen B2B-Geschäft ist Teamwork. (Bildquelle: © de.dreamstime.com)

3. Applikationsingenieur
   Er kennt die Anwendung der Kunden sehr genau und war ggf. bereits vorher z. B. bei einem Maschinenbauer, einem Chemieanlagenbauer oder einem Endnutzer der angebotenen Produkte und Komponenten tätig:
   - Berät die Kunden beim technischen Einsatz der Produkte.
   - Berät bei Software, aber programmiert in der Regel nicht selbst (Haftungsausschluss).
   - Falls der Beratungsaufwand hoch ist, dann sollte ggf. auch ein Tages- oder Stundensatz in Rechnung gestellt werden.

2.5.3.1 Produktvarianten

Abb. 2.59 zeigt, wie die Anfrage eines Kunden für eine Variante oder eine Sonderanfertigung bearbeitetet werden kann (vgl. Ahlrichs 2015, S. 239 und S. 244 f.). Man muss mit einer Planung der technischen Aufführung beginnen und die Kosten entlang der Wertschöpfungskette kalkulieren. Das zentrale Controlling oder Kalkulationsspezialisten, die zum Projektverkauf gehören, sollten diese Schritte unterstützen. Diese Kalkulatoren kennen die Kostenstrukturen mit den direkt zurechenbaren Konstruktions-/Fertigungskosten und den Gemeinkostenzuschlagsätzen. Sie haben Zugriff auf Vergleichsdaten. Das integrierte Produkt- und Vertriebsmanagementteam sollte den Kalkulationsprozess ausgleichend steuern. Controller ermitteln die Kosten oft mit zu großen Sicherheitspuffern. Projekte können durch zu hohe Angebotspreise an Wettbewerber verloren werden. Auf der anderen Seite muss das Produktmanagement darauf achten, dass der Vertrieb bei

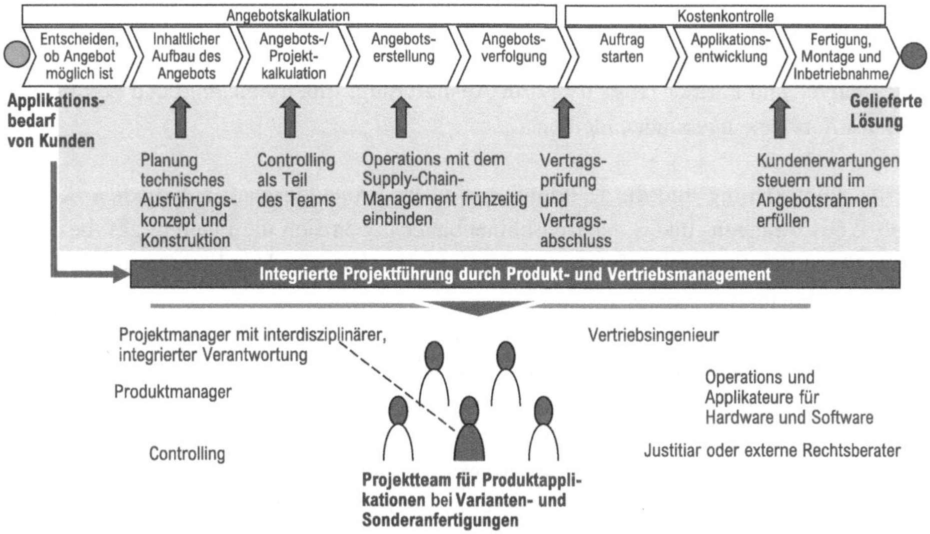

Abb. 2.59 Prozess der Angebotskalkulation und der Kostenkontrolle bei Varianten- und Sonderanfertigungen (Produktapplikationen)

den Kunden Preise durchsetzt, welche die notwendige Profitabilität und die erwartete Rentabilität ermöglichen. Die Margenziele müssen beim Variantengeschäft bei jedem einzelnen Auftrag erreicht werden. Ein Varianten-/Lösungsgeschäft mit Skaleneffekten, weil Lösungen ganz oder teilweise wiederverwendet werden können, gelingt nur mit enger Abstimmung und Kostenkontrolle mit Nachkalkulationen.

2.5.3.2 Individuelles Projektgeschäft wie Sondermaschinen- und Anlagenbau

Bei Sonderprodukten und individuellen Lösungen ist ein Projektmanagement erforderlich.

- Der Schritt vom Serien- zum Sonderproduktanbieter ist erheblich, da im Projektgeschäft andere Kompetenzen gefordert werden.
- Großprojekte bergen erhebliche Gefahren für den Lieferanten, insbesondere, wenn man einen Festpreis vereinbart hat und das Projekt sich verzögert. Dann drohen auch Forderungen des Kunden wegen Betriebsausfalls (vgl. Berliner Großflughaften BER). Steigen Materialpreise und Löhne durch Zeitverzögerungen, die nicht vom Lieferanten verursacht worden sind, dann sollte man dies vertraglich absichern. Wenn die technische Ausführung einzigartig ist (z. B. Hamburger Elbphilharmonie), dann sind Projektpreise mangels Erfahrung und Wettbewerbsdruck oft nicht ausreichend profitabel kalkuliert.

- Bei internationalen Projekten sind sprachliche, kulturelle und rechtliche Aspekte sowie Wechselkurseffekte zu beachten.
- Zulieferer und Partner müssen bis zur Auslieferung, Inbetriebnahme und beim After-Sales-Service eingebunden bleiben.

Die Angebotsklärung und die Kalkulation sind im Projektgeschäft aufwendige Schritte (Abb. 2.60). Anlagen- und Sondermaschinenbauer lassen sich die Planung ggf. bezahlen und rechnen den Planungsaufwand auf den Preis an, falls der Kunde später einen Werkvertrag unterschreibt.

Nach einem technischen Grundentwurf sind Auftragschecklisten anzulegen. Es sollte eine Risikobewertung erstellt werden. Projektgefahren, wie technisch schwierige und ggf. nicht lösbare Aufgaben oder Zeitverzögerungen, sollten zunächst intern bewertet werden. Entschließt man sich, ein Angebot abzugeben, sollte dem Kunden eine Chancen-Gefahren-Gegenüberstellung präsentiert werden und es sollte eine entsprechende Haftungsausschlussklausel in den Werkvertrag aufgenommen werden. Das Lastenheft des Kunden ist zu klären. Auch falls später Teile des Gewerks – etwa die Steuerungs- oder IIoT-Software – agil entwickelt werden, kann bei Sondermaschinen, Anlagenbau und sonstigem Lösungsgeschäft nicht auf Leistungsbeschreibungen verzichtet werden. Darin sollte das technische Konzept nach Rücksprache mit dem verantwortlichen Vertriebsmanager und dem Applikationsengineering so festgelegt und dokumentiert werden,

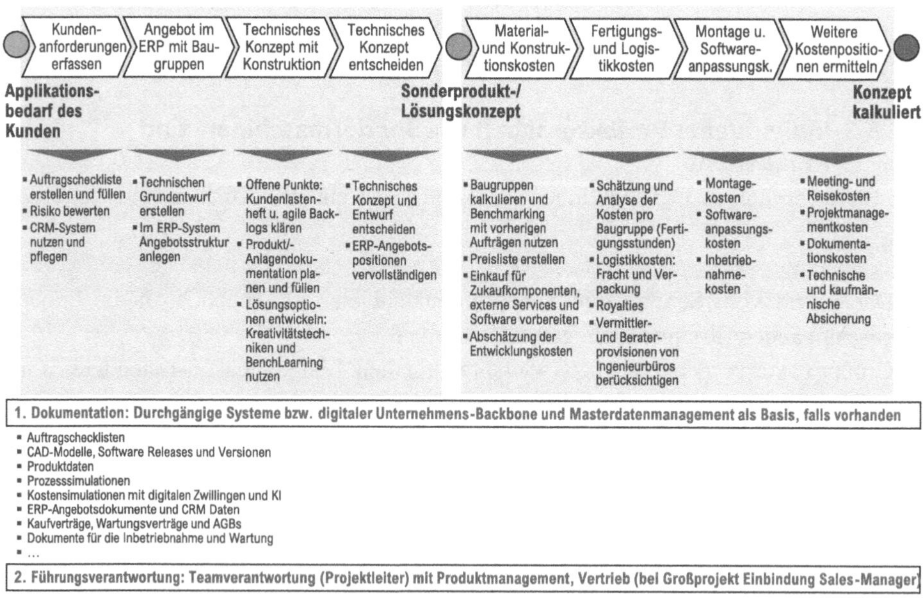

Abb. 2.60 Angebotsprozess im Projektgeschäft

dass es den Kundenanforderungen entspricht. Falls die Anforderungen sich nicht mit vertretbarem Risiko, das heißt profitabel und mit beherrschbaren Vertragsgefahren, realisieren lassen, dann sollte man den Auftrag ablehnen.

Nach Verabschiedung des Konzeptes erfolgt eine detaillierte Kalkulation unter Hinzuziehung des Einkaufs und der Operations (Produktion, Logistik, Montage und Inbetriebnahme). Daraus muss sich ein Angebotspreis ergeben, der durch das Budget des Kunden abgedeckt ist. Wenn man beim Preis nachgibt, dann muss man auch die Leistungen reduzieren, da man sich sonst unglaubwürdig machen würde. Genügt dieses Entgegenkommen dem Kunden nicht, dann muss man den Auftrag ggf. doch noch ablehnen. Falls der Kunde für die Planung und das Angebot zahlt, hat man wenigstens die Angebotskosten nicht versenkt. Aber man hat einen enttäuschten Kunden zurückgelassen. Gegebenenfalls nimmt man sogar ein Projektgeschäft an, das nicht sehr profitabel ist. Als Sondermaschinen- oder Anlagenbauer würde man sonst bei schlecht ausgelasteter Produktion überhaupt keine Deckungsbeiträge mit den Fertigungs- und Montagekapazitäten erzielen.

2.5.3.3 Sonderkomponenten und Teilsystemgeschäft (OEM-Geschäft)

OEM-Geschäft bedeutet, dass ein spezielles Produkt nur an einen Kunden geliefert wird.

Abb. 2.61 zeigt das Getriebe eines OEM-Herstellers. Das Unternehmen ist Zulieferer für OEMs etwa in der Automobilindustrie oder für OEMs bei Investitionsgütern (z. B. für Bahnfahrzeuge, Energietechnik/Kraftwerke, Maschinen- oder Anlagenbau …). Es entwickelt und fertigt schlüsselfertige Produkte. Komponenten oder Teilsysteme werden oft Just-in-Time an die Montagelinien der OEM-Kunden geliefert. Der Einbau der Produkte in das Endprodukt (z. B. eine Maschine oder Anlage) am Montageband der OEM-Kunden ist ebenfalls üblich.

Die IP an der Entwicklung sichern sich die OEMs oft exklusiv. Bei C-Komponenten ohne hohe Differenzierung für die eigenen Produkte wird dem Lieferanten zur Kosten-

Abb. 2.61 Beispiel für ein Produkt, das exklusiv an einen Kunden geliefert wird. (Bildquelle: © de.dreamstime.com)

Beispiel: Getriebe eines OEM-Zulieferers

senkung oft auch eine Nutzung der Technologie für Dritte eingeräumt. In der Regel muss zur Absicherung der Lieferfähigkeit auch ein „Second-Source-Lieferant" beteiligt werden, der beispielsweise 30 % der Komponenten fertigen und liefern darf.

- OEM-Komponenten-Lieferanten haben in der Regel eine dafür spezialisierte OEM-Entwicklung und müssen die Amortisation der Entwicklungskosten im Blick haben. In der Regel hat ein Lieferant für diese Geschäfte eine eigene OEM-Entwicklungsabteilung mit Produktmanagement. Wegen der geforderten Vertraulichkeit ist meistens eine „Chinese Wall" zu anderen Bereichen im Unternehmen zu errichten. Die Mitarbeiter aus dem OEM-Bereich dürfen ihr Wissen über die Kundenprojekte nicht mit anderen Bereichen im Unternehmen teilen.
- Größenabhängig gibt es ggf. einen OEM-Spezialvertrieb, der auch Teil der OEM-Entwicklung sein kann. Das OEM-Geschäft kann wegen langfristiger Mengensicherung sehr lukrativ sein. In der Angebotsphase werden jedoch oft hohe Vorentwicklungsleistungen erwartet.
- Einige OEM-Kunden mit kurzen Innovationszyklen – etwa bei Telekommunikationsinfrastruktur – fordern degressive Preise. Die Entwicklungskosten müssen sich bei solchen Kunden oft innerhalb von zwei Jahren amortisieren.

2.6 Inbetriebnahme, Wartung und IIoT-Services

Das Produktmanagement sollte bei der Vermarktung von komplexen Produkten auch die Chancen für die Vermarktung von Services prüfen (Abb. 2.62). Jedoch ist nicht jeder Hersteller auch ein guter Serviceanbieter. Wenn man die Services nicht selbst beherrscht, dann muss man auf externe Servicepartner zurückgreifen. Maschinen- und Anlagenbauer können z. B. im Systemgeschäft mit Engineering, Procurement, Construction and Commissioning(EPCC)-Dienstleistern zusammenarbeiten. Diese haben eigene Planungsabteilungen und beschäftigen in der Regel unter anderem Metallbauer, Montageunternehmen, Schaltschrankbauer, Elektroinstallateure und Dienstleister mit Softwareprogrammierungskompetenz für Inbetriebnahmen. Der EPCC-Dienstleister sorgt für das Projektmanagement und für Abnahmen, die Koordination der Dienstleister und die Einhaltung von Zeitplänen.

Services in der Industrie können der Inbetriebnahme, der Anpassung eines Produktes an die Applikation des Kunden, der Wartung oder der vorausschauenden Wartung sowie der Qualitätssteigerung auf der Basis von IIoT-Technologien dienen.

1. Inbetriebnahme
   - Mechanisch
   - Elektronisch mit Steuerungsprogrammierung
   - Virtuelle Inbetriebnahme und Simulation von Anlagen mit digitalen Zwillingen

Inbetriebnahme von Maschinen und Anlagen

Augmented Reality bei der Inbetriebnahme

Wartungsservice

Inbetriebnahme oder Wartungsservice für Anlagensteuerungen

Abb. 2.62 Beispiele für Inbetriebnahme, Wartung und IIoT-Services in der Industrie. (Bildquelle: © de.dreamstime.com)

2. Anpassungen an die Applikation des Kunden und Wartung (Maintenance)
   - Mechanische, elektrische und Softwareanpassungen
   - Unterstützung durch Augmented Reality mit Datenbrillen oder mit Tablet-PCs, bei denen die eingebaute Kamera genutzt wird
   - Fernwartung (Remote Maintenance) mit den Zielen geringer Ausfallzeiten und Reisekostenminimierung
3. IIoT-Analyse und IIoT-Predictive Services
   - Optimierungen von Anfahrprozessen oder Werkzeugwechseln erhöhen die Verfügbarkeit von Maschinen.
   - Qualitätsmonitoring (Predictive Quality): Durch die Erfassung von Bilddaten oder anderer Parameter können Fehler durch Referenzvergleiche erfasst und schadhafte Teile in der Produktion aussortiert werden (KI-Analyse). Zusätzlich können die Parameter (Sollwerte – z. B. eine Bearbeitungstemperatur) über die Steuerung der Maschine angepasst werden und der Ausschuss kann im laufenden Prozess reduziert werden. Die IIoT-Software erlernt dabei die möglichen Muster der Fehler, auch in der Kombination mehrerer Schadensmerkmale, und kann somit im Laufe der Zeit immer mehr Schadentypen erkennen.

– Vorausschauende Wartung durch das Antizipieren verschleißbedingter Ausfälle (Predictive Maintenance) in einer Maschine. Dabei werden z. B. zunehmende Vibrationen an einem Kugellager gemessen, damit dieses rechtzeitig ausgetauscht werden kann.

Das Anbieten von Services ist aber nicht nur ein Zusatzgeschäft. Es gibt heute viele Maschinen- und Anlagenbauer, die mit Serviceverträgen und der Leistung von Services mehr Marge erzielen als mit dem eigentlichen Kerngeschäft. Das kann auch dann der Fall sein, wenn diese OEMs dafür ausschließlich auf Dienstleister zugreifen. Der Endnutzer und Betreiber einer Anlage sichert über Serviceverträge mit dem OEM ab, dass die gelieferte Fertigungsanlage – z. B. in Neuseeland – eine zeitliche Mindestverfügbarkeit von 97 % an 6 Werktagen à 24 h pro Woche hat.

2.7 Produktlebenszyklus, „End of Life" von Produkten und Anforderung an dauerhafte Produkte

Der Produktlebenszyklus (Abb. 2.63) zeigt Kapitalflüsse (Erträge und Aufwände) entlang der Zeitachse. Bei einem neuen Produkt muss der Unternehmer in der Entstehungsphase investieren. Es wird etwa Geld in Gebäude, Maschinen/Laboreinrichtungen, eigene Mitarbeiter und in die Auftragsentwicklung mit Dienstleistern investiert. Darüber hinaus müssen externe Laborprüfungen und Zulassungen bezahlt werden. Die Entwicklung der Produktionsmittel im eigenen Unternehmen oder mit Partnern muss ebenfalls vorfinanziert werden. Vor der Markteinführung muss ein Lagerbestand von Rohmaterialien, Elektronikkomponenten oder weiteren Zulieferprodukten aufgebaut werden. Falls es sich um ein B2B-Serienprodukt handelt, muss direkt nach der Nullserie ein Lagerbestand an Fertigwaren produziert werden.

Bei Produkten mit hoher Individualisierung wird in der Regel nicht vorproduziert. Das gilt insbesondere, wenn man kleine Stückzahlen mit individuellen Varianten herstellen muss. One-Piece-Flow-Produktionen können durch Softwareagenten mit RFID-Chips am Produkt gesteuert werden. Das Produkt löst dabei seine Bearbeitungsschritte in der richtigen Reihenfolge selbst aus. Die Informationen auf den RFID-Chips und deren Datenbankbezüge zu Edge- und Cloudservern bestimmen, welche Fertigungs- und Montagestationen durchlaufen werden und welche Bearbeitungsschritte dort ausgeführt werden. Diese Art der Produktion, bei der Entwicklungs- und Kundendaten direkt die Fertigung steuern, wird auch als „Skill-based Production" bezeichnet (vgl. Fragner 2021). Die Produkte bleiben ggf. Unikate und werden nur einmal bestellt und gefertigt. Die Produktvarianten werden rein virtuell konzipiert. Skill-based Produktionen, zu denen auch additive Fertigungsverfahren wie 3D-Druck gehören, können eine hohe Individualisierung eines Produktes mit einer schnellen Lieferung in Einklang bringen.

Die Weiterentwicklung von Produktoptionen ist fließend. Einen klassischen Lebenszyklus mit einem Anfangs- und einem Endzeitpunkt, zu dem den Kunden das Ende der Lieferung eines Produktes angekündigt wird, gibt es bei diesen individuellen Einzelfertigungen nicht. Die Produktionskosten und Preise werden auf Basis von Verbrauchsdaten aus den Anlagen ermittelt.

Die Abb. 2.63 zeigt, dass ein neues Produkt nach Schumpeter (1993, S. 100 f.) bis zur erfolgreichen Markteinführung „nur" eine Invention (Erfindung) und noch keine Innovation ist. Der Marktzyklus besteht aus Wachstums-, Reife-, Sättigungs- und Auslaufphasen. Im B2B können schnelllebige Elektronikprodukte/-komponenten und Software auch kurze Marktzyklen von unter drei Jahren haben. Das gilt besonders, wenn die Entwicklung von Maschinen durch B2C-Konsumentenmärkte getrieben wird. Im B2B-Geschäft findet man aber durchaus auch Marktlebenszyklen von mehreren Jahrzehnten. Betreiber wollen ihre technischen Zulassungen für Anlagen oft in unveränderter Form erhalten (z. B. bei Kernkraftwerken oder kritischer Infrastruktur).

In der Produktentstehungsphase und in der Markteinführung sind die Investitionen in der Regel höher als in der Verkaufsphase, wo positive Kapitalrückflüsse erzielt werden müssen.

Das Produktcontrolling sollte folgende Fragen stellen:

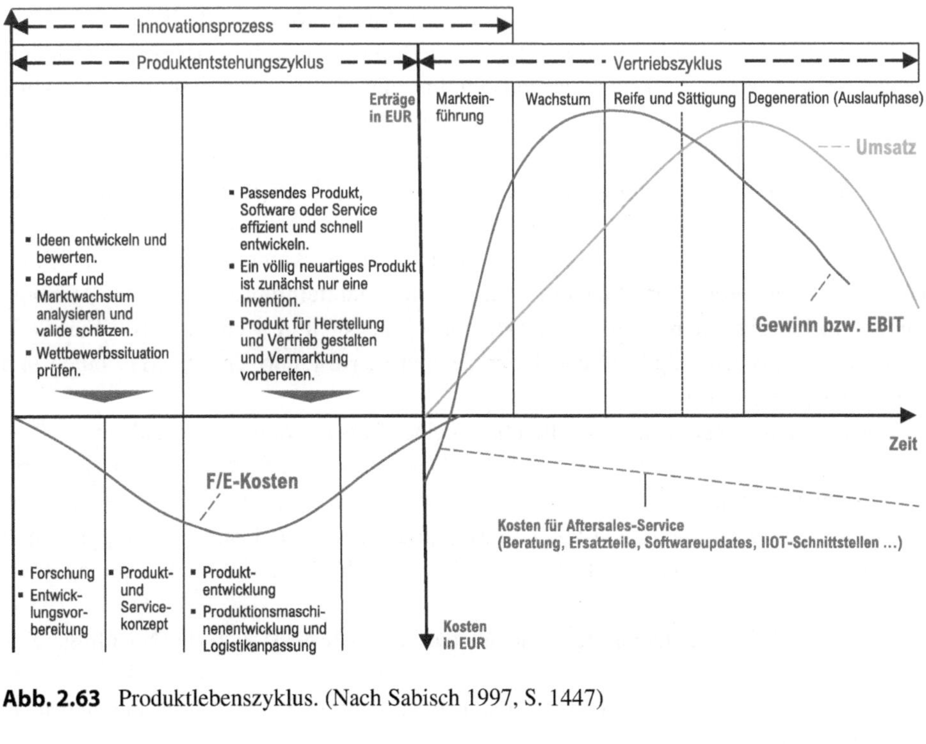

Abb. 2.63 Produktlebenszyklus. (Nach Sabisch 1997, S. 1447)

- Wie hoch muss und darf das gebundene Working-Capital entlang der Zeitachse sein?
- Wird es möglich sein, mit anderen Produkten und Geschäften den notwendigen Cashflow zu erwirtschaften?
- In welchen Phasen müssen Kredite genutzt werden und welche Kreditlinie muss mit Banken vereinbart werden?

Direkt nach der Markteinführung eines innovativen Produktes mit Differenzierung sollten die höchsten Gewinnmargen erzielt werden. Der Wettbewerb ist zu diesem Zeitpunkt noch gering. Durch die so erzielten Pioniergewinne können die Entwicklungskosten zurückfließen und Kapazitätserweiterungen durch Maschinen und zusätzliche Werkzeuge finanziert werden. Das weitere Wachstum wird vorbereitet. Auch mit differenzierenden Innovationen ist es im B2B-Markt oft nicht einfach, Wettbewerber zu verdrängen, die sich als „Platzhirsche" etabliert haben. Die Kunden müssen von der Zuverlässigkeit des neuen Lieferanten und den Vorteilen der Innovation überzeugt werden.

Der Markterfolg stellt sich nicht ein, wenn man sich kein ausreichend großes Vertriebs- und Produktmanagementteam leisten kann. Es ist ein „langer Atem" erforderlich, bei dem die Eigentümer die Zusammenhänge im Markt verstehen, der Unternehmensführung das notwendige Vertrauen schenken und die Finanzierung sicherstellen müssen. Die Markteinführung kann im B2B insbesondere bei Produkten, die Plattform- und Systemcharakter haben, einen langen Vorlauf bedingen. Wenn z. B. bestimmte Automatisierungskomponenten in einer nicht genormten Gehäuseserie des Herstellers angeboten werden, ist ein Kunde gezwungen, bis zum Ablösen der Maschinengeneration am bisherigen Automatisierungssystem festzuhalten. Der Innovator muss sich gedulden, bis seine potentiellen Kunden (OEMs) eine neue Maschinengeneration planen. Dann ist ein neues „Design-in" möglich. Das heißt, dass der Kunde seine Schaltpläne oder Konstruktionszeichnung nicht ändern möchte und erst bei einer neuen Maschinengeneration bereit ist, neue elektronische oder mechanische Komponenten in sein eigenes Design zu integrieren. Abb. 2.63 zeigt, dass ab der Markteinführung auch der Aufwand für die technische Betreuung von Produkten berücksichtigt werden muss. Für Software müssen Security-Updates und Upgrades bei den Endnutzern von Maschinen und Anlagen angeboten werden.

Das Produktmanagement muss alle Phasen eines Lebenszyklus durchdenken:

1. Entstehungszyklus
   - Wie lang wird der Lebenszyklus des Produktes sein und muss sogar ggf. schon ein Nachfolgeprodukt geplant werden, bevor der Vorläufer in den Markt eingeführt wurde?
   - Wie hoch ist der derzeitige Kundenbedarf und wie wird sich die Nachfrage entwickeln?
   - Was bieten Wettbewerber im Segment des geplanten Produktes an und sind neue Wettbewerber zu erwarten?

- Wie entwickelt sich die erforderliche Technologie und gibt es Chancen, dass sich das eigene Unternehmen mit Innovationen vom Wettbewerb differenzieren kann?
- Wann werden Kosten entstehen und welche Investitionen sind erforderlich?
- Welche zusätzliche Personalkapazität ist erforderlich (Zahl und Kompetenz)?
- Ab wann setzen Umsatz und Cash-Reflow (Amortisation) ein?
- Ab wann wird das Produkt profitabel sein?

2. Marktzyklus und End of Life
   - Wann ist das Produkt reif und ab welchem Zeitpunkt muss in ein „Upgrade" oder in ein Nachfolgeprodukt investiert werden?
   - Wird der Kundenservice profitabel sein?
   - Werden die ökonomischen und ökologischen Bilanzen mit den Faktoren Wirtschaftlichkeit, Energieverbrauch, CO_2-Verbrauch und CO_2-Besteuerung bei einer Neuentwicklung einen positiven Saldo haben?
   - Wie kann das Produkt recycelt oder wiederverwendet werden?

Abb. 2.64 zeigt, dass in einem integrierten Produktlebenszyklus die Informationen durch das Vertriebs- und Produktmanagement optimal an den Anfang der Wertschöpfung zurückgespielt werden sollten. Aus einem veränderten Kundenbedarf können neue Produktideen und Innovationen entstehen.

Produktlebenszyklus, Cross-Selling und Verbundeffekte

Der Vertrieb stellt in der Regel sehr gerne neue Produkte vor. Vorhandene Produkte will man dafür jedoch nicht vom Markt nehmen. In der Praxis wird die Ankündigung, Produkte einzustellen, als „Abkündigung" bezeichnet und den Kunden wird meistens die

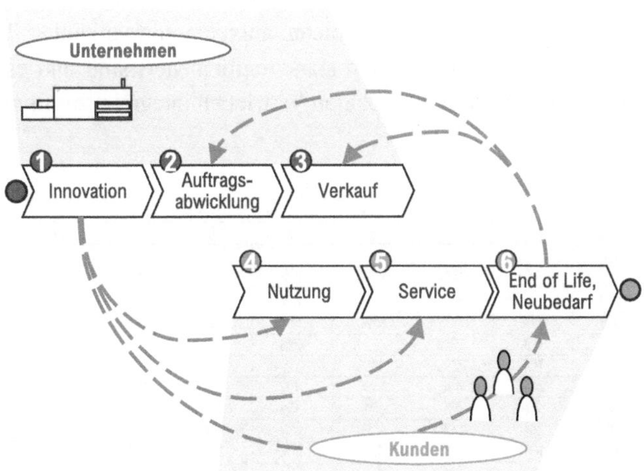

Abb. 2.64 Integrierter Produktlebenszyklus. (Nach Tintelnot 2013, S. 5)

Gelegenheit einer „Last Order“ gegeben. Das will der Vertrieb dem Produktmanagement auch dann nicht ohne Widerspruch zugestehen, wenn es nur noch einen Kunden gibt, der Jahre später eine Nachlieferung erwarten könnte. Synergie- und Verbundeffekte (vgl. Abb. 2.65) zwischen Produkten sind im System- und Lösungsgeschäften gewünscht, weil man sich Cross-Selling erhofft. Wenn man das Portfolio dafür erweitert, dann muss man die zusätzlichen Produkte ggf. sehr lange vorhalten:

- Das Abkündigen und Ablösen von Produkten durch eine neue Generation ist wegen Verbundeffekten oft kaum möglich.
- Kunden sind kaum bereit, die Spezifikation und Zeichnungen ihrer Produkte (z. B. von Maschinen) zu ändern: Insbesondere bei C-Komponenten mit vermeintlich geringer Bedeutung ist das zu beobachten.
- Umsatz mit anderen Produkten würde wegbrechen. Der Kunde könnte verloren werden.
- Ersatzteile für die bei Kunden installierte Basis wären nicht mehr verfügbar. Diese müssen wegen Garantieverpflichtungen oft ohnehin weiter vorgehalten werden.
- Der Vorteil von Gleichteilen mit anderen Produkten (Plattform) ginge verloren.

Fazit: Wenn ein Produktmanager beim Vertrieb und bei den Kunden Bestandsprodukte abkündigen will, dann benötigt er dafür sehr gute Argumente. Es müssen eine akzeptable Übergangsfrist mit einer „Last-Order-Option“ und ein mindestens gleichwertiges Ersatzprodukt in Aussicht gestellt werden.

Es muss immer gut überlegt werden, ob das Produktportfolio durch neue Artikel erweitert werden sollte. Bei mehreren tausend Artikeln, Varianten und Zubehör sind Vertriebsingenieure nicht mehr in der Lage, diese alle zu kennen und anzubieten. Es gibt Unternehmen, die aus einem sehr großen Artikelstamm nur einen geringen Teil ihrer Produkte und Services in allen Vertriebsgebieten anbieten und verkaufen. Dieses Problem besteht ebenfalls, wenn Produktportfolien stark regionalisiert sind und es kein zentrales Produktmanagement gibt, das mit den lokalen Vertrieben integriert zusammenarbeitet.

		…% vom Umsatz bei Produkten oder Services									
		1	2	3	4	5	6	7	8	9	10
…% vom Sytem-/ Lösungsumsatz	1		4%	5%	20%	10%	2%	8%	4%	10%	4%
	2	11%		9%	23%	3%	7%	16%	7%	6%	12%
	3	5%	6%		3%	5%	12%	9%	3%	4%	14%
	4	7%	9%	10%		2%	7%	3%	15%	1%	5%
	5	8%	18%	23%	11%		9%	2%	6%	11%	7%
	6	13%	24%	4%	11%	4%		6%	4%	6%	17%
	7	28%	2%	5%	8%	1%	2%		2%	8%	9%
	8	10%	9%	13%	4%	6%	6%	6%		9%	6%
	9	16%	10%	9%	2%	2%	12%	2%	7%		19%
	10	4%	11%	9%	5%	1%	6%	12%	6%	4%	

Abb. 2.65 Verbundeffekte zwischen Produkten oder Services und dem System- bzw. Lösungsgeschäft

2.8 Bewertung und Risikoabschätzung – ausgewählte Tools für die Führung von Produkt- und Vertriebsmanagement

Das bestehende B2B-Geschäft und neue Projekte stellen immer ein Risiko mit Chancen und Gefahren dar (Abb. 2.66). In von deutschen Eigentümern und Managern geprägter Unternehmenskultur werden Risiken überwiegend mit Gefahren gleichgesetzt. Diese Annahme ist aber falsch. „Risiko" ist ein neutraler Begriff (English: Risk = Opportunity and Threat). Nur wenn jemand ein Risiko eingeht, kann er etwas Neues, Erfolgreiches schaffen. Man muss auch in Bestandsgeschäfte investieren. Altgeschäfte könnten wegbrechen, weil z. B. die Technologie veraltet ist und die Wettbewerber davoneilen. Wer nichts wagt und keinen Einsatz leistet, der kann als Unternehmer nicht erfolgreich sein. Man sollte nicht „alle Eier in einen Korb legen", aber man sollte die Eier auch nicht auf zu viele Körbe verteilen. Es gilt, für das Unternehmen die optimale Balance zwischen Investitionen in das Altgeschäft und Innovation für neue Geschäfte zu finden.

Es gilt stets, Fehlinvestitionen in Produkte und Projekte zu vermeiden, denn diese müssen abgeschrieben werden. Personen, die an einem erfolglosen Projekt beteiligt waren, können an Reputation verlieren und einen Karriereknick erleiden. Es gibt leider viele Beispiele für Möglichkeiten, um innerhalb des eigenen Unternehmens „zu scheitern". Zwei Beispiele:

1. Das Projektteam stellt der Geschäftsleitung ein Konzept für eine neue Geschäftsidee oder eine Produktüberarbeitung vor und hat die Präsentation nicht gut vorbereitet.
   Der Projektleiter präsentiert das Konzept und die Analyse. Den Entscheidern wird das Projekt zum ersten Mal vorgestellt. Die Geschäftsführung deckt durch gezielte Fragen erhebliche Schwächen im Konzept auf und stellt es infrage. Das Konzept wird abgelehnt. Im günstigsten Falle wird dem Team die Möglichkeit gegeben nachzubessern. Das Ansehen des Projektleiters und weiterer Kollegen aus dem Team, welche die kritischen Fragen nicht ausräumen konnten, hat Schaden genommen.

Abb. 2.66 Erfolg steht immer auf des Messers Schneide. (© Foto Liv Tintelnot)

2. Ein Projektleiter oder ein Mitarbeiter hat einen Geschäftsführer für eine neue Geschäftsidee als vermeintlichen Sponsor gewonnen.
   Der Geschäftsführer fordert den Mitarbeiter auf, das Konzept in der nächsten erweiterten Geschäftsführungssitzung vorzustellen. Eingeladen werden alle wesentlichen Bereichsleiter. Der Projektleiter hat die Präsentation mit dem Projektteam extrem gut vorbereitet. Trotzdem scheitert er an der Diskussion der Idee. Die anwesenden Bereichsleiter haben selbst eigene Ziele und wollen verhindern, dass der junge, aufstrebende Kollege ein Budget genehmigt bekommt, das sie gerne selbst für ihre eigenen Projekte verwenden würden. Der Geschäftsführer und vermeintliche Sponsor, der die Idee gut fand und sie protegiert hat, reagiert ärgerlich. Er hat ggf. das Gefühl, bei seinen Mitgeschäftsführern an Ansehen verloren zu haben. Er ruft den Mitarbeiter in sein Büro. Dort wirft der vermeintliche Sponsor dem Mitarbeiter vor, dass er nicht in der Lage war, das gute Konzept intern erfolgreich zu verkaufen. Die vermeintlich gute Idee ist irreparabel beschädigt worden. In dieser Situation haben alle verloren. Persönliches Ansehen hat gelitten und das Unternehmen hat verloren, weil eine exzellente Idee nicht umgesetzt wird.

Fazit: Um Konzepte durchzusetzen, muss man hervorragend vorbereitet sein. Man muss ausreichend „Verbündete" bei Vorgesetzten und Kollegen haben, um die Idee realisieren zu können. Promotoren (Macht-, Fach- und Prozesspromotoren; vgl. Sabisch 1991, S. 294) sind zu berücksichtigen. Promotoren müssen zu Verbündeten werden, wenn man als Produkt- oder Vertriebsmanager die Hürden innerhalb der eigenen Organisation überwinden will.

Im Folgenden werden Tools und Darstellungsformen vorgestellt, die einen großen Nutzen bei der Diskussion und Einschätzung von unternehmerischen Chancen und Gefahren haben.

2.8.1 Risiko von Innovationen nach Specht und Beckmann

Die Abb. 2.67 unterstreicht, dass das Informieren und das Beteiligen des Managements im eigenen Haus zentral für den F&E-Erfolg sind. Der Vertrieb ist dabei der wichtigste Bereich, der von einer möglichen Innovation unbedingt überzeugt sein muss, denn er soll die Produkte und Services letztlich verkaufen.

Instrumente und Maßnahmen, die nach Specht und Beckmann (1996, S. 30) zur Reduzierung von F&E-Gefahren beitragen können, sind:

- Systematische, integrierte Technologieplanung
- Integriertes Projektmanagement
- Simultaneous Engineering, Reverse Engineering (vgl. Sabisch und Tintelnot 1997, S. 20) und BenchLearning)
- Risikosteuerung und Kompensation durch Projektprogramm- und Ressourcenplanung

Gründe für Projektabbruch (Mehrfachnennungen)	Anteil der Unternehmen in %	Dominierende Risikoart
Veränderung des Kundenbedarfs und der Umsatzerwartung nach Projektbeginn	56	Verwertungsrisiko
Entwicklungsaufwand unterschätzt, Kosten zu hoch	36	Kostengefahr
Produktionsaufwand und Markteinführungshürden zu hoch	34	Kostengefahr
Technologische Differenzierungschance, aber Gefahr fehlender Kompetenz	32	Technisches Realisierungsrisiko
Mittel wurden wegen anderem Bedarf neu allokiert – Finanzierungsproblem	7	Kostengefahr, Verwertungsrisiko
Wettbewerber kamen uns mit vergleichbarem Produkt, Software, Service zuvor	14	Zeitgefahr, Verwertungsrisiko
Sonstiges	8	

Quelle: Nach ISI/DIW (1989) und Zuordnung der Risikoarten von Specht und Beckmann

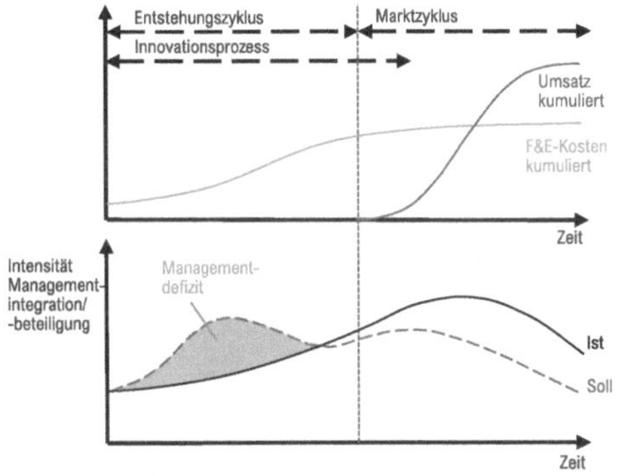

Abb. 2.67 Managementbeteiligung zur F&E-Erfolgssteigerung. (Nach Specht und Beckmann 1996, S. 28 f. links und nach Commes und Lienert 1983, S. 350 rechts)

- Dokumentation der Arbeitsergebnisse mit Softwaretools und geeignete interne Kommunikation
- Zukauf von F&E-Ergebnissen (Lizenzen oder Patente) und Nutzung von Open-Source-Software
- Technische Kooperationen und Joint Ventures (JV) zur Teilung der Risiken (Chancen und Gefahren) mit Partnern
- Bereitschaft, auch fortgeschrittene Projekte abzubrechen (konsequentes Projekt-Gate-System ohne Bürokratie)

2.8.2 Projektbewertung nach Arthur D. Little

Die Abb. 2.68 zeigt, wie Chancen und Gefahren in einer Risikoanalyse in der ersten Stufe abgewogen und bewertet werden können. Dabei ist die Gewichtung der Bewertungskriterien entlang der Achsen nicht einfach zu begründen (vgl. Specht und Beckmann 1996, S. 227). Quantitative und qualitative Risikomerkmale müssen entlang der Achsen aggregiert werden. In der Praxis wird man nicht genügend Zeit und Ressourcen haben, um das „perfekte Modell“ zu entwickeln. Wichtig ist jedoch, dass man sich mit allen Kriterien und Einflüssen beschäftigt und dass man alternative Projekte miteinander vergleicht. Auf diese Weise kann man die Ressourcen auf die erfolgversprechendsten Optionen fokussieren und Verständnis dafür gewinnen, dass auch Projekte abgelehnt werden müssen.

Projekte, die die erste Bewertungsstufe überwunden haben, werden in der zweiten Stufe anhand des Kriteriums „strategische Wirkung für das Unternehmen“ dem Kriterium „Aufwand“ gegenübergestellt. Daraus ergibt sich dann eine Priorisierung von Projekten, die sofort oder nur opportunistisch umgesetzt werden sollten. Andere Projekte werden abgelehnt oder in einem Projektspeicher zur Prüfung zurückgestellt.

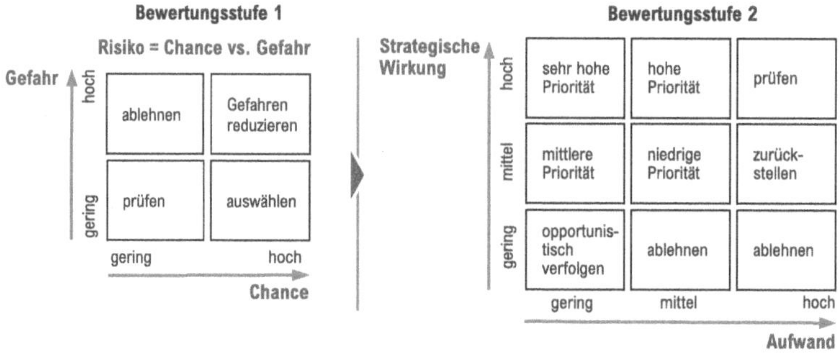

Abb. 2.68 F&E-Projektportfolio zur zweistufigen Bewertung. (Nach Arthur D. Little in Specht und Beckmann 1996, S. 227)

Zweistufige Bewertung des F&E-Projektportfolios nach Arthur D. Little

1. Bewertungsstufe
   - 1.1 Attraktivität:
     Erreichbarer Markt
     Zeit bis zur Markteinführung (Time-to-Market)
     Wettbewerbsintensität
     Wachstumspotenzial
     „Fit der Idee" zur Unternehmensstrategie und zum bisherigen F&E-Programm
     Erreichbarer Innovationsvorsprung
     Ertrags- und Profitabilitätspotenzial
     Strategische Bedeutung der Technologie(n)
   - 1.2 Risiko:
   Chancen und Gefahren auf Basis der Attraktivität abwägen (technisch und kaufmännisch)
2. Bewertungsstufe
   - 2.1 Strategische Wirkung:
     Quantitativ (Umsatz, Profitabilität) auch unter zeitlichem Aspekt
     Qualitative Entwicklung der technischen Kompetenz und Synergien für weitere Projekte
   - 2.2 Aufwand:
     Finanzmittel, Mitarbeiter und anderer Ressourceneinsatz (Verbrauch und Belegung)
     Ist der Fokus auf das jeweilige Projekt gerechtfertigt oder defokussiert sich das Unternehmen strategisch, indem es seine Mittel zu breit streut?

2.8.3 SWOT-Analyse

Eine realistische Einschätzung des Geschäftsrisikos (Chancen und Gefahren) basierend auf dem Marktumfeld (insbesondere der Nachfrage der Kunden und den gesetzlichen Rahmenbedingungen) sowie dem Verhalten der Wettbewerber ist unerlässlich. Dabei müssen die eigenen Stärken und Schwächen berücksichtigt werden. Mit dem Schema der SWOT-Analyse (Strength, Weaknesses, Opportunities, Threats) in Abb. 2.69 sollte man auch die wichtigsten Wettbewerber bewerten.

2.8.4 Stärken-Schwächen-Profile mit „Pros und Cons"

Man sollte das eigene Unternehmen und die Wettbewerber auf einer Skala bewerten oder Kunden diese Einschätzung vornehmen lassen. Stärken-Schwächen-Profile wie in Abb. 2.69 können verglichen werden.

Eine SWOT-Analyse ist eine Entscheidungshilfe z. B. bei den folgenden Fragen:

- Sollte man ein neues Produkt entwickeln?
- Sollte man in eine neue Produktion oder ein neues Logistikzentrum investieren?
- Sollte man eine neue Vertriebsgesellschaft gründen?
- Sollte man ein Unternehmen dazukaufen oder sollt man das eigene Geschäft veräußern?

Man kann vieles analysieren, aber letztlich muss man eine „Ja-" oder eine „Nein-Entscheidung" treffen (vgl. Herrmann und Huber 2013, S. 73).

„Pros and Cons"-Gegenüberstellungen

- eignen sich zur Verdichtung einer SWOT-Analyse (vgl. Abb. 2.69),
- können als Zusammenfassung der Ergebnisse eines Stärken-Schwächen-Profils dienen (Abb. 2.70) oder
- können zur Verdichtung der Ergebnisse einer Erfolgsfaktorenanalyse und von Wettbewerbsvergleichen genutzt werden (Abb. 2.71).

Einige Beispiele für Pros and Cons sind:

- Pros
  - Eigener Technologievorsprung
  - Wachsender Markt wird infolge eines Megatrends erwartet
  - Weltweites Vertriebsnetz ist vorhanden

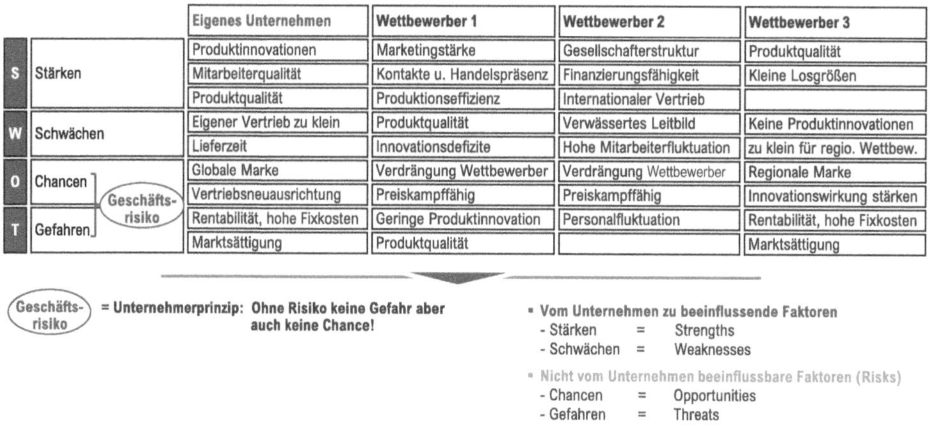

Abb. 2.69 Vergleichende SWOT-Analyse für das eigene Unternehmen versus Wettbewerber

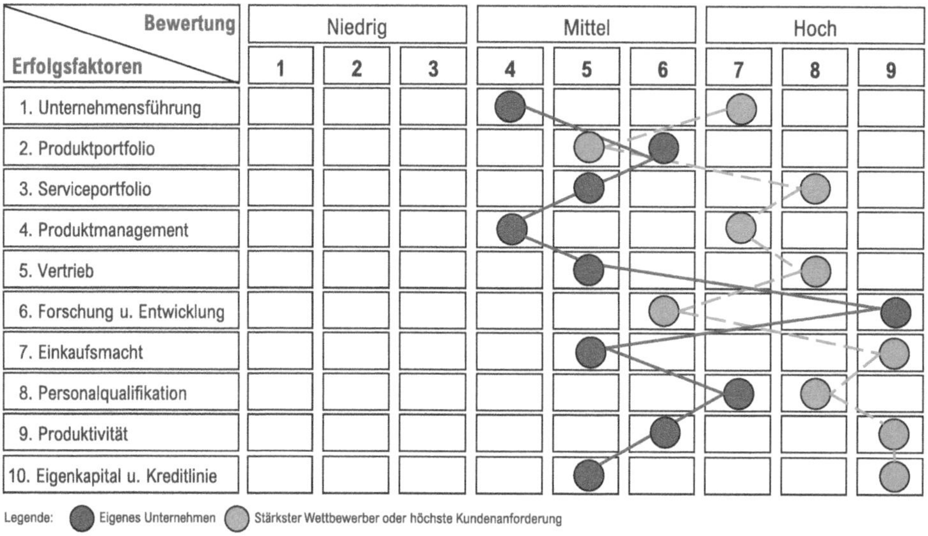

Abb. 2.70 Stärken-Schwächen-Analyse an Hand von Erfolgsfaktoren gegenüber Wettbewerbern oder Kundenanforderungen

- Cons
  - Patentstreitigkeiten sind zu erwarten
  - Hohe Investition sind notwendig
  - Gesetzeslage könnte sich ändern

Jedes einzelne „Con“ könnte ein K.o.-Kriterium sein, das einen dazu zwingt, ein Vorhaben aufzugeben. Dagegen wird ein einziges „Pro“ in der Regel nicht dazu führen, dass ein Projekt umgesetzt wird.

2.8.5 Erfolgsfaktorenanalyse

Abb. 2.71 zeigt eine Erfolgsfaktorenanalyse mit durchschnittlicher Kundenanforderung und Wettbewerberprofilen. Dazu ist grundsätzlich zu bemerken:

- Die Wichtigkeit von (–), (–), (0), (+) bis (++) entspricht einer quantitativen, orthogonalen Skala von 1 bis 5.
- Eine Skala mit vier Bewertungsstufen wäre grundsätzlich günstiger, da der Befragte dann nicht auf die Mitte ausweichen kann und sich deutlicher festlegen muss.
- Im Beispiel wird der Mittelwert verwendet. In vielen Fällen ist auch eine Darstellung des Medians (zentraler Wert) oder des Modus (häufigster Wert) sinnvoll.
- Mit wie vielen Kunden und Marktexperten (Stichprobengröße) man bei strategischen Entscheidungen sprechen sollte, hängt von der Erfahrung im Produktmanagement und Vertrieb sowie vom Reifegrad des Marktes ab.

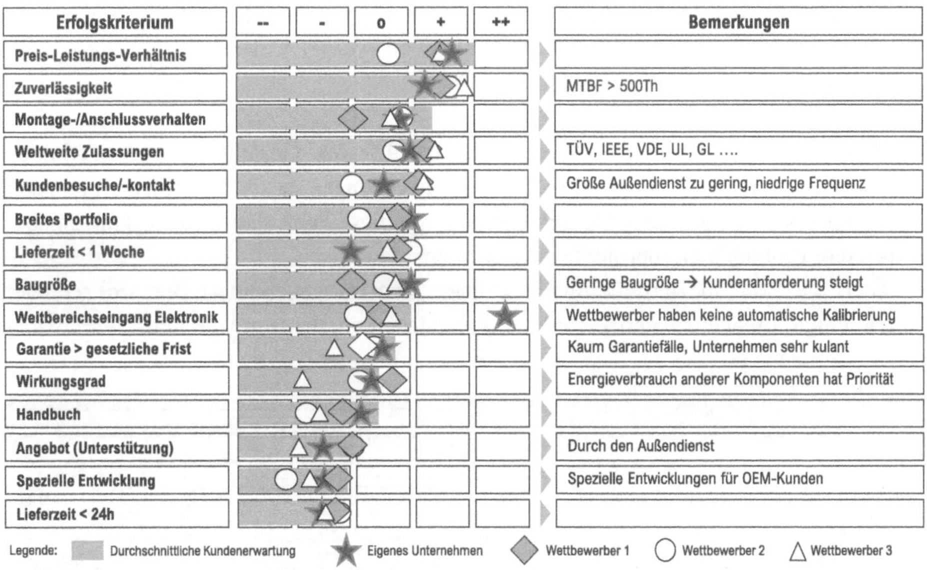

Abb. 2.71 Erfolgsfaktorenanalyse mit durchschnittlicher Kundenanforderung und Wettbewerberprofilen

- Statistische Kontrollgrößen, wie die Standardabweichung, und multivariate Methoden, wie Cluster-, Faktoranalysen oder eine multidimensionale Skalierung, werden in der Marktforschungspraxis von Unternehmen nur selten verwendet. Die Stichprobengröße, die man mit vertretbarem Aufwand erheben kann, ist in der Regel für diese Analysen zu gering (vgl. Opitz 1980).

2.8.6 ABC-Analyse zur Klassifizierung von Produkten, Kunden und sonstigen Leistungen

In der Abb. 2.72 wird eine ABC-Analyse auf die Produkte eines Unternehmens oder einer Business Unit bzw. eines Geschäftsfeldes angewendet (vgl. Sabisch 1991, S. 90). Im Beispiel wurden die Produkte nach der Umsatzgröße in eine Rangfolge gebracht. Eine 80:20-Faustregel besagt, dass viele Unternehmen 80 % ihres Umsatzes mit 20 % der Produkte erzielen.

Man sollte sich allerdings auch die EBITDA-Marge der Produkte ansehen. Es kann sein, dass man in der Summe aller Abverkäufe mehr Marge mit einem C-Produkt erzielt.

Verbundeffekte müssen immer beachtet werden. Man kann sich ggf. nicht von C-Produkten trennen, weil sie ein wichtiger Bestandteil einer Systemlösung sind.

Die Abb. 2.72 zeigt ein Beispiel für eine ABC-Analyse, bei dem nur die Anteile der Produkte am Umsatz des Unternehmens betrachtet werden. Allerdings müssen auch Verbundeffekte zwischen Produktgruppen bzw. zwischen einzelnen Produkten berücksichtigt werden, falls man ein Geschäft aufgeben würde, welches nicht eigenständig profitabel ist.

- Mit den Spezialstromversorgungen werden nur 9 % vom Gesamtumsatz des Anbieters erzielt und das Geschäft mit diesen Stromversorgungen ist für sich alleine gerechnet sogar stark defizitär. Das Unternehmen benötigt diese Spezialstromversorgungen aber, um sehr profitable Großprojekte zu gewinnen.
- Auch die 2 % Spezialsteuerungen können nicht aufgegeben werden. Sie erzielen nur einen Breakeven und erfordern Spezialisten in der Entwicklung. Würde man

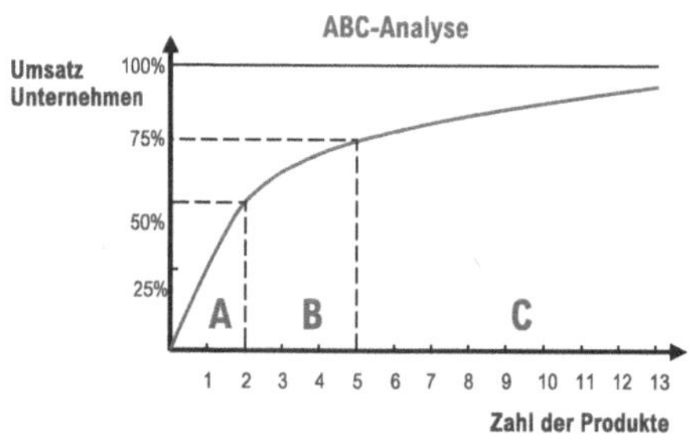

Produkt	Umsatz in EUR	Umsatz in %	Kumm. %	ABC
7. Applikationsservice	750.000	0,75%	0,75%	C
6. Software	1.250.000	1,25%	2,00%	C
5. Spezialsteuerung	2.250.000	2,25%	4,25%	B
4. Spezialstromversorgung	4.750.000	4,75%	9,00%	B
3. HMIs, Touchscreens, IPCs	17.000.000	17,00%	26,00%	A
2. Standardstromversorgung	30.000.000	30,00%	56,00%	A
1. Standardsteuerung	44.000.000	44,00%	100,00%	A
Summe	100.000.000			

Abb. 2.72 Beispiel einer ABC-Analyse des Produktprogramms

die Spezialsteuerungen aufgeben, müsste man sich von einem Teil der Entwickler trennen, die aber auch das Standardsteuerungs- und Flachbildschirmgeschäft betreuen. Stammkunden erwarten diese Produkte oft aus einer Hand. Außerdem sind die Spezialsteuerungen immer wieder eine Quelle für neue Lösungen, die dann in das Standardsteuerungsgeschäft einfließen.
- Ohne Software und ohne Serviceleistungen könnte das Geschäft mit den Steuerungen nicht fortgeführt werden.

Vor einer Portfoliobereinigung müssen deshalb immer auch die Verbundeffekte analysiert werden (vgl. auch Cross-Selling, Beispiel in Abb. 2.65).

Wenn man Kunden nach Umsatz und Profitabilität in ABC-Segmente clustert, hat das zum Ziel, diese mit unterschiedlicher Intensität zu betreuen. Entsprechende Klassifizierungen kann man auch bei Lieferanten oder Händlern vornehmen.

2.8.7 Strategieportfolien

Strategieportfolien sind ein nützliches Hilfsmittel, um die Produkte bzw. Produktgruppen des eigenen Unternehmens in einer 4- oder ggf. in einer 9-Felder-Martrix abzubilden. In einer 9-Felder-Matrix kann die Einstufung in die jeweiligen Felder und die Beschreibung von Handlungsalternativen möglicherweise zu komplex sein (vgl. Day 1996). Außerdem stellt sich die Frage, wie differenziert man die jeweiligen Strategien in der Praxis realisieren kann. Mithilfe des Portfolios kann man seine eigenen Produkte bzw. Produktgruppen miteinander vergleichen, oder man kann seine Produkte gegen die Produkte von Wettbewerbern spiegeln.

2.8.7.1 Strategieportfolio nach BCG (4-Felder-Matrix)

In Abb. 2.73 wird das Portfolio eines Unternehmens in die vier Felder „Stars", „Question Marks", „Cash Cows" und „Poor Dogs" unterteilt. Für die 4-Felder-Matrix-Analyse der Bosten Consulting Group muss man die Marktwachstumsraten und die relativen Marktanteile der Produkte kennen. Es wurde bereits darauf hingewiesen, dass solche Daten in kleinen B2B-Märkten oft nur sehr unvollständig oder überhaupt nicht verfügbar sind. Gespräche und eigene Schätzungen helfen dem Produktmanagement aber immer, die eigene Markposition besser zu verstehen. Kann man aus einem „Question Mark" einen „Star" formen? Es kann das vorrangige Ziel sein, Produkte durch Rationalisierung und Verbesserungsinnovationen auf einer profitablen „Cash-Cow"-Position zu halten.

In Abb. 2.74 wird die BCG-Matrix auf der linken Seite in ihrer ursprünglichen Form gezeigt. Der Marktanteil und das Marktwachstum werden in der Regel auf den Wettbewerber bzw. die Produktgruppe mit dem höchsten Marktanteil normiert. Falls es Wettbewerber oder Produkte gibt, die einen sehr hohen Marktanteil haben, ermöglicht die Darstellung keine ausreichende Differenzierung. Die Produkte mit geringen Marktanteilen werden an den Rand des Portfolios gedrängt. In diesem Fall ist es sinnvoll, die

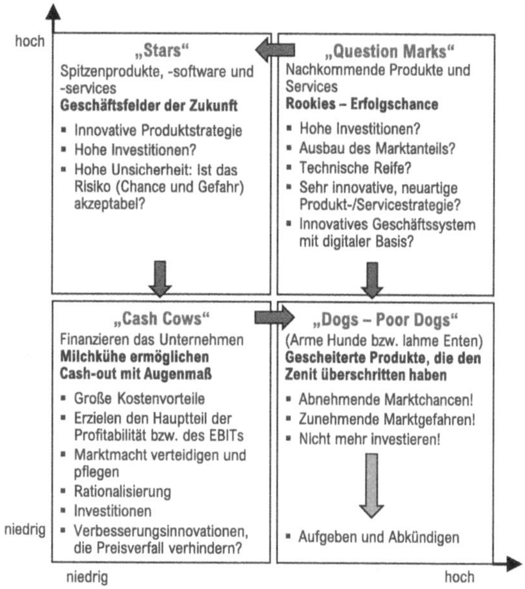

Abb. 2.73 BCG-4-Felder-Matrix mit Kriterien und Handlungsempfehlungen. (In Anlehnung an Sabisch 1991, S. 148)

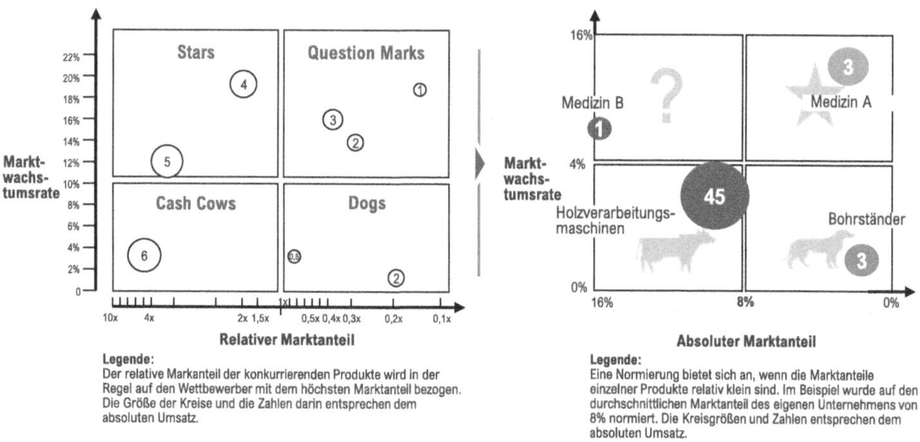

Abb. 2.74 4-Felder-Matrix. (Nach Boston Consulting Group und eigenes Beispiel)

betrachteten Produkte auf den durchschnittlichen Marktanteil des eigenen (kleineren) Unternehmens zu normieren. Der durchschnittliche Marktanteil von 8 %, im Beispiel auf der rechten Seite der Abbildung, bezieht sich auf die Summe der Produkte in allen B2B-Segmenten, in denen das kleinere Unternehmen tätig ist. Mit den Kreisgrößen und den Zahlen in den Kreisen kann man die absoluten Umsätze darstellen. Die Zahlen in den Kreisen können aber auch zur Angabe von Wachstumsraten genutzt werden.

Das Unternehmen im Beispiel (rechtes Portfolio) erzielt seinen Gewinn im hohen Maß mit der „Cash Cow Holzverarbeitungsmaschinen für die Möbelindustrie". Die „Bohrständer für Holzprodukte" sind hingegen Poor Dogs und haben kein Entwicklungspotenzial. Die Billigkonkurrenz aus Asien ist in diesem Marktsegment übermächtig. Vor fünf Jahren hat das Unternehmen die Chance ergriffen, in einem neuen, boomenden Markt zu investieren. Es werden zusätzlich auch Maschinen für die Produktion von Holzspateln für medizinische Anwendungen (A) hergestellt. Die Maschinen für Holzspatel sind die neuen „Stars" des Unternehmens. Vor kurzem hat man begonnen, auch aseptische Verpackungsmaschinen für die Holzspatel (B) herzustellen. Es steht noch ein „Question Mark" dahinter, da der Erfolg noch nicht sicher ist. Die Größe der Kreise und die Zahlen in den Kreisen entsprechen den absoluten Umsätzen mit der jeweiligen Produktgruppe.

2.8.7.2 Strategieportfolio nach McKinsey (9-Felder-Matrix)

McKinsey & Company haben eine 9-Felder Matrix entwickelt (Abb. 2.75), die differenzierter erscheint. Anders als bei der 4-Felder-Matrix von BCG empfiehlt es sich dabei kaum, auch Wettbewerbsprodukte darzustellen. Es ist in der Regel nicht möglich, die Strategie und die Ausgangssituation von Wettbewerbern ausreichend detailliert zu

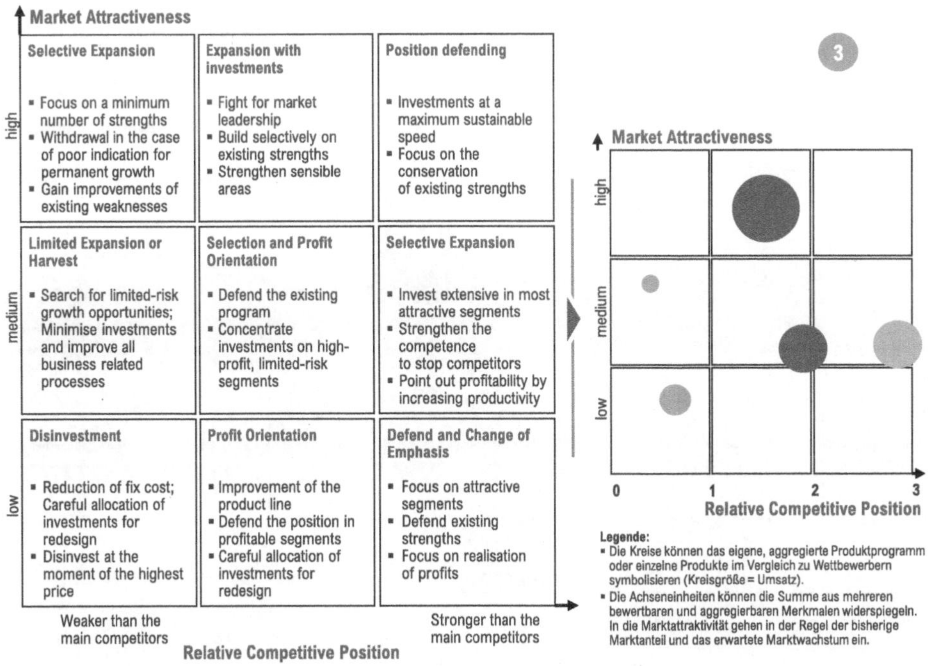

Abb. 2.75 9-Felder-Matrix mit Handlungsempfehlungen. (Nach McKinsey & Company und eigenes Beispiel)

beurteilen. Das Kriterium „Marktattraktivität“ besteht aus dem „Marktanteil“ und dem „Marktwachstum“. Die „Market Attractiveness“ mit low, medium oder high zu bewerten, ist anspruchsvoll. Nicht weniger herausfordernd ist die notwendige Aggregation von differenzierenden Kriterien für die Bewertung der relativen Wettbewerbsfähigkeit. Außerdem muss man die „relative Wettbewerbsfähigkeit“ (Relative Competitive Position) aus der Perspektive von Kunden auf einer Skala von 0 bis 3 einstufen. In der Unternehmenspraxis, die immer schnelleren und agileren Innovationszyklen genügen muss, ist die 9-Felder-Matrix weniger tauglich als die BCB-Matrix. Aber es ist trotzdem sinnvoll, dass sich Produktmanager mit den neun strategischen Positionen und den entsprechenden Handlungsempfehlungen beschäftigen. Diese Auseinandersetzung kann helfen, den richtigen Weg einzuschlagen und geeignete Maßnahmen für das Produktportfolio zu ergreifen (vgl. Day 1996).

2.8.8 Wasserfall- versus Kreisdiagramme

In Präsentationen von Produkt- und Vertriebsmanagern findet man oft grafische Darstellungen, die nicht optimal geeignet sind, um die notwendigen Informationen übersichtlich darzustellen.

Abb. 2.76 zeigt an einem Beispiel für ein Wasserfalldiagramm, wie man den Markt von Holzverarbeitungsmaschinen darstellen kann. Die Marktzahlen sind erdacht und ent-

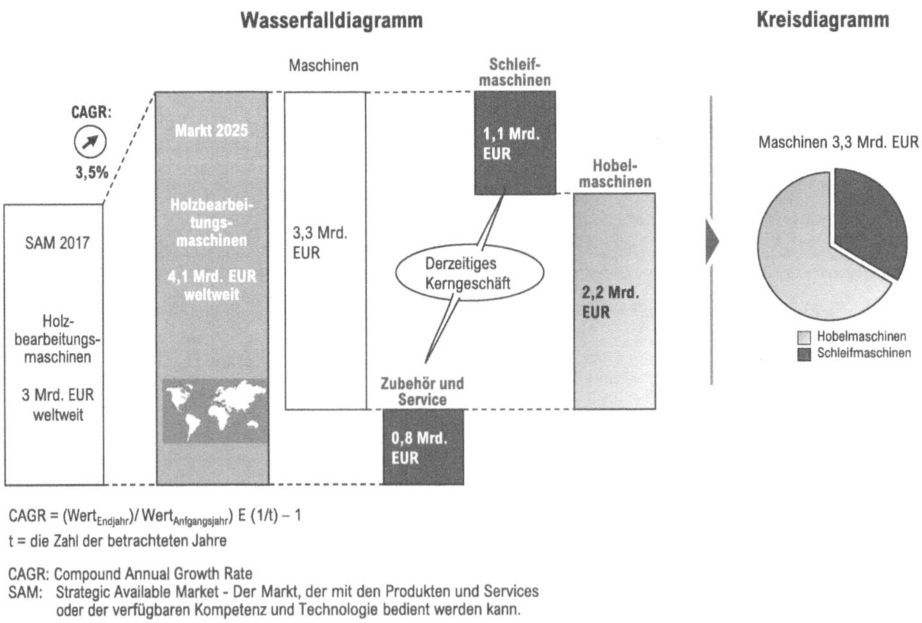

Abb. 2.76 Wasserfalldiagramme versus Kreisdiagramme

stammen keiner Studie. Durch die Säulenhöhen lassen sich die absoluten Marktgrößen und das Wachstum von 2017 bis zum Jahr 2025 für den Gesamtmarkt darstellen. Die Compound Annual Growth Rate (CAGR) beschreibt die durchschnittliche jährliche Wachstumsrate.

Die Aufteilung in zwei unterschiedliche Maschinentypen sowie der Zubehör- und Servicemarkt sind darstellbar. Außerdem können die jeweiligen Markgrößen absolut und relativ in Prozent angegeben werden. Mit einem Kreis-/Tortendiagramm können die Anteile von Schleif- und Hobelmaschinen an dem betrachteten Segment der Holzverarbeitungsmaschinen gut dargestellt werden.

Umfangreiche Tabellen und reine Zahlenpräsentationen sind für Kunden und Chefs ermüdend und können ihr Ziel völlig verfehlen. Dem Zuhörer sollten die zentralen Botschaften einer Präsentationsseite schon auf den ersten Blick einleuchten.

Eigenschaften von Wasserfall- und Kreisdiagrammen

- Wasserfalldiagramme:
  - Treppen mit bis zu zehn Stufen können übersichtlich dargestellt werden. Es können aufsteigende und abfallende Segmente enthalten sein. So können Zuflüsse (Umsätze) und Abflüsse (Kosten) übersichtlich in einem Diagramm abgebildet werden (vgl. Abb. 4.30).
  - Größe, Wachstum und Schrumpfung können durch die Säulenhöhen und Veränderungsraten (in %) verdeutlicht werden.
  - Es sind Beschriftungen innerhalb und außerhalb der Säulen möglich.
- Kreisdiagramme:
  - Kreisdiagramme ermöglichen Betrachtern bei bis zu drei Anteilen eine gute Einschätzung, welches Größenverhältnis zwischen den Anteilen besteht und wie deren Relation zur Grundgesamtheit ist.
  - Ab der Darstellung von mehr als drei Anteilen werden Kreisdiagramme unübersichtlich, lassen sich nicht variabel beschriften und benötigen eine Legende.

2.9 Schwächen des Produktmanagements – organisatorische Kompetenzabgrenzung

Produktmanager können in einer Organisation isoliert sein. Insbesondere dann, wenn sie nicht integriert und „Hand in Hand“ mit den Kollegen in Vertrieb und Marketing arbeiten. Bereits Abb. 2.2 hat verdeutlicht, dass die Führung im Produktmanagement abgestimmt sein muss und einem einheitlichen Takt folgen sollte. Nur wenn alle sich dem gleichen Ziel verschrieben haben, wird das gelingen. Der „Vortänzer“ des Teams muss als Führungskraft und Coach die Erfahrungen von Produkt- und Vertriebsmanagement vereinen und gebündelt steuern.

Abb. 2.77 zeigt einen Produktmanager vor einem „Tribunal“ von Kollegen, die jegliche Verantwortung ablehnen und mit dem Finger auf andere Personen zeigen. Es kann vorkommen, dass sich im Falle eines Problems oder einer Fehlleistung die Verantwortlichen in Vertrieb, Marketing, Entwicklung, Einkauf, Produktion und Logistik die Schuld gegenseitig zuweisen. Die Abbildung zeigt Kollegen, die ausführende Tätigkeiten haben. Diese Ebene hat in der Regel selbst keine Führungsverantwortung, ist nicht weisungsbefugt und kann die Schnittstellen der eigenen Abteilungsgrenzen kaum überwinden. Es ist die Aufgabe des Produktmanagers, die Tätigkeiten der beteiligten Bereiche zu koordinieren. Dafür ist es unerlässlich, dass er weisungsbefugt ist.

Der Vorstand bzw. die Geschäftsführung muss das Produktmanagement und den Vertrieb aus einer Hand führen:

1. Verantwortliche im Bereich des Produktmanagements müssen eine Führungsrolle einfordern, erhalten und ausfüllen.
2. Verantwortliche im Bereich des Vertriebes müssen Hand in Hand mit dem Produktmanagement zusammenarbeiten. Der Vertrieb führt und pflegt die Kontakte mit Kunden, aber Fehler bei der Markbeurteilung haben Produktmanagement und Vertrieb gemeinsam zu verantworten. Sie müssen einvernehmlich zu den getroffenen Entscheidungen stehen.

In Abb. 2.77 müssten alle beteiligten Funktionen als abgestimmtes Team auftreten. Das „Finger Pointing“ von vermeintlich sicheren „Tribünenplätzen“ auf einen Sündenbock hilft dabei überhaupt nicht.

Ein Produktmanager sollte alles Wesentliche im Blick haben und Verantwortung übernehmen:

Abb. 2.77 Produktmanager als Arbeitsbiene und als Verantwortlicher bei Problemen oder Misserfolg. (Illustration: © Liv Tintelnot)

- Produktmanager sollten sich nicht alle Aufgaben auf ihre Schultern laden und sich als „Arbeitsbienen" instrumentalisieren lassen.
- Die Aufgabe heißt „Produktmanager" und nicht „Produkterfüllungsgehilfe": Er soll kollegial ein Team führen und coachen. Vorgesetzte müssen von Produktmanagern auf fehlende Ressourcen, nicht funktionierende Schnittstellen und die daraus folgenden Gefahren hingewiesen werden. Diese Kommunikation sollte offen, ehrlich und ohne Angst vor persönlichen Konsequenzen möglich sein.

Wenn man dem Vorgesetzten Probleme präsentiert, dann sollte man sich immer klarmachen, dass Vorstände oder Geschäftsführer die Gesamtverantwortung für ein Aufgabenfeld und das Unternehmen tragen. Man sollte sie rechtzeitig über gravierende Schwierigkeiten informieren, damit keine Überraschungsmomente auftreten. Gleichzeitig sollte man Lösungsvorschläge für Probleme anbieten. Als Produktmanager ist es immer besser aktiv zu gestalten, anstatt schwierige Situationen „auszusitzen" und dadurch eine schwache Position zu akzeptieren.

In fast allen Unternehmen gibt es individuelle Karriereziele und „politische Ziele" der Vorgesetzten und Kollegen. Das muss man ständig berücksichtigen und im Hinterkopf haben, um nicht in Fettnäpfchen zu treten und daran zu scheitern.

Im Falle von Fehlleistungen sollte man von Schuldzuweisungen an Kollegen in Gegenwart von Vorgesetzten unbedingt absehen. Als Führungskraft sollte man Mitarbeitern, die ihre Aufgaben nicht ausreichend erfüllt haben, ein klares Feedback geben. Es sollte eindeutig festlegt werden, woran und in welcher Form nachgearbeitet werden muss. Es ist wichtig, solche Gespräche souverän zu führen und zu moderieren.

Wenn Defizite auftreten, ist es als Führungskraft wichtig, die Mitarbeiter durch Coaching und Schulungen zu unterstützen (vgl. Abschn. 3.8.2.2). Man muss unbedingt vermeiden, dass vermeintlich schwierige Aufgaben an den Chef zurückdelegiert werden. Der Chef darf nicht der Versuchung erliegen, alles selber zu machen, weil es dann vermeintlich besser funktioniert.

Abb. 2.78 zeigt die Notwendigkeit der koordinierenden Rolle des Produktmanagements und eines verantwortlichen Produktteammanagers vom Kundenauftrag bis zur Auslieferung. Das Produktmanagement muss größere Aufträge prüfen.

Nach der Bestellung erwartet der Kunde, das gewünschte Produkt in der erwarteten Qualität, in der bestellten Menge, am vereinbarten Ort und zum bestätigten Liefertermin, zu erhalten. Das Supply-Chain-Management, das Aufgabe des Operationsbereichs ist, verantwortet die Kette Einkauf – Inbound-Logistik – Produktion – Outbound-Logistik. Diese beginnt beim Auftragseingang im Vertrieb oder in den digitalen Systemen und endet mit der Lieferung und dem Service beim Kunden. Das erfordert eine koordinierende Funktion. Diese muss ein modernes Produktmanagement übernehmen, damit die Kunden zufrieden sind.

Bei Lieferverzögerungen oder Materialengpässen muss das Produktmanagement entscheiden, ob der Prozess unter Inkaufnahme höherer Kosten beschleunigt werden darf. Der Einkauf könnte die Freigabe bekommen, auf dem Spotmarkt knappe elektronische

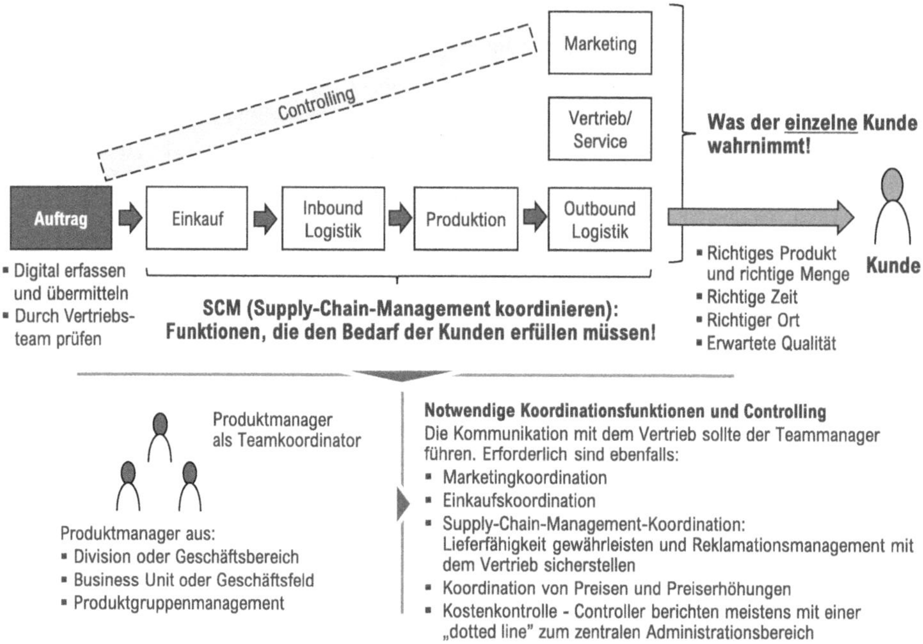

Abb. 2.78 Produktmanagement als Koordinator vom Auftragseingang bis zur Lieferung an die Kunden

Halbleiterbauelemente zu höheren Preisen zu bestellen. Dadurch könnten Elektronikkomponenten noch rechtzeitig zu Endkunden geliefert werden, aber die CM2-Marge sänke.

Wenn die Produkte mit Lieferengpässen in mehreren Vertriebsgebieten mit unterschiedlichen Verantwortlichen verkauft werden, muss das Produktmanagement insbesondere Folgendes abwägen:

- Sind es Stammkunden, die unbedingt gehalten werden müssen?
- Wie bedeutend sind einzelne Aufträge und Kunden?
- Mit welchen Maßnahmen können Folgeaufträge gewonnen werden, indem man sich beim aktuellen Auftrag als verlässlicher Lieferant erweist?
- Ist es ein neuer Potenzialkunde, der sich nur einmal abweisen und enttäuschen lässt und dann nie wieder etwas bestellen wird?

Produktmanagement und Vertrieb müssen abgestimmt entscheiden. Hier zeigt sich, wie wichtig die Integration von Produkt- und Vertriebsmanagement ist, um die gesamte Wertschöpfungskette steuern zu können.

Notwendige Koordinationsfunktionen sind:

- Produktmanagement: Große und strategisch wichtige Aufträge und deren Kunden sollte der Produktmanager stets kennen und gemeinsam mit dem Vertrieb beobachten. Er muss wissen, bei welchen kritischen Aufträgen das Produktmanagement den Vertrieb unterstützen sollte. Wie beeinflussen große Aufträge den Sales Forecast und die Prioritäten der übrigen Aufträge?
- Marketing: Was wurde und wird den Kunden kommuniziert? Sind zusätzliche Aufträge aus Sonderaktionen zu erwarten?
- Einkauf: Beschaffungskosten und Lieferzeiten passend steuern. Dazu wurde bereits als Beispiel die schnelle, aber teure Beschaffung von Bauteilen oder Rohmaterialien auf Spotmärkten erwähnt.
- SCM-Koordination: Lieferfähigkeit versus Working Capital und Aufbau von Beständen; Investitionen zum Ausbau von Produktionskapazitäten und Einstellung zusätzlicher Mitarbeiter; Wahl geeigneter Frachtführer (Schiffsfracht oder im Ausnahmefall Schnelllieferung per Luftfracht) und Reklamationsbearbeitung sind zu beachten.
- Pricing-Bereich: Sind die Preise angemessen? Welche Preiserhöhungen sollten und können bei den Kunden durchgesetzt werden? Wann sollte der Vertrieb damit beginnen? Das Controlling hat dabei immer nur eine Unterstützungsfunktion. Es bietet Entscheidungshilfen auf der Basis von wirtschaftlichen Zahlen an und dient als Sparringspartner. Unternehmen oder Geschäftsbereiche haben ggf. zentrale Pricing-Abteilungen (vgl. Abschn. 3.4). Letztlich muss aber der Produktmanager für die Umsätze und die Profitabilität der Produkte, Systemlösungen und Services verantwortlich zeichnen. Es müssen immer kaufmännisch-technische Entscheidungen getroffen werden.

Noch anspruchsvoller wird es, wenn die Bereiche Vertrieb, Marketing, Entwicklung, Produktion, Einkauf oder Logistik von Produktmanagern aus unterschiedlichen Geschäftsbereichen oder Business Units als Service Center genutzt werden (vgl. Aumayer 2019, S. 68, S. 117). In einer solchen Matrix muss es eine „Eskalationsstufe" geben, die etwa bei Kapazitätsengpässen entscheidet, wer zuerst bedient wird. In solchen Fällen ist ein übergeordneter Leiter für das Produktmanagement notwendig, damit die Eskalationen nicht immer durch die Geschäftsführung oder den Vorstand entschieden werden müssen.

Literatur

Ahlrichs F (2015) Neuer Preis im Sondermaschinenbau reduziert Kostenüberschreitungen. In: Klein A (Hrsg) Controlling – Best Practice im Mittelstand. Haufe, München, S 229–255

Ansoff I (1987) Corporate strategy. McGraw-Hill, New York

Aumayer KJ (2019) Erfolgreiches Produktmanagement. Tool-Box für das professionelle Produktmanagement und Produktmarketing, 5. Aufl. Springer Gabler, Wiesbaden

Backhaus K, Voeth M (2014) Industriegütermarketing. Grundlagen des Business-to-Business-Marketing, 10. Aufl. Vahlen, München
Commes MT, Lienert R (1983) Controlling im F&E-Bereich. Zeitschrift für Führung und Organisation 7, S. 347–354
Davidson H (1987) Offensive marketing or how to make your competitors followers. Penguin, London
Day GS (1996) Analysis for strategic market decisions, 7. Aufl. West Publishing Company, St. Paul
Deisenhofer T (1993) Marktorientierter Kostenplanung von Erkenntnissen der Marktforschung bei der AUDI AG. In: Horváth P (Hrsg) Target costing. Schäffer-Poeschel, Stuttgart, S 93–117
Fragner B (2021) Ein Paradigmenwechsel in der Produktion. Skill-based Production ist ein Ansatz die Produktion neu zu denken, Wien, S 13–15. https://factorynet.at/. Zugegriffen: 11. Mai 2021
Gaiser B, Kieninger M (1993) Fahrplan für die Einführung des Target Costing. In: Horváth P (Hrsg) Target costing. Schäffer-Poeschel, Stuttgart, S 53–73
Herrmann A, Huber F (2013) Produktmanagement. Grundlagen – Methoden- Beispiele, 3. Aufl. Springer Gabler, Wiesbaden
Hieronymus S, Tintelnot C, v. Wichert-Nick D (1996) Technologiebewertung für Unternehmen. Wissenschaftliche Zeitschrift der Technischen Universität Dresden 4, S 26–31
Hinterhuber HH (1989) Strategische Unternehmensführung, Bd 2, Strategisches Handeln: Direktiven, Organisation, Umsetzung, Unternehmenskultur, Strategische Führungskompetenz, 4. Aufl. De Gruyter, Berlin
Homburg C, Schäfer H, Schneider J (2016) Sales Excellence. Vertriebsmanagement mit System, 8. Aufl. Springer Gabler, Wiesbaden
Karlòf B, Lundgren K, Edenfeldt Froment M (2001) BenchLearning. good examples as a lever for development. Wiley, New York
Kotler P (1994) Marketing management. Analysis, Pg, Implementation and Control. Prentice Hall, New Jersey
Krottmaier J (1995) Leitfaden Simultaneous Engineering. Springer, Berlin
Lux H (2017) Regulierter Wissenstransfer in der Medizin. Bayrisches Ärzteblatt 4, S. 139
Machate A (2006) Zukunftsgestaltung durch Roadmapping. Vorgehensweise und Methodeneinsatz für eine zielorientierte Erstellung und Visualisierung von Roadmaps. Dissertation, TU München, München
Malik (2005) Management. Das A und O des Handwerks. Frankfurter Allgemeine Buch, Frankfurt a. M.
Müller H, Wobold M (1993) Target Costing im Entwicklungsbereich der „Elektrowerk AG". In: Horváth P (Hrsg) Target Costing Schäffer-Poeschel. Stuttgart, S 119–153
Opitz O (1980) Numerische Taxonomie. Fischer, Stuttgart
Pleschak F, Sabisch H (1996) Innovationsmanagement. Schäffer-Poeschel, Stuttgart
Porter ME (1992) Wettbewerbsstrategie (competitive strategy), 7. Aufl. Campus, Frankfurt a. M.
Rigby DK, Elk S, Berez S, (2020) Die agile Chefetage. Harvard Business Manager 10, S 5–10
Sabisch H (1991) Produktinnovationen. Poeschel, Stuttgart
Sabisch H (1997) Produkte und Produktgestaltung. In: Kern W, Schröder H, Weber J (Hrsg) Handwörterbuch der Produktionswirtschaft, 2. Aufl. Schäffer-Poeschel, Stuttgart, S 1439–1451
Sabisch H, Tintelnot C (1997) Integriertes Benchmarking für Produkte und Produktentwicklungsprozesse. Springer, Berlin
Schumpeter J (1993) Theorie der Wirtschaftlichen Entwicklung. Duncker & Humblot, Berlin
Schweitzer M, Küpper HU (1995) Systeme der Kosten- und Erlösrechnung. Vahlen, München
Specht G, Beckmann C (1996) F&E-Management. Schäffer-Poeschel, Stuttgart
Tintelnot C (1997a) Benchmarking R&D in Great Britain, Germany and Japan. The International Journal of Business Transformation 1(1), S 46–59

Tintelnot C (1997b) Benchmarking in Forschung und Entwicklung. In: Sabisch H, Tintelnot C (Hrsg) Benchmarking – Weg zu unternehmerischen Spitzenleistungen. Schäffer-Poeschel, Stuttgart, S 43–56

Tintelnot C (2013) Einführung in das Innovationsmanagement. In: Tintelnot C, Meißner D, Steinmeier I (Hrsg) Innovationsmanagement. Springer, Heidelberg, S 1–12

Vahrs D, Schäfer-Kund J (2015) Einführung in die Betriebswirtschaftslehre, 7. Aufl. Schäffer-Poeschel, Stuttgart

VDMA (2021) Mehr Investitionen in Forschung und Entwicklung, TeDo Verlag, Kassel. IT & Produktion. https://www.it-production.com/news/maerkte-und-trends/fe-ausgaben-im-maschinen-und-anlagenbau. Zugegriffen: 7. Mai 2021

Von Hippel EA (1988) Sources of innovation. Oxford University Press, New York

Walther J, Wäldchen D (2021) Folgen der Corona-Krise für Messen und Konferenzen. Umfrageergebnisse einer Studie. IPM AG, Hannover

Vertriebsmanagement

3

Zusammenfassung

Verkaufen ist eine der spannendsten Aufgaben im Unternehmen. Der Vertrieb ist das „Ohr und das Auge" des Unternehmens bei den Kunden. Vertriebsmanagement hat im B2B-Geschäft viele Aufgaben, die nicht ohne eine abgestimmte Zusammenarbeit mit dem Produktmanagement und anderen Funktionsbereichen erfüllt werden können. In diesem Kapitel wird deutlich, dass Vertriebsingenieure persönliche Kontakte zu Kunden pflegen müssen. Nur so können sie deren derzeitigen und zukünftigen Bedarf kennen. Ein digitales „Rückgrat" (Backbone) von Systemen mit Analytics und KI ist notwendig. Den Kunden müssen Informationen an digitalen Zugangspunkten (Digital Touchpoints) zur Verfügung gestellt werden.

Der Vertrieb ist dafür verantwortlich, dass die Produkte für Industriesegmente und Regionen mit dem erwarteten Kundenservice auch international angeboten werden. Dabei ist die Profitabilität der Schlüssel zum Erfolg. Das Budget und die Zahl von Mitarbeitern sind im Vertrieb meistens knapp bemessen. Es werden Flächenvertriebe, Spezialvertriebe und Applikationsingenieure benötigt. Handelsvertreter (Sales Reps), Distributoren, Onlineportale, Websales und Key-Account-Management können für ein „Multichannel-Management" zum Bedienen der unterschiedlichen Absatzkanäle genutzt werden. Mit der Unterstützung von speziellen Werkzeugen (Tools) wie Sales Resource Optimisation und CRM-Systemen muss man die begrenzten Vertriebsressourcen optimal nutzen.

Ergänzende Information Die elektronische Version dieses Kapitels enthält Zusatzmaterial, auf das über folgenden Link zugegriffen werden kann https://doi.org/10.1007/978-3-658-39788-3_3.

C. Tintelnot, *Integriertes Produkt- und Vertriebsmanagement im B2B*,
https://doi.org/10.1007/978-3-658-39788-3_3

Das Controlling ist für das Produktmanagement und den Vertrieb zur Unterstützung notwendig, um die Budgetplanung vorzunehmen, den Forecast zu ermitteln und die die Preise festzulegen, damit bei Planabweichungen geeignete Steuerungsmaßnahmen ergriffen werden können. Dafür sollten auch Verkaufsbeispiele genutzt werden, um aus „Highlights" und „Lowlights" zu lernen.

Zielvereinbarungen und Bonussysteme sind für den Vertrieb und das gesamte Unternehmen wichtige Anreiz- und Steuerungsinstrumente. Das Coaching und die Organisation von fachlichen Trainingsveranstaltungen sind nicht nur im Vertrieb zentrale Aufgaben von Führungskräften. Mitarbeiter können individuell dabei unterstützt werden, ihr Wissen zu ergänzen und ein persönliches Coaching zu erhalten, welches das optimale Auftreten gegenüber den Kunden schult.

3.1 Vertriebsstrategie und Ziele – Was ist Vertrieb?

Ein Vertriebsingenieur, der sich mit Kunden trifft, hat den direktesten Kontakt zum Markt. Hier entscheidet sich, was der Kunde heute, mittel- und langfristig benötigt und kaufen wird. Den „Market-Pull" von Kunden können die Vertriebsmitarbeiter am besten beurteilen. Durch „Market-Push" auf Basis der Weiterentwicklung von Technologien kann sich die Nachfrage der Kunden erheblich verändern. Die Produktmanager und Entwicklungsingenieure im eigenen Unternehmen und bei Wettbewerbern beeinflussen die Technologieentwicklung im Bereich der B2B-Applikationen. Kunden können sich nicht immer in vollem Umfang vorstellen, wie sich Technologien entwickeln werden. Welche neuen Möglichkeiten werden sich daraus ergeben? Es ist wichtig, dass ein integriertes Vorgehen von Produkt- und Vertriebsmanagement sicherstellt, dass die richtigen Produkte und Services entwickelt, fachkundig präsentiert und angeboten werden. Vertriebsingenieure haben meistens ein unmittelbares Erfolgserlebnis, sobald ein Kunde einen Auftrag erteilt.

Der Dilbert-Comic in Abb. 3.1 illustriert, dass Verkäufer oft kein gutes Image haben. Der Verkäufer in diesem Beispiel fühlt sich in seiner Rolle nicht wohl. Dieses Gefühl kann daraus resultieren, dass sich Verkäufer im Unternehmen oder in der Gesellschaft nicht ausreichend akzeptiert fühlen. Oft glauben Verkäufer, keinen hohen Stellenwert zu haben, weil sie am Ende der Wertschöpfungskette stehen. Sie müssen das verkaufen, was Ihnen zur Verfügung gestellt wird. Sie fühlen sich einem kontinuierlichen Erfolgsdruck ausgesetzt. Sie müssen die geplanten Umsatzzahlen und Wachstumsraten erreichen und es ist fast unmöglich, alle Forderungen und Wünsche der Kunden zu erfüllen. Gute Verkäufer bieten den Kunden die Vorzüge (USPs) der Produkte und Services an und finden für mögliche Nachteile eines Produktes eine gute Erklärung und eine gute Kompromisslösung. Es zahlt sich niemals aus, einem Kunden ungeeignete Produkte „aufzuschwatzen". Das B2B-Geschäft lebt in der Regel von Stammkunden.

Der Comic von Dilbert zeigt, dass der hier dargestellte Verkäufer lieber Ingenieur wäre. Er wäre gerne ein Entwicklungsingenieur, was ihm aber von seinem Chef nicht

Abb. 3.1 Das Berufsbild (Image) von Ingenieuren, Verkäufern und Marketingverantwortlichen. (© www.dilbert.com)

zugetraut wird. Im B2B-Vertrieb werden aber Verkäufer benötigt, die viele Eigenschaften verkörpern. Vertriebsingenieure sollten sehr kommunikationsfähige Personen sein. Im persönlichen Verkaufsgespräch ist Marketingkompetenz erforderlich, um Produkte und Services anzupreisen, denn „Marketing ist Kommunikation". Die Kollegen im Marketingbereich stellen dem Verkäufer die Kommunikationsmittel und die digitalen Plattformen für Kundenbesuche, Messen oder Websales zur Verfügung. Der Verkäufer muss Tools nutzen, um Geschäfte anzubahnen und Kaufabschlüsse zu erzielen. Ein Verkäufer muss im B2B-Geschäft immer auch technische Fachkenntnisse haben, um den Bedarf des Kunden zu verstehen und ihm Produkte und Lösungen erklären zu können. Deshalb ist es von Vorteil, wenn es sich um akademisch ausgebildete Ingenieure handelt. Auch wenn hier der Begriff „Ingenieur" verwendet wird, heißt das nicht, dass es sich in jedem Fall um studierte Ingenieure handeln muss. Gegebenenfalls wären diese in einigen B2B-Vertriebsrollen und Marktsegmenten auch technisch überqualifiziert. Insbesondere im angelsächsischen Sprachraum wird der Begriff des „Engineers" allgemein für Personen mit technischen Kenntnissen und Fertigkeiten verwendet. Es werden auch Mitarbeiter als Vertriebsingenieure bezeichnet, die über einen Technikerabschluss verfügen, die eine Berufsakademie besuchten oder eine technische Ausbildung durchlaufen haben. Es können aber auch durchaus andere Personen geeignet sein, die in der Berufspraxis bewiesen haben, dass sie sehr gut technisch argumentieren können. Dabei kann es sich um Fähigkeiten im Bereich Maschinenbau, Elektrotechnik, Elektronik oder Mechatronik handeln. Ebenso können es Kenntnisse in Chemie, Biologie oder Fertigungs-/Verfahrenstechnik sein, die Mitarbeiter als Vertriebsingenieure für B2B-Märkte qualifizieren. Auch Mitarbeiter im Vertriebsinnendienst verfügen oft über diese Kenntnisse, sofern sie nicht ausschließlich für Supportfunktionen im rein kaufmännischen Bereich oder in der Logistik zuständig sind.

Was ist Vertrieb? Folgende Begriffe werden in diesem Zusammenhang verwendet:

- Vertreiben
- Vertriebler

- Verkaufen
- Verkäufer – im Englischen Salesman/-woman. Der gesamte Vertrieb bzw. die Vertriebsmannschaft ist im angelsächsischen Sprachraum eine „Salesforce". Im Englischen drückt „Force" aus, dass der Vertrieb über Schlagkraft verfügen muss. Der Begriff hat wieder einmal militärische Ursprünge.

Der technische Investitionsgütervertrieb erfordert ein breites Kompetenzspektrum. Grundvoraussetzung für Verkäufer ist, dass sie ein geeignetes Maß an Extrovertiertheit mitbringen: Das heißt unter anderem, dass sie den Kunden ohne Arroganz und mit Einfühlungsvermögen zuhören können. Dabei müssen sie Empathie, Freundlichkeit, Leidenschaft und Spaß an ihrer Aufgabe ausstrahlen. Fehlt das „Talent", mit und für Kunden zu arbeiten, dann ist Verkäufer die falsche Berufswahl. Die notwendigen, persönlichen Eigenschaften sind nur begrenzt erlernbar!

Mitarbeiter mit einer technischen Ausbildung oder einer selbstmotivierten Affinität zur Technik haben gute Voraussetzungen, im B2B-Vertrieb für anspruchsvolle, technische Produkte erfolgreich zu sein.

1. *Der „reine" Kaufmann*
   Ein Kaufmann ohne eine extrem hohe selbstmotivierte Affinität zur Technik und die Bereitschaft, technische Grundlagen zu verstehen, wird kaum ein guter Vertriebsingenieur im Investitionsgütervertrieb werden. Die klassischen Grundvoraussetzungen als Verkäufer reichen für das technische B2B-Geschäft nicht aus.
2. *Personen mit „reiner" Ingenieursausbildung*
   Keinesfalls sollten die vermeintlich schlechtesten Ingenieure im Vertrieb landen. Er wäre im Vertrieb fehl am Platz, wenn er von der Persönlichkeit eher introvertiert ist. Ingenieure mit guten technischen Kenntnissen werden keine guten Vertriebsingenieure werden, falls sie nicht auch über die Grundvoraussetzungen für Verkäufer verfügen.
3. *Wirtschaftsingenieur*
   Wirtschaftsingenieure mit technischer und betriebswirtschaftlicher Ausrichtung haben gute Voraussetzungen, um im Vertrieb erfolgreich zu sein, falls sie auch über die Grundvoraussetzungen für Verkäufer verfügen.
4. *Praktiker aus technischen Berufen wie Techniker, Meister, Facharbeiter und sogar technische Autodidakten*
   Personen aus diesen Bereichen, die über die Grundvoraussetzungen für Verkäufer verfügen, haben ebenfalls gute Chancen. Sie müssen darüber hinaus lern- und anpassungsfähig sein. Es ist schade, dass nach wie vor einige Gesprächspartner einen Dünkel gegenüber Nichtakademikern haben. Das kann auch bei Vorgesetzten im eigenen Unternehmen ein Problem sein. Wenn ein technischer Verkäufer kompetent auftritt und dem fachlichen Anspruch der Kunden gerecht wird, dann wird er mit Sicherheit nicht nach einem akademischen Abschluss gefragt.

Vertrieb ist sehr harte Arbeit. Es kann bedeuten, mehr als 100.000 km im Jahr zu fahren oder mehrmals im Jahr um die Erde zu fliegen. Die Familie und Partner sieht man dann während der Arbeitswoche nur selten. Bei längeren Reisen ist man auch am Wochenende unterwegs. Vertrieb bedeutet trotz gut vorbereiteter Akquise oft jahrelanges „Klinkenputzen", bevor die Tür beim Kunden aufgeht. Wem Vertrieb Spaß macht und wer ein leidenschaftlicher Verkäufer ist, der kann als Vertriebsingenieur, Vertriebsleiter oder Vertriebschef ein erfülltes Berufslebensleben haben. Der Beruf von Vertriebsingenieuren ist oft nicht so gut angesehen wie andere Berufe. Wenige schlechte Verkäufer wie „Schwätzer" und „Drücker" prägen das Berufsbild unverhältnismäßig.

Vertriebler verlieren ihren Arbeitsplatz bei Misserfolg und sinkendem Umsatz schneller als andere Funktionsträger in Unternehmen. Aber Vertriebsingenieure gehören in der Regel zu den am höchsten bezahlten Mitarbeitern in Unternehmen. Man kann im Vertrieb viel Geld verdienen, wenn man seine Ziele erfüllt.

Die Abb. 3.2 beschreibt die Effekte des „Sales-Excellence-Ansatzes" im Vertrieb für den Markterfolg, vgl. Homburg (2016, S. 24):

1. Excellence der integrierten Produkt- und Vertriebsstrategie
   Voraussetzung für Markterfolg ist auch eine exzellente Gesamtstrategie, auf der eine passgenaue Produkt- und Servicestrategie für das betrachtete Geschäft aufbauen muss. Es besteht ein linearer Zusammenhang zwischen dem Markterfolg und der Exzellenz einer integrierten Produkt- und Vertriebsstrategie. Nur die absolute

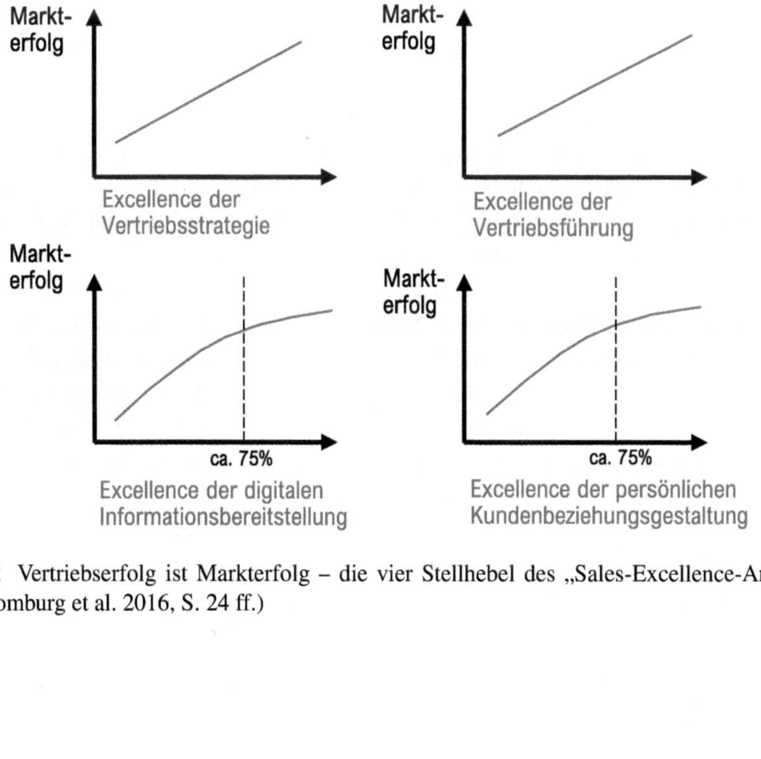

Abb. 3.2 Vertriebserfolg ist Markterfolg – die vier Stellhebel des „Sales-Excellence-Ansatzes". (Nach Homburg et al. 2016, S. 24 ff.)

Marktgröße und das Marktwachstum können den Erfolg begrenzen. Bei völliger Inkompetenz und Dilettantentum wäre der Markerfolg gleich Null.

2. Excellence des Vertriebsmanagements
   Von der Qualität der Führung eines Vertriebes, einer Vertriebstochtergesellschaft, eines Vertriebsteams oder von der Betreuung von Distributoren hängt der Markterfolg ebenfalls linear ab. Das Niveau der Führung, der Produkt- und Verkaufstrainings sowie des Coachings wirkt sich direkt auf den Verkaufserfolg aus, solange die Marktgröße und das Marktwachstum diesen nicht begrenzen.
3. Excellence des digitalen und informellen Informationsmanagements
   Informationsmanagement bedeutet, dass der Vertrieb über alle notwendigen Informationen zu den Produkten und Services, zu den Konditionen, zu den laufenden Aufträgen (Lieferstatus, Qualitätsprobleme) und zu der Bestellhistorie der Kunden verfügt. Das kann durch Reporting, CRM- und ERP-Systeme digital gewährleistet werden. Dem Kunden muss eine geeignete Schnittmenge von Informationen aus den Systemen zur Verfügung gestellt werden. Neben der Bereitstellung von Informationen aus digitalen Systemen ist die direkte Kommunikation unerlässlich. Aber auch die Kollegen entlang der Wertschöpfungskette müssen miteinander reden. Bei Problemen können sie dann frühzeitig gegensteuern. Der persönliche und informelle Austausch mit den Kunden ist auch Teil eines exzellenten Kundenbeziehungsmanagements. Markterfolg durch Informationsmanagement erreicht aber nach Homburg et al. (2016) eine Sättigungsphase. Auch die Kunden können nur eine geeignete Menge an Informationen wahrnehmen und nutzen. Man darf Kundenbeziehungen nicht durch zu viele Parameter „übersteuern".
4. Excellence des persönlichen Kundenbeziehungsmanagements
   Das Kundenbeziehungsmanagement ist extrem wichtig, um Aufträge zu initiieren. Vertrauen und Sympathie zwischen dem Lieferanten und den Kunden entsteht am einfachsten, wenn man sich persönlich kennt. Persönliche Besuche sind trotz zunehmender Akzeptanz von digitalen Meetings insbesondere zu Beginn einer Kundenbeziehung unerlässlich. Es muss einen Ansprechpartner im Vertrieb geben, mit dem der Kunde harmoniert. Falls die Beziehung an persönlicher Antipathie scheitert, dann muss man dem Kunden einen anderen Betreuer anbieten. „One face to the customer" gilt bei B2B nicht ausnahmslos. Auch Produktmanager, Entwickler und Applikationsingenieure müssen mit ihren Rollen einen wichtigen Teil zur Kundenbeziehung beitragen. Allerdings sollte der Vertrieb immer moderieren und die Führung, das bedeutet „den Lead", der Kundenbeziehung in den Händen behalten. Das ist besonders wichtig, da der Vertrieb Folgeaufträge im Blick haben sollte und bei Problemen immer die erste Eskalationsstufe für die Kunden als Ansprechpartner übernehmen muss.

Aber was bedeutet „Sales Excellence" überhaupt? Das bedeutet, zu den besten Anbietern unter den Wettbewerbern zu gehören, die sich um Aufträge bei demselben Kundenkreis bewerben. Der Maßstab und das Benchmark für Exzellenz sind relativ zu den

Erwartungen in einem Marktsegment. Letztlich müssen die Anforderungen einzelner Kunden erfüllt werden. Gerät man in den Sättigungsbereich der Kundenbetreuung, ist der Kostenaufwand ggf. zu hoch und man geht dem Kunden mit übertriebenen Vertriebsaktivitäten auf die Nerven. Schnelligkeit und Beschränkung auf das Wesentliche sind gefragt. Kundenservice ist aufwendig und muss in einem ökonomischen Verhältnis zum Markterfolg stehen.

3.2 Wettbewerber und eigenes Unternehmen – Kundenbefragungen

Viele Vertriebsingenieure im Außendienst schöpfen das Potenzial ihrer Kunden nicht aus. Sie kennen deren gesamten Bedarf nicht und wissen ggf. nicht, was bei Wettbewerbern gekauft wird. Deshalb sollten Vertriebsingenieure ihre Kunden danach fragen, insbesondere wenn ein Kunde neu gewonnen oder übernommen wurde.

Das Template, das in Abb. 3.3 verwendet wird, kann als Gesprächsleitfaden eingesetzt werden. Befragt werden sollten in erster Linie die technischen Entscheider bei den Kunden. Nur den Einkauf zu befragen, reicht in der Regel nicht aus. Produktmanager oder Produktsupporter sollten die Befragung der Vertriebskollegen unterstützen. Die Erfahrung zeigt, dass sich der Bedarf verändert und ggf. zusätzliche Wettbewerber beim Kunden angetroffen werden können. Viele Vertriebsingenieure kennen den Bedarf ihrer Kunden nicht vollständig und wissen auch nicht ausreichend, mit welchen Wettbewerbern sie es dort zu tun haben.

Product groups	Professional Hand Tools	Picture (Example)	Importance	Supplier 1	Supplier 2	Supplier 3	Supplier 4	Notes
Cutting Tools	Product type 1		0 1 2 3					Insulation Requirements?
	Product type 1		0 1 2 3					
	Product type 1		0 1 2 3					
Stripping Tools			0 1 2 3					
Crimping Tools			0 1 2 3					6 mm² wires possible?
Screw Drivers	Phillips type		0 1 2 3					
	Torx type		0 1 2 3					
Measuring Equipment	Tester		0 1 2 3					Price range?
	Mustimeters		0 1 2 3					
	Connectivity		0 1 2 3					

Abb. 3.3 Wie wichtig sind bestimmte Produkte für den Kunden und bei welchen Wettbewerbern kauft der Kunde heute? – Abfragetool am Beispiel von Handwerkzeugen

Der Fragebogen in Abb. 3.3 zeigt ein Beispiel für Handwerkzeuge. Die dargestellten Produkte entsprechen dem Portfolio, das man selbst verkaufen will. Die Befragung sollte durch eigene Muster und Produktbilder von Wettbewerbsprodukten unterstützt werden. Die generelle Bedeutung des jeweiligen Handwerkzeugs wird abgefragt. Es sollte jedoch nicht nach den jährlichen Bestellmengen einzelner Produkttypen gefragt werden. Die Kunden haben diese Zahlen möglicherweise nicht schnell genug zur Verfügung und solche Informationen sind ggf. vertraulich.

Die Tabelle sollte maximal zwei Seiten füllen. Eine Bemerkungsspalte und genügend Patz für Notizen sind wichtig. Ein zu langer Fragebogen wirkt abschreckend und der Kunde könnte die Befragung abbrechen. In der Regel ist der Kunde bereit, die Wettbewerber pro Produkt zu nennen, bei denen er kauft. Man sollte aber maximal nach den vier wichtigsten Lieferanten bzw. Marken pro Produkttyp fragen. Die Reihenfolge der Nennungen der Lieferanten sollte mit Ziffern gekennzeichnet werden. Meistens kann der Kunde schätzen, dass er z. B. bei Anbieter A 70 %, bei Anbieter B 20 % und bei Anbieter C 10 % seines Bedarfs einkauft. Es kann davon ausgegangen werden, dass die Reihenfolge der Nennungen und die Zahl der Lieferanten pro Produktgruppe auch ohne Prozentangaben Rückschlüsse auf die Marktanteile der Wettbewerber erlauben. Insbesondere dann, wenn eine entsprechend große Stichprobe von Befragungen ausgewertet wird.

Die Marktgröße und das Marktwachstum für B2B-Produkte und -Services sind in den meisten Fällen ebenfalls nicht bekannt. Man kann die Marktgröße in EUR nur ermitteln, indem man die Umsätze addiert, die alle Wettbewerber mit den untersuchten Produkten erzielen. Den Gesamtumsatz von Wettbewerbern kann man in der Regel in Veröffentlichungen finden. Der Umsatz der Wettbewerber mit einzelnen Produkten oder Produktgruppen muss aber durch Produktmanager und Vertriebsingenieure geschätzt werden, was sehr viel Markterfahrung erfordert.

Inwieweit kann man in B2B-Märkten aus der Reihenfolge, in der Wettbewerber genannt werden, auf deren Rangfolge nach Umsätzen und auf deren darauf basierenden Marktanteile schließen? Wie viele Befragungen (Stichprobengröße) sind in diesem Fall erforderlich, damit die Ergebnisse statistisch valide sind? Kann auf der Basis von empirischer Forschung eine Referenztabelle zwischen der Rangfolge der Wettbewerber und deren Marktanteilen erstellt werden, die generelle Rückschlüsse für B2B-Märkte erlaubt? Dies zu erforschen, ist ein interessantes Tätigkeitsfeld.

Man kann sich mit dem hier vorgestellten Tool in einem ca. 60-minütigen Gespräch einen guten Überblick bei einem Kunden verschaffen. Am Anfang des Termins darf der Smalltalk nicht zu kurz kommen. Aktuellen Aufträgen oder Reklamationen muss die notwendige Zeit eingeräumt werden. Man sollte die Ergebnisse der Befragung später unbedingt im CRM-System hinterlegen. Dann hat man einen zentralen Informationsspeicher, der zur Vorbereitung weiterer Kundenbesuche nützlich ist. Angebote können so gezielt in den Domänen der Wettbewerber platziert werden.

Es empfiehlt sich, als Vertriebsingenieur und Produktmanager immer auch die praktische Verwendung der Produkte anzusehen. Für das Beispiel der Handwerkzeuge wäre es die Elektrowerkstatt: Oft sieht man bei dieser Gelegenheit noch weitere Produkte von Wettbewerbern im Einsatz, an die der Gesprächspartner während des Interviews möglicherweise nicht gedacht hatte. Er wollte ggf. nicht darüber reden oder er wusste nichts davon, weil Kollegen das Produkt bestellt hatten. Ergänzungen und Berichtigungen der Erkenntnisse sollte man zeitnah nach dem Kundenbesuch während der Rückreise vornehmen.

3.3 Differenzierung von Wettbewerbern

Differenzierung gegenüber Wettbewerbern kann man bei Kunden in fünf Bereichen erzielen:

1. Die richtige Vertriebsstrategie als integrierten Teil der Unternehmensstrategie verfolgen.
2. Den Vertrieb kompetent und engagiert führen.
3. Dem Kundenbeziehungsaufbau und der Pflege der Kundenkontakte ausreichend Zeit einräumen.
4. Ein gutes Informationsmanagement im Unternehmen und eine geeignete Kommunikation mit den Kunden pflegen.
5. Ein sehr gutes Angebot und ein gutes Preis-Leistungs-Verhältnis bei Produkten und Services offerieren (vgl. Abschn. 3.3.1).

Die ersten vier Punkte entsprechen den vier Sales-Excellence-Dimensionen nach Homburg et al. (2016, S. 13). Für den fünften Punkt benötigt man ein integriertes Produkt- und Vertriebsmanagement.

3.3.1 Differenzierung durch das Produktangebot und den Service

Es gibt Unternehmen, die reine Serviceanbieter sind. Diese können sich nur durch ihr Serviceangebot gegenüber anderen Dienstleistern differenzieren. In diesem Abschnitt wird Service aber auch als Differenzierungsmöglichkeit für Hardware- und Softwarehersteller dargestellt. Im internationalen Geschäft kann Service in der Regel nur mit einem Partnernetzwerk erbracht werden. Die Partner arbeiten entweder im Auftrag eines Herstellers oder auf eigene Rechnung für die Endnutzer der Produkte. Dann erzielt der Hersteller keine zusätzliche Marge aus dem Servicegeschäft, aber ggf. eine Vermittlungsprovision vom Servicepartner und in jedem Fall zusätzliche Kundenzufriedenheit durch das Serviceangebot.

In Abb. 3.4 wird zwischen Pre- und After-Sales-Services unterschieden. Services, die vor Kaufabschluss angeboten werden, sind meistens keine Leistungen, die man in Rechnung stellen kann. Im technischen Vertrieb muss man darauf achten, dass man keine Beratungsleistung erbringt, die über die technische Verkaufsberatung hinausgeht. Im

Phase	Kaufmännischer Service	Technischer Service
Pre-Sales	▪ Wirtschaftlichkeitsrechnung ▪ Beratung z.B. auch bei einem neuen IIoT-Geschäftsmodell für die Kunden des Kunden ▪ Angebotserstellung ▪ Finanzierungsberatung	▪ Planung u. ggf. Engineering ▪ Zeichnungen erstellen ▪ Beratung bei Softwareanwendung und Programmierung (Vorsicht Beratungshaftung) ▪ Produktschulungen ▪ Angebotsbeschreibung technisch ▪ Simulationen ▪ Logistik
After-Sales	▪ Kulanz, Zusatzgarantie und gesetzliche Gewährleistung ▪ Versicherungsleistung ▪ Betriebskostenberatung ▪ Energiekostenberatung ▪ Konsignationslager ▪ Newsletter	▪ Inbetriebnahme ▪ Applikationsprogrammierung (Vorsicht Beratungshaftung) ▪ Beratung bei Störungen per Fernwartung, Analytics, Augmented Reality ▪ Wartung durchführen ▪ Ersatzteilhandel ▪ Softwareupdates ▪ Service 24/7 Hotline ▪ Schnell-Ersatzteil-Lieferung

Abb. 3.4 Differenzierung im Vertrieb durch das Produkt und das Serviceangebot (Beispiele)

Anlagenbau kann man sich jedoch oft die Projektierungs- und Planungsleistungen vergüten lassen. Bei öffentlichen Ausschreibungen von Behörden können die Angebotsunterlagen sehr umfangreich sein. In den meisten Fällen können dort auch noch keine digitalen Angebote abgegeben werden. Falls ein Auftraggeber zunächst nur für Planungsleistungen zahlt, muss man ggf. zugestehen, dass der Auftrag durch ein anderes Unternehmen ausgeführt werden kann. Den Vertrag sollte man daher so gestalten, dass man eine Kompensation beanspruchen kann und man dem Kunden die Planungskosten im Falle einer Auftragserteilung beim Kaufpreis anrechnet.

Serviceleistungen, die nach dem Kauf erbracht werden, sollte man in Rechnung stellen. Ausnahmen sind Kulanz und gesetzliche Garantien. Für erweiterte Garantieleistungen und eine Verlängerung der Garantiefristen sollte der Kunde zahlen. Grundsätzlich gilt die alte Kaufmannsweisheit: „Was nichts kostet, ist auch nichts wert." Falls der Kunde mehr Leistungen erwartet, muss man ihm klarmachen, dass die jeweilige Serviceleistung auch etwas kostet. Man kann Kunden ggf. mit einer erweiterten Garantie entgegenkommen.

Zum Beispiel kann bei der Anpassung einer Maschine an die Applikation des Kunden der Aufwand sehr schnell ausufern. Kunden erwarteten im Laufe eines Projektes oft, dass die Leistungen flexibel erweitert werden. In diesem Fall sollte man auf Stundensatzbasis abrechnen. Außerdem muss man immer überlegen, inwieweit man z. B. bei Applikationsprogrammierung Haftungsrisiken wie Betriebsausfälle in einer Produktion ausschließen sollte. Wie weit kann man einen Haftungsausschluss vertraglich durchsetzen, ohne Misstrauen zu schüren? Bei sehr anspruchsvollen Applikationsprogrammierungen, die weit über die gelieferte Hardware hinausgehen, sollte man Kunden nur beraten. Diese sollten die Programmierung selbst ausführen oder von darauf spezialisierten Engineering-Anbietern durchführen lassen.

Durch Serviceleistungen kann ein Anbieter den Preiswettbewerb bei Kunden mindern, wenn er über Servicekompetenz verfügt und er die Services profitabel erbringen kann.

1. Preiswettbewerb durch Service begrenzen:
   - Bei guter Konjunktur sind Preissteigerungen bei Produkten einfacher durchsetzbar.
   - Bei Konjunktureintrübungen versucht der Einkauf des Kunden, Preissenkungen zu verhandeln. Dieses Auf und Ab (gute Zeiten – schlechte Zeiten) kann man abschwächen, indem der Kunde durch einen guten Service gebunden wird. Die Wechselbarriere zu einem Wettbewerber ist dann höher:
2. Servicekompetenz nachweisen und Serviceprofitabilität erreichen:
   - Im Service sollte man dem Kunden nur Leistungen versprechen und liefern, die man auch sicher beherrscht.
   - Die notwendige Servicekompetenz muss im Unternehmen vorhanden sein oder durch Servicepartner zu einem profitablen Preis angeboten werden können.

3.3.2 Differenzierung durch die Marke – Branding

In der Elektrotechnik, Elektronik und im Maschinen- und Anlagenbau findet man viele Unternehmensmarken, die durch Gründer und ihre Familien über Generationen geprägt wurden. Auch wenn die Gründer keine Eigentümer mehr sind oder nicht mehr als Führungskräfte im Unternehmen tätig sind, kann die Marke einen Vertrauensvorschuss schaffen. Diese Art von mittelständisch geprägten Unternehmen findet man in Europa, in Nord- und Südamerika, aber auch in asiatischen Ländern wie z. B. Indien oder Taiwan. Aus einigen dieser Unternehmen sind Konzerne hervorgegangen, die börsennotiert sind und in deren Management keine Gründer oder deren Familienmitglieder mehr vertreten sind. Die Strahlkraft der alten Marken wirkt jedoch lange nach.

Es gibt Unternehmen, die gemessen an ihrer Umsatzhöhe schon lange nicht mehr die „Nummer 1" in ihrem Markt sind. Aber Traditionsfirmen sind wegen ihrer Leistungen hoch angesehen und durch ihren Markennamen auch bei den Nichtkunden sehr bekannt. Die Preise von bekannten Markenanbietern können ggf. die höchsten im Markt sein. Ihr Marktanteil ist aber begrenzt, wenn größere Wettbewerber von Mengenvorteilen (Economy of Scales) profitieren.

Folgendes, fiktives Beispiel soll verdeutlichen, dass Unternehmen die Auswirkungen von Änderungen der „Firma" bzw. der „Marke" sehr genau abwägen sollten. Im Beispielfall wurde der bei Kunden bekannte Familienname „Berger" nicht für ausreichend tauglich gehalten, um damit moderne Imagekampagnen und die angestrebte Internationalisierung des Geschäfts voranzubringen. Das Management hat die Firma daher mit einem Akronym in „ABC Group" umbenannt. Die vertrauensfördernde Verbindung

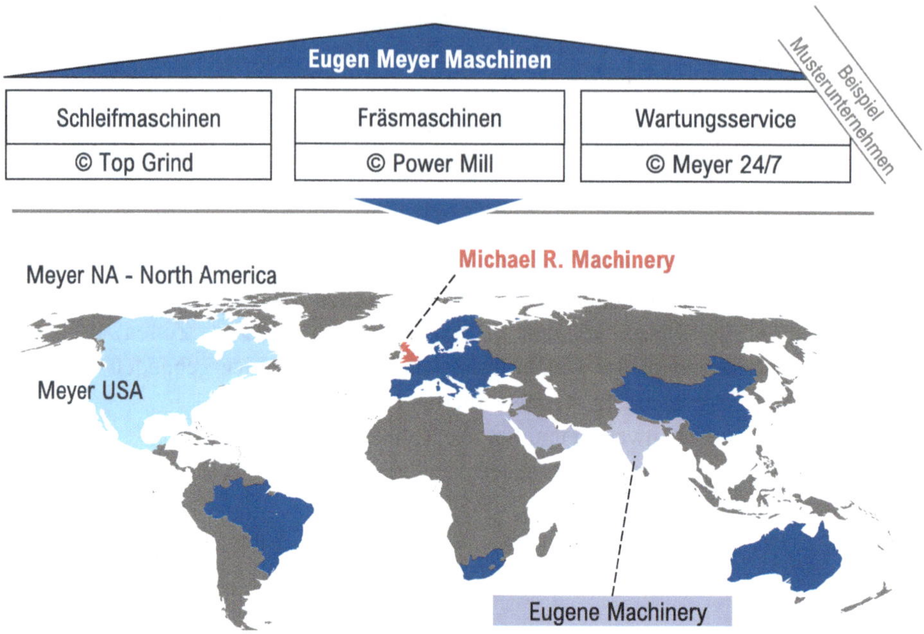

Abb. 3.5 Bedeutung von Dach-, Segment-, Produktsegment- und Regionalmarken am fiktiven Beispiel der Eugen Meyer Maschinen GmbH

zum Familiennamen des früheren Gründerunternehmers wurde für obsolet gehalten. Akronyme und Abkürzungen von Unternehmensnamen gibt es unzählige auf der Welt und deren Wiedererkennungswert ist gering. Auch asiatische Kunden sind trotz lateinischer Schrift sehr wohl in der Lage, sich traditionelle Firmennamen gut zu merken.

Häufig werden neben einer bekannten Dachmarke Submarken geschaffen oder Marken zugekaufter Unternehmen werden integriert. Dies kann insbesondere sinnvoll sein, wenn man voneinander unabhängige Kundensegmente adressieren will.

Am Beispiel in Abb. 3.5 werden Argumente betrachtet, warum man die 120 Jahre alte Dachmarke der „Eugen Meyer Maschinenfabrik" für Werkzeugmaschinen durch Submarken ergänzen sollte:[1]

- **Cons**
  - Die Dachmarke „Eugen Meyer Maschinen" hat sich bei vielen Kunden für Werkzeugmaschinen (Fräs- und Schleifmaschinen) eingeprägt. Es wurde viel Geld in ihren Aufbau und ihre positive Aufladung investiert.

[1] Die verwendeten Beispielfirmen gibt es nicht und auch die handelnden Personen sind frei erfunden.

- **Pros**
  - Die Dachmarke soll durch Produktmarken in anderen Industrien und Anwendungssegmenten unterstützt werden. Zum Beispiel könnte der Unternehmer Eugen Meyer ein Tochterunternehmen gegründet haben, das Verpackungsmaschinen für Hygieneprodukte herstellt. Deren Image soll nicht auf die Stammkunden in der metallverarbeitenden Industrie abstrahlen.
  - In UK wurde 1952 die „Michael R. Machinery Ltd." übernommen. Der Name wurde nicht geändert, da deutsche Unternehmen dort nach dem Zweiten Weltkrieg ein schlechtes Image hatten.
  - In Nordamerika wurden vor drei Jahren zwei neue Tochtergesellschaften – die „Meyer USA" und die „Meyer NA" (North Americas) – gegründet. Man will den Verkauf dort nicht mehr ausschließlich über Distributoren und Sales Reps betreiben. Seit die Politik in den USA verstärkt auf America First und auf Local Content in der Produktion setzt, hat man die deutsche Herkunft der Maschinen nicht mehr in den Vordergrund stellen wollen.
  - In Indien wird ein lokal produziertes „Mid Spec"- bzw. „Just Enough"-Produktportfolio angeboten. Für diese Produkte mit reduziertem Funktionsumfang werden dort nur 40 % des europäischen Preisniveaus für Premiummaschinen erzielt. In Middle East und Afrika werden diese günstigeren Produkte ebenfalls verlangt und angeboten. Da die Premiummarke „Eugen Meyer" nicht verramscht werden soll, wird in der Region IMEA (India, Middle East, Africa) die Marke „Eugene Machinery" verwendet.

3.4 Entscheider beim Kunden und Einflussfaktoren

Das Grundmodell für das Beschaffungsverhalten nach Sheth und Sharma in Abb. 3.6 entspricht der oft komplizierten Realität. Man ist einem scheinbar endlosen Kreislaufprozess von beeinflussenden Faktoren ausgesetzt. Das ist auch vier Jahrzehnte nach der Veröffentlichung dieses Modells nicht anders geworden. Die Digitalisierung unterstützt zwar die Entscheidungsprozesse, aber es wirken dadurch auch zusätzliche Einflussfaktoren auf die Einkaufsentscheidungen in B2B-Unternehmen. Die Kunden müssen viele technische Optionen und Informationen abwägen. Deshalb bin ich dem Modell weitgehend gefolgt und habe weitere Aspekte ergänzt.

Sheth und Sharma haben vier Bereiche von Einflussfaktoren unterschieden:

1. Der persönliche Bereich des Entscheiders, eines Teams oder einzelner Mitentscheider und Beeinflusser im Unternehmen
   a) Ausbildung, Erfahrungsschatz, Rollenverhalten und Lebensstil
   b) Erwartungen der Einkäufer, Produktmanager, Entwickler, Anwender in der Produktion einschließlich der Vorurteile auf Basis von früheren Kontakten zum Lieferanten (1e)

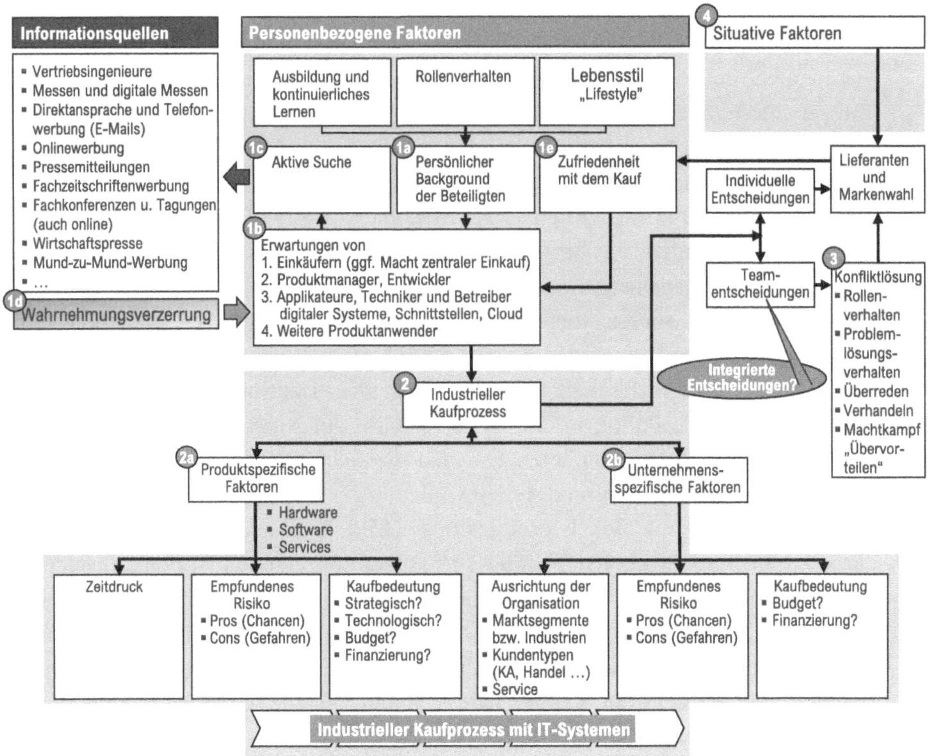

Abb. 3.6 Beschaffungsverhalten von B2B-Kunden. (Nach Sheth 1973, S. 51)

c) Zugang zu Informationsquellen (konventionelle und digitale)

d) Wahrnehmungsverzerrungen (verändern das Bild von Lieferanten und Produkten)

Die Entscheidung für oder gegen den Lieferanten kann zum Nutzen oder zum Schaden des kaufenden Unternehmens beeinflusst werden. Die Erfahrung der beteiligten Personen, die Rollen und die Machtverhältnisse bestimmen, welche Schlüsse aus den Informationen für die Wahl von Lieferanten gezogen werden.

2. Der industrielle Kaufprozess in einer Organisation wird durch die Art der Produkte, Leistungen und durch unternehmensspezifische Faktoren bestimmt.
3. Der Entscheidungsfindungsprozess wird entweder individuell durch Einzelpersonen gesteuert oder kann durch ein Team verantwortet werden. Teamentscheidungen werden entweder nach einem Abstimmungsprozess mit Einigung auf ein gemeinsames Ergebnis oder vor dem Hintergrund eines ungelösten Konfliktes getroffen. Die Unternehmenskultur, das darauf basierende Problemlösungsverhalten und die Machtstrukturen auf der Basis von Hierarchien sind dabei ausschlaggebend. Wird durch faires Verhandeln und logische Argumente überzeugt? Hierarchisches Vorgehen kann

zu suboptimalen Einkaufsergebnissen führen, auch wenn die Compliance-Regeln dabei beachtet werden. Hier spielt das Verhalten der Geschäftsführung und der Führungskräfte eine wesentliche Rolle. Sind diese bereit, die Expertise von rangniedrigeren Kollegen anzuerkennen? Wollen sie sich selbst und ihr Netzwerk zu Lieferanten in den Vordergrund stellen? Wollen sie ihren Kandidaten durchsetzen?

4. Situative Einzelfaktoren:
   - Positive oder negative Informationen über Lieferanten,
   - Empfehlungen von Freunden und Kollegen oder
   - das Angebotsverhalten von Konkurrenten des eigentlich bevorzugten Lieferanten

   sind Beispiele für situative Einflüsse, die außerhalb eines Unternehmens entstehen können.

Die vier beschriebenen Punkte bauen auf der grafischen Darstellung und der Beschreibung des Modells von Sheth und Sharma (Strukturmodell mit Prozessorientierung) nach Sheth (1973, S. 51) auf. Es gibt weitere Einkaufsmodelle, wie die von Webster und Wind (Strukturmodell), Choffray und Lilien (Prozessmodell) oder das Modell von Johnston und Lewin (wahrgenommenes Risiko bzw. Gefahrenvermeidung bezogen auf Einzelfaktoren). Diese Modelle werden bei Backhaus und Voeth (2014, S. 95 ff.) beschrieben.

Was sollte man beachten, wenn man als Vertrieb (Selling-Center) auf eine Einkaufsabteilung (Buying-Center) trifft? Wenn einem ein Einkaufsteam vorgestellt wird, dann hat das den großen Vorteil, dass man weiß, welche Personen und Funktionen Einfluss auf die Kaufentscheidung haben. Die Kaufentscheidung des Kunden scheint unkompliziert zu sein, wenn man als Verkäufer „nur" mit einem technisch geprägten Produktmanager spricht. Dieser muss sich aber in der Regel mit anderen Personen und Funktionen im Unternehmen abstimmen. Man sollte seinen „besten Kontakt" beim Kunden immer nach den am Entscheidungsprozess beteiligten Personen fragen. Dann bekommt man ein besseres Gefühl dafür, wie lange der Prozess dauern könnte und welcher Aufwand auf den Vertrieb zukommt.

Buying-Center versuchen, ihre Lieferketten aus Lieferanten und Vorlieferanten zunehmend resilient gegen Lieferausfälle zu organisieren. Der Vertrieb muss heute neben der geforderten Funktion und Qualität eines Produktes auch den erwarteten Einkaufspreis einhalten und die Liefersicherheit garantieren. Die Anforderungskriterien aus dem europäischen ESG-Gesetz (ESG = Environmental (Ökologie und Nachhaltigkeit), Social (Kinderarbeit, kriminelle Strukturen, etc.) and Corporate Governance (Steuern, Finanzen etc.)) sind ebenfalls zu erfüllen. Seit dem Jahr 2022 ist dies in einem Bericht zu dokumentieren. Die europäische Gesetzgebung wird weiterentwickelt. Das deutsche Lieferkettensorgfaltsgesetz (LkSG) stellt ähnliche Anforderungen an die Überprüfung von Lieferanten für Unternehmen mit mehr als 250 Mitarbeitern. Zukünftig werden Lieferanten und deren Vertriebe zunehmend Informationen liefern und Garantien abgeben müssen. Die Strafen bei Zuwiderhandlungen sind hoch. Unternehmen, die über

400 Mio. EUR Umsatz erzielen, können zu Bußgeldzahlungen in Höhe von bis zu 2 % dieses Umsatzes verurteilt werden.

Zusätzlich müssen von Einkäufern nicht vorhersehbare Risiken wie Pandemien oder Naturkatastrophen in Betracht gezogen werden. Firmen wie Prewave oder Jaggaer bieten Software-Tools für die Analyse von Lieferanten an. Dabei werden im Web Hinweise zu unseriösem Finanzgebaren, politischen Unruhen, Insolvenz, ausbleibenden Gehältern, Gewerkschaftsaktivitäten, Streiks, Umweltproblemen, Rohstoffverknappungen, fehlenden Frachtkapazitäten, Cybersecurity-Vorfällen oder Produktproblemen ausgewertet.

Die Software Prewave berücksichtigt z. B. etwa 100 Risikokategorien. Analysen können zukunfts- oder vergangenheitsorientiert für die letzten zehn Jahre durchgeführt werden. Es gibt für die einkaufenden Unternehmen kontinuierlich aktualisierte Portale und Dashboards. Auch kleinere Unternehmen können so mit den Softwarealgorithmen und der KI Informationen über ihre Lieferanten in unterschiedlichen Sprachen analysieren. Neben Zeitungsartikeln und Berichten aller Art werden im Web auch Chats in sozialen Medien ausgewertet. Inzwischen setzen unter anderem Weltmarkführer in der Automobilindustrie auf diese Tools. Die Software ist in der Lage, Ereignisse zu verdichten und bei signifikanten Erkenntnissen Alarme zu erzeugen.

Folgende drei Bereiche bestimmen heute die Kaufentscheidung:

1. Klassische Faktoren: Produktfunktionen, Serviceeigenschaften, Preis, Lieferkosten und Lieferzeit
2. Total Cost of Supplier Ownership (TCSO): Gemeinkosten des Lieferantenmanagements, Kommunikationskosten, Fehlerbehebungskosten, verlorene Umsätze mit Kunden wegen Materialengpässen …
3. Total Value of Ownership (TVO): Nachhaltigkeit, Risikoverhalten und passende Strategie des Lieferanten

Man kann als Verkäufer nicht auf alles vorbereitet sein, aber man sollte schnell ein gutes Gespür dafür haben, worauf es einem Kunden ankommt. Das „politische Bild“ (Political Poster) für den Kunden sollte man als „Mindmap“ mit allen relevanten Beziehungen zwischen den Personen skizzieren.

Folgende Fragen sollten sich Verkäufer stellen:

1. Ansprechpartner und persönliches Verhalten
   - Welchen Einfluss haben die Personen auf Kaufentscheidungen?
   - Überschätzen wir unseren Einfluss?
   - Verhalte ich mich selbst und verhält sich mein Team angemessen und geschickt im Netzwerk des Kunden?
2. Vorbilder und Informationskanäle der Kunden kennen
   - Woran orientiert sich der Kunde?
   - Was schätzt und lobt der Kunde bei unseren Konkurrenten?

Verkäufer sollten immer die aktuellen Liefer- und Qualitätsprobleme kennen. Am Anfang eines Kundenbesuchs wird man unweigerlich damit konfrontiert. Vor dem nächsten Auftrag kommt der Erfüllungstand des letzten Kaufs zur Sprache!

Ebenso wie im Team bzw. Unternehmen des Verkäufers (Selling-Center) gibt es auch im Team bzw. Unternehmen des Käufers (Buying-Center) menschliche Konflikte und möglicherweise politische Machtkämpfe, die einen großen Einfluss darauf haben können, wie Kaufentscheidungen ausfallen. (vgl. dazu auch Selling- und Buying-Center in Abb. 4.8 sowie die Entscheider-Pyramide Abb. 4.9).

In Abb. 3.7 wird deutlich, dass sich im B2B-Bereich oft mehrere Personen auf beiden Seiten gegenüberstehen. Beim Anbieter ist in der Regel ein Flächenverkäufer oder ein Key-Account-Manager (KAM) für den Kunden zuständig. Das Problem ist, dass sowohl im klassischen Einkauf wie auch bei öffentlichen Ausschreibungen oft zunächst nur der Preis entscheidend ist. Deshalb sollten erst technische Bereiche überzeugt werden und dann sollte der Einkauf angesprochen werden. Oder man sollte versuchen, beide Bereiche gleichzeitig einzubeziehen.

Flächenvertriebler und Key-Account-Manager sollten bei ihren Kunden Ansprechpartner im Produktmanagement, in der Produktentwicklung, in der Produktion oder Werkstadt und bei Servicetechnikern haben. Diese Mitarbeiter des Kunden sind in der Regel weniger preisgetrieben als der Einkauf. Sie suchen nach einer angemessenen technischen Lösung, die funktioniert. Auf der Anbieterseite gibt es ggf. Spezialverkäufer, die sich mit Teilen des Produktportfolios besonders gut auskennen. Insbesondere wenn der Flächenverkäufer eine gute Beziehung zum Kunden hat und den Kunden persönlich aufsucht, kann er spezialisierte Kollegen virtuell zum Gespräch dazuschalten. Das eröffnet viele Möglichkeiten und erspart Reiseaufwand.

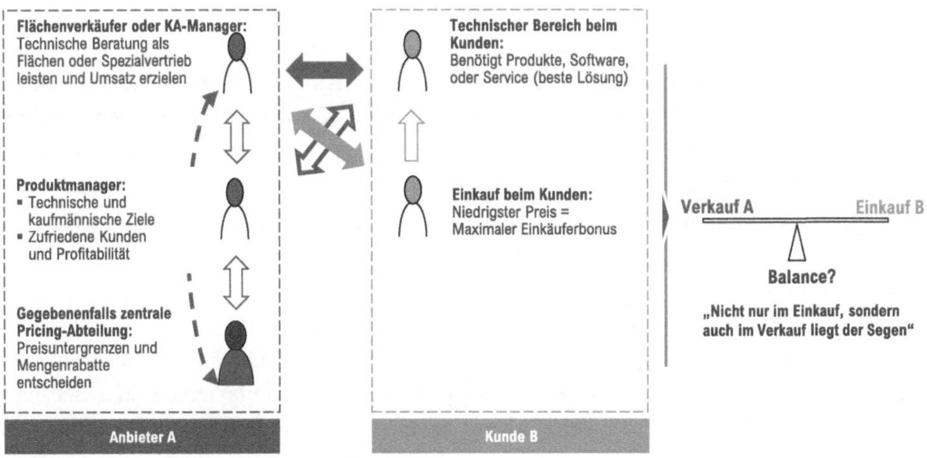

Abb. 3.7 Rollen bei Anbietern und Kunden

Selling-Center

Auf der Seite der Verkäufer gibt es oft folgende Rollen und Ziele:

1. Verkäufer (Flächenvertrieb siehe Abschn. 3.5.2.2), Key-Account–Management (KAM, siehe Abschn. 3.5.2.4) oder Spezialvertrieb für die gewünschte Produktgruppe (siehe Abschn. 3.5.2.3). Sie haben in der Regel die Aufgabe, technisch zu beraten und auch den Preis und die weiteren Vertragsbedingungen zu verhandeln. Der Flächenvertrieb wird in der Regel mehr am Umsatz und weniger am Ergebnis gemessen. Deshalb ist er oft bereit, dem Kunden die maximalen Konditionen einzuräumen, über die er entscheiden kann. Produktmanager müssen da oft gegensteuern.
   Verkäufer sind aber auch dafür verantwortlich, die Produkte bei Kunden zu listen oder Akkreditierungen für Services zu erhalten. Erst gelistete Komponenten, die der Spezifikation entsprechen, können z. B. in der Öl- und Gasindustrie oder in chemischen Anlagen zum Einsatz kommen.
2. Produktmanager werden hinzugezogen, wenn der Kunde technische Fragen hat, die ein Vertriebsingenieur oder ein technischer Vertriebsspezialist nicht beantworten oder verhandeln kann. Es ist die Aufgabe des Produktmanagements, die Kunden technisch zufriedenstellen, sich mit einem Produkt oder einer Lösung gegen Konkurrenten zu behaupten und die festgelegten Preise durchzusetzen.
3. In Preislisten werden die Listenpreise, Preisuntergrenzen, Rabatte und Boni für Produkte, Länder und einzelne Kunden festlegt (vgl. Abschn. 4.6.2). Dafür gibt es in einigen Unternehmen Pricing-Abteilungen. Bei großen Mengen oder im Projektgeschäft mit besonderen Wettbewerbsbedingen und Cross-Selling-Optionen können nach Rücksprache mit dem Produktmanagement ggf. Sonderpreise gewährt werden.
4. Vertriebs- und Regionalleiter oder Geschäftsführer bzw. Vorstände werden in der Regel nur beim Verhandeln sehr großer Aufträge und Projekte hinzugezogen. Topführungskräfte dienen dazu, den Kunden bei Eskalationen zu beschwichtigen und ggf. schlichtend einzugreifen, wenn man sich nicht einig wird oder der Kunde sich auf einer höheren Ebene beschweren möchte. Wenn Kundenmitarbeiter sich direkt an die Führungskräfte des Anbieters wenden, dann sollte man versuchen, den Vorgang an den zuständigen Vertriebsingenieur oder das Serviceteam im Reklamationsbereich bzw. in der Logistik zurückzudelegieren. Anderenfalls würde der Kunde künftig nur noch mit der Leitungsebene des Lieferanten verhandeln wollen.

Buying-Center

Technische Bereiche wie Produktmanagement, Produktentwicklung, Produktion, Werkstadt und Servicetechniker sollten die Bezugspunkte im Kundenunternehmen sein. Nur bei den Verwendern und Nutzern von Produkten, von Komponenten oder Services wird man in der Regel mit den technischen Eigenschaften und dem Servicelevel punkten können. Kann der Vertriebsingenieur diese Mitentscheider beim Kunden nicht überzeugen, dann wird man auch mit Innovationen und Differenzierung keine Chance haben.

Bei der reinen Erfüllung der Mindestanforderungen gewinnt man den Auftrag nur durch den günstigsten Preis.

Auf der Seite der Käufer gibt es folgende Rollen und Ziele:

1. Einkäufer, technische Einkäufer und strategische Einkäufer haben im B2B-Geschäft oft technische Kenntnisse oder sind Ingenieure. Strategische Einkäufer suchen nach neuen Anbietern, prüfen neue Anbieter und verhandeln Rahmenverträge. In fast jedem Unternehmen hat der Einkauf jährliche Einsparziele. Einkäufer werden letztlich immer nach monetären Zielen beurteilt. Deshalb hat in der Regel der Einkaufspreis für Einkäufer zunächst eine höhere Bedeutung als die Folgekosten eines Produktes. Dazu zählt z. B. der Personalaufwand für das Bedienen einer Maschine.
2. Einkaufs-/Gruppenleiter und für den Einkauf verantwortliche Vorstände oder Geschäftsführer kommen in der Regel nur bei einer Eskalation wie bei Qualitäts- und Lieferproblemen ins Spiel. Auch hier gilt, dass diese Funktionsträger ungern jeden Preisnachlass selbst verhandeln wollen. Andernfalls würde der zuständige Einkäufer auch zukünftig umgangen.

„Good-Guy- und Bad-Guy"-Rollen

In harten Verhandlungsprozessen werden im Buying- und im Selling-Center oft die Rollen von Good und Bad Guys festgelegt. In der Regel hat der Einkäufer auf der Kundenseite die „Bad-Guy-Rolle". Er soll einen niedrigen Preis unerbittlich und mit negativen Emotionen durchsetzen. Der technische Bereich, der den Bedarf hat, spielt eine nüchterne, sachliche und freundliche „Good-Guy-Rolle". Der Verkäufer auf der Anbieterseite ist in der Regel der Good Guy, der zu Preisnachlässen und besseren Liefer-, Garantie- oder Zahlungskonditionen bereit ist. Der Produktmanager und die Pricing-Abteilung beim Anbieter sind die Bad Guys im Hintergrund. Diese Rollenverteilung ermöglicht in der Regel eine intensive und teilweise entkoppelte Diskussion über technische und monetäre Aspekte, sodass letztlich ein zufriedenstellender Geschäftsabschluss für beide Seiten und alle Beteiligten erreicht werden kann.

Preisverhandlungen und Preiserhöhungen sollten mit Fingerspitzengefühl erfolgen:

1. Verhandlungsführung beim Pricing: Die alte Kaufmannsweisheit „im Einkauf liegt der Segen" stimmt, aber der Segen liegt auch im Verkauf. Die Balance muss stimmen:
   - Durch gnadenlose Preisverhandlungen, das „Knebeln und Drücken" von Lieferanten, werden langfristig deren Innovationen und die Qualität limitiert. In Krisenzeiten, wenn Materialien auf den Märkten knapp sind, werden bevorzugt „treue Kunden" beliefert, die in der Vergangenheit auch angemessene Preise bezahlt haben.
   - Mit Power Pricing (vgl. Dolan und Simon 1996) und anderen Preissteigerungsmethoden sollen systematisch Preiserhöhungen durchgesetzt werden. Es kommt aber auf die Argumente der Verkäufer an. Wenn die Produkte oder Services nicht verbessert wurden, dann kann man nur mit Kostensteigerungen (Lohn-, Material-,

Logistikkosten) argumentieren. Bei Standardschrauben sind Preiserhöhungen sicherlich viel schwieriger durchsetzbar als bei einem Spezialbefestigungselement.

2. Preisanpassungen entsprechend dem Konjunkturverlauf umsetzen:
   - Gute Zeiten: Preiserhöhungen sollten mit Fingerspitzengefühl durchgesetzt werden, und es sollten Gründe wie Materialpreissteigerungen angeben werden.
   - Normale Zeiten: Wenn ein Marktführer zusätzliche Marktanteile gewinnen will, kann er Preisnachlässe gewähren. Da er als Marktführer bereits ein größeres Volumen absetzt als die Wettbewerber, kann er einen Teil seiner Marge für Preisnachlässe verwenden und die Preise ggf. zu einem späteren Zeitpunkt wieder anheben.
   - Schlechte Zeiten: Die Einkaufsmacht der Kunden führt oft zu für Preis- und Margenverfall bei Lieferanten.

Wenn man als Anbieter einen Wettbewerber verdrängen will, dann kommt es darauf an, ob der Kunde die zugelieferten Materialien, Komponenten oder Produkte eins zu eins ersetzen kann. Wenn Kunden ihre mechanische Konstruktion, chemischen Rezepturen oder die Schaltungen auf elektronischen Leiterplatten verändern müssen, dann muss der Preisvorteil für den Kunden dessen Aufwand überkompensieren.

Es ist die hohe Kunst des Verkaufens, wenn der Vertrieb (das Vertriebsteam) in den Verhandlungen mit dem Einkauf (Einkaufsteam) des Kunden die richtige Balance zwischen den Produkteigenschaften und einem profitablen Preis findet. Differenzierende Merkmale eines Produktes rechtfertigen einen entsprechend höheren Preis, der dem Zusatznutzen für den Kunden entsprechen muss. Persönliche und vertrauensvolle Kundenbeziehungen sind auch bei einer zunehmenden Digitalisierung der wichtigste Erfolgsfaktor.

3.5 Vertriebsorganisation und Vertriebssteuerung

In Abb. 3.8 ist eine globale Vertriebsorganisation mit den Schnittstellen zum Produktmanagement skizziert worden. Es gibt keine Musterorganisation, die allen B2B-Geschäftstypen (Produkte, Software, Service) für alle Industriesegmente (Kundentypen) und allen Zielregionen und Ländern gerecht werden kann. Das in Abschn. 3.5.2 erwähnte „Dilemma der Matrix“ birgt die Gefahr, dass Mitarbeiter zu viele Rollen erfüllen müssen. Umgangssprachlich gesagt: Die Mitarbeiter in einer Matrix müssen zu viele unterschiedliche Hüte gleichzeitig tragen. Es gibt in Organisationen die Möglichkeit zu zentralisieren, zu standarisieren, zu kontrollieren oder zu dezentralisieren.

Unternehmertum, Individualität und agile Reaktionsfähigkeit werden jedoch durch Dezentralisierung am besten gefördert. Nach dem „Biggest-User-Principle“ könnte man einen globalen KA-Manager über ein zentrales KAM oder von der Tochtergesellschaft führen lassen, die der „Biggest User“ ist. Das kann der Fall sein, wenn die Zentrale des Kunden mit den F&E- und Einkaufsbereichen im Land der Tochtergesellschaft liegt. Es sollten keine kostentreibenden und einander bekämpfenden Parallelorganisationen auf-

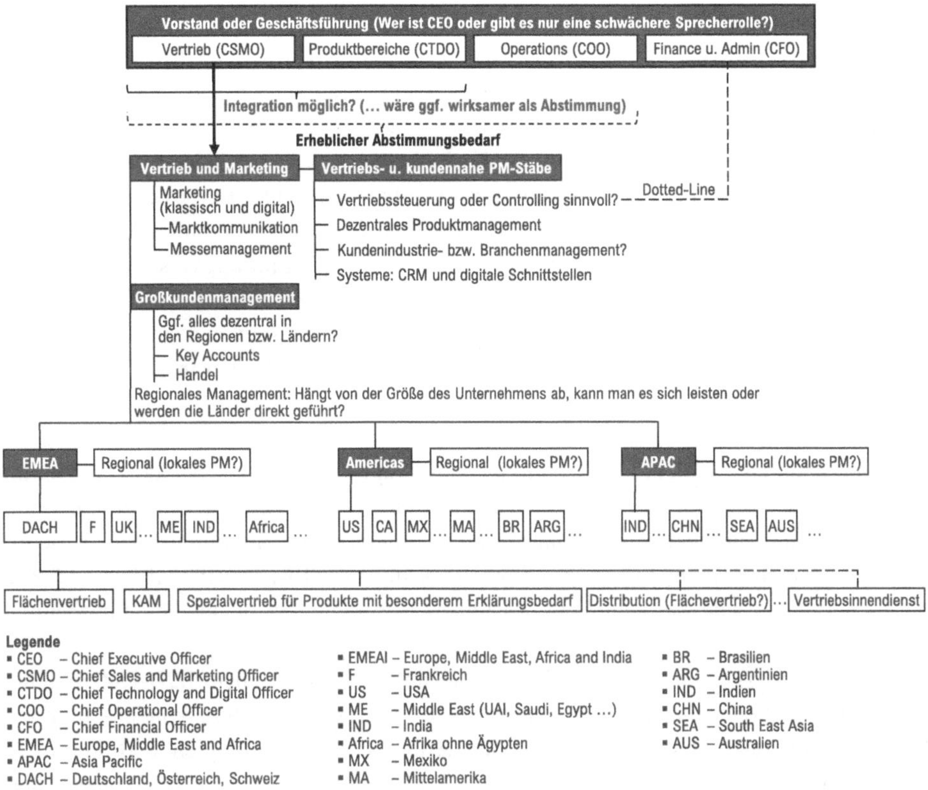

Abb. 3.8 Generischer Vertriebsaufbau mit Basisfunktionen und Integrationsschnittstellen zum Produktmanagement

gebaut werden. Das „Biggest-User-Principle“ und „Shared Services“ zu verwenden, ist dafür eine Lösung.

Die Funktion des Produktmanagements ist oft dem CTO oder dem CEO im Unternehmen zugeordnet, die nicht für den Vertrieb zuständig sind.

Für ein schlagkräftiges, integriertes Führungsmodell wäre es in vielen B2B-Unternehmen sinnvoll,

1. einen CEO (mit den zusätzlichen Funktionen eines CPSO (Chief Product and Sales Officer)), an der Führungsspitze zu haben, der den Vertrieb, das Marketing, die Unternehmenskommunikation, das Produktmanagement und die Produktentwicklung verantwortet,
2. einen CSPO (Chief Supply Chain and Purchasing Officer), der für die gesamte Wertschöpfung – insbesondere für die Produktion, die Logistik und den Einkauf – zuständig ist und die durch
3. einen CFO (Chief Financial Officer) für die Administrationsleitung ergänzt werden.

Ein Vorstand oder eine Geschäftsführung, die aus maximal drei Personen mit einem CEO an der Spitze besteht, ist grundsätzlich handlungsfähig. Der CEO sollte idealerweise auch das Produkt- und Vertriebsmanagement verantworten und führen. Mit einer solchen Führungsspitze könnte die Integration von Produktmanagement und Vertrieb realisiert und „gelebt“ werden. Entscheidend ist, dass die Eigentümer bzw. die Shareholder einer solchen Führungskonstruktion dauerhaft vertrauen. Es besteht die Gefahr, dass die „Geschäftsverteilung“ bzw. die Aufgabenverteilung innerhalb des Gremiums in Machtkämpfen neu verhandelt wird und der integrative Führungsansatz wieder aufgegeben wird. Das kann passieren, wenn weitere Führungskräfte mit anderer Zielsetzung eingestellt werden. Fluktuation und Altersnachfolge könnten ebenfalls bewirken, dass die Geschäftsverteilung verändert und der integrierte Führungsansatz für Produktmanagement und Vertrieb geschwächt wird.

Die Führung von Produktentstehung und Verkauf zu integrieren, wirkt sich positiv aus, da dadurch weniger Informationsverlust und eine starke Kundenorientierung erreicht werden. Neue Produktoptionen können mit Kunden besprochen werden. Deren Feedback kann ungefiltert in das Unternehmen zurückfließen. Ein digitaler Backbone mit Masterdatenmanagement und integriertem Reporting aus CRM-, ERP-, MES- und CRM-Systemen, die Visualisierungen mit Dashboards ermöglichen, kann dies entscheidend unterstützen.

Eine Führungspersönlichkeit, welche die Rolle des CEO in einem B2B-Unternehmen sehr gut ausfüllen kann, sollte kaufmännisches Verständnis haben, kunden- und vertriebsnah sein und gleichzeitig eine hohe Affinität zu Technologien und Produkten haben: Erfolgreiche Unternehmensgründer der Wirtschaftsgeschichte haben über diese Fähigkeiten verfügt oder sie haben sich mit entsprechenden Fachleuten verstärkt. Personen, die diese Fähigkeiten haben, könnten auch selbst Gründer werden, statt sich in den Dienst von bestehenden Unternehmen zu stellen. Die Unternehmensnachfolge und die Führung müssen unbedingt geeignet geregelt werden.

Es ist sicherzustellen, dass ein CEO mit den Funktionen eines CPSO ausreichend Zeit zur Verfügung hat, um die Vertriebsorganisation zu führen und selbst Schlüsselkunden, wichtige Distributoren und Tochtergesellschaften zu besuchen. Denn er muss in der Rolle des CEOs auch für das Gesamtunternehmen als Vorstand bzw. Geschäftsführer verantwortlich zeichnen.

Folgende Aufgaben muss ein solcher CEO/CPSO beispielsweise in der zur Verfügung stehenden Zeit erfüllen:

- 20 % Routineaufgaben, allgemeine Führung, Gespräche mit Eigentümern, Aufsichts- oder Beiräten und Berichte abgeben (Internal Exposure)
- 30 % zu Kunden und Vertriebsorganisationen reisen (External Exposure)
- 30 % externe Unternehmenskommunikation und Reporting bei börsengelisteten Unternehmen (External Exposure und Networking)
- 20 % Produkt- und Technologiemanagement (Internal Exposure)

In der Praxis ist die Integration bzw. die Verzahnung von Produkt- und Vertriebsmanagement bis zu den Kunden oft nicht zufriedenstellend gelöst. Die Produktgruppen stammen oft aus unterschiedlichen Geschäftseinheiten (Divisionen, Business Units). Das Produktmanagement konkurriert ggf. um die Vertriebszeit der Ingenieure (siehe Abb. 3.8).

Es gibt zwei Möglichkeiten, diesem Dilemma zu begegnen:

1. Spezialisierung: Spezialvertriebe, die nur Teile des Portfolios anbieten. Die Geschäftseinheiten, die das jeweilige Teilportfolio verantworten, erhalten einen eigenen Vertrieb für diese Produktgruppen. Von Nachteil ist, dass man keine Kundenbetreuer mehr hat. Man gibt das Prinzip „One face to the Customer" auf, weil ggf. mehrere Spezialverkäufer denselben Kunden besuchen. Synergieeffekte im Bereich Cross-Selling bleiben ungenutzt, falls sich die Spezialvertriebsingenieure nicht ausreichend abstimmen. Das Mutterunternehmen erfüllt nur noch die Funktion einer Finanzholding mit Synergien beim Overhead-, Vertriebs- und Logistikstandorten.
2. Integration: Eine integrierte Organisation von Produkt- und Vertriebsmanagement, die eine gemeinsame Führungsspitze haben. Die Führungsperson und das Führungsteam können die strategischen Prioritäten und die Ziele sowie die Bonusziele entsprechend gewichten und die Umsetzung steuern. Man sollte eingespielte, agile Teams aus den Produktbereichen und aus dem Vertrieb bilden. Diese sollten von der Produktentwicklung bis zur Markteinführung und zum Verkauf zusammenarbeiten. Die Digitalisierung erleichtert die Integration der Managementfunktionen entlang der Wertschöpfungskette und die Kommunikation bis zu den Kunden erheblich.

Die „perfekte Standardorganisation" für Produkt- und Vertriebsmanagement gibt es nicht. Die Produkte und Märkte eines B2B-Unternehmens erfordern immer eine maßgeschneiderte Struktur. Produkte, Kundenindustrien/-segmente und die notwendige globale Präsenz müssen sich darin widerspiegeln (siehe Abb. 1.5). Als Führungskraft bzw. Topmanager und umso mehr als Eigentümer sollte man überlegen: Was ist die erfolgversprechendste Organisationsstruktur für das Geschäftsmodell des Unternehmens? Die Praxis zeigt, dass mächtige „Fürstentümer" im Produktbereich und im Vertrieb keinen optimalen Erfolg zulassen. Empirische Studien, die den Erfolg von B2B-Unternehmen in Abhängigkeit von ihren Führungsstrukturen untersuchen, sind ein interessanter Forschungsbereich.

In größeren Unternehmen mit vielen Vertriebsmitarbeitern kann eine zentrale Stabsstelle für Vertriebssteuerung hilfreich sein. Diese kann den Vertriebsverantwortlichen unterstützen, die Regionen und Landesgesellschaften zu steuern. In Abhängigkeit davon, wie homogen das Geschäft in der Unternehmensgruppe ist, könnte es sinnvoll sein, ein einheitliches Reporting-System einzusetzen.

Es gibt folgende Möglichkeiten A und B, um die Steuerung des Vertriebes zu vereinheitlichen:

A. Eine zentrale Vertriebssteuerung,
   - die erstens an den Gesamtvertriebsverantwortlichen (CSO) berichtet oder
   - die zweitens an einen (CEO/CPSO) mit der integrierten Steuerung von Produktmanagement und Vertrieb berichtet.

   Die Rolle der Vertriebssteuerung wird oft als „Inhouse-Consulting" des Vertriebs mit den folgenden Aufgaben interpretiert:
   - Interne Vertriebsberatung und Coaching
   - Einheitliche Nutzung von Systemen und Reporting
   - Einheitliches Umsetzen von internationalem Pricing (Abschn. 3.5.4.1)
   - Vereinheitlichung von Vertriebsinnendienstfunktionen (Abschn. 3.5.4.2)
   - Priorisierung von Kunden (Abschn. 3.5.4.3)
   - Einführung von Kundenbesuchssteuerungs- und Ressourcenoptimierungstools (Abschn. 3.5.4.3)
B. Es gibt ein Vertriebscontrolling,
   das auch die Aufgaben einer Vertriebssteuerung ganz oder teilweise übernimmt. Bei dieser Form kann es zu Kompetenzüberschneidungen kommen, wenn das Vertriebscontrolling an einen klassischen CFO berichtet. Die Vertriebssteuerung wird sich dann ggf. stärker auf die Steuerung nach Erfolgskennzahlen (Key Performance Indicators, KPI) als auf die Aufgaben von interner Vertriebsberatung und Coaching fokussieren.

   Der Reportingaufwand für eine zentrale Vertriebssteuerung kann bei den Vertriebsmitarbeitern auf Widerstände stoßen. Wenn dezentrale Vertriebseinheiten das Gefühl haben, ein Übermaß an „Bürokratie" erfüllen zu müssen, dann fühlen sie sich ggf. überwacht und bevormundet. Das Unternehmerprinzip und die Flexibilität der Vertriebsniederlassungen werden eingeschränkt. Allerdings kommt auch ein Vertriebscontrolling nicht ohne Reporting aus. Gibt es beide Funktionseinheiten „Vertriebssteuerung" und „Vertriebscontrolling" in einem Unternehmen und arbeiten sie unkoordiniert parallel, dann kann das für erheblichen Unmut sorgen.

3.5.1 Aufbauorganisation und internationale Vertriebsgebiete mit Niederlassungen im Direktvertrieb

Sofern es sich nicht um ein Start-up Unternehmen handelt, wird man eine internationale Vertriebsorganisation nicht wie in Abb. 3.9 auf der „grünen Wiese" planen können. Vertriebsorganisationen mit Vertriebsgebieten und Niederlassungen wachsen in der Regel organisch mit den unternehmerischen Zielen. Verändert und restrukturiert man bestehende Vertriebsorganisationen, dann greift man oft erheblich in die Lieferanten-Kunden-Beziehungen ein. Es ist Vorsicht geboten, damit man diese nicht dauerhaft beschädigt!

Vertriebsorganisationen in der Fläche strukturieren
Der Gestaltungsspielraum hängt vom Reifegrad und Größe des Unternehmens ab.

Abb. 3.9 Mit welcher Organisationsstruktur kann ein Unternehmen globale und lokale Vertriebsziele am besten erreichen?

- Regel 1: Kulturellen Aspekten der Regionen und Länder gerecht werden.
  - China, Japan und Indien haben z. B. völlig unterschiedliche Kulturen, die durch historische Konflikte zwischen den Nachbarn geprägt wurden. Daraus können sich Probleme ergeben. Ein Japaner berichtet z. B. nicht gerne an einen Chinesen und umgekehrt auch nicht.
  - In den USA und Kanada sind z. B. unterschiedliche Führungsstile gefragt.
  - Neben Englisch sollten Führungskräfte im Vertrieb die jeweilige Landesprache sprechen. In Mexiko, Mittel- und Südamerika sollte man Spanisch oder Portugiesisch sprechen. In Frankreich unbedingt Französisch.
- Regel 2: Lokale Führungskräfte, die man lange persönlich kennt und denen man vertraut, sollte man bevorzugen, wenn man Führungspositionen in einer Vertriebsgesellschaft besetzen muss.
  - Stellt man neue Führungskräfte im Ausland ein, dann sollte man „Native Speaker“, die neben Englisch auch die Landessprache beherrschen, bevorzugen.
  - Expatriate Manager haben oft keine ausreichenden Sprachkenntnisse, kein etabliertes Beziehungsnetzwerk zu Kunden oder Schwierigkeiten, sich an die Kultur anzupassen. Sie sehen die Aufgabe oft als Zwischenschritt in ihrer Karriere und verlassen das Land, sobald sie erste Erfolge nachweisen können oder wenn ihr befristeter Vertrag abläuft.
- Regel 3: Möglichst wenige Hierarchieebenen einführen.
  - Kommunikationswege einfach halten, direkte Diskussionen führen und keine „Stille Post“ zulassen.
  - Vertriebsgesellschaften benötigen Verkäufer, die Kunden besuchen und Produkte verkaufen und nicht zu viele Manager, die im Büro sitzen und Berichte einfordern.
- Regel 4: Kritische Masse berücksichtigen.

- Wie viele Kunden in welchen Industrien bzw. Märkten mit welchem profitablen Umsatzpotenzial gibt es?
- Keine Funktionen und Stellen schaffen, die im Zielmarkt nicht relevant sind.

- Regel 5: Geschäft in Ländern mit Zukunftspotenzial individuell entwickeln
  - Das Business Development für sogenannte „Entwicklungsländer" auf die Produkt- und Preiserwartungen ausrichten.
  - Investitionen in Ländern mit sich entwickelnder Industrie erfordern viel Geduld und Risikokapital. Das zahlt sich oft erst nach vielen Jahren aus. Da Kundenbeziehungen in diesen Ländern oft besonders dauerhaft sind, ist ein zu später Markteintritt problematisch. Viele Unternehmen glauben, dies später durch die Akquisition (M&A) eines lokalen Distributors heilen zu können. Aber Familienunternehmer, insbesondere in Indien und Südostasien, sind stolz auf das Erreichte und suchen ihre eigene Chance im Markt, statt sich integrieren zu lassen

3.5.2 Das Dilemma der Matrix – Produkte, Industrien und Regionen bzw. Länder

Das Modell nach Ansoff in Abb. 3.10 und der daneben abgebildete „Dreizack" beschreiben die drei Dimensionen (Produkt, Industrie, Vertriebsgebiet), die bei der Marktbearbeitung berücksichtigt werden müssen (vgl. Schweitzer und Küpper 1995, S. 437). Es geht um den aktuellen Stand und die Zukunftsperspektiven, für welche die folgenden Funktionen und Strukturen erforderlich sind.

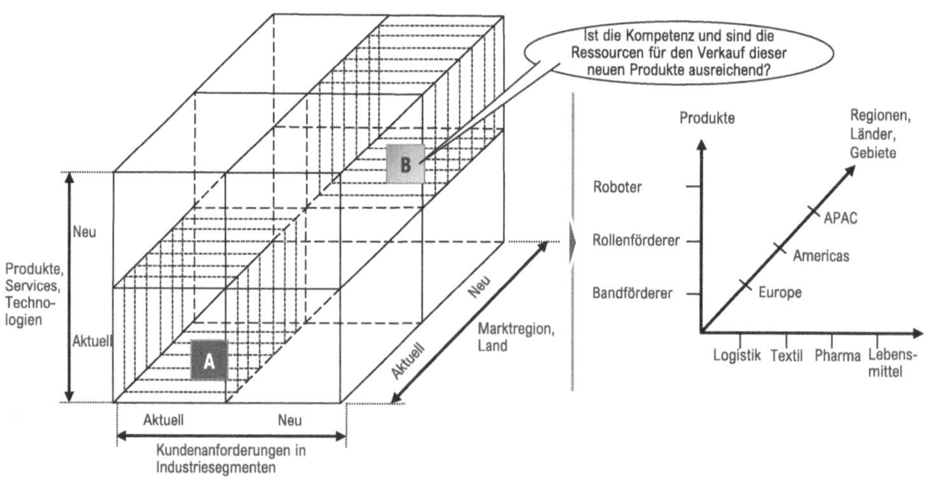

Abb. 3.10 Dreidimensionale Marktbearbeitung (in Anlehnung an Ansoff 1987, S. 110)

A. *Istsituation: Aktuelle Markbearbeitung*
   1. Produkt und Industriesegment
      a) Basiskundenanforderung durch Flächenvertrieb, KAM, Distributoren, Digital Sales
      b) Kundenanforderung im Industriesegment durch Industrie- und Applikationsspezialisten
   2. Produktangebot durch Produktmanager und Spezialvertrieb
   3. Regionale Präsenz in Regionen bzw. Ländern durch Vertriebsgesellschaften mit den Funktionen wie in A.1.a und A.1.b

B. *Zukunftssituation: Zukunftsplanung (Roadmap)*
   1. Produkt- und Industriesegmententwicklung
      c) Basisangebot durch Business Development, Produktmanager, Entwickler, Technologiespezialisten
      d) Industriesegmententwicklung durch Megatrend-Gurus, Technologieentwicklung für neue Segmente und Beobachtung von Technologien in B2C-Märkten
   2. Produktnachfrage analysieren durch Trendscouts und Marktanalysten
   3. Regionale Erweiterung der Präsenz in weniger entwickelten Märkten durch regionalen Business-Development-Manager

Im B2B-Geschäft muss bei der Kundennachfrage weiter differenziert werden, als es Ansoff in seinem Modell vorgesehen hat. Es kann ein Basisprodukt angeboten werden, das im jeweiligen Industriesegment des Endanwenders bzw. Nutzers andere Eigenschaften haben muss. Es muss dafür variiert und appliziert werden. Ein Hersteller von industrieller Fördertechnik kann beispielsweise Bandförderer, Rollenförderer, Kettenförderer und Handhabungsroboter anbieten. Diese haben in den Industriesegmenten Bekleidungshersteller (z. B. für hängende textile Ware), Lebensmittelhersteller (Bandförderer für Äpfel), Paketlogistik (Rollenförderer) oder Pharma (Handling-Roboter für eine Impfstoffverpackungsmaschine) unterschiedliche Applikationen zu erfüllen. Es handelt sich um einen „Vierzack", eine vierdimensionale Matrix, die man nicht mehr grafisch und organisatorisch abbilden kann. Man kann nicht alle unter A und B aufgeführten Funktionen individuell besetzen. Es wird somit immer Kompetenzüberschneidungen und Mehrfachfunktionen von Mitarbeitern geben.

Der Konflikt, den Vertrieb auf der Basis von Produkt- oder Markstrukturen zu steuern, stellt sich bei einem sehr gut integrierten Produkt- und Vertriebsmanagement eigentlich gar nicht. Die Schnittstelle zwischen Produkt- und Vertriebsmanagement könnte harmonisiert werden, wenn man die Direktkundenbetreuung (Flächenvertrieb, KAM, Spezialvertrieb) enger mit dem Produktmanagement verbindet. Dadurch wird man die Kundenanforderungen antizipieren, besser und schneller erfüllen und erfolgreicher sein. Teilt man die Aufgaben klassisch auf, dann hat man ein Produktmanagement für die Produkt- und Serviceangebote. Ein Vertriebsmanagement wäre für die Absatzmärkte bestehend aus Kunden, Regionen und Absatzkanälen zuständig (vgl. Aumayr 2019, S. 104 f.; Kotler 1994, S. 93).

Produktmanagement versus Marktmanagement

A. Produktmanagement, das Produktmanagement ist in der Führungsrolle:
- Vorteil: Wertentstehung (Value Creation) kann strategisch geplant werden und Produkte, die sich an der weltweiten Technologieentwicklung orientieren, können zu „Push-Innovationen" werden.
- Nachteil: Man weiß nicht sicher, ob die Kunden ein Produkt mit den angebotenen neuen Funktionen benötigen oder ob die neuen Eigenschaften von den Kunden ggf. als wertloses „Over-Engineering" angesehen werden. Ist der Preis akzeptabel?

B. Marktmanagement
1. Industriemanagement, individuelle Angebote für die Kunden mit unterschiedlichen Applikationen in unterschiedlichen Industriesegmenten. Die Kundenanforderungen werden sehr individuell mit speziellen Produkten und Lösungen bedient (z. B. auch durch OEM- und Projektgeschäft). Das Produktmanagement ist in der Führungsrolle:
   - Vorteil: Ggf. langfristige Kundenbindung mit kontinuierlichen Bestellungen
   - Nachteil: Preiskalkulationen und Amortisation der Entwicklungskosten erfordern viel Erfahrung. Skalierung des Geschäftes in Richtung anderer Kunden ist bei solchen Pull-Innovationen ggf. aufwendig oder nicht möglich.
2. Regionenmanagement, der Vertrieb ist in der Führungsrolle (ggf. lokales PM unter Leitung des Vertriebs):
   - Vorteil: Regionale Unterschiede und Preise können berücksichtigt werden (vgl. Abb. 2.13). Es können Mid-Spec-Produkte mit reduzierten Funktionen für sich entwickelnde Märkte wie in Asien oder Afrika angeboten werden).
   - Nachteil: Die Regionalisierung führt in der Regel zu einem größeren Produkt- und Serviceprogramm mit höheren Struktur- und Lagerhaltungskosten (Working Capital).
   - Außerdem muss verhindert werden, dass die Mid-Spec-Produkte die Premiumprodukte nicht kannibalisieren, ein Margenverlust eintritt und die Marke bzw. Firma des Unternehmens beschädigt wird.
3. Absatzkanalbezogener Marktzugang z. B. mit Produkten für die Distribution oder den Onlinehandel. Produktmanagement und Vertrieb müssen beteiligt werden:
   - Vorteil: Spezielle Produkte für den Handel können auch an die gewünschten Funktionen und Preisvorstellungen des Handels angepasst werden. Handelsmarken könnten verwendet werden.
   - Nachteil: Wenn gleichartige Produkte für den Handel auch direkt über Online-Sales angeboten werden, kann das Handelsgeschäft erodieren.

3.5.2.1 Kunden in der Wertschöpfungskette in B2B und B2D

Die Wertschöpfungskette in Abb. 3.11 ist ein Beispiel dafür, dass zwischen Endkunden einer bestimmten Anlage, Planern bzw. Fabrikplanern, Engineering-Dienstleistern, Komponentenherstellern und Maschinenlieferanten bzw. OEMs Abhängigkeiten bestehen. Der Endkunde und Betreiber einer Anlage beauftragt oft externe Planer, Einkäufer und Anlagenbauer. Diese Funktionen werden dann häufig von Engineering, Procurement, Commissioning and Construction (EPCC)-Dienstleistern erfüllt. Diese EPCC-Dienstleister beziehen Serviceleistungen, Teilsysteme, Maschinen und Komponenten bei Subunternehmern, Händlern und Maschinenbauern.

Kundentypen und Beeinflusser entlang der Wertschöpfungskette sind:

1. Planer und Berater (Consultants; vgl. auch Projektgeschäft in Abschn. 3.5.3.3) spielen bei privaten und öffentlichen Aufträgen eine bedeutende Rolle:
   - Sie erstellen Pläne und bevorzugen aus Erfahrung bestimmte Produkte oder Komponenten.
   - Sie führen Listungen von Lieferanten durch.
   - Sie verwenden Konzepte wieder und bevorzugen die bereits etablierten Produkte und Anbieter.
   - Ausschreibungen übernimmt oft der Planer für den Maschinen-/Anlagenanwender. Es werden oft Lieferanten bevorzugt, die den Planern technischen Planungsaufwand abnehmen. Diese Lieferanten haben dann in der Regel einen Vorteil. Technische Berater beeinflussen die Lieferantenwahl.
   - Händler liefern oft die Komponenten oder auch Maschinen. Die Handelspartner werden teilweise vom Maschinenbauer oder Endanwender vorgeschrieben. Wegen der notwendigen lokalen Ersatzteilverfügbarkeit wollen die Maschinennutzer in diesen Fällen nicht direkt beim Hersteller kaufen. Der Hersteller und dessen lokale Vertriebsgesellschaft benötigen dann einen Handelspartner und müssen sich bei ihm listen lassen.

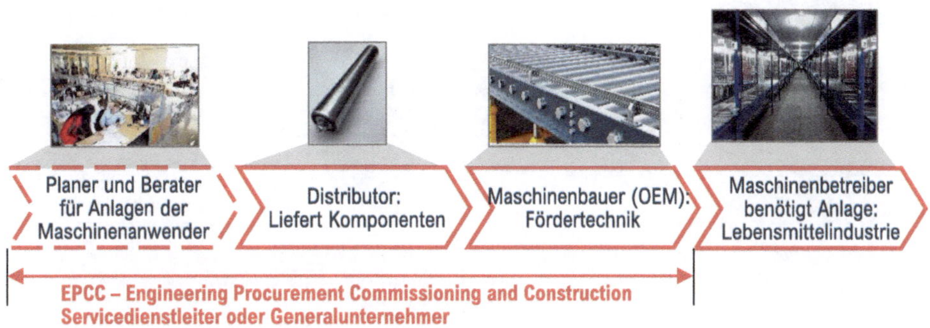

Abb. 3.11 Entscheider und Kundentypen in der Wertschöpfungskette. (Bildquelle: © de.dreamstime.com)

2. Maschinenbauer (OEMs) wollen oft direkt vom lokalen Flächen- oder Spezialvertrieb eines Zulieferers beraten werden. Sie kaufen die Komponenten aber nur beim Händler des Anbieters.
3. Anlagenbauer und Systemintegratoren (EPCCs) konzipieren Anlagen, beschaffen Maschinen und Komponenten, errichten die Anlagen beim Endanwender, führen die elektrische Installation durch und nehmen die Anlage in Betrieb. Bei Einzelmaschinen führen diese Schritte oft noch der Maschinenbauer (OEM) oder teilweise auch eigene technische Bereiche des Endanwenders, wie z. B. dessen Instandhaltung, aus.
4. Maschinenanwender bzw. Endkunden spielen eine wichtige Rolle bei Kaufentscheidungen. Wenn es um Software und IIoT-Lösungen für Fertigungsmaschinen geht, dann müssen die Hardware- oder Softwareanbieter zunächst den Maschinenbauer (OEM) überzeugen. Anschließend sind dann auch noch Beratung und Service beim Maschinenbetreiber, dem Kunden des Maschinenbauers, notwendig. Daraus kann dann ein Lizenzgeschäft für Software- und Cloudnutzungen mit dem Endanwender entstehen. Endanwender versuchen aber auch die Zahl der Lieferanten und die Haltung von Ersatzteilen zu minimieren, was dieser Geschäftsidee entgegenwirken kann.

3.5.2.2 Flächenvertrieb bei Direktgeschäften im B2B

Von Flächenvertrieb wie in Abb. 3.12 spricht man, wenn ein Vertriebsingenieur ein Vertriebsgebiet verantwortet, in dem er für alle Bestands- und Potenzialkunden zuständig ist. Die Vertriebskollegen führen die Kundenkontakte und ziehen bei Bedarf Spezialisten (Produktmanagement/Entwicklung) aus dem Unternehmen hinzu. Flächenvertriebler sollten innerhalb ihres Vertriebsgebietes wohnen.

Erklärungsbedürftige Produkte erfordern einen verantwortlichen Kundenbetreuer und einen reisenden Außendienst, der Kunden besuchen kann:

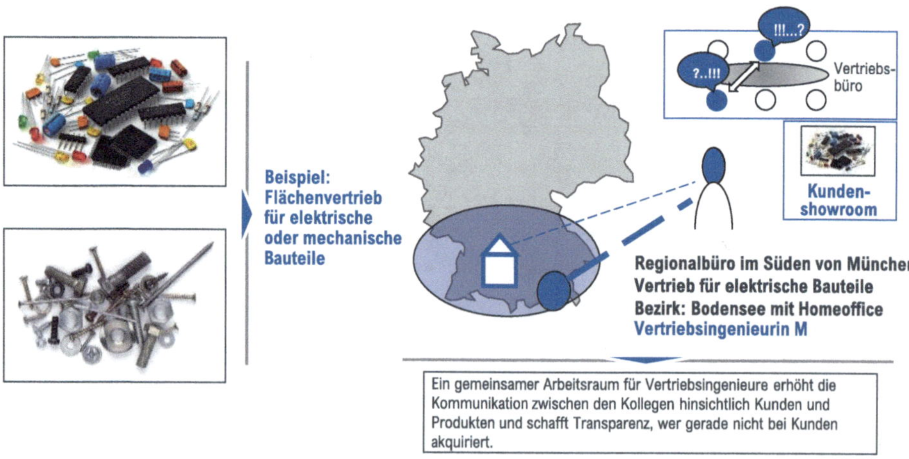

Abb. 3.12 Flächenvertrieb und Vertriebsniederlassungen. (Bildquelle: © de.dreamstime.com)

- Der Außendienst ist oft als Flächenvertrieb in Bezirke aufgeteilt. Der Verkäufer ist für alle Kunden in seinem Bezirk der erste Ansprechpartner. Es kann sich um einfache Komponenten bzw. Materialien oder komplexe Produkte wie z. B. Maschinen, Anlagen, Maschinensteuerungen, Getriebe oder Software handeln.
- Auch das Verkaufen (vermeintlich) einfacher Komponenten erfordert viel Fachkenntnis. Komponentenanbieter haben oft viele tausend Artikel mit unterschiedlichen Ausführungen und speziellen technischen Parametern im Angebot. Es ist schwierig, den Überblick über solche Sortimente zu haben. Wenn über Verkäufer von Massenkomponenten und Vorprodukten gesagt wird, sie verkauften nur „Schüttgut", ist das despektierlich und nicht angebracht.
- Regionale Vertriebsbüros oder die Standorte der internationalen Landesgesellschaften bieten den Außendienstmitarbeitern oft keinen festen Schreibtisch an. Der Flächenvertrieb sollte maximal viel Zeit bei Kunden verbringen. Im Regionalbüro sollten Vertriebsingenieure, die sich dort aufhalten müssen, ggf. alle an einem großen Tisch oder in einem gemeinsamen Büro ohne Unterteilungen sitzen. So ist transparent, wer keine Kundentermine hat. Sitzt man mit den Kollegen nicht räumlich getrennt, hat das den zusätzlichen Vorteil, dass man sich über Kunden, Produkte und Projekte austauschen kann.
  An bis zu vier Tagen pro Woche sollten Kunden besucht werden. Der Rest der Zeit sollte für die Vor- und Nachbereitung der Gespräche genutzt werden. Das kann auch im Homeoffice geschehen. Im Projektgeschäft kann der Aufwand für die Vor- und Nachbereitung von Kundenbesuchen viel Zeit beanspruchen. Der Regionalmanager und ggf. weitere Seniormanager aus der Region begleiten den Vertriebsingenieur, wenn es bei wichtigen Kundenbesuchen hilfreich ist. Das ist besonders dann erforderlich, wenn auch der Kunde mit einem größeren Team auftritt (vgl. Entscheiderpyramide in Abschn. 4.4.2).
- Vertriebsbüros dienen oft auch als Produkt-Showrooms und Trainingscenter für die eigenen Vertriebskollegen und für Kunden. Trainings sollten in Präsenz oder ggf. online durch die Produktmanager oder Trainer aus dem Headquarter betreut und begleitet werden. Kunden sollte man vorzugsweise Präsenztermine für Schulungen anbieten, bei denen der Austausch intensiver ist. Falls Kunden zu Besuch kommen, dann müssen die Räume angemessen ausgestattet sein.

3.5.2.3 Spezialvertrieb bei Direktgeschäften für besonders erklärungsbedürftige Produkte und Services – B2B

Wenn Vertriebe als Team arbeiten, sind sie am effizientesten (Abb. 3.13). Es ist jedoch immer das gesamte Team am Umsatzbonus zu beteiligen, da so die Motivation gefördert wird, Informationen auszutauschen und sich gegenseitig die Türen bei den Kunden zu öffnen.

Mögliche Organisationsformen für einen Spezialvertrieb sind:

1. Reine Spezialvertriebsorganisation
   Falls es keine wesentlichen Überschneidungen bei Kunden gibt, können Unternehmen vollständig auf Spezialvertriebe setzen. Der Vorteil ist, dass das Produktmanagement

nicht wie bei einem Universalvertrieb um die Vertriebszeit konkurriert, da ein Universal- bzw. Flächenvertrieb fast immer das kurzfristig aussichtsreichste Geschäft bzw. Produkt priorisiert.

2. Spezialvertrieb und Flächenvertrieb im Zusammenspiel (Cross-Selling)
   Bei Produkten, die ein unterschiedliches Fachwissen erfordern oder bei denen ein Spezialvertrieb nicht auf der gesamten Fläche vorgehalten werden kann, ist das Beispiel in Abb. 3.13 gut geeignet. Das Prinzip funktioniert aber nur, wenn auch der Flächenvertrieb für seinen Aufwand (Door Opening) angemessen am Sales-Bonus beteiligt wird. Dieser Punkt wird hier ganz bewusst noch einmal wiederholt.
3. Doppel-Tandem-Prinzip für Vertriebsinnen und -außendienst
   Außendienst-Tandem: Zwei Spezialvertriebsingenieure teilen sich ein Vertriebsgebiet. Die Kollegin A verkauft Pumpen und der Kollege B Kompressoren. Sie öffnen sich gegenseitig die Tür bei Kunden. Im Urlaub vertreten sie sich gegenseitig so gut wie möglich. Da es weniger Kunden für Kompressoren gibt, ist der Kollege B auch für die Gebiete von zwei weiteren Kollegen zuständig, die Pumpenspezialisten sind.
   Innendienst-Tandem: Im Innendienst arbeitet ebenfalls ein Tandem, welches das Außendiensttandem unterstützt und Kundenaufträge und Kundenanfragen bearbeitet. Außerdem betreuen die beiden Innendienstler weitere Tandems.

3.5.2.4 Key-Account- und OEM-Betreuung bei Direktgeschäften in B2B

KA-Betreuung bedeutet, dass ein Flächenvertriebsingenieur nur ein Unternehmen als KA-Manager betreut. Bei größeren Kunden oder Konzernen mit weltweiten Niederlassungen ist ggf. ein Team zur Betreuung mehrerer Sparten bzw. Industriesegmente des Kunden an unterschiedlichen Standorten notwendig. Das Team sollte von einem Key-Account-Manager (KAM) geführt werden und ggf. sind auch Spezialvertriebs- und

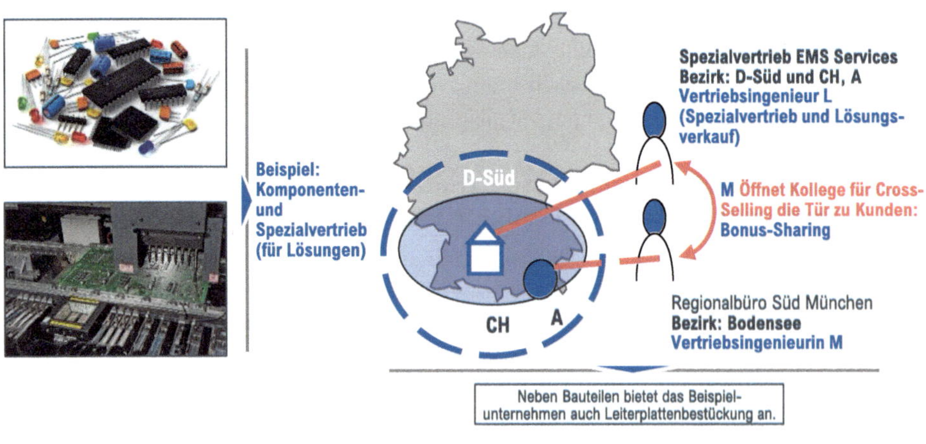

Abb. 3.13 Spezialvertriebe im Zusammenspiel mit Flächenvertrieben. (Bildquelle: © de.dreamstime.com)

Applikationsingenieure im Team notwendig. Diese exklusive Zuordnung von Mitarbeitern zu einem Kunden ist von großer Bedeutung. Man muss sicherstellen, dass Vertraulichkeitsvereinbarungen eingehalten werden (Chinese Wall). Besonders, wenn man an konkurrierende Kunden liefert, dürfen Kenntnisse über deren Geschäft, Projekte und spezielle Applikationslösungen nicht beim jeweils anderen Kunden genutzt werden. Die Teams müssen getrennt voneinander arbeiten.

OEM-Hersteller liefern individuelle Maschinen, Anlagen, Energieverteilungen, Schaltanlagen, Kraftwerke, Schiffe, Bahnfahrzeuge, Landfahrzeuge und vieles mehr unter einer eigenen Marke. Diese Unternehmen lassen individuelle Teilsysteme oder Komponenten wie Getriebe, Steuerungen, Elektronikkomponenten, Sensoren, Pumpen, Spezialwerkzeuge sowie mechanische oder elektrische Verbindungstechnik entwickeln und fertigen. Zum Beispiel wird ein Armaturenbrett für ein Baufahrzeug oder eine Spezialpumpe für eine industrielle Waschmaschine zugeliefert. Vorlieferanten für diese speziellen Produkte werden in der Regel durch das Produktmanagement eingebunden und betreut. Auch hier ist natürlich eine strickte Geheimhaltung der technischen Informationen notwendig, da die OEM-Anbieter sich durch die individuellen Teilsysteme und Komponenten gegenüber ihren Konkurrenten differenzieren wollen. In Abb. 3.14 werden wesentliche Merkmale der Individualisierung aufgeführt (vgl. auch Mayer 1993, S. 50; Backhaus und Voeth 2014, S. 601 f.).

Eine Zusammenarbeit mit Kunden, wie in Abb. 3.15 skizziert, ist nur durch einen digitalen Informationsaustausch beherrschbar. Funktionen, Schnittstellen, Automatisierungs-, Applikations- und IoT-Software mit Versionsnachverfolgung, Produktgeometrien und Materialeigenschaften können so ausgetauscht und nachgehalten werden. Datenmodelle für digitale Zwillinge erlauben eine integrierte Entwicklung, Simulation und Fertigung von Produkten mit Partnern. Insbesondere bei der Softwareentwicklung können Entwickler gemeinsam und gleichzeitig auf cloudbasierten Entwicklungsplattformen daran arbeiten. Die Digitalisierung erlaubt es auch, dem Kunden bestimmte Services (Remote Monitoring und Maintenance) über cloudbasierte Vertriebsportale anzubieten und die Leistungen auch (teilweise) online zu erbringen. Die Just-in-time-Lieferung und integrierte Produktion bzw. Montage von Zulieferern innerhalb der Fließfertigung eines OEMs wird bereits seit den 1990er Jahren von Automobilherstellern praktiziert. Durch die fortschreitende Digitalisierung werden die Möglichkeiten der Zusammenarbeit zwischen OEMs und Zulieferern noch umfangreicher (vgl. Abschn. 2.5.3.3).

3.5.3 Multichannel-Vertrieb

Multichannel-Vertrieb ist die Nutzung von mindestens zwei Vertriebswegen zu Kunden. Winkelmann (2012, S. 637) zeigt ein Modell der Vertriebswege für das B2C-, B2B- und B2D-Geschäft auf, das in Abb. 3.16 auf das Industriegütergeschäft reduziert und ergänzt wurde.

	Merkmal	Individualisierung (Lösungsanbieter)	Standardisierung
1	Ausrichtung der Funktionen u. Leistungen	Überwiegend an den Anforderungen der potenziellen Kunden	An den durchschnittlichen Anforderungen vieler potenzieller Kunden
2	Zahl der Nachfrager je Leistung	Einer (Werkvertrag)	Viele (Kaufvertrag)
3	Kontakt zum Kunden	Kunde in Leistungserstellung oft einbezogen	Geringer Kontakt, ggf. Handel: Birgt die Gefahr, Anforderung zu verfehlen
4	Zulassungen und IP	Einzelzulassung ggf. mit Transfer von IP-Rechten zum Kunden	Standardzulassung in der Regel mit dem Ziel, IP zu sichern
5	Gleichartigkeit der Funktionen einer Produktlinie	Ggf. Basisfunktionen einer Produktplattform und Sonderfunktionen	Standardfunktionen
6	Quelle der Informationen zu Anforderungen	Direkt vom Auftraggeber	Marktforschung und Kundenbesuche (Produkt- u. Vertriebsmagmnt.)
7	Erstellung der Leistung	Nach Bestellung	Lieferung aus Lager oder ggf. One-Piece-Flow-Produktion
8	Substitutionsgefahr	Gering	Hoch
9	Etablierung Markteintrittsbarriere	Leistungsattraktivität und Kompetenzvorsprung	Marktführer: Sollte Kostenvorsprung haben
10	Kosten	Hoch	Geringer (bei gutem Management)
11	Preisspielraum	Eher hoch	Eher gering
12	Profitabilität kann hoch sein …	falls es ein erfahrener Maschinen-/Anlagenbauer-Lieferant für OEMs ist	für Marktführer oder in Nischen, ggf. auch für einfache Komponenten

Abb. 3.14 Merkmale der Individualisierung und Standardisierung

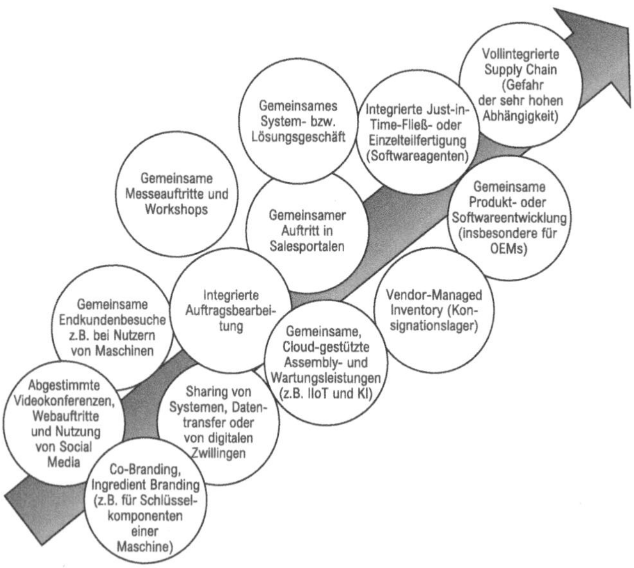

Abb. 3.15 Zusammenarbeit mit Kunden im B2B (in Anlehnung an Winkelmann 2012, S. 196)

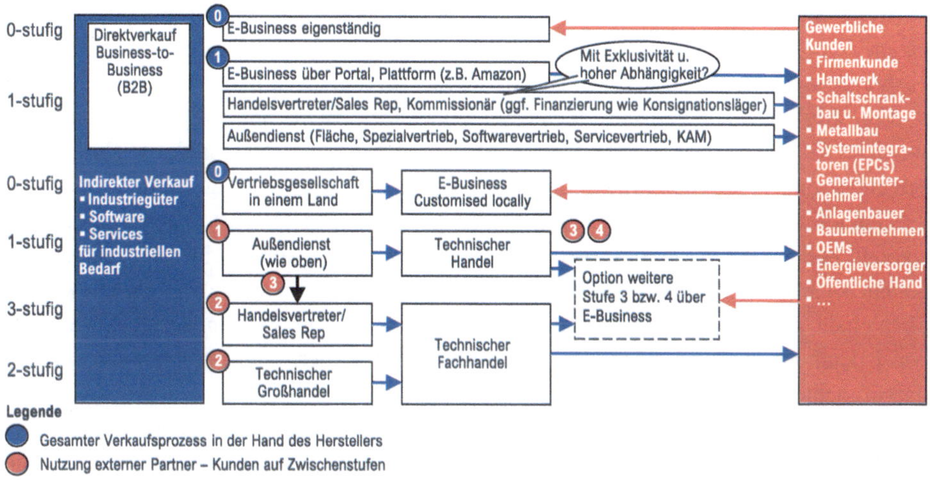

Abb. 3.16 Multichannel-Kundenbeziehungen und Vertriebskanäle im B2B (in Anlehnung an die Struktur von Winkelmann 2012, S. 637)

Die Unterscheidung von Handelsstufen ist nicht immer trennscharf möglich. Durch digitale Handelsplattformen, die nicht durch einen Händler oder den Hersteller selbst betrieben werden, entstehen reine Maklerfunktionen. In solchen Plattformen können Kunden ihre Einkaufsmacht bei Standardkomponenten – etwa durch den gemeinsamen Einkauf von Schrauben – vergrößern, auch wenn sie vielleicht sogar im Wettbewerb zueinander stehen. Die Makler müssen Verkäufern und Käufern nicht einmal Services wie Lagerhaltung, Kaufabsicherung, Inkasso- und Zwischenfinanzierungsfunktionen bieten.

Zusätzlich sind B2C-Händler wie z. B. Amazon, Alibaba oder Conrad Elektronik in das B2B-Geschäft eingestiegen und nutzen ihr ausgefeiltes B2C-Logistiknetzwerk und die IT-Systeme, um die klassischen, stationären Händler bei der Lieferzeit zu unterbieten. Insbesondere für Installateure und Handwerker, die für Industriekunden tätig sind, ist das für kleinere Mengen und Ersatzteile attraktiv. Als Makler treten diese Plattformen auf, wenn der Industriegüterhersteller selbst an den Endkunden liefert und fakturiert. Die Gefahr für die Hersteller besteht darin, dass die Kunden Preise und Lieferzeiten zwischen Konkurrenten vergleichen können und die Funktionen der Produkte nachrangig bewertet werden. Die Chance besteht darin, dass Kunden auch ergänzende Produkte und Zubehör über denselben Kanal beziehen können. Es entsteht ein Cross-Selling-Effekt. Auch zwischen nicht miteinander verbundenen Anbietern entsteht Cross-Selling, Beispielsweise könnte das Portal das Zubehör von einem anderen Anbieter vermitteln, wenn der Anbieter eines Produktes das erforderliche Standardzubehör nicht liefern kann.

Bei Standardprodukten und -komponenten haben Händler eine große Bedeutung. Sie bieten den Lieferanten Inkasso-, Zwischenfinanzierungs- und kundennahe Lagerhaltungs- bzw. Verfügbarkeitsservices. Außerdem benötigt der Hersteller weniger eigene

Vertriebskapazität. Händler werden benötigt, wenn die kritische Geschäftsmasse für eine eigene Repräsentanz in einem Vertriebsgebiet nicht erreicht wird. Andererseits versuchen Hersteller in der Regel, so wenige Handelsstufen wie möglich an ihrer Marge zu beteiligen.

Ein Multichannel-Vertrieb bietet die Chance, breit im Markt bekannt zu werden. Allerdings besteht die Gefahr, dass der Aufwand den Anbieter überfordert. Informationen sind in den digitalen Kanälen zu pflegen und Preise für Stamm- und Neukunden müssen gesteuert werden. Kunden könnten die Kanäle sonst gegeneinander ausspielen, und die Marge des Anbieters kann sich durch Preisunterschiede zwischen den Kanälen kannibalisieren. Großhändler und technische Fachhändler, die heute ebenfalls über einen digitalen Katalog verfügen, fühlen sich ggf. umgangen. Diese Vorgehensweise kann unter Umständen zur Auslistung bei Händlern führen. Man muss daher darauf achten, das Image von Industriegütern, die einen bekannten Markennamen tragen, nicht durch ein ungeeignetes Multichannel-Management zu beschädigen. Die Beratung im Direktvertrieb und Finanzierungsservices wie Konsignationsläger sind Differenzierungsmerkmale, die einen höheren Preis rechtfertigen.

3.5.3.1 Indirektes Handelsvertreter- und Distributionsgeschäft – B2D2B

Kunden zu akquirieren, zu betreuen und zu beliefern, kann – wie bereits dargestellt – über den eigenen Direktvertrieb, Groß- und Fachhändler (auch Onlinehändler) oder von Handelsvertretern (Sales Representatives) übernommen werden (vgl. Abschn. 3.5.3). Handelsvertreter werden im englischen Sprachraum und im B2B-Geschäft auch als Manufacturing Reps bezeichnet.

In Abb. 3.17 illustriert Dilbert zwei Nachteile, die mit Handelsvertretungen entstehen können. Erstens benötigen Sales Reps in der Regel erhebliche Betreuung durch den Hersteller. Zweitens haben Handelsvertreter den eigentlichen Kundenkontakt und wollen vermeiden, dass der Kunde zum Direktkunden des Herstellers wird. Deshalb wird ein Handelsvertreter die Fragen der Kunden bevorzugt selbst beantworten wollen. Dabei entstehen ggf. Missverständnisse (Stille Post) sowie viele Rückfragen zu technischen Eigenschaften und Preisen mit daraus folgenden Zeitverzögerungen. Die Handelsvertreter

Abb. 3.17 Handelsvertreter – Sales Reps. (© www.Dilbert.com)

arbeiten in der Regel für mehrere Unternehmen und werden daher die Produkte nicht so gut kennen wie der eigene Direktvertrieb. Außerdem hat ein Handelsvertreter weniger Zeit und nicht das Wissen, um Potenziale für neue Produkte oder für Lösungs-/System-geschäfte bei Kunden zu identifizieren. Ein Lösungs- oder OEM-Geschäft mit hohem Individualisierungsgrad lässt sich nicht über Handelsvertreter betreiben.

In Regionen und Ländern wie USA, Indien, Middle East oder UK sind Handelsvertreter nicht immer alleine tätige, selbständige Reisende. Sie haben oft mehrere Angestellte im Innen- und Außendienst und teilweise sogar mehrere Vertriebsstandorte für ihr Unternehmen. Handelsvertreter können auch mit Gesellschaften in unterschiedlichen Ländern tätig sein. Das kann zu Überschneidungen von Interessen führen und erfordert komplizierte Verträge zur Abgrenzung. In einigen Ländern, wie z. B. in den USA, wickeln die Sales Reps das Geschäft meistens über einen lokalen Distributor ab, da die Sales Reps in der Regel kein eigenes Lager unterhalten.

Es gibt Handelsvertreter, die ein eigenes Marketingbudget einsetzen. Sie führen z. B. Kundenveranstaltungen mit Produktpräsentationen in Tagungshotels durch, vertreten den Hersteller mit eigenen Messeständen bei Austellungen oder betreiben eine eigene Website. Oft beteiligt sich der Hersteller an der Finanzierung solcher Aktivitäten.

Eine weitere Form von klassischen Vertriebspartnern sind Händler bzw. Distributoren, die anders als die Handelsvertreter keine „Handelsmittler" sind. Sie betreiben die Geschäfte mit den Endkunden im eigenen Namen und auf eigene Rechnung. Als Puffer haben diese Händler eigene Lager. Das Working Capital des Herstellers wird durch diese Finanzierungsfunktion entlastet. Diese „Einsparung" muss der Hersteller aber über die Handelsmarge, die er an Händler abtreten muss, mitfinanzieren.

In den Verträgen zwischen Herstellern und Händlern können folgende Formen von Exklusivität eingeräumt werden:

1. Markenexklusivität
   Der Händler darf nur eine Marke vertreiben. Damit ist der Händler ähnlich wie ein Franchise-Nehmer im B2C-Restaurantgeschäft (vgl. McDonald's) vollkommen von einem Hersteller abhängig. Das ist eine Chance und eine Gefahr. Dieses Risiko sichern Händler über Vertragslaufzeiten und Abfindungsvereinbarungen ab.
2. Mehrmarkengeschäft, aber Ausschluss von direkten Wettbewerberprodukten
   Der Händler darf z. B. Schraubendreher der Marke A und Schneidwerkzeuge der Marken B anbieten, nicht jedoch Konkurrenzprodukte der Marke C mit ähnlicher Schneidfunktion. Das breitere Werkzeugsortiment kann für den Hersteller von A vorteilhaft sein, wenn die Kunden die Produkte A und B aus einer Hand erwarten. Wenn das Schraubendrehergeschäft für den Händler einen höheren Umsatz generiert, wird er jedoch automatisch mehr Zeit darauf und weniger Zeit auf den Verkauf der Schneidwerkzeugen verwenden.
3. Gebietsexklusivität
   Einem Händler werden in einem Gebiet von einem Hersteller alle Vertriebsrechte für dessen Produkte und Services eingeräumt. Eine Kündigung des Handelsvertrags ist

> notwendig und muss möglich sein, falls ein Händler zu wenig aktiv ist und zu wenig Umsatz erzielt. Falls ein Händler sehr stark gewachsen ist und der Hersteller sich im Direktvertrieb oder über E-Commerce eine höhere Profitabilität verspricht, wird der Hersteller ebenfalls versuchen, den Vertrag zu kündigen. Der Händler hat in diesem Fall Anspruch auf eine Abfindung, die sich nach dem Umsatz und der zukünftigen Geschäftsentwicklung und Profitabilität richtet. Die Abfindung kann unter Umständen so hoch sein, dass sie eine unüberwindbare Ausstiegsbarriere für den Hersteller darstellt. Aus diesen Gründen ist Gebietsexklusivität selten sinnvoll.

Winkelmann (2012, S. 77) unterscheidet auch noch eine „quantitative" und eine „qualitative" Exklusivität. Die qualitative Exklusivität kann sich nach dem leistbaren Service-Level oder einer Goldpartnerschaft richten. Quantitative Exklusivität bedeutet in der Regel nichts anderes, als dem Händler eine andere Form der Gebietsexklusivität einzuräumen.

Die Kooperationsbeziehungen in Abb. 3.18 werden durch die Parameter „persönliche Kommunikation" und „Einbindung des Vertriebspartners in Entscheidungen" geprägt. Bei einer partnerschaftlichen Kooperation sollte eine persönliche Vertrauensbeziehung zwischen den Personen bestehen. Es kann z. B. abgestimmt werden, welche Kunden bei Engpässen vorrangig beliefert werden sollen. Auch der Austausch von Forecasts mit Händlern, um die Lagerhaltung und Lieferfähigkeit zu garantieren und zu optimieren, ist in einer partnerschaftlichen Beziehung am einfachsten möglich. Trotzdem kann die Kommunikation mit Händlern auch in guten Partnerschaften durch Digitalisierung – bis hin zu künstlicher Intelligenz – unterstützt werden. Wiederkaufentscheidungen der Kunden können durch Vorschläge des Systems initiiert werden.

Bei reinen Transaktionsbeziehungen werden nur Bestellungen für den Tausch von Waren gegen Geld getätigt. Eine reine Machtbeziehung kann bestehen, wenn der Hersteller mit einer sehr bekannten Marke auch unangefochtener Marktführer ist. Der

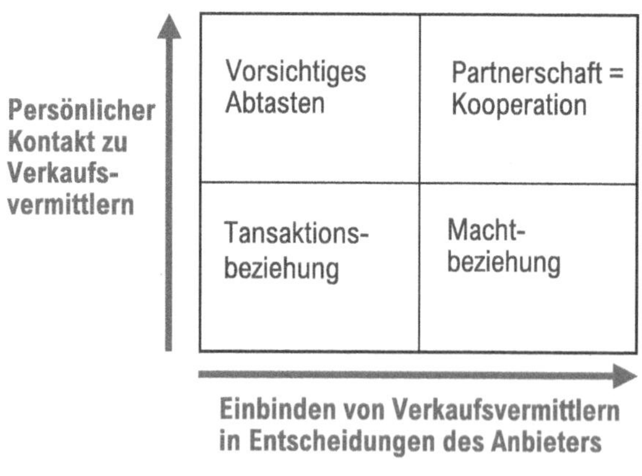

Abb. 3.18 Beziehungen zwischen Herstellern und Vertriebspartnern. (Nach Homburg et al. 2016, S. 71)

Vertriebspartner kann den Vertrag nicht kündigen, ohne das Geschäft aufzugeben, da es keinen anderen Hersteller gibt, für den er ein zufriedenstellendes Volumen verkaufen könnte.

In der Abb. 3.19 wird ein Konditionensystem gezeigt, dem eine Einteilung der Händler in „Gold-", „Silber-" und „Basiskategorien" entsprechend dem erzielten Umsatz zugrunde liegt. Solche Verteilungssysteme für Rabatte und Boni kann man prinzipiell in der gleichen Form bei Distributoren und bei Handelsvertretern verwenden. Es wird dringend empfohlen, sowohl bei Händlern als auch bei Handelsvertretern den Umsatzbonus nicht nur auf die Umsatzsteigerungen gegenüber dem Vorjahr zu beziehen. Stattdessen sollte der gleitende Durchschnitt der vergangenen zwei bis drei Jahre als Bezugsbasis verwendet werden. Boni für Händler, Handelsvertreter, aber auch für die eigenen Vertriebsmitarbeiter sollten auf der Basis von gleitenden Durchschnitten ausgezahlt werden, um Manipulationen zu vermeiden.

Manipulationen laufen z. B. so ab, dass die Händler in schlechten Jahren ggf. befreundete Endkunden bitten, mit ihren Bestellungen bis zum „neuen Geschäftsjahr" zu warten. Im „alten, laufenden Geschäftsjahr" würde der Händler ohnehin keinen Bonus mehr erhalten. Er kann dann aber mit einem Auftragspolster in das „neue Geschäftsjahr" starten und die Wahrscheinlichkeit, im „neuen Geschäftsjahr" einen Bonus zu erzielen, ist höher, da die Berechnungsbasis (Steigerung gegenüber dem „alten Geschäftsjahr")

Kriterium	Gold Händler	Silber Händler	Basis Händler
Durchschnittlicher Umsatz (3 volle letzte Jahre)	Über 5 MEUR	1 bis 5 MEUR	unter 1 MEUR
Lagerhaltung	Steuerungen, Netzteile, Basiskomponeten	High Runner und Basiskomponenten	Ein Teil der Basiskomponenten
Rabatte und Boni			
Händler-Grundrabatt	25 - 30%	20 - 25%	15 - 20%
Mengenrabatt	ab 100 TEUR - 3%		
	ab 250 TEUR - 5%		
Bei Seefracht (längere Lieferzeit, Mindestbestellmenge)	5%		
Rabatt Spielraum für den Außendienst	5-7%	3%	1%
Exklusivitätsbonus - keine direkten Wettbewerberprodukte	3%	2%	
Werbe- bzw. Händlermessezuschuss	bis 50% der Kosten	bis 30%	bis 10%
Bonus für Umsatzsteigerung gegenüber dem Mittelwert der vorherigen drei Jahre*	bei mindestens 20% Steigerung gegenüber Vorjahren: 7%		
	bei mindestens 10% Steigerung gegenüber Mittelwert der Vorjahre: 6%		
	bei mindestens 5% Steigerung gegenüber Mittelwert der Vorjahre: 5%		

* Falls Mittelwert nicht durchsetzbar ist, wird eine geringere Bonussteigerung bezogen auf das Vorjahr angeboten

Abb. 3.19 Konditionensystem für Händler am Beispiel von Elektronikkomponenten (analog dem Schema von Homburg et al. 2016, S. 87) geringer ist. Mit gleitenden Durchschnitten über mehrere Geschäftsjahre kann man diese Entwicklung glätten. Dadurch kann man Bonusmanipulationen entgegenwirken. Viele Unternehmen haben auch einen Bonusdeckel (z. B. bei 200 %) eingeführt.

Zusammenfassend sind bei der Zusammenarbeit mit Händlern und Handelsvertretern folgende Aspekte zu beachten:

1. Distributoren bzw. Händler
   In der Regel bieten Händler vorteilhafte Leistungen und haben einen wesentlichen Nachteil:
   - Flächenpräsenz und Internationalisierung (in lokaler Kultur, Sprache), wenn ein Hersteller sich (noch) keine eigene Vertriebsgesellschaft leisten kann.
   - Verfügbarkeit (Lagerhaltung und Finanzierung der Bestände) kann besser gewährleistet werden.
   - Konsignationslager oder Kanban-Lieferungen in die Produktion der Kunden können ggf. angeboten werden.
   - Händler sind mit lokalen Zoll- und Steuergesetzen und mit vielem mehr vertraut.
   - Es gibt viele Kunden, die nur durch den Handel beliefert werden wollen.
   - Wesentlicher Nachteil des Vertriebes durch Händler ist, dass der Hersteller in der Regel kein direktes Kundenfeedback zu seinen Produkten erhält.
2. Handelsvertreter
   Freie Handelsvertreter (Reisende) sind keine Angestellten des vertretenen Unternehmens. Sie arbeiten auf Provisionsbasis und sind nicht weisungsgebunden. Ihre Steuerung ist daher schwieriger. In der Regel vertreten sie unterschiedliche Produkte von Anbietern, die keine Wettbewerber sind, und unterhalten kein eigenes Lager.

Wenn man neben einem eigenen Direktvertrieb in einem Gebiet auch mit Händlern arbeitet, kann es sinnvoll sein, Kunden mit geringen Umsätzen an einen Händler zu übergeben. Die kleineren Kunden erhalten durch einen Händler ggf. sogar einen besseren Service. Da bei kleineren Kunden in der Regel höhere Preise erzielt werden können, sollte die CM-VII-Marge beachtet werden: Welche Kunden sollten an den Handel abgeben werden (vgl. Homburg et al. 2016, S. 54)?

Die Übernahme von Distributoren und Handelsvertretern durch den Hersteller kann in Erwägung gezogen werden. Händler können nach einigen Jahren eine beträchtliche Umsatzgröße erreicht haben, sodass es sinnvoll sein kann, das Geschäft selbst zu übernehmen, um eine höhere Marge zu erzielen. Man ist als Hersteller in der Regel sehr abhängig hinsichtlich der Produktschwerpunkte und der Preisgestaltung eines Händlers. Wenn man eine eigene Vertriebsniederlassung gründet, um von einem Händler unabhängig zu werden, dann wandert meistens ein Teil der Kunden zu Wettbewerbern ab. Auch bei einer Übernahme (M&A) eines Händlers durch einen Hersteller besteht die Gefahr, dass Beziehungen zu Kunden instabil werden. Die Kunden neigen dazu, in diesen Fällen auch anderen Anbietern eine Chance zu geben und Preise neu zu verhandeln. Die Übernahme eines Händlers ist auch dann gefährlich, wenn der Hersteller anschließend direkt mit anderen, eigenen Distributoren konkurriert, die ihn ebenfalls in dem Vertriebsgebiet vertreten.

Wenn man den Händler eines Konkurrenten B als neuen, eigenen Händler übernimmt oder abwirbt, dann ist das oft nicht erfolgreich. Wie soll der Händler argumentieren, dass er jetzt die Produkte des Herstellers A anbietet, nachdem er jahrelang die Produkte von Hersteller B in den „höchsten Tönen" gelobt hat?

3.5.3.2 E-Commerce mit Salesportalen und integrierter Systemlandschaft als B2B-, B2D- und C2O-Geschäft

Connected Commerce and Communication (3C) wie in Abb. 3.20 ist ein Konzept zur durchgängigen Digitalisierung im E-Commerce. Auf dieser Basis können eigene, digitale Plattformen oder die Salesportale dritter Anbieter verwendet werden. So können Informationen bereitgestellt werden und man kann aktiv mit den Kunden kommunizieren. Die integrierten Marketingfunktionen unterstützen den Beziehungsaufbau zu den Kunden. Ziel ist es, alle notwendigen Informationen für einen Geschäftsabschluss zu übermitteln, damit ein B2B-Kunde direkt online oder mit Unterstützung des Außendienstes bestellen kann. Zusätzlich können Analysen des Kaufverhaltens von Kunden durchgeführt werden, und es stehen ähnliche Funktionen wie bei Onlineshops im B2C- oder D2C-Geschäft zur Verfügung. Die Kunden werden automatisch über neue Produkte informiert und zu Wiederkäufen von Produkten animiert. Dabei werden Statistikfunktionen und Modelle der künstlichen Intelligenz verwendet. Die

Abb. 3.20 3C-Integration der Wertschöpfungsprozesse von Anbietern und Kunden durch IT-Systeme

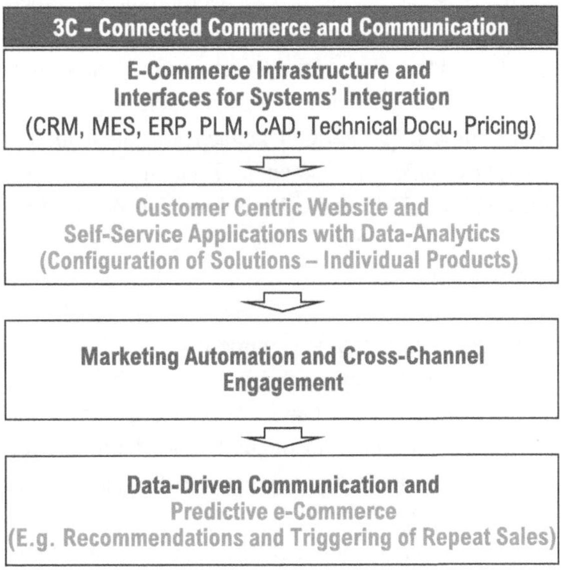

Informationen werden durch die Kombination der Daten aus CRM, MES, ERP, PLM, CAD, technischen Dokumentationen, digitalen Zwillingen, Preisen und Konditionen für Kunden gewonnen. Die Analyseergebnisse werden zur Pflege der Datenstämme und für das Marketing genutzt.

Das Beispiel in Abb. 3.21 zeigt die möglichen Vorzüge eines Webshops. Es wird der Angebotspreis entsprechend den Konditionen des Kunden und die Verfügbarkeit des Produktes angezeigt. Dafür muss sich der Kunde zuvor registrieren lassen und anmelden.

Beim B2D2B (Business-to-Distribution-to-Business) ist in die Geschäftskette ein Großhändler eingebunden. Großhändler können ein E-Commerce-Portal betreiben, lagern, kommissionieren, ausliefern und fakturieren. Beim C2O (Configure-to-Order) wird den Kunden vom Hersteller ein Onlinekonfigurator zur Verfügung gestellt. Mit dem Konfigurator kann der Kunde mehrere Komponenten aus dem Katalog auswählen und diese dann zu einem CAD-Modell kombinieren. Das ist z. B. bei elektrischen, mechanischen oder pneumatischen Komponenten möglich. Gegebenenfalls liegen Referenzdaten für digitale Zwillinge der Produkte mit physikalischen Parametern vor. Mit dem Konfigurator kann auch die Stückliste der gewählten Lösung für eine Applikation erzeugt werden. Wenn der Hersteller die Montage (Assembly-Service) ab Werk anbietet, dann kann z. B. die Kennzeichnung der Produkte und Komponenten mit Schildern, Etiketten oder als direkter Laserdruck auf dem Produkt ausgeführt werden. Unternehmen, die ihren Kunden eine individuelle Auftragsfertigung von Teilen durch additive Fertigung (3D-Druck) anbieten, arbeiten mit vergleichbaren Konfigurationstools. Mit diesen können CAD-Daten hochgeladen und die Materialspezifikation sowie andere Parameter übernommen werden.

Im Beispiel der Abb. 3.21 werden neben einem Konfigurator zusätzliche Serviceleistungen angeboten. Das Anzeigen der Bestellhistorie, die Wiederbestellungsmöglichkeit von Produkten, die Auftragsverfolgung (Track and Trace) sowie die Reklamationsverfolgung und die Rücksendungsunterstützung sind bekannte Funktionen, die Kunden aus dem Online-B2C-Geschäft kennen und auch im Industriegeschäft erwarten. Ausgefeilte Analytics-Funktionen können Kunden beim Wiederkauf unterstützen und schlagen Kunden Produkte entsprechend ihrem Nutzerprofil vor (wie bei B2C bekannt).

E-Commerce bietet folgende Möglichkeiten und führt zu folgenden Herausforderungen:

1. Möglichkeiten von E-Commerce
   - Die Digitalisierung erlaubt eine durchgängige Verbindung des Online-Kaufprozesses: Angebot, Bestellung, Produktion (einschließlich der Individualisierung von Produkten oder Lösungen), Lagerhaltung (Verfügbarkeit und Forecast), Lieferung, Bezahl- bzw. Inkassoprozesse, Reklamationsbearbeitung sowie Rücksendung oder Abholung.
   - Eine digitale Geschäftsplattform ermöglicht eine „aktuelle Darstellung" der Produkte mit ihren Funktionseigenschaften, technischen Parametern und den angebotenen Services. Das vereinfacht die Integration von Marketing, Produktmanagement und Vertriebstätigkeiten. Die Pflege der Produktdaten lässt sich nicht vollkommen auto-

Legende:
CSV (Comma Separated Values) ist ein Format für Textdateien zu Speicherung oder zum Austausch von Daten

Abb. 3.21 Öffentlicher Webshop und Konfigurator des Automatisierungs-, IIoT-, Industrieelektronik- und Verbindungstechnikherstellers Weidmüller als Beispiel (Screenshots: Weidmüller Interface GmbH & Co. KG)

matisieren. Produktsupporter oder eine technische Dokumentationsabteilung müssen die Daten mit hohem Aufwand zusammentragen und in das System einpflegen.

2. Herausforderungen im E-Commerce sind ein durchgängiges Preis-/Konditionenmanagement und die Anzeige der Verfügbarkeit von Produkten und Komponenten. Der Kunde darf immer nur den Preis sehen, der für seine Tochtergesellschaft und seinen Bestellstandort vereinbart wurde. Das System muss somit mandantenfähig sein und es muss die mit dem Kunden vereinbarten Rabattstaffeln berücksichtigen.

3.5.3.3 Projektgeschäft mit Kunden und Endkunden bzw. Betreibern

Projektgeschäft in B2B besteht aus erklärungsbedürftigen Produkten, Software, Services und ggf. Integrationsleistungen in Maschinen- und Anlagen. Abb. 3.22 zeigt, dass Vorlieferanten oft keinen direkten Kontakt zu Endkunden haben (vgl. Backhaus und Voeth 2014, S. 600). Im Projektgeschäft müssen das Produktmanagement und die Entwickler der Hersteller von Zulieferprodukten, Komponenten oder Software Detailkenntnisse über die Endanwendung haben, um die Anforderungen erfüllen zu können. Es ist ein Dilemma, dass Vertriebsingenieure oft nicht in der Lage sind, Endkunden zu besuchen, auch wenn es in der Nähe der Endkunden eine eigene Vertriebsrepräsentanz gibt. Komponentenherstellern fehlen oft die Kundenkontakte zu den Endkunden von Projekten sowie die Zeit, um diese selbst zu besuchen und dadurch besser zu verstehen, was gefordert wird. Deshalb sind sie von den Informationen abhängig, die ihnen Planer, Systemintegratoren und Anlagenbauer zur Verfügung stellen.

Die Abb. 3.23 verdeutlicht, dass das Industrieprojektgeschäft mit Planern und Systemintegratoren nur mit einem gut abgestimmten Team sowie einer intensiven Kundenbeteiligung möglich ist. Der geforderte Individualisierungsgrad ist meistens hoch. Hersteller liefern Komponenten, Maschinen, Software oder Anlagenteile in das Projekt eines Kunden hinein, der dafür einen Endkunden hat. Einzelkomponenten können als Lösungs-Kit zusammengestellt werden. Falls Maschinen ein Teil einer Anlage werden sollen, müssen sie ggf. individuell angepasst werden. Spezielle Softwareapplikationen müssen dafür entwickelt und mitgeliefert werden.

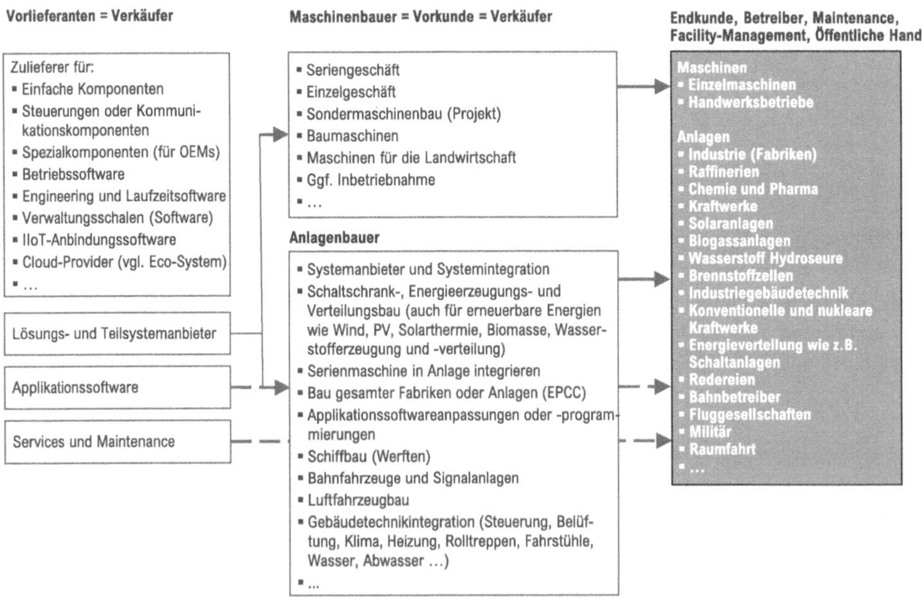

Abb. 3.22 Lieferanten haben nicht immer einen direkten Kontakt zu ihren Endkunden

Abb. 3.23 Projektgeschäft mit internationalen Teams

Im System- und Lösungsgeschäft werden Komponenten (z. B. Zahnräder, elektronische Komponenten), mechanische Teilsysteme (z. B. Spezialgetriebe) oder elektrische Teilsysteme (z. B. Schaltschränke) zu maßgeschneiderten, individuellen Lösungen integriert. Das kann z. B. eine Spezialverpackungsmaschine sein. Das System- und Lösungsgeschäft ist meistens ein Projektgeschäft. Projektgeschäfte können durch Folgeaufträge wirtschaftlich hochskaliert werden, wenn ein Endkunde mehrere, gleichartige Projektaufträge erteilt oder eine Systemplattform für einen breiteren Markt entwickelt wurde.

In Großprojekten mit sehr hohem Individualisierungsgrad wie bei Raffinerien, Chemieanlagen, Kraftwerken oder Offshore-Windparks mit Wasserstofferzeugung werden EPCCs als Systemintegratoren engagiert, die das Projekt leiten und ausführen. Diese Integratoren haben durch ihre Planungsfunktion einen großen Einfluss darauf, welche Hersteller Maschinen, Teilsysteme oder Komponenten in ein Projekt liefern. Die Betreiber und Endkunden schreiben oft auch bestimmte Hersteller vor, die bereits gelistet sein müssen. (Auf link.springer.com/book/https://doi.org/10.1007/978-3-658-39787-6_3 kann rechts unter „elektronisches Zusatzmaterial" ein Lieferantenfragebogen heruntergeladen werden). Der Vertrieb hat daher häufig viel Aufwand damit, Listungen zu erreichen. Der Endkunde will so die Erfüllung von Mindestfunktionen und technischen Standards sicherstellen sowie die Zahl der zu lagernden Ersatzteile minimieren.

Projektgeschäft im B2B – Akquisition und Projektsteuerung einschließlich Cross-Border-Aktivitäten

Projektteams sind oft erforderlich, wenn Kundenaufträge mit

- Systemintegratoren (EPCs) oder
- Systemanbietern (schlüsselfertige Lagersysteme, Walzwerke …)

erfüllt werden und wenn man in deren Projekten als Lieferant von Komponenten oder Teillösungen erfolgreich sein will. Wenn in Projekten der Endkunde bzw. der Nutzer, die

Auftraggeber, die Planer, die Lieferanten von Teillösungen oder deren Sublieferanten ihren Sitz in unterschiedlichen Ländern haben, dann spricht man von Projekten mit „Cross-Border-Aktivitäten".

Internationale Projekte mit Cross-Border-Aktivitäten sind besonders komplex, falls z. B. folgende Situation vorliegt:

- Der Auftraggeber (AG) ist in Land A (UAE, Emirat Abu Dhabi) ansässig.
- Der EPC (Generalunternehmer) hat seinen Sitz in Land B (Südkorea). Hier werden Teilsysteme gefertigt. Integriert wird mit dem Subunternehmer (S) in Land A, wo die Anlage für AG errichtet werden soll.
- Der Komponentenhersteller (K) in Deutschland liefert aus Mexiko durch sein Tochterunternehmen (KM).
- Die Vertriebsingenieurin (Y) der Vertriebstochter (KSK) von K in Südkorea hat den Auftrag für den Komponentenhersteller (K) erhalten. Der Endkunde in Land A wird von Vertriebsingenieur (X) aus Land B (UAE, Emirat Dubai) von der dortigen Vertriebstochter (KD) des Komponentenlieferanten (K) betreut: Für den erfolgreichen Abschluss musste der Vertriebsmann (X) seiner Kollegin (Y) aus Südkorea die Tür beim Subunternehmer (S) in Land A öffnen und hat Listungen für sie durchgeführt. Die Komponenten werden aus dem Tochterwerk von (K) in Mexiko geliefert. In welcher Höhe wird X am Erfolgsbonus von Y beteiligt? Es sind Regeln und eine Steuerungsfunktion für die Vergabe von Boni im Konzern des Komponentenherstellers (K) notwendig.

Komponenten oder Maschinen im Großanlagenbau wie in Abb. 3.24 zu verkaufen, erfordert eine exzellentes, erfahrenes und ggf. internationales Projektmanagement.

Beispiele für Bedingungen im Großanlagenbau sind:

- Die Entscheider und Unterlieferanten in der Wertschöpfungskette sind oft in unterschiedlichen Ländern tätig.
- Bei öffentlichen Aufträgen sind die Ausschreibungen besonders aufwendig.
- Hauptbestandteile/-gewerke des Projektes wie Hoch- und Tiefbau, Stahlbau, Verfahrens-, Steuerungs- und Antriebstechnik werden frühzeitig geplant und von Planern, Consultants und EPCs an Lieferanten vergeben
- Aufträge für sogenannte C-Komponenten wie mechanische Bauteile (z. B. Schrauben oder Befestigungselemente), elektrische Verbindungstechnik (z. B. Steckverbinder oder Beleuchtung) werden erst in der letzten Phase des Projektes vergeben und der Preis ist das wichtigste Entscheidungskriterium.

Es ist für die Anbieter von nachrangigen C-Produkten sehr schwierig, sich von Wettbewerbern zu differenzieren und frühzeitig Kontakt zu Planern und Entscheidern zu erhalten.

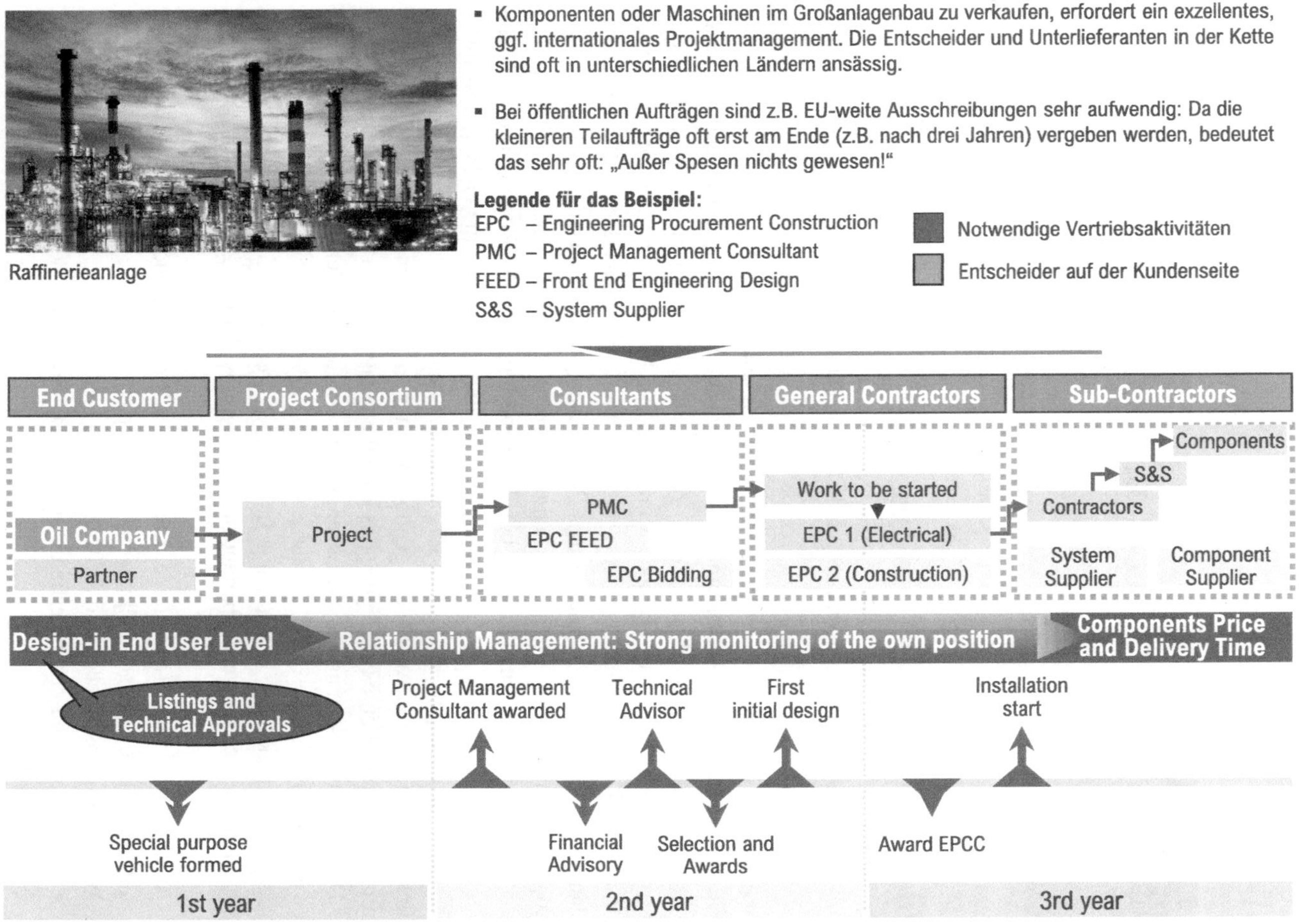

Abb. 3.24 Großprojekte wie Öl-, Gasanlagen oder Kraftwerksbau erfordern ein Multinetzwerkmanagement und ein gutes Durchhaltevermögen (Beispiel). (Bildquelle: © de.dreamstime.com)

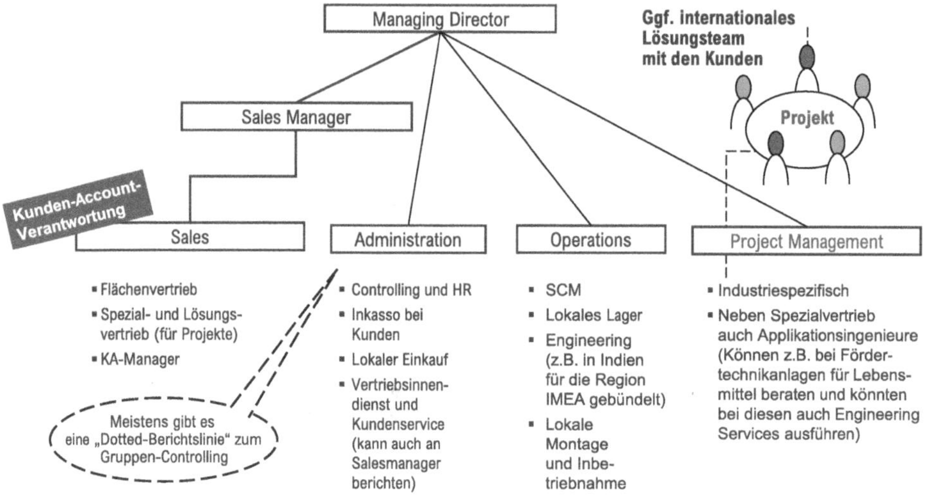

Abb. 3.25 Grundaufbau einer Vertriebsgesellschaft mit Schnittstelle zum Projektmanagement

Projektgeschäft in B2B – Organisationsstruktur von Vertriebsniederlassungen
Wie in Abb. 3.25 ist der Außendienst (Field Sales) für Kunden verantwortlich, bei denen ein Projektgeschäft entstehen könnte. Zusätzlich gibt es im Innendienst Ansprechpartner für diese Kunden. Daneben kann es einen Projektmanagementbereich geben, der für alle Kundenaufträge verantwortlich ist, die kein Standardgeschäft sind. Dieses Team sollte durch ein internationales Projektmanagement unterstützt werden, wenn Projektkunden länderübergreifend betreut werden müssen. Auch das Controlling oder die Vertriebssteuerung können bei der Ermittlung von Projektpreisen und für das Abgeben von Angeboten eine wichtige Rolle spielen. Es besteht die Gefahr, dass durch zu viele „Puffermargen" bzw. Preisaufschläge der beteiligten Länderorganisationen und Funktionsbereiche das Angebot gegenüber Wettbewerbsofferten zu teuer wird. Bei der Preiskalkulation ist eine Beteiligung des Produktmanagements erforderlich.

Die Kunden müssen an Projekt-Lösungsteams beteiligt werden, damit die Anlagen die gewünschten Funktionen erfüllen, der gewünschte Zeitrahmen eingehalten wird und der Preis passend kalkuliert werden kann. In Abb. 3.26 werden die folgenden Projektschritte dargestellt, die sich teilweise überlappen (vgl. Ahlrichs 2015, S. 25 und S. 245):

1. Anlage, Maschinen, Teilsysteme, Komponenten, Software und Service für ein Projekt auf Basis eines Entwurfs kalkulieren und anbieten
2. Werkvertrag abschließen und Auftrag erhalten
3. Projekt managen, Leistung erfüllen und die Abnahme durch den Kunden erreichen
4. Inkasso abschließen

Die Kalkulation ist Teil der Verkaufsphase (vgl. Ahlrichs 2015, S. 244 f.). Der Werkvertrag kann mit dem Kunden oder ggf. mit einem dazwischengeschalteten General-

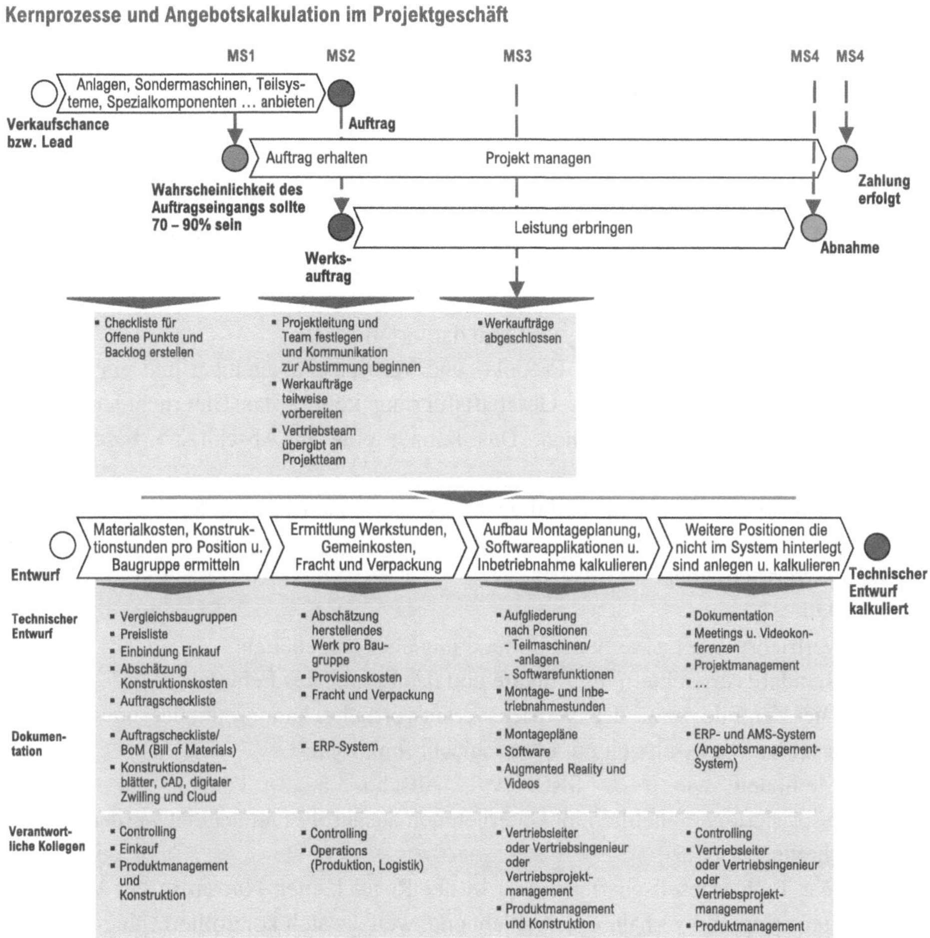

Abb. 3.26 Ablauf einer Angebotskalkulation mit kundenspezifischer Konstruktion und Meilensteinen

unternehmer oder Systemintegrator abgeschlossen werden. Preissteigerungen bei nicht vorhersehbarem Mehraufwand muss der Kunde akzeptieren, wenn das vertraglich vereinbart wurde. Deshalb sind oft Revisionen, Neu- und Nachkalkulationen erforderlich.

Wichtig ist, dass Controller, Revisoren und Kalkulatoren die Preise und Kosten unter Kontrolle halten. Das Produktmanagement und der Vertrieb sollten dabei jedoch immer eine abgestimmte Führung ausüben. Sie verantworten die technische Lösung, die Kundenzufriedenheit und die Profitabilität des Projektes.

3.5.4 Vertriebssteuerung mit Kundenpriorisierung

In Abschn. 3.5 wurden Aufgaben aufgelistet, die von einer Vertriebssteuerung erfüllt werden könnten.

Vertriebssteuerung ist in der Regel auf reine Vertriebsziele ausgerichtet. Einer stärkeren Integration von Produkt- und Vertriebsmanagement wird dadurch ggf. nur begrenzt Rechnung getragen. Im klassischen Highlight-/Lowlight-Reporting wird auf der Lowlight-Seite meistens nur erwähnt, dass ein Geschäft oder Projekt an einen Wettbewerber verloren wurde, weil ein Produkt, ein technisches Feature, eine Software oder ein geforderter Service nicht lieferbar war. Der gewünschte Lieferzeitpunkt konnte nicht eingehalten werden oder der angebotene Preis war zu hoch. Das sind aber Schwächen, die intern oft dem Produktmanagement oder der Produktion angelastet werden. Fehler und Schwächen im Vertrieb, wie z. B. ein fehlender Forecast, werden vom Vertrieb selbst kaum oder weniger detailliert analysiert und dargestellt.

Eine integrierte Steuerung von Produkt- und Vertriebsmanagement und ein Gesamtverantwortlicher in Vorstand oder Geschäftsführung könnte das Unternehmen schlagkräftiger und erfolgreicher machen. Das könnte eine in Abschn. 3.5 beschriebene CPSO-Funktion sein.

Die Vertriebssteuerung kann zentral oder dezentral organisiert werden:

1. Zentrale Vertriebssteuerung
   - Vorteile:
     - Vertriebsprozesse werden mit Steuerung eher eingehalten.
     - Standards erleichtern die Abläufe und das Lernen aus Fehlern.
     - Die Zentrale bzw. der Vertriebsverantwortliche kann schneller und präziser erfahren, was weltweit gut oder schlecht funktioniert.
     - Methoden wie z. B. SRO (vgl. Abschn. 3.5.4.3) können zur Kundenpriorisierung einheitlich im Unternehmen ausgerollt und genutzt werden.
   - Nachteile:
     - Die Tochtergesellschaften sehen in der Regel keinen Nutzen in der Vertriebssteuerung und verhalten sich ablehnend, weil sie sich kontrolliert fühlen.
     - Berichte und das Teilen von Informationen werden als Reporting angesehen, das die Mitarbeiter von den Vertriebstätigkeiten abhält.

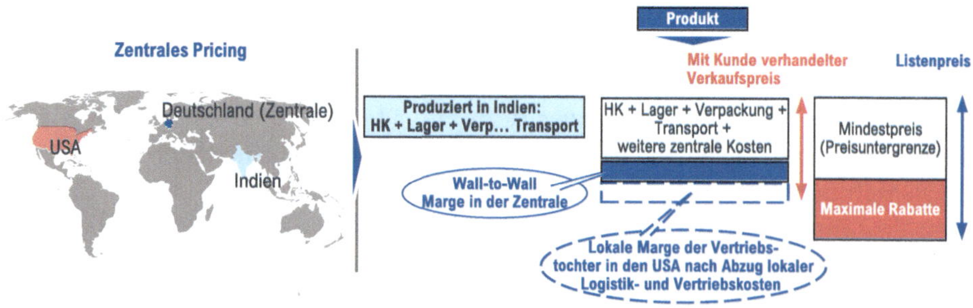

Abb. 3.27 Zentrales, internationales Pricing (Beispiel)

2. Dezentrale bzw. lokale Vertriebssteuerung (in Vertriebsländern oder Regionen)
   - Vorteil:
     Eine lokale Vertriebssteuerung hat lokale Marktkenntnisse und kann die Ziele der Vertriebsmitarbeiter für deren Kundenkreis besser festlegen.
   - Nachteile:
     - Der Vertriebsprozess ist im Unternehmen nicht einheitlich.
     - Informationen werden nicht einheitlich aufbereitet.

3.5.4.1 Vertriebssteuerung mit internationalem Pricing

Abb. 3.27 zeigt ein Grundschema, wie eine Pricing-Abteilung Listenpreise festlegen kann. Die Herstellkosten, Transportkosten und Zuschläge für zentrale Verwaltungskosten bilden den Sockel. In der Regel wird auch schon in den Herstellkosten (HK) eine Produktionsmarge einkalkuliert. Dieser Puffer soll in der GuV des herstellenden Tochterunternehmens zu einem positiven Ergebnis führen. Zugeschlagen werden muss der Aufwand für die Inbound-Logistik (Transport, Kommissionierung, Verpackung, Zölle) der eigenen Operations, wenn man wie im Beispiel der Abb. 3.27 in Indien produziert. Falls man das Produkt von einem Lieferanten zukauft, wird mit dem Abgabepreis des Lieferanten und den Beschaffungskosten kalkuliert. Hinzu kommen die Kosten des Zentrallagers (im Beispiel in Deutschland) und die Outbound-Versandkosten zu dem Kunden im Zielland USA. Daraus ergibt sich der Sockelbetrag für die Kalkulation.

Danach wird eine „Wall-to-Wall-Marge" für die Tochtergesellschaft in den USA auf den Sockelbetrag aufgeschlagen. Die Wall-to-Wall-Marge soll dem Rohgewinn entsprechen, der in der Konzernzentrale anfällt. Die zentralen Kosten (Abb. 3.27) zuzüglichen der Wall-to-Wall-Marge bilden die Preisuntergrenze für das Produkt. Der Vertrieb in den USA gibt den Kunden im Beispiel einen Rabatt auf den Listenpreis. Listenpreise liegen oft um mehr als 100 % über der Preisuntergrenze, um Verhandlungsspielraum zu haben.

Akzeptiert der Kunde einen Preis, der über der Preisuntergrenze liegt, dann erzielt die Vertriebstochter in den USA eine lokale Marge. Um den Auftrag zu gewinnen, kann die Vertriebstochter also maximal auf ihre lokale Marge verzichten. Bei starkem Wettbewerb reicht dieser Nachlass eventuell nicht aus. Um den Auftrag trotzdem zu erhalten, kann die Muttergesellschaft in Deutschland jedoch auf einen Teil ihrer Wall-to-Wall-Marge verzichten. Das Produktmanagement muss den Preisnachlass in Absprache mit dem Pricing-Bereich genehmigen. Wenn man mit einem Projekt eine gute Gesamtmarge erzielen kann, sollte man im Auge behalten, dass man sich nicht durch zu hohe Einzelpreise aus dem Geschäft „herauskalkuliert".

Ein einheitliches, zentral gesteuertes Pricing ist insbesondere bei international tätigen Unternehmen notwendig:

1. Vorteile
   - Durch die Pricing-Abteilung – die meistens an das Headquarter (Land, in dem die Ergebnisse aller Gesellschaften konsolidiert werden) berichtet – kann die Annahme unprofitabler Aufträge verhindert werden.

- Eine Preisuntergrenze sichert eine Wall-to-Wall-Marge im Land des Headquarters bzw. im Herstellland. Dabei sind auch Zölle, Logistikkosten von Zentrallagern zu den Standorten der Vertriebsgesellschaften oder zu Händlern und zentrale Kostenzuschläge für Verwaltungsgemeinkosten zu berücksichtigen.
- Die Wall-to-Wall-Marge kann im Idealfall so „eingestellt" werden, dass Gewinne dort versteuert werden, wo der Steuersatz am günstigsten ist. In der Regel fallen sie als persönliche Steuern im Land des Headquarters oder am Wohnsitz der privaten Eigentümer oder Aktionäre an. Sie könnten aber auch in dem Land, in welchem sie anfallen, reinvestiert werden, um dadurch die Ertragssteuern zu reduzieren.
- Projektpreise, welche die Preisuntergrenzen unterschreiten, müssen zentral genehmigt werden und geraten somit nicht außer Kontrolle (Rabattstaffeln, vgl. Homburg et al. 2016, S. 85, S. 87)

2. Nachteile
   - Es könnte eine falsche Preisstrategie aus der Zentrale verfolgt werden, die der lokalen Wettbewerbssituation nicht angemessen ist. Durch zu viele Puffermargen für Zwischenstufen im Konzern kann man sich aus dem Geschäft herauspreisen (Preisstrategie, vgl. Backhaus und Voeth 2014, S. 151).
   - Ein Wettbewerber könnte aus taktischen Gründen die Preise für ein Produkt oder eine Produktgruppe in einem Vertriebsgebiet oder für ausgewählte Kunden in einen nicht profitablen Bereich absenken. Darauf kann eventuell nicht flexibel reagiert werden, wenn die Genehmigungen für Preisnachlässe in der Unternehmenszentrale

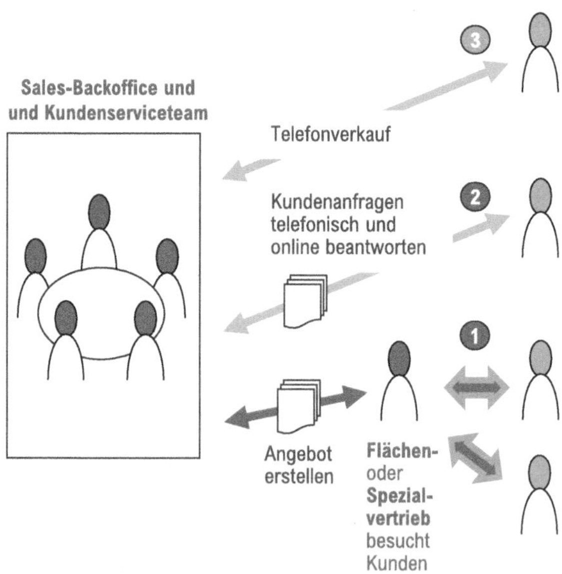

Abb. 3.28 Vertriebsinnendienst

eingeholt werden müssen. So können Marktanteile verloren gehen, bevor der Wettbewerber die Preise wieder erhöht.

3.5.4.2 Vertriebssteuerung mit Vertriebsinnendienst

Abb. 3.28 zeigt den Vertriebsinnendienst (Sales-Backoffice) im Zusammenspiel mit einem Flächen-, KA- oder Spezialvertrieb. Der Innendienst unterstützt bei der Angebotserstellung und der Auftragsabwicklung bis zur Auslieferung. Termine mit den Kunden und Fragen zu Lieferungen müssen mit den Operationsbereichen der Supply Chain geklärt werden. Nicht alle Abläufe können mit digitalen Systemen ohne Rückfragen gesteuert werden.

Aufgaben eines Vertriebsinnendienstes sind:

1. Außendienst bei Angeboten unterstützen:
   - Kundenangebote einschließlich Bill of Materials (BOM) gemeinsam mit dem Außendienst erstellen und Preis- und Rabattvorgaben berücksichtigen.
   - Technische Produktinformationen und digitale CAD-Modelle online versenden oder in einer Cloud bereitstellen lassen.
   - Produktmuster (Samples) an Kunden versenden lassen.
   - Kontakte zu eigenen Applikationsingenieuren oder zu externen Servicepartnern für ein Inbetriebnahme- oder ein Wartungsangebot herstellen.
2. Bearbeitung von Kundenfragen:
   - Folgeangebote erstellen und die Wiederkäufe (Repeat Sales) von Kunden betreuen.
   - Liefertermin und Lieferstatus verfolgen und bei Verzug helfen, das Problem für den Kunden zu lösen.
   - Bei E-Commerce als Hotline tätig werden, falls Kunden eine begleitende Beratung für die Abwicklung ihres Kaufs benötigen.
   - Meldung von Qualitätsproblemen der Kunden aufnehmen sowie eine Lösung durch das Qualitäts-, Reklamations- oder das Produktmanagement initiieren. Umtausch oder Ersatzlösungen bewirken.
   - „First-Level-Support“ 24/7 gewährleisten und bei einfachen Funktionsproblemen ggf. selbst beraten oder einen Techniker am Ort des Kunden vermitteln.
   - „Second-“ oder „Third-Level-Support“ durch Produktmanagement, den Hardwareentwicklungsbereich oder die Softwareentwicklung organisieren. Dem Kunden Kontakt zu Experten im Produktmanagement oder in der zuständigen Entwicklungsabteilung vermitteln.
3. Nutzung der Kundenkontakte für Telefonverkauf: Die Kunden fragen, ob sie zusätzlichen Bedarf haben. Das kann auch mit einer Reklamationsbearbeitung verbunden werden. Die Aufmerksamkeit auf neue Produkte lenken, die auf der Website präsentiert werden: „Darf ich einen Termin mit Ihrem zuständigen Vertriebsingenieur vereinbaren?“

Der Vertriebsinnendienst kann regionen- oder länderübergreifend organisiert werden, wenn dadurch Synergien genutzt werden können:

- Servicefunktionen wie „First-Level-Support 24/7“ können, falls die Landes- bzw. die Geschäftssprache der Kunden beherrscht wird, regional für mehrere Länder gebündelt werden.
- Es ist zu prüfen, ob der lokal zu erfüllende Servicebedarf der Kunden die kritische Masse erreicht, welche den Kostenaufwand für einen dezentralen Service rechtfertigt.
- Grundsätzlich kann das „Biggest-User-Principle“ angewendet werden. Beratungs- und Servicefunktionen sollten in Regionen und Ländern vorgehalten werden, die den größten Bedarf haben. Von dort aus können ggf. angrenzende Länder mitversorgt werden. Bei diesen Entscheidungen spielen aber auch die Höhe der Personalkosten in den jeweiligen Ländern eine Rolle.

Der Vertriebsinnendienst sollte dem Vertriebsaußendienst „den Rücken freihalten“. Wenn Kunden ihren Innendienstmitarbeiter kennen und sich gut betreut fühlen, dann werden sie sich direkt beim Innendienst melden.

3.5.4.3 Wert- und ressourcenorientierte Vertriebssteuerung

Kundenwerte können nach Winkelmann (2012, S. 342) in die folgenden vier Kategorien unterteilt werden:

1. Wirtschaftlicher Wert
   - Customer Equity
     Wie groß sind das Unternehmen und die absolute Ertragskraft eines neuen Kunden oder eines Bestandskunden?
   - Customer Value
     Wie hoch sind die zu erwartenden Mindestumsätze und die erreichbare Profitabilität für einen Kunden? Entsprechen diese Zahlen den erwarteten Zielwerten?
2. Informationswert
   Es gibt Kunden, zu denen der Vertrieb seit langem eine gute Beziehung hat und mit denen er trotzdem kein Geschäft initiieren konnte. Das kann technische, preis- oder personenbezogene Gründe haben (vgl. Entscheiderpyramide, Abb. 4.9). Trotzdem kann es aus folgenden Gründen sinnvoll sein, weiterhin Zeit in die Kundenbeziehung zu investieren:
   - Die Situation beim Kunden kann sich durch neue Personen und Entscheider oder andere, unvorhersehbare Ereignisse verändern.
   - Die Kontaktpersonen beim Kunden teilen in den Gesprächen wertvolle Informationen und Einschätzungen über den Markt, Technologien und Wettbewerber.
3. Strategischer Wert
   Es gibt Kunden, die in Zukunftsmärkten tätig sind, für die man aktuell noch keine Hardware, Software oder Services anbieten kann. Wenn man den Einstieg in einen solchen Markt plant, dann sind solche „Lead User“ (vgl. van Hippel 1988) als Pilotkunden oder für eine gemeinsame Produktentwicklung wertvoll.

4. Referenzwert
   Bei der Gewinnung eines neuen Kunden (Kaltakquise) sind Referenzkunden nützlich oder erforderlich. Insbesondere dann, wenn Referenzkunden große, bekannte Unternehmen sind oder wenn sie in der Branche ein gutes Renommee haben. Dann können auch kleinere Geschäfte mit solchen Markt- oder Technologieführern als Türöffner bei anderen Kunden helfen, auch wenn man beim Preis ein Zugeständnis bei Referenzkunden machen muss.

Alle Kunden sollten hinsichtlich dieser vier Kategorien klassifiziert werden. Informationen über Neukunden müssen durch Marktuntersuchungen des Marketingbereichs, Kontakte des Produktmanagements, Kontakte des Vertriebs oder durch eine Analyse der Vertriebssteuerung eingeholt und eingepflegt werden. Branchenverzeichnisse und Verbände können dabei auch hilfreich sein. Der Betreuungsaufwand für die einzelnen Neukunden sollte in Abhängigkeit von ihren Standorten abgeschätzt werden (vgl. Winkelmann 2012, S. 342).

Zur Klassifizierung und Priorisierung potenzieller Kunden bieten sich die folgenden Methoden an:

- ABC-Analysen (Umsatz, Wachstumspotenzial, Kundenergebnisrechnung, Kundenwert).
- SRO auf Basis einer ABC-Analyse (siehe weiter unten in diesem Abschn. 3.5.4.3).
- Punktebewertungen (Kundenwertanalyse) auf Basis von Einzelkriterien entsprechend den vier Kategorien nach Winkelmann (siehe vorige Aufzählung).
- Finanzielle Bewertung von Kundenbeziehungen (Kundenutzwert- und Equity-Analyse) auf der Basis von Berechnungen und Abschätzungen der Profitabilität. Um welchen abgezinsten Kapitalwert (Discounted Cashflow, DCF), wird ein Kunde in den kommenden zehn Jahren „das Equity" (den Unternehmenswert) des Lieferanten bzw. des eigenen Unternehmens erhöhen? Ermittlung des Kundennutzwertes und des „Customer Equity" als monetärer Rückfluss in die GuV und die Bilanz des eigenen Unternehmens (siehe Abb. 3.29).
- Ranglisten, in denen der geschätzte Vertriebsaufwand, den die Kunden durch ihre Betreuung jährlich verursachen, in Relation zum Umsatz gesetzt wird.
- Rangliste auf Basis der Einschätzung, ob mit den Kunden eine harmonische Zusammenarbeit möglich ist. Handelt es sich um „schwierige Kunden", die einen ungerechtfertigt hohen Betreuungsaufwand verursachen?
- Die Potenziale der Bestandskunden auf Basis von deren Differenzierungsmöglichkeiten gegenüber Wettbewerbern einschätzen. Die Bedeutung der eigenen Technologien und Services für die Kunden bestimmen.
- Das Stammkundenpotenzial der Kunden sollte bewertet werden. Dabei sollte die Wahrscheinlichkeit (in %) abgeschätzt werden, ob ein Kunde von einem Gelegenheits- zu einem Stammkunden wird oder ein Stammkunde bleibt.

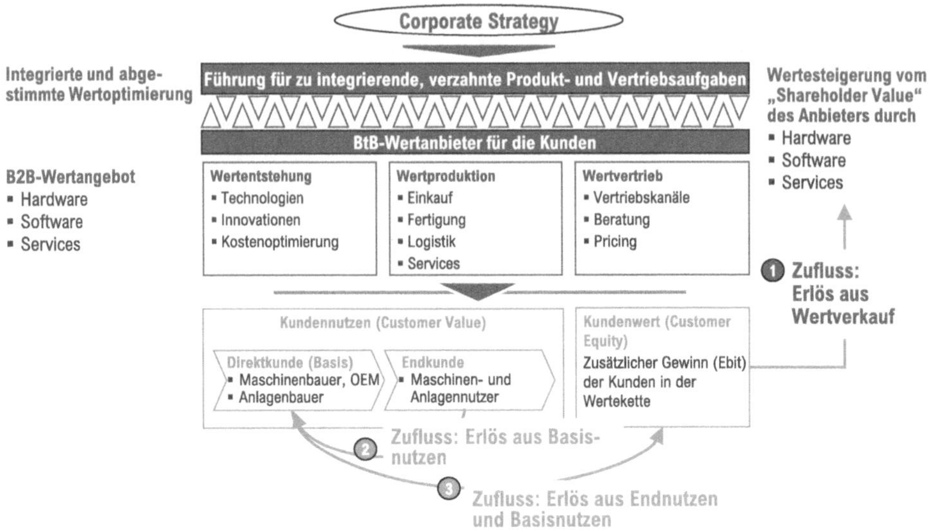

Abb. 3.29 Wert für Kunden schaffen und den Wertrückfluss in das eigene Unternehmen maximieren

Die Klassifizierung und Priorisierung der Kunden sollte von der Vertriebsleitung eines Vertriebsgebiets initiiert und geführt werden. Die Vertriebssteuerung sollte dabei methodisch und in der Durchführung unterstützen. Flächenvertriebsingenieure bzw. die Spezialvertriebler müssen an der Einstufung ihrer Kunden beteiligt werden. Es geht im Kern darum, den Betreuungsaufwand des Außendienstes bei einigen Kunden zu reduzieren. Dadurch soll mehr Vertriebszeit für profitablere Kunden und für Neukundenakquise gewonnen werden. Kleine Bestandskunden dürfen dadurch aber nicht verloren gehen, auch wenn man mit ihnen nur wenig Umsatz erzielt. Man sollte versuchen, solche Kunden durch den Vertriebsinnendienst oder durch Distributoren zu betreuen.

Kundenwertmessung und Priorisierung

In Abb. 3.29 wird die Bedeutung eines integrierten Produkt- und Vertriebsmanagements für die Schaffung von „Unternehmenswert" verdeutlicht.

Es werden Zuflüsse auf drei Wertschöpfungsstufen dargestellt (Abb. 3.29):

1. Bei einem B2B-Anbieter von Hardware, Software und Services.
2. Bei einem Direktkunden des Anbieters, der die erworbenen Produkte, Komponenten und Software verwendet, um seine Maschinen und Anlagen an Endkunden zu verkaufen.
3. Bei einem Endkunden, der die Maschinen nutzt, um damit Produkte oder Services für seine Kunden (z. B. für B2C) zu produzieren.

Die Wertschöpfungsstufen können auch mit dem folgenden Beispiel verdeutlicht werden:

Beispiel: Wertschöpfungsstufen

Der Nutzen beim Endkunden (Brauerei A) entsteht im folgenden Beispiel durch eine besonders effiziente Abfüllanlage. Die Brauerei A konnte ihre Produktionskosten gegenüber den mit ihr konkurrierenden Bierbrauern B und C senken. Dadurch erzielt die Brauerei A eine höhere Marge bei gleichem Preis. Die Brauerei A ist deshalb bereit, einen sehr „profitablen Preis“ an den Abfüllanlagenbauer zu zahlen. Auch der Anlagenbauer ist bereit, dem Hersteller und Vorlieferanten der Fördertechnik ein „Premium“ zu zahlen, da die leeren Flaschen der Abfüllstation schneller zugeführt werden können. Bei allen Beteiligten in der Kette entsteht so ein Wertzuwachs. Dieser spiegelt sich letztendlich positiv in den Bilanzen der Unternehmen wider (vgl. Winkelmann 2012, S. 210). Das Equity und der Shareholder Value (der Wert des Unternehmens für die Eigentümer) des B2B-Anbieters für innovative Fördertechnik steigen. ◀

Wertmaximierung durch Kundenbindung kann erzielt werden, wenn das Geschäftssystem des Kunden und der Servicebedarf des Kunden dauerhaft vom Lieferanten abhängig sind.

1. Wertmaximierung ist insbesondere dann möglich, wenn man eine hohe Kundenbindung erzielt und das eigene Geschäftssystem dauerhaft mit Kunden verbinden kann. „Economies of Scale“ können dann durch Mengeneffekte erzielt werden. Kunden, die zum ersten Mal kaufen, müssen die Produkte und deren Vorteile (Wertsteigerung für die Kunden) mit einem hohen initialen Beratungsaufwand erklärt werden. Werden diese Kunden aber zu Stammkunden, dann kann durch „Wiederkäufe“ ein überdurchschnittlicher Gewinn erzielt werden.
2. Im Bereich IIoT-Services wird von Anbietern mit den Schlagworten „From Sensor or Data to Value“ Wertsteigerung bei Endkunden für Maschinen und Anlagen versprochen. Es werden z. B. Produktionssoftware (Lizenzen) für die Digitalisierung von Fabriken und cloudbasierte Services angeboten. Oder es werden Effizienzsteigerung, Remote Maintenance und Qualitätsmonitoring (Predictive Quality) offeriert. Analysefunktionen für den Verschleiß an Maschinen und Anlagen sowie deren Voraussage (Predictive Maintenance) werden ebenfalls von den IIoT-Anbietern offeriert. Deren Ziel ist es, das Maschinenbaugeschäft durch Kundenbindung zur Dauereinnahmequelle mit Lizenzen und Services weiterzuentwickeln. Das Geschäft soll zu einem „Dauerlutscher“ für profitable Umsätze werden. Das gelingt nur, wenn ein solches Serviceangebot und dessen Vorteile den Endanwendern der Maschinen verständlich gemacht werden.

Kundenwertbetrachtungen sollten vom Vertriebs- und Produktmanagement gemeinsam vorgenommen werden. Diese Funktionen können nur gemeinsam einschätzen, welches

Potenzial die Kunden auf der Basis des heutigen Produktportfolios und den zu erwartenden Innovationen aus der Produktroadmap bieten.

Sales Resource Optimisation

Durch Optimierungsmethoden wie SRO kann der Außendienst die Bestandskunden effizienter betreuen und Aktivitäten bei Potenzialkunden verstärken. Die wertvollsten Vertriebsressourcen sind Vertriebsingenieure, die Kunden besuchen. Deren zur Verfügung stehende Zeit soll optimal genutzt werden. Die Potenzialanalyse der Kunden ist für Verkäufer hilfreich, um sich einen aktuellen Überblick im eigenen Vertriebsbezirk zu verschaffen.

Zur Vertriebsoptimierung mit SRO werden die Kunden eines Vertriebsgebietes in drei Cluster eingeteilt:

1. Zielkunden mit dem höchsten Bedarf
   - Etwa zehn sehr gute Bestands- oder potenzielle Neukunden pro Vertriebsingenieur
   - Fokus auf Kunden mit dem höchsten absoluten Wachstumspotenzial, deren Auswahl auf einer sorgfältigen Analyse beruhen muss. Dabei gewinnt man ggf. die Erkenntnis, dass man in einige vielversprechende Neukunden mehr Zeit investieren muss als in Bestandskunden mit den derzeit höchsten Umsätzen.
   - Darstellung des Entscheidungs- und Beziehungsnetzwerks (Political Poster)
2. Fokuskunden mit Bedarf und viel Zukunftspotenzial
   - Etwa 50 bis 100 Kunden pro Vertriebsingenieur. Die genaue Zahl der Kunden, die betreut werden kann, hängt vom Markt und von den Produkten ab.
   - Kriterien dafür sind ein hoher Umsatz oder ein erhebliches Wachstumspotenzial der Kunden und eine hohe Erfolgswahrscheinlichkeit, diese Kunden zu halten oder neu zu gewinnen.
   - Bei der Adressenqualifizierung von Neukunden (Kaltakquise) sollte das CRM-System zur Dokumentierung eingesetzt werden. Der Vertriebsinnendienst und die Vertriebssteuerung sollten diesen Schritt unterstützen.
3. Alle weiteren Kunden in einem Vertriebsgebiet

   - Alle Kunden persönlich zu besuchen und den erwarteten Service zu bieten, ist in der Regel unmöglich.
   - Keine Defokussierung zulassen. Einige Kunden müssen zur Betreuung an den Vertriebsinnendienst und ggf. an Distributoren abgegeben werden.
   - Den Kunden, die man nicht persönlich betreuen kann, sollte gezielt E-Commerce angeboten werden. Man sollte Umsätze mit Kunden nicht ablehnen oder preisgeben, sondern man sollte die Kunden über den jeweils geeignetsten Kanal bedienen.

In Abb. 3.30 werden die Kunden in fünf Haupttypen für das B2B-Geschäft eingeteilt. Zusätzlich werden direkte und indirekte Kunden unterschieden.

A. Direkte Kunden wie Standardkunden, Wachstumskunden und Neukunden: Neukunden werden in der Regel nicht aktiv von Händlern angesprochen. Eine Ausnahme sind Handelsvertreter, die auch Neukundenakquise betreiben.
B. Indirekte Kunden sind Abnehmer, die durch Händler bedient werden: Einige der Handelskunden wollen, auch wenn es große Kunden sind, nur über Händler beliefert werden. Einige kleinere Kunden sind bereit, von Direkt- zu Distributionskunden zu werden. Insbesondere wenn ein Händler diesen einen besseren Vorortservice bieten kann. Problematisch ist es, wenn Kunden von Händlern stark wachsen und zu Direktkunden werden wollen, weil sie durch diesen Schritt eine bessere Beratung oder niedrigere Preise erwarten. Das kann zu unangenehmen Diskussionen mit Händlern oder Handelsvertretern führen.

Auf der Umsatzachse (Abb. 3.30) sind die Kunden in „Zufallskunden", „Basisgeschäft", „hohes Potenzial" und „sehr hohes Potenzial" eingeteilt worden. Die Umsatzgrenzen der Segmente sind willkürlich gewählt worden und können nach Produkten, Regionen, Ländern, Industrien und Applikationen variieren. Mit einer SRO-Optimierung werden drei Zielrichtungen verfolgt:

- Ziel 1: Effizienzsteigerung in allen Kundenclustern mit Ausnahme der Gelegenheitskunden. Überzeugung von ausgewählten Kunden, zum Vertriebsinnendienst mit einem festen Ansprechpartner oder zum E-Commerce zu wechseln. Argument: „Dort bekommen sie einen passenderen und schnelleren Service."
- Ziel 2: Wachstum und die konsequente Fokussierung des Aufwandes auf große Kunden oder interessante Potenzialkunden.
- Ziel 3: Schnelles Wachstum mit Direktkunden und Händlern, deren Geschäft wächst.

Die Ziele eins und zwei haben hohe Priorität. Hier liegt die Basis für das zukünftige Wachstum und die Kosteneffizienz. Vertriebsingenieure sind immer versucht, vorrangig auf schnelles Wachstum zu zielen. Es wird ggf. zu wenig in den „Kundenstamm der Zukunft" investiert. Den Erfolg bei Wachstumskunden kann man zukünftig nur „ernten", wenn man ausreichend viel Zeit für die Ziele eins und zwei aufgewendet hat. Zu dieser Fokussierung kann SRO beitragen. Wichtig ist dabei, die vorhandene Zeit für Kundenbesuche, Service und Onlinekommunikation zwischen den fünf Kundentypen in Abb. 3.30 aufzuteilen. Die Neukundenakquise wird oft als „Hunting" und die Betreuung von Stammkunden als „Farming" bezeichnet. Vertriebsingenieure, die als „Hunter" beschrieben werden, gelten oft als aktiver und agiler. Das Farming wird als selbstverständliches Tagesgeschäft angesehen. Dass mit großen Bestandskunden das Budget erfüllt wird, sehen Vorgesetzte oft als selbstverständlich an. Flächenvertriebsverantwortliche müssen aber immer ihre Doppelrollen als Hunter und als Farmer erfüllen, um ihre Bestandskunden und -händler nicht zu verlieren und diese durch Neukunden aufzufrischen. Wachstum kann durch Hunting und durch Farming erzielt werden. Eine Ausnahme bilden Business-Development-Manager, die ja überwiegend die Rolle eines Hunters zu erfüllen haben.

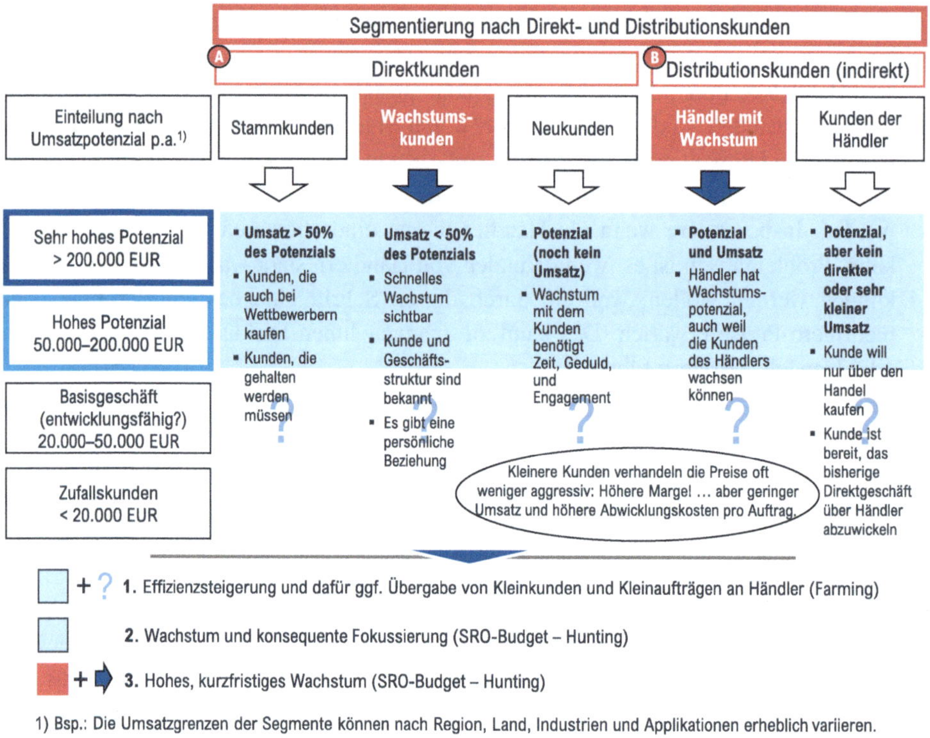

Abb. 3.30 Kundensegmentierung

Folgende Informationen werden benötigt, um eine Budgetplanung und -kontrolle mit SRO durchzuführen:

1. Basisinformationen
   - Name des Vertriebsingenieurs
   - Land
   - Funktion
   - Region, Land und Vertriebsgebiet
   - Verantwortlicher Vertriebsmanager
2. Währung (ggf. Umrechnung in die Referenzwährung, z. B. in EUR)
3. Information für die Kundensegmente (Cluster)
   - Zahl der Kunden pro Cluster
   - Geplante Zeit (Tage)
   - Verwendete Zeit (YTD – vom Anfang des Geschäftsjahres bis heute)
   - Umsatzpotenzial im laufenden Geschäftsjahr (in TEUR)
   - Umsatz im Vorjahr (in TEUR)
   - SRO-Budget (in TEUR)

	Name			Version		Datum
	Land			Area, Region und Vertriebsgebiet		
	Funktion			Sales Manager		
	Währung	EUR				
	Kundentyp	**Standardkunden**	**Wachstumskunden**	**Neukunden**	**Händler**	**Kunden der Händler**
Potential						
Sehr hohes Potential	Zahl der Kunden					
	Geplante Zeit (days)					
	Aktuelle Zeit (YTD)					
	Potential (current year)					
	Umsatz Vorjahr (TEUR)					
	SRO-Budget (TEUR)					
Hohes Potenial	Zahl der Kunden					
	Geplante Zeit (days)					
	Aktuelle Zeit (YTD)					
	Potential (current year)					
	Umsatz Vorjahr (TEUR)					
	SRO-Budget (TEUR)					
Basisgeschäft	Zahl der Kunden					
	Geplante Zeit (days)					
	Aktuelle Zeit (YTD)					
	Potential (current year)					
	Umsatz Vorjahr (TEUR)					
	SRO-Budget (TEUR)					
Zufallskunden	Zahl der Kunden					
	Geplante Zeit (days)					
	Aktuelle Zeit (YTD)					
	Potential (current year)					
	Umsatz Vorjahr (TEUR)					
	SRO-Budget (TEUR)					
Analyse	**Vertriebsingenieur: Kundenfokus**	Zahl Fokuskunden		100		
		Geplante Zeit für Fokuskunden (Tage p.a.)		200		
		Aktuelle Zeit für Fokuskunden (Tage ytd)		120		
		Potentielle Fokuskunden (laufendes Jahr)		20.000.000 €		
	Summe pro Veriebsingenieur	Gesamtumsatz Vorjahr		5.200.000 €		
		Gesamtbudget laufendes Jahr		5.600.000 €		
		SRO-Budget laufendes Jahr		2.800.000 €	Anteil Gesamtbudget	50%

Abb. 3.31 Template zur Überprüfung, Steuerung und Kontrolle eines SRO-Budgets

4. Gesamtumsatz und Lücke zum SRO-Budget

   – Kundenumsätze in der jeweiligen SRO-Gruppe (Fokuskunden)
   – Anteil des SRO-Budgets am Gesamtbudget im Vertriebsgebiet

Auf der Basis von Abb. 3.31 kann ein Außendienstler seinen persönlichen Plan für das Vertriebsgebiet anlegen und überprüfen. Das sollte mit dem zuständigen Management abgestimmt werden. Einige Außendienstmitarbeiter sehen in Methoden wie SRO aber auch Misstrauen und Kontrollstreben der Vertriebsführung. Deshalb sollen Vorgesetzte dabei ihre Coachingrolle erfüllen und Vertrauen schaffen.

3.6 Zielvereinbarungen im Vertrieb – Motivation durch Gehalt, Boni und Incentives

Verkäufer sind mehr als alle anderen Berufsgruppen durch monetäre Anreize und Incentives zu motivieren und zu steuern. Produktmanager haben im außertariflichen Bereich meistens auch einen variablen Gehaltsanteil (Bonus), der von Unternehmenszielen, persönlichen Zielen, dem Umsatz und dem Ergebnis des eigenen Verantwortungs-

Abb. 3.32 Sales Bonus and „the Spirit". (© www.Dilbert.com)

bereichs abhängt. Das Erreichen von Bonuszielen kann ein Produktmanager jedoch viel weniger direkt beeinflussen als ein Außendienstmitarbeiter. Das Engagement von Produktmanagern, die eine Roadmap mit neuen Produkten umsetzen müssen, wirkt sich in der Regel erst mittel- und langfristig auf das Geschäftsergebnis aus.

Dilbert stellt in Abb. 3.32 sehr realistisch dar, wie wichtig monetäre Bonusziele im Vertrieb sind. Die Geschäftsleitungen versucht, die Bonusziele (siehe Abschn. 3.6.1) immer möglichst hoch festzulegen. Es kann passieren, dass Mitarbeiter diese Ziele durch unterwartete Großaufträge erheblich überschreiten. Deshalb werden in der Regel sogenannte Bonusdeckel vereinbart. Der Bonus wird etwa bei 200 % gedeckelt. Wenn der Vertriebsbonus z. B. 30 % des Zielgehaltes (100 % bestehend aus 70 % Festgehalt und 30 % Bonus) betrüge, dann wäre das maximal erreichbare Gehalt des Mitarbeiters 130 % des Zielgehaltes. Wenn die Umsätze unerwartet stark wachsen, versuchen Unternehmen oft im Nachhinein, Bonusdeckelungen einzuführen oder Bonusziele, wie bei Dilbert, „a posteriori" zu erhöhen. Solche Maßnahmen werden von den Mitarbeitern negativ wahrgenommen und demotivieren sie. Die Loyalität gegenüber dem Unternehmen nimmt ab und die Fluktuation im Vertrieb oder im Produktmanagement wird zunehmen.

Der Bonus sollte mit Mitarbeitern immer in Zielgesprächen für das folgende Geschäftsjahr vereinbart werden. Es ist immer sinnvoll, dies bereits vor dem Ende des alten Jahres zu tun, damit die Mitarbeiter ihre Ziele schon am ersten Tag des neuen Geschäftsjahres kennen. Zusätzlich können Halbjahres- oder Quartalsgespräche vereinbart werden.

Die Zielgespräche für Mitarbeiter wie Vertriebsmitarbeiter, Produktmanager, Vertriebsmanager, Geschäftsführer einer Tochtergesellschaft und dem vertriebsverantwortlichen Vorstand oder Geschäftsführer sollten immer von den direkten Vorgesetzten geführt werden und mit einem Feedback des jeweiligen Vorgesetzten abgeschlossen werden. Auch die Mitarbeiter sollten sich äußern, wenn sie sich bessere Unterstützung durch ihren Vorgesetzten wünschen.

Bei persönlichen Schwächen sollte ein Coaching (vgl. Abschn. 3.8.2) durch den Vorgesetzten sowie Fach- und/oder Verkaufsschulungen angeboten werden. Die Zielvereinbarung muss schriftlich protokolliert und von dem Mitarbeiter und dem Vorgesetzten unterschrieben werden. Auch eine Bewertung von Mitarbeitern sollte schriftlich festgehalten und von beiden Seiten gegengezeichnet werden. Dabei sind der Datenschutz und ggf. auch Betriebsvereinbarungen einzuhalten.

Ein Bonus kann auf der Basis von quantitativen und/oder qualitativen Zielen vereinbart werden:

1. Quantitative Ziele sind umsatz-, profitabilitäts- oder wachstumsbezogen (vgl. Abschn. 3.6.1) und müssen für eine monetäre Ausschüttung mit Messgrößen verbunden werden.
2. Qualitative Ziele werden oft mit Sonderaufgaben oder Projekten verknüpft. Der Zielerreichungsgrad kann in Prozentpunkten bewertet werden, falls der Bonus monetär vergütet werden soll und ein Maximalbetrag festgelegt wurde. Dafür gibt es folgende Beispiele:
   - Standcrew bei einer zusätzlichen Messe im Ausland unterstützen
   - Marktanalyse bei Kunden durchführen
   - Einarbeitung neuer Kollegen unterstützen
   - Konsignationsware in die Fertigung von Kunden liefern
   - Technische Listung bei Kunden oder deren Endkunden durchführen …

Die Vergütung und die Nebenleistungen, die im Arbeitsvertrag eines Vertriebsmitarbeiters geregelt werden sollten, bestehen aus Grund-/Zielgehalt, Kostenersatzleistungen und Incentives:

1. Grundvergütung und Kostenersatz im Vertrieb
   - Fix- oder Grundgehalt und gesetzliche Sozialbeiträge
   - Sonderzahlungen wie Urlaubs- und Weihnachtsgeld
   - Reisekostenersatz, bei dem man sich an der Reisekostenrichtlinie des Unternehmens und den gesetzlichen Bestimmungen orientiert
   - Bei Entsendung zu Vertriebstöchtern im Ausland werden meistens sogenannte Expatriate-Verträge geschlossen. Mitarbeiter versuchen oft, ein Recht auf die Rückkehr in ihren bisherigen Betriebsteil zu vereinbaren, wenn der Auslandseinsatz beendet ist. Die Übernahme von Beiträgen zu Sozialversicherungen, Übernahme von Mietkosten für eine Unterkunft, Reisekosten für die Familie, Schulgeld für Kinder etc. müssen für Auslandsentsendungen gesondert geregelt werden.
2. Incentives
   - Der Bonus ist variabel und wird nach den vereinbarten Messgrößen für die Zielerreichung berechnet. In einzelnen Fällen wird er auch als fixer Bonus mit Sockelbeträgen ausgezahlt.
   - Meistens wird Außendienstlern ein Dienstfahrzeug zur Verfügung gestellt und das Fahrzeug darf oft einschließlich Treibstoff oder Strom auch privat genutzt werden. Verkäufer verbringen in der Regel einen erheblichen Teil ihres Lebens im Auto, deshalb ist die Ausstattung eines Dienstfahrzeugs nicht unbedeutend.

- Gegebenenfalls werden die private Altersvorsorge und die Absicherung gegen Berufsunfähigkeit unterstützt. Betriebsrenten sind kaum noch üblich und Unternehmen beteiligen sich eher an einer privaten Altersvorsorge in Form von Lebensversicherungen oder Wertpapiersparverträgen.
- Fortbildungen, sofern sie der vom Unternehmen geförderten Karriereentwicklung dienen
- Bonusreisen und Geschenke müssen in jedem Fall versteuert werden. Wegen einiger Vorfälle von unangemessenen „Lustreisen", zu denen Unternehmen ihre Mitarbeiter eingeladen haben und die in der Öffentlichkeit bekannt geworden sind, hat diese Art von Incentives einen erheblichen Imageschaden erlitten.

3.6.1 Bonussystem und Messgrößen

Im Folgenden werden fünf verschiedene Referenzgrößen für die Bonusvereinbarung beschrieben. Referenzgrößen können aus mehreren Messgrößen bzw. KPIs aggregiert sein:

1. Return on Capital Employed (ROCE, siehe Abb. 3.33)
   Die Abb. 3.33 zeigt Basiskenngrößen und die Baumstruktur, nach der sich ein ROCE berechnen lässt. Der ROCE ist eine Messgröße, die auf einer Rentabilitätsbetrachtung

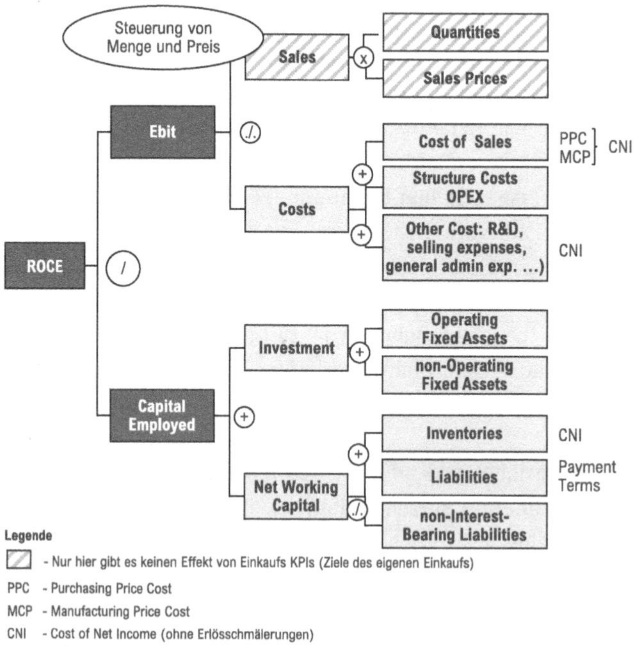

Abb. 3.33 ROCE als KPI zur Bonusberechnung

beruht. Ein ROCE wird oft pauschal für ein gesamtes Unternehmen und alle bonusberechtigten Mitarbeiter verwendet. Die Messgröße basiert auf dem Quotienten aus dem EBIT und dem Capital Employed. Es wird die Kapitalrentabilität für die Investitionen und für das „Net Working Capital", das durch Eigen- und Fremdkapital wie Kredite oder Anleihen finanziert werden kann, ermittelt.

- Der EBIT wird durch die umgesetzten Mengen und den Verkaufspreisen abzüglich aller Kosten bestimmt.
- Der Umsatz (Sales) ist die einzige Größe im ROCE-Modell, die nicht von den Verhandlungen des Einkaufsbereichs abhängt. Die Vertriebsaktivitäten haben einen direkten Einfluss auf die Absatzmengen. Produkt- und Vertriebsmanagement bestimmen ggf. mit Unterstützung einer Pricing-Abteilung die Verkaufspreise und Rabattstaffeln. Auch hier ist ein integriertes Arbeiten von Vertriebs- und Produktmanagement notwendig, um den Umsatz, die ROCE-Kennzahl und den Bonus positiv zu beeinflussen.
- Die Kosten werden durch alle Bereiche im Unternehmen beeinflusst. Die Herstellkosten (Cost of Sales) bestehen aus Purchasing Price and Cost (PPC) und den Fertigungskosten (Manufacturing Cost Price, MCP). Diese Größen bilden den Cost-of-Net-Income(CNI)-Wert, der sich auf den Nettoumsatz nach Abzug von Erlösschmälerungen bezieht. OPEX-Strukturkosten bzw. Gemeinkosten, Kosten für Forschung und generelle administrative Kosten, wie z. B. der Aufwand für die Geschäftsführung, müssen durch das Produktmanagement beobachtet und so weit wie möglich gesteuert werden. Die Vertriebskosten verantwortet der Vertrieb. Er muss entscheiden, wie viele Vertriebsmitarbeiter er benötigt und wie viele er sich leisten kann, um das gewünschte Ergebnis zu erreichen. Das gilt auch für die Kosten der Lieferlogistik zu Kunden (Outbound-Logistik), die oft zu den Vertriebskosten gezählt werden.
- Das „Capital Employed" wird durch Investitionen bestimmt. Es wird in „Operating Fixed Assets" wie Maschinen, Anlagen, Werkzeuge oder Logistikinfrastruktur investiert. Das Produktmanagement hat durch seine Verantwortung für das Produktprogramm, die Roadmap und die Budgetplanungen wesentlichen Einfluss auf die Investitionen der Operations. Auch die Investitionen in „Assets", die nicht den „Operations" dienen, wie z. B. ein Verwaltungsgebäude oder ein Entwicklungslabor, hängen von der strategischen Planung und somit von den Plänen des Produktmanagements ab.
- Das „Net Working Capital" für Lagerbestände, Außenstände von Kunden und eigene Finanzmittel, die keine Rendite erwirtschaften, muss finanziert werden. Die Lagerbestände bedingen die Lieferfähigkeit und werden durch die Planungen des Produktmanagements und die Forecast Qualität des Vertriebs bestimmt. Außenstände sollen durch Zahlungsziele (Payment Terms) für Kunden begrenzt werden. Diese werden oft vom Finanzbereich bzw. dem Controlling vorgegeben. Dabei sind im B2B-Geschäft Zahlungsziele von bis zu drei Monaten nicht unüblich. Der Vertriebsaußen- und der Vertriebsinnendienst haben erheblichen Einfluss auf das Zahlungsverhalten der Kunden.

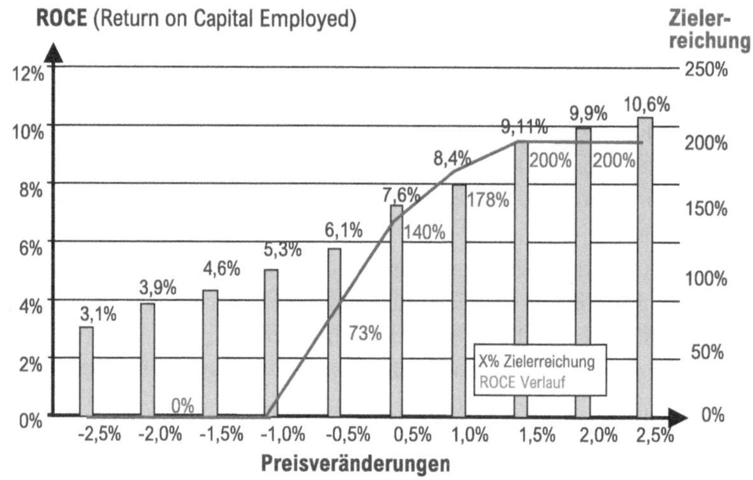

Abb. 3.34 Beispiel – Wirkung von Preisänderungen auf den ROCE

– Beim ROCE (Abb. 3.34) gehen auch Preisveränderungen ein. Preisnachlässe werden in der Regel gewährt, um Mengensteigerungen und absolut höhere Umsätze zu erzielen. Vertriebsmitarbeiter sollten dabei jedoch beachten, dass Preisnachlässe die Profitabilität senken. Die Grafik verdeutlicht anhand eines Beispiels, wie ein durchschnittliches Senken des Preises um einen Prozentpunkt dazu führt, dass das ROCE-Ziel verfehlt wird und der Bonus entfällt. Würden die Preise noch weiter gesenkt, würde das Unternehmen sogar Verluste schreiben. Unverhältnismäßige Preissteigerungen begrenzen demgegenüber den Umsatz, weil Kunden sich ggf. einen anderen Lieferanten suchen oder eine geringere Menge einkaufen.

Die ROCE-Kennzahl orientiert sich stark an den Zielen von Unternehmern und Aktionären, die ihr eingesetztes Kapital maximal verzinsen wollen. Langfristige Investitionen in Assets können über anteilige Abschreibungen und Zinsen berücksichtigt werden. R&D-Kosten für Innovationen, wie z. B. der Erwerb von Lizenzen, müssen durch Kostenzuschlagsätze kalkulatorisch berücksichtigt werden. Alle Mitarbeiter beeinflussen durch ihre Leistung die ROCE-Kennzahl. Das Problem ist allerdings, dass der individuelle Einfluss nicht transparent ist. Auch bei sehr guter Einzelleistung wird ggf. kein Bonus fällig, weil in anderen Bereichen nicht gut gearbeitet wurde. Umso wichtiger ist die integrierte Arbeit und der Informationsaustausch von Produkt- und Vertriebsmanagement, um den ROCE positiv zu beeinflussen.

2. Umsatz bezogen auf Organisationseinheiten, Teams oder einzelne Personen als Referenzgröße für Bonuszahlungen

   Dabei wird in der Regel die Umsatzänderung gegenüber dem Vorjahr oder dem vereinbarten Zielbudget als Maßstab verwendet. Der Umsatz wird dabei auf den Konzern oder das Gesamtunternehmen, das Land bzw. die Vertriebsniederlassung oder einzelne Mitarbeiter heruntergebrochen. Insbesondere Außendienstmitarbeiter im Vertrieb werden an diesen Umsatzkennzahlen gemessen. Es ist sinnvoll, die Umsatz-

änderungen auf den gleitenden Durchschnitt von zwei Geschäftsjahren zu beziehen, um „Manipulationen" vorzubeugen (siehe Abschn. 3.6.3).
3. Der Umsatz kann auch bezogen auf Kundentypen als Referenzgröße für Bonuszahlungen gegenüber dem Vorjahresumsatz oder dem mittleren Umsatz der vergangenen zwei Geschäftsjahre als Basis für den Bonus dienen. Der Umsatz wird dann für eine bestimmte Kundengruppe oder Branche, KA-Kunden oder Distributionskunden saldiert.
4. Die CM-V-Marge als Referenzgröße für Bonuszahlungen dient neben dem Umsatz einer Businessunit oder eines Geschäftsfeldes oft als Bonusgrundlage für das Produktmanagement. Der CM-V wird durch die Entwicklungskosten, die Einkaufs- und die Herstellungskosten beeinflusst. Ein integriertes Produkt- und Vertriebsmanagement muss die Kosten, die Profitabilität und den Umsatz gemeinsam steuern und verantworten.
   Die Contribution-Marge-CM-V (DB5) =
   Nettoumsatz nach Erlösschmälerungen
   ./. Herstellkosten (inkl. Qualitätskosten etwa infolge von Retouren)
   ./. Logistikkosten
   ./. Produktmanagementkosten (inkl. Kosten für den Second Level Support)
   ./. F&E-Kosten (inkl. Kosten für den Third Level Support)
5. Marktanteilsveränderung als Referenzgröße für Bonuszahlungen
   Diese Messgröße hat den erheblichen Nachteil, dass die Marktanteile und deren Änderungsraten in B2B-Märkten meistens nicht bekannt sind. Es handelt sich meistens um Nischenmärkte mit sehr wenigen potenziellen Käufern, die für eine Marktstudie zahlen würden. Deshalb werden aussagekräftige Studien für die Marktgröße und das Marktwachstum bei Maschinen, Komponenten und Services sehr selten angeboten. Wenn der Marktanteil vom Vertrieb selbst ermittelt bzw. geschätzt wird, ist er keine neutrale Referenzgröße. Je größer der Marktanteil bereits ist, desto schwieriger ist es für Verkäufer, den Marktanteil noch zu steigern.

Alle Referenzgrößen haben Nachteile. Deshalb versucht man, aggregierte Messgrößen wie den ROCE zu verwenden, der sich aus mehreren Parametern zusammensetzt. Diese wiederum sind kompliziert in der Handhabung. Einzelne Mitarbeiter haben mit ihrem Engagement nur wenig Einfluss auf den persönlichen Bonus. Durch ein Bonussystem mit vielen Parametern entsteht keine zusätzliche Leistungsmotivation. Neben den quantitativen Zielen für das Unternehmen oder die Abteilung kann man mit Mitarbeitern auch individuelle, persönliche Ziele vereinbaren (siehe Abschn. 3.6). Jeweils 50 % des Bonus könnten z. B. von der Erreichung der Unternehmensziele und 50 % von der Erfüllung persönlicher Ziele abhängen.

3.6.2 Zielvereinbarungen

Bonusverläufe auf Basis der vereinbarten Zielerreichung können einer linear progressiven Funktion, einer Stufenfunktion oder einer Kombination dieser beiden

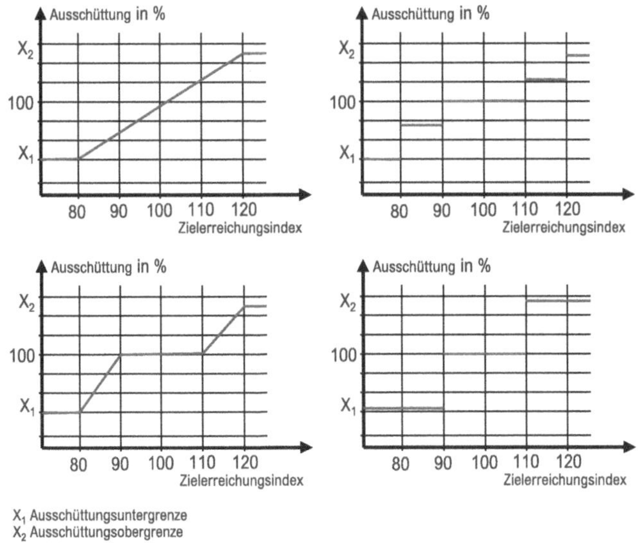

Abb. 3.35 Vier Ausschüttungsoptionen für den variablen Bonus bei leistungsorientierten Vergütungssystemen (siehe Homburg et al. 2016, S. 167)

Funktionen folgen (siehe Abb. 3.35). Grundsätzlich sollten Bonussysteme möglichst einfach und transparent gestaltet werden.

1. Im Arbeitsvertrag von Vertriebsmitarbeitern werden meistens ein Fixgehalt (z. B. 80.000 EUR) und ein variabler Anteil (Bonus von z. B. 20.000 EUR) vereinbart. Mitarbeiter mit individuellen Verträgen sind in der Regel außertariflich beschäftigt. Das Jahreszielgehalt wäre dann in diesem Beispiel 100.000 EUR. Das Zielgehalt kann entsprechend der Tariflohnentwicklung angepasst oder individuell verhandelt werden.
2. Meistens wird der Bonus durch eine Ausschüttungsgrenze nach oben gedeckelt, sodass z. B. nicht mehr als 200 % (im Beispiel 140.000 EUR) ausgezahlt würden. Die untere Ausschüttungsgrenze kann z. B. bei 90 % der Zielerreichung liegen. Dann bekäme der Mitarbeiter erst ab dieser Marke überhaupt eine Bonuszahlung.

3.6.3 Steuerungsmaßnahmen zur Verhinderung von Bonusmanipulationen

Nach Homburg et al. (2016, S. 166) müssen Bonussysteme, die der Steuerung eines leistungsorientierten Vergütungssystems dienen, nach festen Vereinbarungen und Regeln gehandhabt werden:

1. Tarif- und Betriebsvereinbarungen müssen beachtet werden. Es kann sein, dass Mitarbeiter kein variables Gehalt erhalten dürfen, da ihr Fixgehalt nicht die höchste Gehaltsstufe von tariflichen Beschäftigten überschreitet.

2. Referenzgrößen zur Bonusbemessung sind festzulegen.
3. Ausschüttungskorridore und Grenzverläufe für das Fixgehalt sowie den Bonus und der maximale Bonus sind festzulegen.
4. Ausschüttungszeitpunkt (z. B. im Mai nach der Gesellschafterversammlung) ist festzuglegen.
5. Laufende Kontrolle, ob das angewendete System leistungskonform ist und nicht manipuliert werden kann, muss erfolgen.

Bonussysteme basieren auf Wachstum. Nur durch Wachstum lassen sich Kostensteigerungen auffangen und Zukunftsinvestitionen finanzieren, ohne dass ein Unternehmen in eine übermäßige Abhängigkeit von Banken gerät. In jedem Geschäftsjahr hohe Steigerungsraten und einen sehr guten Bonus zu erzielen, ist fast unmöglich. Vertriebsingenieure legen sich selbst die Wachstumsbasis immer höher. Deshalb versuchen Vertriebsleute oft, den Bonus „zyklisch hochzuschaukeln". Sie nehmen Jahre ohne oder mit geringeren Bonuszahlungen in Kauf. In den darauffolgenden Jahren wollen sie dann von einem überproportionalen Wachstum auf einem relativ geringeren Basiswert profitieren (vgl. Abb. 3.36).

Außendienstmitarbeiter orientieren ihr Verhalten oft an der Erfahrung, dass es in jedem dritten Geschäftsjahr ohnehin keinen oder nur einen sehr geringen Vertriebsbonus gibt.

Die folgenden Fälle von Bonusmanipulationen können in der Praxis beobachtet werden. In beiden Fällen ist das Verhalten nicht mit den Compliance-Regeln konform. Das jeweilige Geschäftsjahr entspricht dem Kalenderjahr:

1. Fall 1: Das Jahr ist von Januar bis Oktober sehr schlecht gelaufen, und es wird keinen Bonus geben. Der Vertriebler bittet Kunden, erst im Januar zu bestellen. Dann zählt der Umsatz bereits für das folgende Jahr.

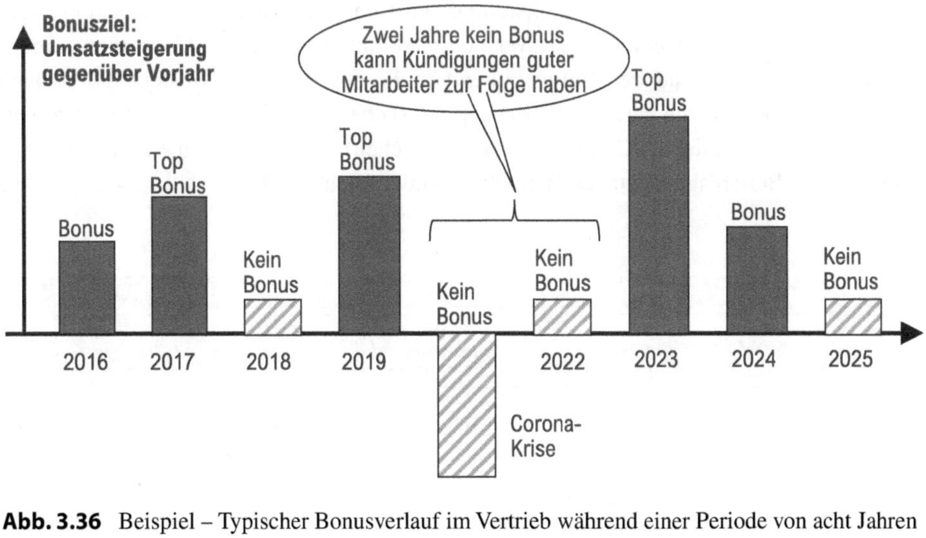

Abb. 3.36 Beispiel – Typischer Bonusverlauf im Vertrieb während einer Periode von acht Jahren

2. Fall 2: Der Vertriebler läuft Gefahr, das Mindestumsatzziel für den Bonus knapp zu verfehlen: Er bittet Kunden im Dezember um eine Lagerbestellung.

Gegenmaßnahmen gegen das „Bonusschaukeln" in diesen beiden Fällen sind:

- Den Bonus nicht nur mit dem Umsatzwachstum verknüpfen. Auch den ROCE, den CM5 und andere für das Geschäftssystem passende Referenzgrößen in Erwägung ziehen.
- Umsatzsteigerungen nicht nur auf das Vorjahr, sondern auf den gleitenden Durchschnitt der vergangenen zwei Jahre beziehen.
- Bei markanteilsbezogenen Boni das Wachstum immer auf das „Jahr n-2" beziehen. Hier stellt sich die Frage, ob der Marktanteil im Basisjahr n-2 und die Marktanteilsveränderung überhaupt ermittelt werden können.
- Ab Ende Oktober bzw. in den letzten beiden Monaten des laufenden Geschäftsjahres sollten keine Umsatzzahlen (Year to Date, YTD) mehr im Unternehmen kommuniziert werden, damit die Vertriebe Ihre volle Leistung bis zum letzten Tag des Geschäftsjahres erbringen.

3.7 Vertriebscontrolling, Berichtswesen und Supply-Chain-Management

Die Abb. 3.37 verdeutlicht, dass Controlling, Berichtswesen und Finanzbuchhaltung wichtige Funktion für das integrierte Management haben. Es ist ein durchgängiges Berichtswesen entlang der Wertschöpfungskette von der Produktentwicklung, Marketing, Verkauf, Lagerung, Produktion und Lieferung bis zur Fakturierung notwendig. Das Controlling hat in der Regel keine operative Budgetverantwortung. Allerdings hat es in der Regel die Funktion, die Planung, Realisierung und Kontrolle entlang der Wertschöpfungskette zu begleiten, um Gefahren und Versäumnisse aufzuzeigen. Das Controlling nimmt meistens bereits während der Entwicklung von Produktstrategien Kostenkalkulationen und -simulationen für die gesamte Wertschöpfungskette vor. Dafür gibt es im Controlling Fachleute, die oft an den CFO (Finanzverantwortlichen) berichten und die zusätzlich eine „Dotted Line-Berichtslinie" zu den Bereichsverantwortlichen haben.

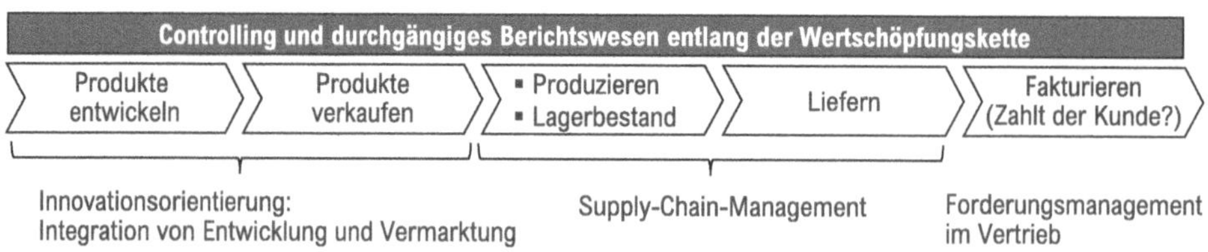

Abb. 3.37 Controlling und Berichtswesen

Das Controlling kann die Aufgabe haben, ein tägliches, monatliches, quartalsbezogenes oder jährliches Berichtswesen einzufordern und zu konsolidieren. Bei der Kontrolle von Zahlungsströmen und bei deren Dokumentation geht das Berichtswesen in die Finanzbuchhaltung über. Erst wenn die Kunden die in Rechnung gestellten Beträge bezahlt haben, ist die Planung erfüllt worden. Die Fragen eines unabhängigen Controllings werden oft als lästig empfunden. Allerdings ist ein Vieraugenprinzip mit einem Controller und einem Verantwortlichen aus dem Produktmanagement, den Operationsbereichen (Supply-Chain-Management) bzw. dem Vertriebsbereich unbedingt notwendig. Das Controlling sollte ein wichtiger Sparringspartner für die Verantwortlichen sein, aber es sollte andererseits das Geschäft und notwendige Entscheidungen auch nicht unverhältnismäßig bremsen. „Time to Market" (vgl. Stockert und Tintelnot 2002, S. 120 ff.) und Agilität bis zum Kunden sind entscheidende Erfolgsfaktoren.

Ob der Verkauf und das Unternehmen erfolgreich sind, lässt sich durch Vertriebscontrolling und Berichtswesen bis zum Kunden überprüfen:

- Erst wenn dem Kunden das versprochene Produkt mit den vereinbarten Funktionen und der erwarteten Qualität fristgerecht geliefert wurde, ein angebotener Service geleistet wurde und der Kunde die Zahlungsziele eingehalten hat, ist das Geschäft erfolgreich abgeschlossen worden. Eine Hauptaufgabe von Vertriebsgesellschaften ist das Eintreiben von Außenständen. Diese Aufgabe erfüllen in der Regel die Innen- und Außendienstmitarbeiter im Vertrieb und das Controlling in den Tochtergesellschaften. Bei den Kollegen im Außendienst ist das eine sehr unbeliebte Aufgabe, weil es die Kundenbeziehung belastet. Dies gilt besonders dann, wenn der Außendienst keine neuen Aufträge annehmen darf, bevor alte Rechnungen beglichen wurden. Hier ist eine Rollenteilung wichtig. Controlling bzw. finanzorientierte Kollegen sollten die Rollen der „Bad Guys" übernehmen. Der betreuende Außendienstkollege sollte die Rolle des „Good Guys" ausfüllen. Zahlungsziele für die Kunden sollten mit möglichst kurzen Fristen vereinbart und eingehalten werden, um das Working Capital und Kredite bei Banken zu begrenzen.
- Ob das Geschäft profitabel ist, müssen die Controlling-Kollegen in der Kalkulation und vor allem auch in der Nachkalkulation ermitteln, damit ggf. nachgesteuert werden kann. Kunden, die in der Summe aller Geschäfte nicht ausreichend profitabel sind und diese Situation ausnutzen, schwächen ihren Lieferanten und werden ihn ggf. verlieren.
- Produktdeckungsbeiträge, Projekt- und Kundenprofitabilitätsrechnungen sollten vom Controlling unterstützt werden.

3.7.1 Grundsätzliche Aspekte des controllingbasierten Vertriebsmanagements

Im vorherigen Abschnitt wurden die Aufgaben und die Bedeutung des Controllings entlang der Wertschöpfungskette beschrieben. Dieser Abschnitt beschreibt die wesentlichen Aspekte und Ziele des Vertriebscontrollings gemäß Abb. 3.38.

Abb. 3.38 Ziele, die das Vertriebscontrolling unterstützen sollte

Der Umsatz des Unternehmens sollte profitabel wachsen. Würde man die Wachstumsziele zu hoch setzen oder dem Vertrieb keine angemessenen Personalressourcen, Marketingunterstützung oder Reisekosten einräumen, könnten die Ziele nicht erreicht werden.

Entlang der Wertschöpfungskette gibt es für das Controlling folgende, ausgewählte Aufgaben:

1. Analysen:
   – Umsatz, Kosten und Margen (Deckungsbeitragsrechnung) für das Gesamtunternehmen und die Vertriebsniederlassungen, Produktgruppen, Produkte, Services, Kunden und KA-Kunden sowie für Projektgeschäfte sind zu ermitteln.
   – Cashflow und Working Capital beobachten.
   – Auftragsbestand und -veränderung (Book-to-Bill-Rate) analysieren.
   – Sales Forecast: Umsatzprognose und falls erforderlich deren realistische Anpassung auf Basis von Vertriebsabfragen während eines Planungszeitraumes einholen und konsolidieren.
   – ROCE als aggregierte Kapitalrentabilität ermitteln und ggf. für Bonusberechnungen im Unternehmen zur Verfügung stellen.
2. Dashboards (für Vertrieb und Produktmanagement) für grafische Darstellungen von Zahlen (KPIs) für die Matrix (Regionen, Industriesegmente, Produkte und einzelne Kunden) zur Verfügung stellen.
3. Supply-Chain-Kennzahlen auswerten:
   – Days of Inventory Outstanding (DIO) entspricht der Lagerreichweite. Die Reichweite sollte einerseits die Lieferfähigkeit garantieren und andererseits aber wegen des gebundenen und zu finanzierenden Working Capitals auch möglichst gering

sein. Der Pufferbestand (die Bestanduntergrenze) orientiert sich in der Regel an statistischen Vergangenheitswerten.

– Umsatz-Forecasts sind zukunftsorientiert. Von diesen Schätzwerten hängen die Steuerung der Supply Chain (Einkaufs- und die Bestandsmengen von Roh-, Hilfs-, Betriebsstoffen und Halbfabrikaten), die Steuerung der Produktion und die Bereitstellung von Logistikkapazitäten ab. B2B-Kunden sollten bei der Erstellung von Forecasts mitwirken, damit sie selbst rechtzeitig beliefert werden. Insbesondere im singulären Projektgeschäft mit hohen Volumina ist das unabdingbar. Den Kunden muss unbedingt erklärt werden, dass zu niedrige und zu hohe Forecast-Mengen die Zuverlässigkeit der Supply Chain ihres Lieferanten gefährden. Letztlich muss der Vertriebsingenieur den Forecast bei den Kunden abfragen und die Zahlen auf Basis einer Vertrauensbeziehung validieren. Das Controlling ist nur für die Aggregation und Darstellung der Zahlen zuständig.
– Basiswerte und Sicherheitsbestände werden mit statischen Algorithmen berechnet, die historische Daten und die vom Vertrieb dynamisch zu aktualisierenden Forecast-Werte nutzen:
  a) Wie wahrscheinlich ist es, dass Kunden die im Forecast gemeldeten Produkte auch wirklich bestellen?
  b) Wie wahrscheinlich ist es, dass die Bestellung für ein großes Projektgeschäft wirklich ausgelöst wird?

4. Außenstände:
   Days of Sales Outstanding (DSO) ist die Zeitspanne vom Rechnungsdatum bis zum vollständigen Geldeingang auf dem Konto des Lieferanten. Dieser KPI kann als Ziel dafür genutzt werden, die Außenstände des Unternehmens zu reduzieren und die Forderungen bei den Kunden schneller einzutreiben.

3.7.2 Controlling von Umsatz und Margenentwicklung

Die beiden folgenden Gleichungen sind die Grundlage für alle kaufmännischen Entscheidungen:

1) Umsatz = Menge x Preis
2) Gewinn = (Menge x Preis) – Summe aller Kosten und Vertriebsrabatte

Gewinne und Profitabilität zu erzielen, ist das wesentliche Ziel für betriebswirtschaftliches Handeln. Das Ziel der Profitabilität muss ein Vertriebsingenieur bei jedem Einzelauftrag verfolgen. Durch eine mehrstufige Deckungsbeitragsrechnung kann die Profitabilität in den Wertschöpfungsstufen gesteuert werden (siehe mehrstufige Deckungsbeitragsrechnung in Abb. 2.29).

Beim Vertrieb von B2B-Produkten gilt:

Eine Mengensteigerung ist in der Regel nicht ohne Preisnachlass möglich. Andernfalls wäre der Anbieter ein Monopolist.

- Preissteigerungen sind meistens nicht ohne Verhandlungen und teilweise sogar nur unter Offenlegung der Kostenkalkulation zu erzielen (z. B. Automobilzulieferer). Durchgesetzt werden Preissteigerungen in der Praxis, wenn diese durch allgemeine Materialpreissteigerungen oder Tariflohnerhöhungen begründet werden können. Davon sind dann in der Regel auch die Konkurrenten betroffen. Preissteigerungen können andernfalls zu Kundenverlusten an die Wettbewerber führen.
- Es besteht die Gefahr, dass ein Wettbewerber die Preise vorübergehend auf ein nicht profitables Niveau senkt, um Kunden zu gewinnen. Deshalb muss man die Marktpreise kennen, um die Kunden in Verkaufsgesprächen darauf hinzuweisen.
- Auf die Herstell-, F&E- und Marketingkosten hat der Vertrieb nur Einfluss, wenn er am Produktentstehungsprozess beteiligt wird. Auf die Supply-Chain-Kosten hat der Vertrieb erheblichen Einfluss, falls die Prioritäten in der Produktion und die Lagerhaltung mit Vertriebs-Forecasting gesteuert werden. Der Vertrieb hat ebenfalls Einfluss auf Erlösschmälerungen wie Mengenrabatte oder Jahresboni und alle direkten Vertriebskosten wie Personal-, Reise-, IT-, Logistik- oder immobilienbedingte Kosten an den Vertriebsstandorten.

Es ist für Vertriebsingenieure und das Vertriebscontrolling nicht einfach, den Überblick über die Zahlen zu behalten. Visualisierungssysteme wie maßgeschneiderte Dashboards, die auf Basis der Daten aus den ERP- und CRM-Systemen arbeiten, wirken dem entgegen. Abb. 3.39 zeigt ein Beispiel für eine Dashboard-Auswertung, die dem Produkt-, Vertriebsmanagement und dem Controlling zur Verfügung gestellt werden kann.

Abb. 3.39 Dashboard visualisiert Vertriebskennzahlen. (Bildquelle: © de.dreamstime.com)

3.7.3 Vertriebsberichtswesen und Reporting

Kundenbesuche müssen von den Vertriebsmitarbeitern mit Präsentationen vorbereitet werden, Muster müssen bestellt werden, Besuchsberichte im CRM gepflegt und zusammen mit dem Vertriebsinnendienst Angebote abgegeben werden. Das Verfassen umfangreicher Berichte bzw. Reporting und das Ausfüllen von vorgegebenen Templates bindet viel Zeit (Abb. 3.40).

Sich ständig durch Fakten und Zahlen rechtfertigen zu müssen, kann die Motivation von Verkäufern senken. Das Berichtswesen dient Mitarbeitern oft zur Dokumentation von erbrachten Leistungen, um im Vergleich mit Kollegen gut abzuschneiden und um Ansprüche auf Bonuszahlungen zu rechtfertigen (vgl. Homburg et al. 2016, S. 129 f.).

Die folgenden Rahmenbedingungen gelten häufig für den Alltag von Vertriebsmitarbeitern im Außendienst:

- Im Vertriebsaußendienst gibt es in der Regel keine festen Arbeitszeiten und die Reisetätigkeiten im Auto oder mit öffentlichen Verkehrsmitteln können anstrengend sein.
- Auslandsreisen nach Übersee enden oft erst am Wochenende oder erstrecken sich sogar über mehrere Wochenenden. Freizeit gibt es für Außendienstler auf Reisen selten.
- Mitarbeiter stehen unter ständigem Ergebnisdruck (Umsatzwachstum und Profitabilität). Auch wenn die Geschäfte sehr gut laufen, überlegt die Geschäfts- oder Vertriebsleitung immer, wie man noch mehr erreichen könnte.
- Umsätze werden in der Regel mindestens monatlich oder sogar auf Tagesbasis nachverfolgt und berichtet.

Eine Sales Forecast Zahl kann möglicherweise aus folgenden Gründen durch die Abverkäufe nicht erreicht werden:

Abb. 3.40 Das Ausfüllen von Templates ist bei Außendienstmitarbeitern eine unbeliebte Aufgabe

1. Der Umsatz ist zu hoch geplant worden:
   - Verkäufer sind in der Regel eher optimistisch. Der Forecast wird trotz schlechter Aussichten während des Geschäftsjahres nicht reduziert. Vertriebler versuchen gerne, die Übermittlung schlechter Nachrichten, wie den Verlust von Aufträgen oder Projekten, aufzuschieben. Häufig werden erst ab dem dritten Quartal eines Geschäftsjahres nicht mehr zu vermeidende Umsatzabkündigungen vorgenommen.
   - Der Vertriebler hat mit der Geschäfts- oder Vertriebsleitung in Budgetgesprächen eine unrealistische Umsatzplanung abgegeben oder zu hohe Leistungsforderungen akzeptieren müssen.
2. Der Umsatz ist zu niedrig geplant worden. Trotz eines hohen Auftragsbestandes kann der Sales Forecast nicht erfüllt werden, da die Kapazitäten in der Produktion und Logistik nicht ausreichen, nicht erweitert wurden und die notwendigen Rohstoffe und Vorprodukte nicht mehr rechtzeitig eingekauft werden können.

3.7.3.1 Umsatz-, Kosten- und Ergebnisplanung

Die Abb. 3.41 zeigt Planungshorizonte, die in Unternehmen berücksichtigt werden müssen (vgl. Sasse und Mink 2015, S. 191 ff.). Die strategische Planung der Geschäftsentwicklung basiert auf den Zielen, welche der Vorstand oder die Geschäftsführung des Unternehmens nach Genehmigung durch die Gesellschafter und Aufsichtsgremien langfristig verfolgen. Wenn Eigentümer selbst als Führungskräfte im Unternehmen tätig sind und die Führungspositionen stabil besetzt sind, dann sind Strategiediskussionen einfacher.

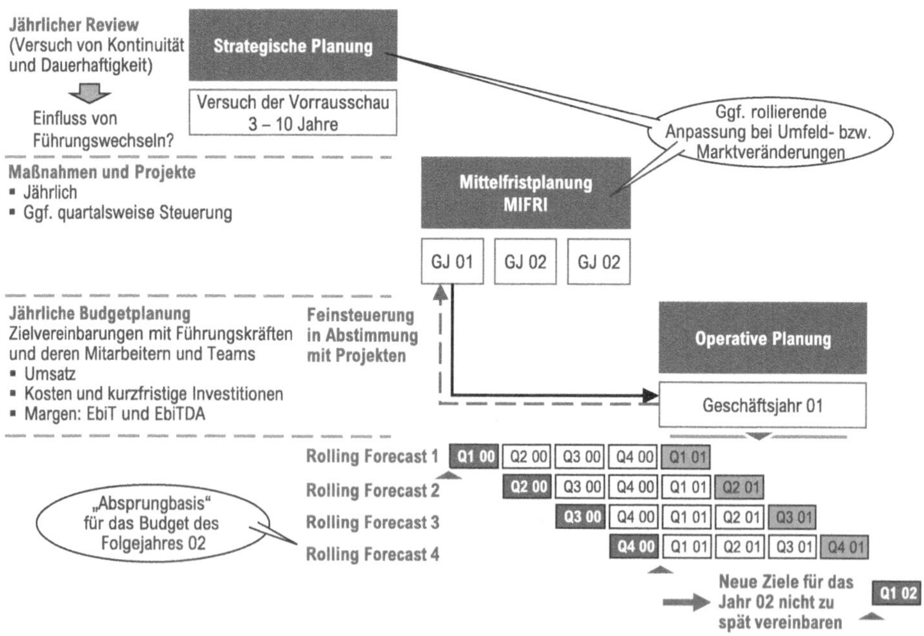

Abb. 3.41 Planungsregelkreis mit strategischer, mittelfristiger und operativer Planung (in Anlehnung an Sasse und Mink 2015, S. 191)

Das Geschäft, die Historie und die Mitarbeiter werden in stabilen Führungsstrukturen besser verstanden. Strategische Planungen sollten in Textform, mit Grafiken und Tabellen dokumentiert und fundiert realisiert werden. Eine grundsätzliche Überarbeitung sollte nicht notwendig sein, es sei denn, es treten unvorhersehbare Ereignisse auf, die zu erheblichen Marktveränderungen führen, die eine Anpassung erforderlich machen.

Dementsprechend sind Mittelfristplanungen für drei bis fünf Jahre üblich. Sie werden in der Regel rollierend erweitert, sobald ein Geschäftsjahr abgeschlossen wird und eine neue Jahresscheibe geplant werden muss. Die operativen Planungen werden immer für das folgende Geschäftsjahr durchgeführt. Dabei bietet es sich an, diese Planungen im zweiten Halbjahr eines Geschäftsjahres durchzuführen. Nur dann ist man in der Lage, den Jahresendumsatz und den Gewinn realistisch einzuschätzen. Dazu dienen in der Regel die Vertriebs-Forecasts, die rollierend nach vorne hin angepasst werden, sobald Quartalsabschlüsse vorliegen. Die Forecasts monatlich anzupassen ist kritisch, da man sonst Gefahr läuft, Ziele zu früh aufzugeben. Budgets werden in der Regel in allen Unternehmensbereichen aufgestellt. Man plant Umsätze, Kosten, Mitarbeiterzahlen und Ergebnisse. Die Endwerte eines Geschäftsjahres sind die Bezugsgrößen für das Folgejahr. Der Umsatz des Vorjahres (PY) ist in der Regel eine Größe, die man als erreichbar ansieht und die man im laufenden Geschäftsjahr unbedingt übertreffen will. Der Vorjahresgewinn bestimmt, was man im kommenden Geschäftsjahr nach Abzug aller Zinsen, Abschreibungen, Steuern, Ausschüttungen an Gesellschafter und der Bildung von Rücklagen reinvestieren kann.

Das Ergebnis wird oft zusätzlich in Deckungsbeiträge entlang der Wertschöpfungsstufen (siehe Abb. 2.28) heruntergebrochen und geplant. Es besteht dabei immer die Gefahr, dass Controller zu viele Zielwerte planen und vorgeben wollen. Man arbeitet dann mit einem mathematisch überbestimmten System mit zu vielen Konstanten und zu wenigen Variablen auf dessen Basis keine sinnvollen Führungsentscheidungen getroffen werden können. Ressourcen hängen vom Zielwert ab und müssen entsprechend geplant werden. Man kann kein zweistelliges Umsatzwachstum anstreben, ohne neue Mitarbeiter im Vertrieb, im Produktmanagement und in den Operations einzustellen.

Das Beispiel in Abb. 3.42 bezieht sich auf einen Industrie-PC-Hersteller, der Steuerungs-IPCs, Bedieninterfaces (Touchscreens, HMIs) mit IPC-Funktionen und Edge-IPCs für die Daten und Cloudkommunikation herstellt. Die Entwicklung dieser Marktsegmente wurde für drei Jahresscheiben geplant. Auf Basis der anvisierten Absatzmenge kann man die Zahl der notwendigen Vertriebs- und Servicemitarbeiter planen. Auf Basis des erwarteten Preisniveaus, der beobachteten Preisänderungen von Wettbewerbern und der eigenen Kosten sollte man Preise festlegen und die Zeitpunkte für Preiserhöhungen im folgenden Geschäftsjahr planen. Preiserhöhungen müssen vorbereitet und den Kunden rechtzeitig mitgeteilt werden.

3.7.3.2 Abweichungen gegenüber dem Plan und dem Budget

Die absoluten und relativen Abweichungen gegenüber den Planwerten und dem Budget sollten monatlich analysiert und dokumentiert werden. Nur so kann man bei einer

Produkte: Industrie-steuerungen	Plangrößen	Jahr 1	Jahr 2	Jahr 3
Edge PCs	Marktanteil geschätzt	18%	22%	25%
	Absatz (in Stück)	80.000	110.000	140.000
	Vertriebsmitarbeiter (FTAs)	75	83	100
	Applikationsingenieuere	15	17	20
HMIs (Flachbildschirme = Human Maschine Interfaces)	Marktanteil geschätzt (FTAs)	10%	11%	11%
	Absatz (in Stück)	110.000	130.000	135.000
	Vertriebsmitarbeiter (FTAs)	40	40	38
	Applikationsingenieuere (FTAs)	2	3	3
Steuerungs IPCs (Industrie PCs)	Marktanteil geschätzt	4%	4,50%	4%
	Absatz (in Stück)	40.000	45.000	38.000
	Vertriebsmitarbeiter (FTAs)	14	10	6
	Applikationsingenieuere (FTAs)	1	1	0
Summe	Absatz (in Stück)	230.000	285.000	313.000
	Vertriebsmitarbeiter (FTAs)	129	133	144
	Applikationsingenieuere (FTAs)	18	21	23

Abb. 3.42 Vertriebsplanung eines Industrie-PC-Herstellers. (Eigenes Beispiel gemäß dem Schema von Homburg et al. 2016, S. 102)

Umsatz- und Ertragsentwicklung, die unterhalb der Planung verläuft, rechtzeitig gegensteuern. Das gilt für die Budgets einzelner Vertriebsmitarbeiter ebenso wie für Ländervertriebsgesellschaften oder das gesamte Unternehmen. Vertriebsmitarbeiter sollte man geeignet coachen und etwaige Hürden aus dem Weg räumen, wenn die Umsatzentwicklung ins Stocken geraten ist. Bei einem konjunkturbedingten Nachfragerückgang kann man eventuell mit Sonderverkaufsaktionen zusätzliches Geschäft generieren.

Auch positive Abweichungen müssen frühzeitig als Trend erkannt werden. Wenn sich daraus ergibt, dass man Kunden in der Folge von Kapazitätsengpässen in Aufschwungphasen nicht ausreichend beliefern kann, dann springen sie oft dauerhaft zu Konkurrenten ab.

Es ist die Kunst, am Ende des Abschwunges rechtzeitig für den Aufschwung bereit zu sein. Bei der starken Erholung vieler B2B-Märkte nach dem Einbruch durch die Coronakrise im Jahr 2019 gab es im Jahr 2021 viele Lieferengpässe bei Elektronik-Chips und Halbleiterbauelementen. Die Anbieter von Elektronikkomponenten hatten ihre Produkte und Fertigungen inzwischen stärker auf B2C-Konsumentenhersteller im Bereich Smartphones, Tablets, Spielekonsolen oder weißer Ware ausgerichtet. Die Folge war, dass der Maschinenbau und die Automobilindustrie unter einem Mangel an Elektronikkomponenten zu leiden hatten. Unternehmen, die „nur" auf die Minimierung des Working Capitals geachtet und die Lagerbestände minimiert hatten, haben dadurch Lieferprobleme bekommen.

Abweichungsanalysen sollen dem „Gegensteuern" in Vertrieb und Operations dienen (Abb. 3.43). Sie sollten zum Budget und zum Vorjahr erstellt werden. Dabei sollte man die Umsätze, Mitarbeiterzahlen oder andere Kenngrößen kumulieren und vergleichen. Im laufenden „Jahr 3" kann man sich an einem YTD-Wert des „Vorjahres 2" und an

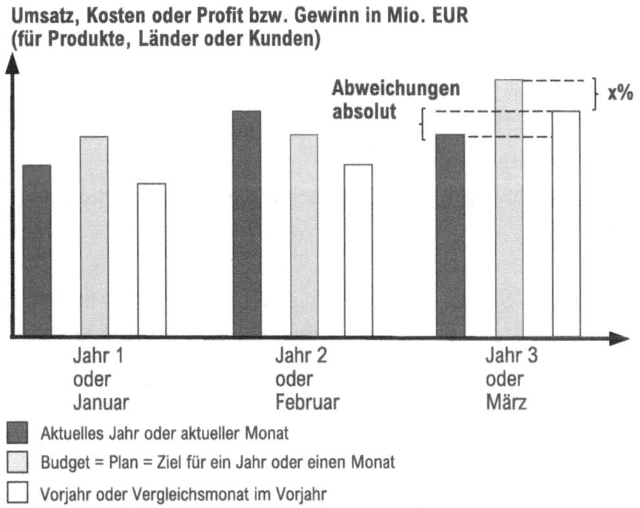

Abb. 3.43 Periodische Abweichungsanalyse zur Maßnahmensteuerung

dem Budgetwert messen, den man z. B. bis „Ende März" erreicht haben sollte. In einem unerwartet boomenden Markt kann man die eigenen Budgets ggf. problemlos erfüllen. Trotzdem können auch in diesem Fall Marktanteile verloren gehen, wenn die Wettbewerber den boomenden Markt noch besser nutzen und ein noch höheres Wachstum erzielen.

Bei positiver Abweichung gegenüber der Planung sollten folgende Maßnahmen ergriffen werden:

- Man sollte die Vertriebsmitarbeiter fragen, ob wegen des Mehrumsatzes mit einem dauerhaften Wachstum geplant werden kann. Handelt es sich ggf. um Sondereffekte oder um ein großes Projektgeschäft? Der Vertrieb muss mit dem Kunden sprechen und realistisch einschätzen, mit welcher Wahrscheinlichkeit ein Projektauftrag gewonnen wird. Lagerhaltung und Produktion für Projektaufträge, die noch nicht erteilt wurden, sind ein Risiko. Insbesondere wenn es keine anderen Kunden für die Vor- oder die Endprodukte gibt.
- Der Vertrieb muss angeben, für welche Produkte (A, B, C …) zukünftig mehr Umsatz zu erwarten ist. Lagerbestände, die nicht für Kundenaufträge reserviert wurden, müssen den statistischen Marktbedarf der Vergangenheit widerspiegeln.
- Produktionsmengen, Soll- u. Sicherheitslagerbestände müssen ggf. nach oben anpasst werden.

Bei negativer Abweichung gegenüber der Planung sollten folgende Maßnahmen ergriffen werden:

- Sales Push, Marketing und Aktionen wie Sonderangebote oder Gratisservices nutzen, um bei rückläufigen Umsätzen gegenzusteuern.
- Wenn Krisen länger andauern, über Kostenreduzierungen nachdenken. Die Präsenzfrequenz bei Kunden nicht senken. Einen angepassten Mix aus Besuchen und digitaler Onlinekommunikation nutzen.
- Über gezielte Preisreduzierungen für einzelne Kundensegmente und Produktgruppen nachdenken.

Es ist die hohe Kunst des Supply-Chain-Managements, die Lieferfähigkeit auf Basis von Forecasts sicherzustellen und trotzdem zu hohe und kostspielige Sicherheitsbestände zu vermeiden. Nur wenn der Vertrieb die Kunden genau kennt und ein gutes Verhältnis zu ihnen aufgebaut hat, kann die erforderliche Forecast-Qualität erreicht werden. Dabei sollte idealerweise ein digitaler Datenaustausch mit den Kunden möglich sein.

3.7.3.3 Monatliches Reporting mit Highlights und Lowlights

Transparenz durch monatliche Meetings bzw. Onlinebesprechungen ist für ein abgestimmtes Handeln von Produkt- und Vertriebsmanagement unabdingbar. Abb. 3.38 zeigt an einem Beispiel, welche Informationen dafür entscheidend sind. Wenn das operative Geschäft nicht der erwarteten Entwicklung entspricht, dann kann nur mit einer vertrauensvollen Besprechung der Lage und abgestimmten Maßnahmen gegengesteuert werden. Liegen die Umsatzzahlen unter dem Plan, dann sind Fertigungen und Servicebereiche nicht ausgelastet. Liegen die Zahlenwerte deutlich über dem Plan, dann können Engpässe in der Produktion und bei Rohstoffen und Vorprodukten das Wachstum bremsen. Die Abb. 3.44 zeigt ein Template mit einer Exceltabelle als Formblatt, das bei „Sales-Reviews" hilfreich ist. ERP- und CRM-Systeme können kombiniert werden, sodass Zahlen aus dem Controlling, die Forecast-Werte des Vertriebs und qualitative Beschreibungen der Absatzsitzsituation mit maßgeschneiderten Dashboards dargestellt werden können.

Folgende Informationen sind für das Gesamtunternehmen und für die Vertriebstochtergesellschaften zentral:

1. Vertriebskennzahlen
   - Die aktuelle Umsatzentwicklung „Actual" (AC) gegenüber dem „Budget" (BU) und dem „Vorjahreswert" (Prior Year, PY) auf Monatsbasis beobachten. Wichtig ist, dass eine Monatsplanung vorliegt, bei der auch saisonale Effekte berücksichtigt wurden. Zum Beispiel wird der Umsatz in China im Januar oder Februar, wenn das „Chinese New Year" gefeiert wird, geringer sein. In Italien und in Südeuropa gilt das für den Urlaubsmonat August.
   - Die „Book-to-Bill-Rate" ist im Gegensatz zu der historischen Umsatzentwicklung eine in die Zukunft gerichtete Größe. Sie ist der Quotient aus dem Auftragseingang und dem Umsatz im aktuellen Monat. Da Aufträge mit Verzögerung geliefert und fakturiert werden, ist bei einer Book-to-Bill-Rate von „größer 1" mit einem

Net sales YTD October 2021 in Italy with High-Lights and Low-Lights

Net sales YTD October

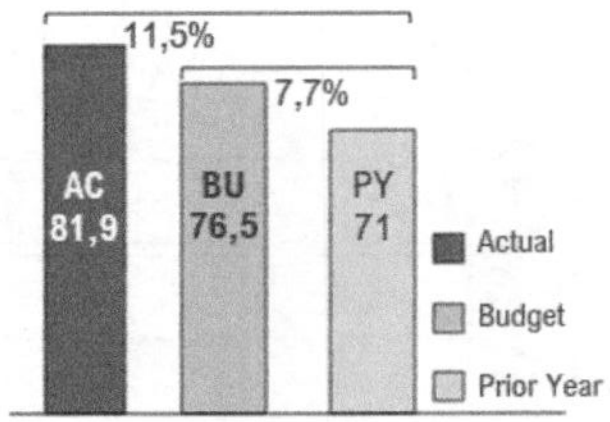

Italy

Book to Bill Rate

		October
Order Income	Mio. €	10,00
/ Invoiced Value	Mio. €	9,30
= Book to Bill Rate		0,93

Sales' 12-Month Reviewed Forecast Difference (RFC)*

		Oct 21	Nov21	Dec 21
RFC	Mio. €	8,75	9,2	7,5
RFC Salesteam Italy	Mio. €	9,1	9,4	8,2
Budget	Mio. €	8,5	8,7	7,7

* Sales' 12-month RFC based on the invoiced value (15.10.21)

High-Lights Customer - Project related
- We received an order worth of 100 TEUR from customer DEF für project A
- New opportunity from hre ABC-corporation for Product M
- Additional order from customer B in Milano
- We won a couple of new customers in farming supply. Presentation is avalilable in the folder 'shared succes stories'
- New opportunity in governmental projects sponsored by the EU

Marketing and Sales Push
- New marketing plan (more online, more social media, webinars, customer workshops, ...)
- Lead management; focus to new customers and fast growing industries e.g. Medical and Food & Beverage

Low-Lights
- Product A - poor availability
- Product C - poor quality from productionsite in Vietnam
- Customer K with an average of 500 KEUR sales p.a. has been lost finally to competitor X because of missing product range

Measures (To Does)	Who	When
Sales Push Product A - at every phone call the sales guys have to evaluate opportunities at customers' sites	All	ongoing
Sales action - re-incubate the market launch of product B	Teams k, l	ongoing
Preparation of the Italian Industry fair in Milano in December by personal invitation: To be supported by marketing	All	November

Abb. 3.44 Monatliches Reporting am Beispiel eines Vertriebstochterunternehmens in Italien

zukünftigen Umsatzwachstum aus dem Auftragspuffer zu rechnen. Auftragsbestände können die Produktion für mehrere Monate auslasten. Es besteht aber die Gefahr, dass die Kunden bei Standardprodukten auf andere Lieferanten ausweichen, wenn man nicht lieferfähig ist. Bei einer Rate von „kleiner 1“ ist mit einem Umsatzrückgang zu rechnen. Maßnahmen zum Gegensteuern mit gezielten Vertriebsaktivitäten sollten gestartet werden. Wichtig ist zu prüfen, ob die Book-to-Bill-Rate ggf. durch einmalige Projektgeschäfte verzerrt wurde.

- Die Forecast-Qualität ist sehr wichtig. Der lokale Vertrieb kennt dabei die wesentlichen Einflussfaktoren in den Ländern. Das Produktmanagement sollte eine Einschätzung aus globaler Sicht abgeben. Wenn man ein Budget nach oben oder nach unten angepasst hat, dann muss das zwischen Vertriebs- und Produktmanagement abgestimmt werden. Der Zielumsatz und der zu erwartende kumulierte Jahresendumsatz sollten mit „Rolling Forecasts“ (vgl. Abb. 3.45) quartalsweise aktualisiert werden. Das ermöglicht die Planung der Produktion und der gesamten Supply Chain für einen dreimonatigen Zeitraum. Man sollte die Supply Chain nach dem Auftragseingang feinsteuern, aber den Forecast sollte man quartalsweise bestimmen.

2. Marktentwicklung
Es sollten negative Einflüsse wie politische Krisen, ökonomische Rezessionen, Pandemien, Naturkatastrophen und ebenso positive Effekte wie Konjunkturbelebungen durch Strukturwandel, Investitionsprogramme in erneuerbare Energien, Technologieförderung oder Großereignisse wie z. B. eine EXPO oder Sportveranstaltungen

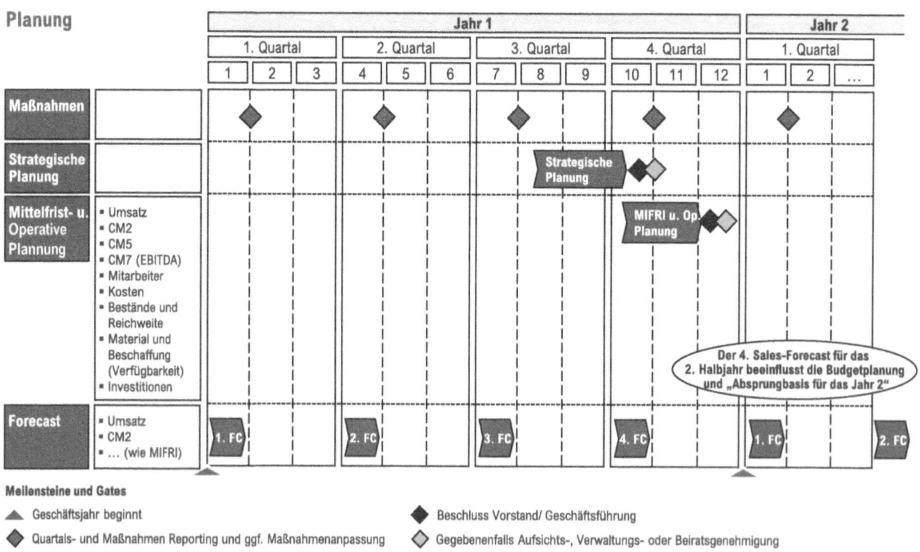

Abb. 3.45 Planungskalender mit Sales-Forecast

berücksichtigt werden. Außerdem sollte das Produktmanagement die CM-II-Marge auswerten und deren Entwicklung kommentieren.

3. Highlights und Lowlights
Auf der Basis von positiven und negativen Beispielen sollten jeweils etwa drei bis fünf gewonnene und verlorene bzw. nicht erteilte Aufträge oder Projekte beschrieben werden. Die Begründung dafür sollte kurz und stichhaltig sein, damit die jeweilige Länderorganisation und das gesamte Unternehmen daraus für die Zukunft lernen können. Positive Beispiele können als Referenzen bei anderen Kunden verwendet werden.
4. Maßnahmen (Measures), Marketing and Sales Push
In den monatlichen Abstimmungsrunden sollten vom Vertrieb Maßnahmen vorgeschlagen werden, wie ein unter Plan verlaufender Umsatz wieder aufgeholt oder stabilisiert werden kann. Marketing und Produktmanagement könnten Promotions vorbereiten.

3.7.4 Planungskalender und Sales-Forecast

Abb. 3.45 zeigt den Planungskalender für ein B2B-Unternehmen, der zwischen und mit dem Vertriebs- und Produktmanagement abgestimmt werden muss und für beide Bereiche verbindlich sein muss.

Die strategische Planung ist der Rahmen für die mittelfristigen und die operativen Pläne (vgl. Sasse und Mink 2015, S. 89, 191). Die Pläne müssen ineinandergreifen, jedoch sollte dabei die grundsätzliche Strategie nicht jedes Jahr infrage gestellt werden. Auch die Teilstrategien im Produkt- und Vertriebsbereich sollten so aufgestellt sein, dass sie längerfristig Bestand haben. Anpassungen sollten nur einmal pro Jahr erfolgen. Vorzugsweise sollte man das kurz vor der MIFRI-Planung im vierten Quartal tun. Die Mitarbeiter sollten nicht unangemessen viel Zeit für Planungen verwenden und sich auf das operative Geschäft konzentrieren können. Der vierte Forecast sollte vorliegen, bevor das folgende Geschäftsjahr und die MIFRI aktualisiert werden. Viele Unternehmen fahren in unsicheren Zeiten wie ein Schiff im Nebel nur auf „Sicht". Sie trauen der konjunkturellen Entwicklung und ihrer darauf basierenden Planung nicht. Diese Unternehmen stellen ggf. im ersten Quartal oder im ersten Halbjahr keine Mitarbeiter ein, obwohl die Stellen bereits mit dem Budget freigegeben wurden.

Maßnahmenpläne sollten von den verantwortlichen Bereichen selbst vorschlagen und umgesetzt werden. Ein zentraler Projektmanagementbereich ist kaum sinnvoll, wenn Produkt- und Vertriebsmanagement nicht integriert sind. Ein zentrales Projektmanagement kann dann leicht zwischen die „Mühlsteine" unterschiedlicher verantwortlicher Führungskräfte geraten. Nur wenn es einen letztlich entscheidungsbefugten und entscheidungsfreudigen CEO gibt, kann ein zentrales Projektmanagementmodell funktionieren. Das Controlling sollte bei Maßnahmen und Projekten per „Dotted Line" an die oberste Führungsebene berichten und die Projektarbeit bei der Umsetzung von

Maßnahmen unterstützen. Berichtet es nur an den CFO, können „Verantwortungsfragen“ nicht gelöst werden und Konflikte und Machtkämpfe lähmen das Unternehmen. Die Suche nach vermeintlich "Schuldigen" darf aber nicht dazu führen, dass ein Unternehmen eine Kultur etabliert, in der Fehler nicht verziehen werden und Fehler deshalb nicht zugegeben werden. Dann kann das Unternehmen und seine Mitabeiter auch nicht aus Fehlern lernen.

Die strategische- und die MIFRI-Planung müssen von Geschäftsführung bzw. Vorstand verabschiedet und in der Regel auch von dem Aufsichtsgremium genehmigt werden. Das kann ggf. ein nervenaufreibender Prozess sein. Insbesondere wenn es Meinungsunterschiede gibt und in Aufsichtsgremien unterschiedliche Interessen verfolgt werden oder es an Sachverstand mangelt. Produkt- und Vermarktungsrisiken (Unternehmertum = Chancen- und Gefahrenabwägungen) können dann nicht richtig beurteilt werden.

Der Sales-Forecast hat auf die Entscheidungen der Gremien für die Budgets des Folgejahres einen hohen Einfluss. Welche Genauigkeit kann beim Sales-Forecast auf Basis der Abfragen und Einschätzungen des Vertriebes bei Kunden erreicht werden? Welche zusätzliche Genauigkeit kann dabei auf der Basis von volkswirtschaftlichen Analysen, wie z. B. dem ifo-Geschäftsklima-Index des Instituts für Wirtschaftsforschung (ifo) und anderer Prognosen, erreicht werden?

Der Sales-Forecast

1. hat Einfluss auf die finanzielle Jahresplanung (Budgets) des nächsten Geschäftsjahres und für die Folgejahre sowie
2. unmittelbare Auswirkungen auf die Lieferfähigkeit und die Liefertreue im folgenden Quartal.

Fest steht in jedem Fall, dass die Qualität der Basisdaten für das realistische Aufstellen von Budgets ausschlaggebend ist, da auch die besten statistischen Modelle auf Basis schlechter Zahlen eine falsche Vorhersage geben. Eine Vorhersage des Umsatzes (Sales), der sogenannten „Top Line“ einer Erfolgsrechnung wie einer GuV, ist die Ausgangsbasis jeder Planung. Welche Kosten, Investitionen und Mitarbeiterzahlen (in FTE) kann man sich für die Realisierung der Top Line leisten, um „Bottom Line“ die erforderliche Profitabilität zu erzielen?

Abb. 3.46 zeigt Beispiele für operative Fertigungs- und Logistikbereiche, deren Kapazität geplant und gesteuert werden muss.

Es hat wesentliche Auswirkungen auf die Lieferkette des Unternehmens, von welcher Organisationseinheit der Einkauf geführt wird:

- Ist der Einkauf Teil einer CTO-geführten Operationsorganisation, dann ist eine enge, systemgestützte Kommunikation zwischen der Operationsleitung und dem Produkt- und Vertriebsmanagement erforderlich. Sicherheitsbestände werden in der Regel von den Operations großzügiger festgelegt als vom Controlling, auch wenn deren Bonus an einer ROCE-Kennzahl gemessen wird.

Forecast-bezogene Produktionssteuerung mit MES- und ERP-Systemen

Forecast-bezogene Lageroptimierung

Abb. 3.46 Produktions- und Logistikbereiche, deren Kapazitätsoptimierung auf dem Forecast basieren. (Bildquelle: © de.dreamstime.com)

- Wird der Einkauf vom CFO verantwortet, der auch für das Controlling zuständig ist, dann wird es besonders intensive Diskussionen zwischen den Controllern sowie dem Vertriebs- und Produktmanagement geben. Man wird sich einen erhöhten Forecast und die notwendige Erhöhung der Bestände in der Regel genau begründen lassen. Das ist einerseits liquiditätsfördernd und senkt die Finanzierungskosten, aber das Unternehmen ist andererseits auch weniger flexibel und eventuell nicht lieferfähig. Der Einkauf in B2B-Unternehmen verfügt in der Regel immer über die erforderliche technische und kaufmännische Kompetenz. Da die technische Kompetenz im Finanzbereich bzw. im Controlling in der Regel geringer ist, besteht ein hoher Erklärungsbedarf. Es müssen oftmals Begründungen abgegeben werden, warum z. B. eine günstigere Stahl- oder Kunststoffsorte mit anderen technischen Eigenschaften zu Problemen in der Produktion führen kann.

3.7.5 Vertriebsprozess mit CRM-Systemen, digitalen Touchpoints und Printmedien

Die für B2B-Geschäfte angepasste Vertriebsprozesskette in Abb. 3.47 umfasst alle Vertriebskanäle im B2B (vgl. Winkelmann 2012, S. 223). Der Kontakt zu Kunden kann auf unterschiedlichen Wegen entstehen. Durch welchen Kanal möchte der Kunde bedient werden und wünscht er eine persönliche Betreuung mit Besuchen? Diese Fragen sind am Anfang eines Verkaufsprozesses völlig offen. Es wird zunächst nur nach Neukunden und wiederkaufenden Bestandskunden unterschieden.

Der Vertriebsprozess besteht in der Regel aus sechs Hauptschritten:

1. Marketingaktivitäten (in ausgewählten Industrien und Ländern), die von Produkt- und Vertriebsmanagement koordiniert und durch den Marketingbereich ausgeführt werden sollten.

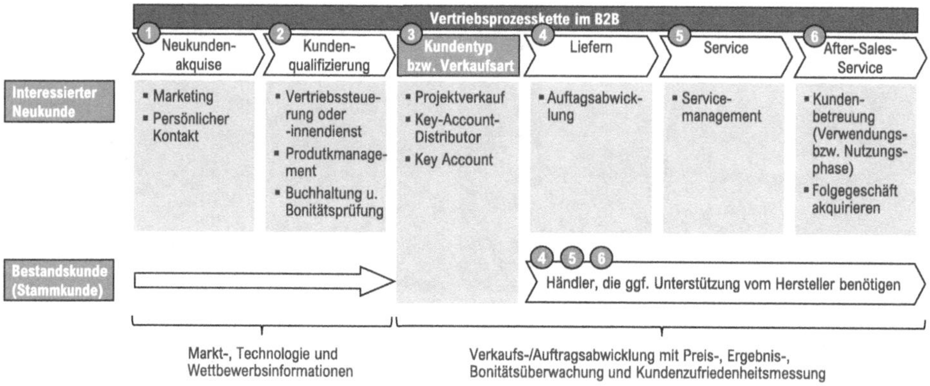

Abb. 3.47 Vertriebsprozesskette

2. Kundenqualifizierung durch Vertriebsingenieure im Flächenvertrieb, als KA-Manager, in der Vertriebssteuerung, im Produktmanagement und im Vertriebsinnendienst. Es werden Kundenlisten erstellt. Bewertet wird dabei, wie gut der Außendienst oder das Produktmanagement die Kunden bereits kennt (Kalt- oder Warmakquise) und welches Entwicklungspotenzial neue Kunden haben (z. B. mit SRO, vgl. Abschn. 3.5.4.3).
3. Verkauft werden kann durch den Flächenvertrieb oder den Spezialvertrieb, KA-Vertrieb bei Großkunden, Projektvertrieb, E-Commerce oder indirekt über einen Händler. Viele Kunden suchen ihren Vertriebskanal selbst aus, bei anderen kann eine aktivere Rolle sinnvoll sein. Es ist sinnvoll, E-Commerce-Kunden zu qualifizieren und festzustellen, ob im persönlichen Direktgeschäft mit Beratung ein noch größeres Umsatzpotenzial besteht.
4. Aufträge abwickeln.
5. Services managen.
6. Nachbetreuung und Wiederkäufe generieren.

Bei Kunden, die ein Händler akquiriert hat oder die an einen Händler vermittelt wurden, werden die Funktionen der Schritte vier bis sechs vom Handel erfüllt.

Die Vertriebsprozesse und die Kundenbetreuung sollten durch ein CRM-System und Dashboards wie in Abb. 3.48 unterstützt werden (vgl. Winkelmann 2012, S. 307 ff.). Diese Systeme bieten der Vertriebsleitung individuelle, vergangenheitsbezogene Auswertungen an, etwa:

- Wie viele Kundenbesuche wurden durchgeführt?
- Wie viel Umsatz wurde durchschnittlich pro Besuch initiiert und erzielt?
- Wie ist die durchschnittliche Zeitspanne vom Erstbesuch eines Neukunden bis zum ersten Auftrag?
- Wie unterscheidet sich der Erfolg einer Produktgruppe bei Kunden in unterschiedlichen Ländern oder Marktsegmenten?
- Wie ist der Umsatz nach Marketing und Verkaufsaktionen gestiegen?

Abb. 3.48 Dashboard aus einem CRM-System für die Vertriebsprozesssteuerung und die Kundenbetreuung. (Bildquelle: © de.dreamstime.com)

Es stellt sich immer wieder die Frage, wie viele und welche Daten man auswerten sollte. CRM-Systeme und Dashboards bieten in der Regel eine große Zahl von KPI und grafischen Darstellungen an. Man sollte dadurch nicht in die Versuchung geraten, das Produktmanagement und den Vertrieb mit einem mathematisch überbestimmten System von festen Zielgrößen zu steuern.

Das ERP-System ist für die Auftragsabwicklung und das darauf aufbauende Finanz-Reporting notwendig. Auch im ERP-System kann ein Teil der im CRM-System zur Verfügung gestellten Auswertungen generiert werden. Man sollte darauf achten, dass Daten nicht doppelt gepflegt werden. Die Kundenstammdaten (Masterdatenmanagement) sollten in einer Basis vorhanden sein. Diese Daten sollten mit hoher Cybersecurity, cloudbasiert und schnell verfügbar sein. Das Anlegen und Pflegen der Masterdaten sollte zum größten Teil vom Produkt- und Vertriebsmanagement übernommen werden.

CRM-Systeme bieten der Vertriebsleitung viele Informationen, Managementunterstützung und Kontrollfunktionen an. Die Vertriebsingenieure können ihre gesamte Zeitplanung und alle Aktivitäten mit einzelnen Kunden darin dokumentieren. Das hilft der Außendienstkraft und erlaubt es auch dem Innendienst, auf Informationen zuzugreifen, Daten zu ergänzen, zu wissen, welche Kunden die Außendienstmitarbeiter besuchen, was mit Kunden vereinbart wurde und welche Unterstützung vom Innendienst erforderlich ist. Die Arbeit des Außendienstmitarbeiters wird durch die umfassende Dokumentation der Kundenaktivitäten transparenter. Diese Transparenz trifft daher zum Teil auch auf Widerstände.

Das Ziel der Nutzung eines CRM-Systems sollte jedoch nicht die Kontrolle von Mitarbeitern, sondern die Unterstützung der Vertriebsingenieuren „auf der Straße" und bei den Kunden sein. Durch die Möglichkeit des Zugriffs mittels Tablets oder Smartphones können Vertriebsaußendienstmitarbeiter die Informationen im CRM-System während ihrer Reisetätigkeit komfortabel nutzen und ergänzen. Außerdem gibt es die Möglichkeit, während eines digitalen Kundengesprächs ausgewählte Bildschirmansichten mit den Kunden zu teilen und in einem Protokoll festzuhalten, was vereinbart wurde (vgl. Abschn. 4.5.6.5). Entscheidend ist natürlich die Datenpflege, die bei Außendienstmitarbeitern aus zwei Gründen nicht unbedingt beliebt ist. Erstens ist sie zeitaufwendig. Zweitens wollen Vertriebsingenieure bestimmte Informationen nur selbst nutzen können. Die im CRM-System gespeicherten Informationen sollten in der Regel über technische Anforderungen und die kaufmännische Auftragshistorie hinausgehen. Private Interessen der Kunden sind Hintergrundwissen, welches nicht gerne mit Vorgesetzten und Kollegen geteilt wird. Deshalb werden solche Informationen oft nicht im vollen Umfang im CRM-System gespeichert. Dieses Wissen kann aber entscheidend sein, um von einer persönlichen und dauerhaften Kundenbeziehung zu profitieren. Wechselt der Außendienstler zu einem Wettbewerber, dann ist persönliches Wissen wie etwa der Geburtstag des Kunden sehr nützlich, um den Kunden zu halten und durch einen Nachfolger gleichwertig weiter zu bedienen. Es ist eine Frage der Unternehmenskultur und des Führungsstiles, in welchem Umfang der Außendienst Informationen mit seinem Arbeitgeber in CRM-Systemen teilt.

Die Vertriebsprozesse müssen zur Beschreibung und Visualisierung der Produkte immer von digitalen Medien und Printmedien flankiert werden. Bei digitalen Medien (vgl. Abb. 3.21) ist zwischen digitalen Informationen, wie einem darstellenden Onlinekatalog, und interaktiven, digitalen Touchpoints zu unterscheiden. Mit interaktiven Plattformen kann der Kunde ein Produkt auswählen, in den Warenkorb legen und ggf. individuell konfigurieren (vgl. Abschn. 3.5.3.2) und bestellen. E-Commerce mit interaktiven Plattformen ermöglicht somit, dass sich die Kunden „selbst bedienen". Allerdings wird dieser Kanal von Kunden in der Regel nur für einfache Komponenten und Wiederholungskäufe genutzt. Eine erklärungsbedürftige Werkzeug- oder Verpackungsmaschine wird ein Kunde über diesen Weg in der Regel nicht bestellen. E-Commerce hat auch den Nachteil, dass Innovationen und differenzierende Merkmale von Produkten oft schwerer zu vermitteln sind. Alternativ kann der Kunde auch die Portale der Wettbewerber und Händler verwenden. Der Preis ist für den Onlinekauf neben der Lieferzeit oft das wichtigste Kriterium. Direkte Kommunikation kann keinesfalls vollständig durch digitale Systeme ersetzt werden. Auch Spracherkennungssysteme mit künstlicher Intelligenz können die Wünsche der Kunden noch nicht ausreichend verstehen, um dann „das Richtige" zu liefern. Im Servicebereich können solche Systeme, wie es im C2C-Geschäft bei Servicehotlines von Banken und Versicherungen üblich ist, helfen, den Kunden an einen kompetenten Gesprächspartner zu vermitteln, der dann den gewünschten Service erbringt oder veranlasst. Der Mensch wird deshalb im B2B-Vertriebsprozess auf absehbare Zeit nicht völlig ersetzbar sein.

Digitale Medien und klassische Kommunikationsmittel im Vertriebsprozess (Beispiele siehe Abb. 3.49)

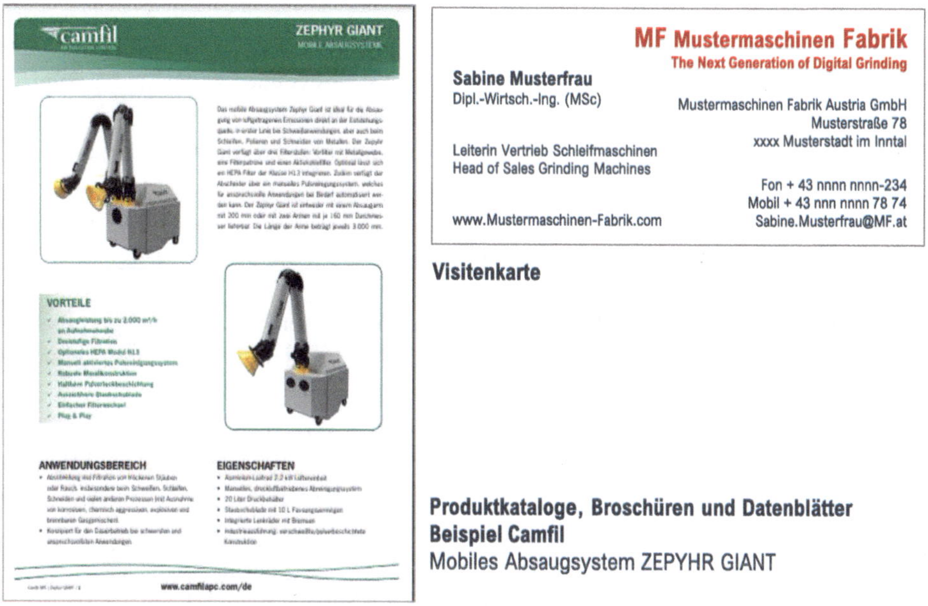

Abb. 3.49 Beispiele für gedruckte Medien im Vertriebsprozess. (Bildquelle links: © https://www.camfil.com/de, rechts: eigene Musterkarte)

1. Digitale Medien und Touchpoints
   - Onlinekataloge haben den Vorteil, dass sie kontinuierlich mit Daten, technischer Dokumentation, Applikationsbeispielen in Form von Videofilmen und den aktuellen Listenpreisen aktualisierbar sind. Kunden müssen sich für den Besuch des Onlinekataloges in der Regel nicht anmelden.
   - Interaktive Portale für E-Commerce bzw. Web-Sales sind zur „Selbstbedienung" der Kunden im B2B- oder B2D2B-Geschäft geeignet. In diesen Portalen können auch Produktkonfiguratoren (vgl. Abschn. 3.5.3.2) zur Verfügung gestellt werden. Kunden müssen sich identifizieren und anmelden. Bei interaktiven Portalen müssen kundenindividuelle Preis- und Rabattstaffeln eingespielt werden.
   - Digitale Touchpoints (Links) zu den digitalen Kommunikationsmedien und Vertriebsplattformen können in Fachzeitschriften, auf Messen, über Artikel in Fachzeitschriften oder durch businessorientierte, soziale Medien wie „LinkedIn" oder „Xing" beworben werden.
2. Gedruckte Medien und Produktmuster
   - Imagebroschüren des Unternehmens,
   - Produktbroschüren,
   - Applikationsbroschüren,
   - Datenblätter (die auch online mit CAD-Daten zur Verfügung gestellt werden können) und

   - Kataloge als Hardcopy

   nehmen in ihrer Bedeutung stark ab, aber sie unterstützen nach wie vor ebenso wie Produktmuster (vgl. Abschn. 3.5.3.2) den Vertriebsprozess und den Verkaufserfolg.
3. Klassische, gedruckte Visitenkarten sind auch im digitalen Zeitalter für Vertriebsingenieure beim ersten Besuch eines Kunden und auf Messen weltweit obligatorisch.

3.8 Vertriebstraining und Coaching

Im Vertrieb besteht ein kontinuierlicher Trainingsbedarf bei Mitarbeitern für produkt- und servicebezogene Inhalte. Das Verständnis der Vertriebsabläufe muss geschult werden. Dazu gehören auch IT-Schulungen für CRM- und ERP-Systeme. Abb. 3.50 zeigt Beispiele für Produkt-, Serviceschulungen und Verkaufstrainings. Diese finden aus Kostengründen in der Regel in Gruppen von vier bis 30 Teilnehmern statt. Trainings können von internen oder externen Trainern abgehalten werden. Idealerweise werden Produkttrainings aber vom Produktmanagement oder von eigenen Trainern durchgeführt, die schon länger im Unternehmen sind.

Von Beratungsunternehmen werden individuelle Verkaufs- und Leadgenerierungstrainings und Coaching angeboten (vgl. Abb. 3.50). Verhaltens-Coaching sollte gegenüber fachlichem Training immer auf der Basis einer „Eins–zu-eins-Beziehung“ zwischen der zu coachenden Person und dem Coach stattfinden. Bei solchen vertraulichen, sehr persönlichen Gesprächen sollte keine andere Person anwesend sein. In persönlichen Coachinggesprächen kann es darum gehen, das Auftreten und das Verhalten gegenüber Kunden zu verbessern oder kulturelle Hintergründe von „Menschen und deren Gepflogenheiten“ in anderen Ländern zu vermitteln, umso zur individuellen Verbesserung einer Person beizutragen.

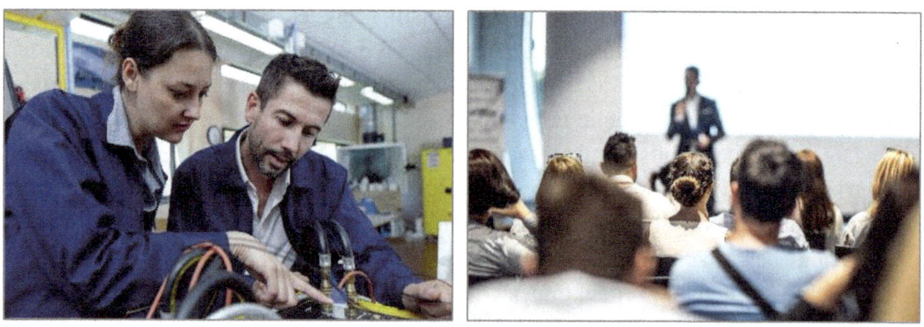

Produkt- und Servicetraining **Verkaufstraining**

Abb. 3.50 Produkt, Service und Verkaufstrainings. (Bildquelle: © de.dreamstime.com)

Persönliches Coaching (vgl. McGregor und Dobblin-Turner 2021) sollte immer von der eigenen Führungskraft durchgeführt werden, denn die Kompetenz einer guten Führungskraft hängt auch davon wesentlich ab. Führungskräfte sollten das Coaching beherrschen oder in Coachingmethoden geschult werden. Beim operativen Coaching eines Mitarbeiters kann ein Trainer dem Coach nicht helfen. Nur das Topmanagement wie Geschäftsführer oder Vorstände sollten bei Bedarf einen externen Coach aufsuchen. Einen internen Coach gibt es für sie nicht.

Wenn Topführungskräfte den Coachingbedarf selbst erkennen, sollten sie diese Unterstützung bei den Eigentümern oder dem Kontrollgremium einfordern und auch angeboten bekommen. Das Einfordern von Coaching wird in der Praxis leider selten als Stärke, sondern nach wie vor oft als Schwäche und Gesichtsverlust gewertet.

1. Produkt-, Service- und IT-Trainings
   - Produkttrainings sind bei neuen und auch bei erfahrenen Kollegen im Vertrieb immer wieder erforderlich. Es können Gruppentrainings durchgeführt werden:
     - Das Portfolio wird vorgestellt und beschrieben.
     - Die Produkte einer neuen Generation mit neuen Funktionen werden erklärt.
     - Die Markteinführung von neuen Produkten und Services wird geübt.
     - Das Messebriefing und ein Training der Standcrew werden abgehalten.
     - Das Training der Nutzung von IT-Tools wie CRM- oder ERP-Systeme wird durchgeführt.
   - Produkttrainings für Distributoren und Kunden werden abgehalten.
2. Verkaufstrainings und individuelles Verkaufs-Coaching
   - Verkaufstrainings können von erfahrenen, internen Vertriebsmanagern oder von externen Trainern oder Beratern in Gruppen durchgeführt werden. Verkaufstrainings werden aber von externen Beratern auch in der Form von Einzeltrainings oder „Fachcoachings" angeboten:
     - Neukundenakquise
     - Kundenbeziehungsmanagement
     - Anfragemanagement und Angebotsverfolgung
     - Training der Verkaufsprozesse wie Verhandlungsführung und Kaufabschluss
     - Compliance-Schulungen sollten mindestens einmal pro Jahr und am besten mit externen Experten bzw. Juristen (vgl. Abschn. 4.2.3) durchgeführt werden. Diese können die aktuellen, gesetzlichen Grundlagen und Beispielfälle aus anderen Unternehmen darstellen und erklären.
   - Coaching von persönlichem Verhalten muss immer in einer Eins-zu-eins-Gesprächssituation zwischen Trainee und Coach stattfinden:
     - Individuelles Coaching betrifft die persönliche Interaktion in Bezug auf Kunden und auch gegenüber Kollegen. Es kann beispielsweise darum gehen, den Mitarbeiter zu unterstützen, ein „sicheres Auftreten" zu erlernen, das Selbstvertrauen

zu stärken oder das Gesprächsverhalten zu optimieren. Beim Coaching müssen sich Coach und Coachee in die Augen sehen können, was online nicht möglich ist.
- Die Rolle eines individuellen Coaches hat in der Regel der Vorgesetzte. Dabei können auch Paten aus dem Unternehmen helfen, um Mitarbeiter in eine neue Produktmanager- oder Vertriebsrolle einzuführen.

3.8.1 Produkt- und Servicetrainings

Produkt und Servicetrainings (mit Anwesenheit)
Trainings mit Anwesenheit der Teilnehmer können in einem eigenen, zentralen Trainingscenter mit Produktaufbauten, in Showrooms der internationalen Vertriebsniederlassungen, in regionalen Vertriebsbüros oder in einem Tagungshotel stattfinden. Große und schwere Maschinen oder Anlagen stehen für Trainings nur an Standorten des Herstellers zur Verfügung. Produkttrainings sind auch bei vermeintlich einfachen Produkten und Sortimenten notwendig. Dafür werden in der Regel auch Produktpräsentationen, Filme und Datenblätter verwendet. Bei komplexen Produkten – etwa bei einer Industriesteuerung – könnten die Teilnehmer z. B. auch Softwareprogramme schreiben und diese an Testaufbauten ausprobieren.

Bei externen Trainings, die nicht am Standort des Herstellers stattfinden, müssen Trainer oder Produktmanager anreisen. Bei großen Unternehmen werden die Trainer auch in den Länderorganisationen der Vertriebsgesellschaften beschäftigt. Es kann hilfreich sein, die Ingenieure und Techniker des Kunden an dessen Standort zu trainieren, wenn die Produkte oder Komponenten des Anbieters in der Applikation des Kunden integriert sind. Erfolgreich absolvierte Schulungen sollten in Form von Zertifikaten, Teilnahmebescheinigungen oder Urkunden dokumentiert werden.

Mögliche Trainingsteilnehmer sind:

- Interne Teilnehmer können die eigenen Vertriebs-, Servicemitarbeiter, neue Kollegen, Werkstudenten und weitere Kollegen mit Auffrischungsbedarf bis hin zur Geschäftsleitung sein.
- Externe Teilnehmer können ggf. Produktmanager, Entwickler, Servicetechniker oder Einkäufer der Kunden sein. Kundentrainings mit der Übernahme von Reisekosten sind ein wirksames Marketingwerkzeug. Die Mitarbeiter von Kunden sehen Reisen zum Hersteller oder den Aufenthalt in einem Tagungshotel als ein Incentive an. Der intensive Austausch mit den Kunden während eines Trainings stärkt die Kundenbeziehung. Die oft ebenfalls beim Training anwesenden Außendienstbetreuer der Kunden können ggf. neue Geschäftsoptionen identifizieren. Distributoren und Handelsvertreter können ebenfalls zu Produkttrainings eingeladen werden.

Web- und medienbasierte Trainings (online)

Diese Form des Trainings ist kostengünstig, da die eigenen Mitarbeiter oder Kunden nicht reisen müssen und nur stundenweise gebunden sind. Trainings, die systemgestützt sind, können auch ohne Trainer durchgeführt werden. Dabei ist die Teilnahme an Trainings nicht immer verbindlich:

- Interne Teilnehmer können durch den Personalbereich oder durch ihre Vorgesetzten dazu verpflichtet werden, an einem Training teilzunehmen
- Externe Teilnehmer bzw. Kunden melden sich ggf. zu Trainings an, aber es besteht die Gefahr, dass sie wegen anderer Termine doch nicht teilnehmen oder das Online-Training frühzeitig verlassen.

3.8.2 Vertriebsprozess und Personalentwicklung verbessern

In der Abb. 3.51 wurden die Begriffe „Training und Coaching" in der Grafik ergänzt und die Schulung der Mitarbeiter auf ein integriertes Produkt- und Vertriebsmanagement im B2B ausgerichtet. Dabei handelt es sich, wie bereits beschrieben, bei „Training und Coaching" nicht um Synonyme. Operative „Lead-Identifikation", „Opportunity-Generation", und „Sales Funnel Control" (vgl. Abschn. 4.5.4.2) können trainiert werden. Trainings können in der Gruppe oder als Einzel-Coachings durchgeführt werden. Dasselbe gilt für das Training von Methoden zur besseren Vertriebsgebietsausschöpfung wie die vorgestellten Tools „ABC-Analyse" oder „SRO". Coachings für das persönliche Verhalten können nur in vertraulichen Zweiergesprächen zwischen einem Mitarbeiter und dem Coach durchgeführt werden.

Einzeltrainings sind wie bereits beschrieben nicht immer notwendig. Unternehmensberatungen bieten diese aber auch an. Es kann hilfreich sein, im Bereich der tele-

Abb. 3.51 Sales-Training und Coaching von persönlichem Verhalten im Vertriebsprozess (in Anlehnung an Steven 2018)

fonischen Leadgenerierung Gespräche aufzuzeichnen, falls die Kunden dem zustimmen. Das Verhalten des Vertriebsmitarbeiters am Telefon kann mithilfe von externen Beratern durch individuelles Training optimiert werden. Die „Hitrate“ bei der Kundengewinnung kann gesteigert werden.

Die Abb. 3.51 zeigt die kontinuierlichen Trainings- und Coachingaktivitäten, die den Vertriebsprozess von Mitarbeitern und Unternehmen reifen lassen. Kunden werden dabei auf eine Reise, die „Customer Journey“, mitgenommen. Diese besteht aus den drei Phasen „Vertrauen zum Anbieter aufbauen“, „Entscheidungen zugunsten eines Lieferanten treffen“ sowie „Produkte und Services kaufen“. Nur wenn diese Reise positiv verläuft, werden Kunden zu Wiederkäufern.

3.8.2.1 Individuelles Sales-Coaching

Die Abb. 3.52 zeigt anhand von Studienergebnisse aus dem Jahr 2017, dass nur rund 35 % der befragten Unternehmen „Coaching“ im Vertrieb einsetzten. Nur 11 % der Studienteilnehmer setzten die effektivste Form des Coachings – „das dynamische Coaching“ – ein.

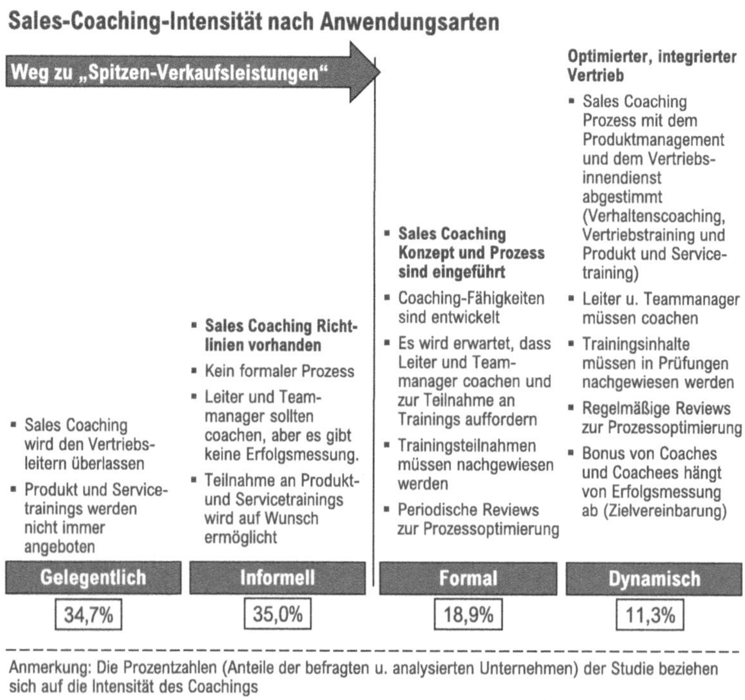

Abb. 3.52 Intensität des Sales-Coachings. (Nach Steven 2018)

Nach Steven (2018) können entsprechend Abb. 3.51 durch individuelles Sales Coaching drei Schwerpunktbereiche unterstützt werden:

1. Lead- und Opportunity-Coaching
   Ziele sind, „angemessen mit Kunden umzugehen“, die „Servicequalität zu optimieren“ und die „Abschlusswahrscheinlichkeit zu erhöhen“.
2. Pipeline-Coaching
   Ziel ist, das der Mitarbeiter seine Pipeline managt und deren Robustheit erhöht. Der Auftragseingang soll zufriedenstellend sein und die Pipeline für die Operations darf auf keinen Fall „trocken laufen“.
3. Account- und Gebiets-Coaching
   Ziel ist, dass Verkäufer höhere Umsätze und eine höhere Profitabilität mit ihren Kunden-Accounts im Vertriebsgebiet erzielen. Zum Beispiel könnte als Vorbereitung für das Coaching ein Gruppentraining für die Anwendung der SRO-Methode (vgl. Abschn. 3.5.4.3) durchgeführt werden.

In der Praxis sollte man den Zeitaufwand im Auge haben, der durch Coaching entsteht, wenn man ein Team führt.

Coaching-Aufwand für eine Vertriebsführungskraft mit acht direkten Mitarbeitern:

- Minimum ist eine Stunde Coaching von individuellen Fähigkeiten jedes Mitarbeiters pro Woche
- Plus eine halbe Stunde Pipeline-Coaching jedes MAs pro Monat
- Plus eine Stunde Account- und Gebietscoaching jedes MAs pro Monat

In Summe ergibt das acht bis elf Stunden pro Woche, was bis zu 25 % der Arbeitszeit der Führungskraft entspricht.

Wenn eine Führungskraft wie im Beispiel ein Viertel ihrer Arbeitszeit für Coaching aufwendet, dann ist das keinesfalls zu viel. Das Coaching ist eine der wichtigsten Aufgaben von Führungskräften, denn Coaching gibt den Mitarbeitern Freiräume, damit sie selbständig bleiben oder es werden.

Sales-Coaching erfordert das Training von Coaches und das Erstellen eines Planes für das Coaching der Mitarbeiter:

1. Trainings für Sales-Coaches anbieten (durch externe oder interne Trainer)
   - Sales-Coaching-Grundlagen vermittelt zu bekommen, ist essenziell für Sales-Manager, denn nicht jeder Mensch wird als Coach geboren.
   - Sales-Coaching-Richtlinien und Tools vermitteln:
     – Szenarien aus Käufer- und Verkäufersicht
     – Phasen entlang der Customer Journey

   - Vertriebsrollen
   - Tools (Recordings, Video-Coaching …)
2. Sales-Coaching-Process-Plan festlegen
   - Entwicklungsplan (Coaching-Bedarf, Zeitachse)
   - Coaching-Plan je Mitarbeiter festlegen und den Coaching-Prozess erklären
   - Lernen in der Praxis: Mitreisen zu Kunden, Briefing vor Kundentermin, Gespräch beobachten, Analysieren und De-Briefing-Gespräch führen.

3.8.2.2 Individuelles Persönlichkeits-Coaching für Vertriebsmitarbeiter und andere Funktionsbereiche

Coaching ist ein kontinuierlicher Prozess, der durch strukturierte Gespräche darauf zielt, die richtigen

- Methoden
- Verhaltensweisen und
- Aktivitäten

zu erlernen und zu beherrschen. Es soll die individuelle Leistungsfähigkeit und Qualifikation von Mitarbeitern gesteigert werden.

In jedem Unternehmen ist das Qualifikationsniveau aller Mitarbeiter statistisch durchschnittlich. Kein Unternehmen kann es sich leisten, nur die allerbesten Mitarbeiter einzustellen. Man würde auch daran scheitern, nur sogenannte „High Potentials" zu finden und einzustellen. Infolge des scharfen internen Wettbewerbes der Kollegen um eine begrenzte Zahl von Führungspositionen kann ohnehin nur eine kleine Zahl von High Potentials im Unternehmen gehalten werden. Gezieltes Coaching und Personalentwicklung ist die einzige Möglichkeit, um im Produktmanagement, im Vertrieb und in anderen Unternehmensbereichen mit einem zunächst durchschnittlichen Vertriebsteam Spitzenergebnisse zu erzielen.

Der folgende Teil dieses Abschnittes lehnt sich überwiegend an den Coachingtechniken von Mark McGregor (siehe McGregor und Dobblin-Turner 2021) an. Er ist ein profilierter und renommierter Coachingtrainer für Topführungskräfte. Seine Methoden bauen unter anderem auf seinen Erfahrungen als kanadischer Eishockey-Spieler, Coach und Manager bei Top Eishockey-Teams in Kanada, der Schweiz und in Deutschland auf.

Die Pyramide für Effektivität in Abb. 3.53 zeigt: Private und berufliche Aktivitäten müssen immer strukturierten Planungsebenen und Prioritäten folgen. Nur dann kann eine Führungskraft erfolgreich sein oder werden und gesund bleiben.

Die Arbeit sollte mit täglichen Ritualen beginnen und muss auf einer klaren, persönlichen Vision, Werten und einem prinzipientreuen Grundverhalten basieren. Nur wenn dieses Verhalten trainiert und beherrscht wird, kann eine Person als Führungskraft effektiv sein. Andernfalls verschleißt sie sich als operativer Manager. Die Beispiele in

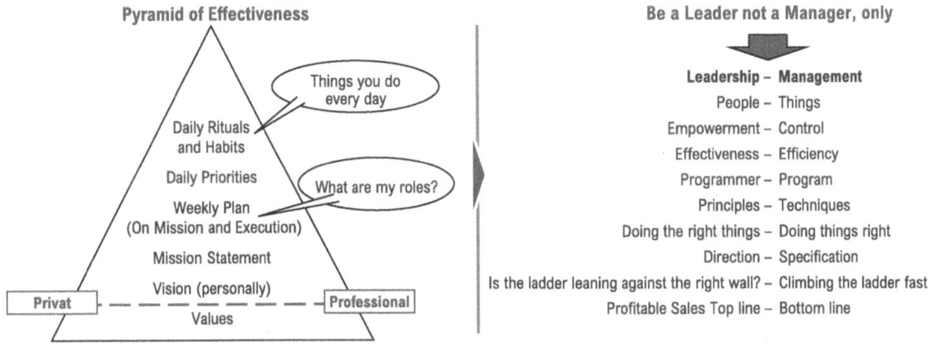

Abb. 3.53 Pyramide der Effektivität und Führung versus Management. (Nach McGregor und Dobblin-Turner 2021, S. 25)

Abb. 3.42, die McGregor in seinen Coaching-Seminaren verwendet, zeigen als Attribute, was Führungskräfte von Managern unterscheidet.

Erfolgreiches Coaching

- bedarf emotionaler Intelligenz,
- ist ein Prozess und kein Ereignis
- heißt, das Individuum herauszufordern und weiterzuentwickeln,
- erfordert eine direkte 1:1-Diskussion zwischen Menschen, dem Coach und dem Coachee. Digitales Coaching würde nicht funktionieren.

Ein Coach sollte den folgenden Vorgehensweisen und Grundregeln folgen:

- „Höre zu und verstehe“ (sei nicht interessant – sei interessiert)
- Stärken und Schwächen erkennen und gemeinsam beschreiben
- Potenzial erkennen
- Perspektiven und eine langfristige Sicht aufzeigen
- Motivieren, Loben und Danken
- Unterstützen und Helfen
- Lehren, Wissen transferieren und trainieren
- Finetuning
- Follow-up-Termine festlegen
- Feedback geben und Ergebnisse und Ziele von der gecoachten Person notieren lassen

Neben den Coaching Tipps mit Beispielen in Abb. 3.54 verwendet McGregor (siehe McGregor und Dobblin-Turner 2021, S. 143 ff.) in seinen praktischen Trainings viele Techniken, die auf Vorstellungen, Bildern und Emotionen basieren:

Abb. 3.54 Coaching-Tipps, wie aus durchschnittlicher Leistungsfähigkeit Spitzenleistungen werden. (Nach McGregor und Dobblin-Turner 2021, S. 132 ff.)

Coaching Tips (from average performance to excellence)

- **The coach always has to remember: Why am I paid as a coach? To get results!**
- **Create a comfortable atmosphere** – adequate place and avoid interruptions
- **Positioning** – where and how do we sit together (angular opposite), the writing hand of the coach should be in the middle so that both can read notes well
- **Pacing and Leading:** Match the tempo but take the leading role (the one who asks the questions has the leading role)
- **Mirror technique:** Watch and match the body language
- **„Rapport“** – meet on the same level – find a good connection
- **How a message is received: Play the whole piano!**
  Words 7%
  Tone 37%
  Body Language 56%
- **20/80-rule**: The coach gets only 20% of the speaking time
- **Open questions**, only
- **Active Listening**: Use your body language - show that you are completely here
- **Paraphrasing, repeating and reframing**
- **Graphical notes** – write down keywords to focus on (mind-map-style)

1. Der Coach sollte dem Mitarbeiter immer die teilweise schmerzhafte Wahrheit vor Augen führen und ihm die „rosarote Brille“ von der Nase nehmen, damit er einen klaren Blick auf die aktuelle Situation bekommt. Zum Beispiel, dass wegen der Arbeit die eigene Familie vernachlässigt wird und der Mitarbeiter deshalb unausgeglichen ist und seine Vertriebsziele verfehlt.
2. Das Worst-Case-Szenario sollte beschrieben werden: Wenn die Person sich nicht verändert, wird die persönliche, private Beziehung zum Partner auseinanderbrechen und dadurch ist auch der Job gefährdet.
3. Visualisierungstechnik, bei dem der Coachee aufgefordert wird, die Zukunft zu beschreiben: Was wird passieren, wenn sein Verhalten sich nicht ändert?
4. Technik des „Aussäens“ anwenden, bei der gefragt wird, welche Gefühle die gecoachte Person hat, während etwas Neues entsteht.
5. Die „Tiefbohrtechnik“ anwenden, bei der aufgezeigt wird, welchen Vorteil die Person hätte, wenn ein Coaching-Ziel erreicht wird.
6. Augenkontakt halten und Reaktionen erwidern.
7. Neuro Linguistic Programming (NLP) – kann als Gesprächstechnik angewendet werden, durch die beim Coachee eine positive Geisteshaltung stimuliert wird, die eine Voraussetzung ist, um die angestrebten Ziele zu verstehen, zu akzeptieren und zu erreichen (vgl. Bandler und Grinder 1975, S. 39–56).
8. Holistischer Ansatz, bei dem die private Motivation in den Vordergrund gestellt wird, um festzustellen, was eine Person antreibt.
9. Das „See – Do – Become“-Prinzip (sehen – tun – werden) sollte als kontinuierlicher Verbesserungsprozess angewendet werden.

Coaching ist eine Führungstechnik, die in allen Funktionsbereichen und auf allen Führungsebenen eines Unternehmens angewendet werden kann. Coaching sollte sich nicht nur auf Führungskräfte und Mitarbeiter im Produktmanagement und im Vertrieb beschränken. Nach McGregor und Dobblin-Turner (2021) sollte der Coach mit dem Coachee immer Best Practices teilen. Das heißt, dass der Coach positive Beispiele und Methoden darstellen sollte. Dabei sollten aber nicht zu viele parallele Geschichten erzählt werden und ein Überladen von Coaching mit Anekdoten aus dem Leben des Coaches sollte vermieden werden. Es sollten intelligente Ziele vereinbart werden, die zu der Person passen und die messbar sind. Außerdem sollte ein realistischer Zeitrahmen für das Erreichen der Ziele festgelegt werden.

Der Coachee sollte die hohen Erwartungen des Coaches spüren. Man sollte sich als Führungskraft immer vor Augen halten, dass bei Kündigungen von Mitarbeitern oft nicht der eigentliche Job der Auslöser ist, sondern häufig der Chef verlassen wird, weil er zu wenig Unterstützung geleistet hat: „You don't quit your Job, you want to quit your boss."

Literatur

Ahlrichs F (2015) Angebotsprozess im Sondermaschinenbau reduziert Kostenüberschreitungen. In: Klein A (Hrsg) Controlling Best Practice im Mittelstand. Konzepte – Instrumente – Fallstudien. Haufe, München, S 229–255

Ansoff I (1987) Corporate strategy. Penguin, London

Aumayr KJ (2019) Erfolgreiches Produktmanagement. Tool-Box für das professionelle Produktmanagement und Produktmarketing, 5. Aufl. Springer Gabler, Wiesbaden

Backhaus K, Voeth M (2014) Industriegütermarketing. Grundlagen des Business-to-Business-Marketing, 10. Aufl. Franz Vahlen, München

Bandler R, Grinder J (1975) The structure of magic. A book about language and therapy. Science and Behavior Books Inc., Palo Alto California

Dolan R, Simon H (1996) Power pricing. How managing price transforms the bottom line. The Free Press a Division of Simon & Schuster, New York

Hippel, E van (1988) The sources of innovation.Oxford University Press, New York

Homburg C, Schäfer H, Schneider J (2016) Sales excellence. Vertriebsmanagement mit System, 8. Aufl. Springer Gabler, Wiesbaden

Kotler P (1994) Marketing management. Analysis, planning, implementation and control. Prentice Hall, New Jersey

Mayer R (1993) Strategien erfolgreicher Produktgestaltung. Individualisierung und Standardisierung. Deutscher Universitätsverlag, Wiesbaden

McGregor M, Dobblin-Turner L (2021) True north. Great teams are built, not born. Truly You Publishing, Leipzig

Sasse A, Mink S (2015) Unternehmensplanung und -steuerung in mittelständischen Unternehmen. In: Klein A (Hrsg) Controlling Best Practice im Mittelstand. Konzepte – Instrumente – Fallstudien. Haufe, München, S 179–206

Schweitzer M, Küpper HU (1995) Systeme der Kosten und Erlösrechnung, 6. Aufl. Franz Vahlen, München

Sheth J (1973) A Model of Industrial Buyer Behaviour. J Mark 37, S 50–56

Steven K (2018) Sales Coaching, der wichtigste Baustein in Ihrer Sales Enablement Strategie! Vertriebsunternehmensberatung. Miller Heiman Group firmiert heute unter Korn Ferry (Präsentation am26. Juni 2018, Düsseldorf)

Stockert A, Tintelnot C (2002) Lead Times: Immer kürzer – wo liegt das Optimum. In: Rohe C (Hrsg) Wie Profis Strategien entwickeln. Frankfurter Allgemeine Buch, S 129–124

Winkelmann P (2012) Vertriebskonzeption und Vertriebssteuerung. Die Instrumente des integrierten Kundenmanagements – CRM, 5. Aufl. Franz Vahlen, München

Kundenkontakt und Verkaufsgespräch 4

Zusammenfassung

Für Vertriebsingenieure, die im Flächen-, Spezial- oder Key-Account-Vertrieb arbeiten, sind Verkaufspsychologie und ein empathischer Umgang mit den Kunden der Schlüssel für erfolgreiches Verkaufen. Der persönliche Kontaktaufbau durch Kundenbesuche und die Pflege von Kundenbeziehungen sind durch nichts ersetzbar. Digitale Medien, Touchpoints und Online-Messen erleichtern allerdings den Kontaktaufbau und die Beziehungspflege. Im erklärungsbedürftigen B2B-Geschäft muss man sich unbedingt persönlich kennenlernen. Hat man die Geschäftsbeziehung erfolgreich aufgebaut, dann können auch viele Informationen über digitale Medien austauscht werden. Der Vertriebsinnendienst sollte die Kunden ebenfalls genau kennen. Er besucht die Kunden zwar nicht, aber er kann bei einer vertrauensvollen Kundenbeziehung viele Servicetätigkeiten übernehmen.

Im B2B-Bereich, wo es z. B. um Maschinen, Komponenten oder Software geht, gibt es eine Hierarchie der Entscheider. Verkäufer müssen zu den relevanten Entscheidern und Kaufbeeinflussern bei ihren Kunden eine persönliche Beziehung aufbauen. „Warmakquisition" ist Kundenpflege. „Kaltakquise" ist hingegen der harte Verdrängungswettbewerb, von dem man nicht ausschließlich abhängig sein sollte.

Die Empathie des Verkäufers und ein sympathisches Auftreten sind die Grundvoraussetzungen für den Verkaufserfolg im erklärungsbedürftigen B2B-Geschäft.

Ergänzende Information Die elektronische Version dieses Kapitels enthält Zusatzmaterial, auf das über folgenden Link zugegriffen werden kann https://doi.org/10.1007/978-3-658-39788-3_4.

C. Tintelnot, *Integriertes Produkt- und Vertriebsmanagement im B2B*,
https://doi.org/10.1007/978-3-658-39788-3_4

Kundenbesuche müssen gut geplant und vorbereitet werden. Wer wird auf der Kundenseite beim Termin erwartet? Welche Personen und welches Fachwissen sollten deshalb auf der Lieferantenseite zur Verfügung stehen? Was muss vorbereitet werden? Muster, Präsentationen und digitale Medien können den Verkauf unterstützen.

Was ist im B2B-Verkauf und im B2B-Service erforderlich, um für die Kunden eine erfolgreiche Customer Journey und eine positive Customer Experience zu erzielen? Nur wenn die erwartete Leistung zum bestätigten Liefertermin erbracht wird, zahlt der Kunde. Der Fokus wird auf die Mitarbeiter im Produktmanagement und im Vertrieb gerichtet, da sie Hand in Hand zusammenarbeiten müssen. Vertriebsingenieure haben dabei einem extremen Leistungsdruck standzuhalten, da sie oft wie „Verkaufsmaschinen" behandelt werden. In viele Unternehmen herrscht immer noch die Meinung vor, dass eine gute Bezahlung dafür ein „ausreichendes Schmerzensgeld" ist. Es muss aber darauf geachtet werden, dass die wertvollen Menschen nicht überfordert werden und ausbrennen.

Verkaufspsychologie und ein empathisches Auftreten von Verkäufern sorgen dafür, dass die Kunden für Angebote und Argumente empfangsbereit sind.

Während des ersten Gesprächs mit Kunden sind folgende Schlüsselfaktoren zu beachten:

1. Sympathie: Die ersten fünf bis 20 s und der direkte Augenkontakt sind entscheidend und öffnen die Tür für ein zweites Gespräch.
2. Freundlichkeit, Empathie und Diplomatie: Freundlichkeit und Empathie, ohne künstliche Übertreibung, sind die Grundlage für erfolgreiche Verkaufsverhandlungen. Diplomatie ist darauf aufbauend gefragt, um den Kunden von den Eigenschaften der Produkte, der Software oder der Services zu überzeugen und sein Verständnis für einen angemessenen Preis zu gewinnen.
3. Kompetenz: Die Fachkompetenz muss unter Beweis gestellt werden. Fragen, die man nicht selbst sofort beantworten kann, müssen als „Hausaufgabe" mitgenommen werden. Dafür kann man die Kompetenz des Teams im eigenen Haus nutzen.
4. „Blender und Schauspieler": Ein solches Verhalten wird meistens schnell entlarvt. Spätestens wenn Versprechungen nicht erfüllt werden, laufen solche Verkäufertypen bei Kunden auf und erhalten keinen Zugang mehr zu den Entscheidern. Das gilt besonders beim Vertrieb von erklärungsbedürftigen Investitionsgütern im B2B- und B2D-Bereich. In technologiegetriebenen Industriemärkten haben die Methoden des Strukturvertriebs (Drückerkolonnen) keine Chance.
5. Zuhören und Zuwendung: Man sollte dem Kunden zuhören und seinen Bedarf und seine Applikationen genau verstehen. Es sollte keinesfalls dozierend und belehrend aufgetreten werden.
6. Vereinbarungen protokollieren: Das Vereinbarte sollte mit einer E-Mail protokolliert, dem Kunden gesendet und im CRM-System abgelegt werden. Das betrifft insbesondere Informationen, die beide Seiten noch für eine mögliche Angebotserstellung beitragen müssen.

7. Zuverlässigkeit: Versprochene Informationen und die erste Lieferung müssen unbedingt pünktlich sein. Es wird sich positiv auswirken, wenn die Erwartung des Kunden mit vertretbarem Aufwand übertroffen wird. Es sollten jedoch keine Gratisleistungen angeboten werden, die man zukünftig nicht unentgeltlich liefern kann.

Für Folgekontakte und weitere Gespräche kann die folgende Checkliste verwendet werden (in Anlehnung an Geffroy 1995, S. 18 ff.):

- Freundlichkeit und Empathie nutzen: Die Sympathie des Kunden gewinnen und erhalten.
- Zuwenden und zuhören: Verstehen und lernen sowie heraushören, was wir besser oder schlechter können als der Wettbewerb.
- Persönlichen Einsatz und Kompetenz immer wieder wie im ersten Gespräch unter Beweis stellen.
- Zielstrebigkeit, um eine „Win-win-Position" zu erreichen: Den Kunden so geschickt im Gespräch führen, dass man zu Kaufabschlüssen kommt, mit denen beide Seiten zufrieden sind.
- Ausdauer und Profitabilität: Sich nicht von Rückschlägen und vertretbarem Mehraufwand abschrecken lassen. Der gesamte Aufwand darf aber nicht dazu führen, dass das Geschäft mit dem Kunden nicht die erwartete und notwendige Profitabilität erzielt (Kundenerfolgsrechnung).
- Zuverlässigkeit: Wie nach dem ersten Gespräch unter Beweis stellen.
- Reaktionsgeschwindigkeit: Bei Neuanfragen, Rückfragen, Qualitäts- und Lieferproblemen schnell antworten und eine Lösung anbieten.

Mit einer solchen Checkliste sollte man sich immer wieder überprüfen. Ein strukturiertes Vorgehen ist hilfreich, weil Verkäufer im Tagesgeschäft sehr viele Aufgaben ausbalancieren müssen. Vertriebsingenieure sollten sich die Zeit nehmen, um sich während der aufeinander folgenden Schritte des Verkaufsprozesses immer wieder in die Rolle des Kunden zu versetzen. Ist der Kunde zufrieden und welche Maßnahmen müssen ggf. ergriffen werden?

4.1 Beziehungsaufbau und Beziehungspflege (Relationship-Management)

Wenn Außendienstler ein Vertriebsgebiet von Vorgängern übernehmen, dann bedeutet das, dass die Kunden sich an einen neuen Kundenbetreuer gewöhnen müssen. Vertriebsingenieure müssen dann zwar keine Kaltakquise betreiben, aber sie müssen versuchen, die Kundenbeziehungen so schnell wie möglich zu übernehmen und zu stabilisieren. Auch wenn der Lieferant sich für die Kunden nicht ändert, müssen sie mit einem anderen Menschen zusammenarbeiten.

Kollegen, die im Business Development tätig sind, müssen sich in der Regel einen Kundenstamm in einem neuen Land oder in einem bisher nicht bearbeiteten Vertriebsgebiet aufbauen. Gegebenenfalls haben Handelsvertreter oder Vertragshändler das Vertriebsgebiet vorher betreut. Auch wenn diese Vertriebspartner keine Gebietsexklusivität hatten, werden sie keine Kunden abgeben wollen. Das kann zu Spannungen mit den Handelspartnern führen und Kunden können verloren gehen.

Die Abb. 4.1 zeigt den Aufbau und die Pflege von Kundenbeziehungen anhand eines Beispiels. Dazu gehören folgende Erklärungen und Schlussfolgerungen:

- Der Außendienstler X2 hat beim neuen Arbeitgeber A das Vertriebsgebiet „Süd" übernommen.
- Die Bestandskunden (rot) hat er von dem Kollegen X1 übernommen, der in den Ruhestand gegangen ist. Bei Schwierigkeiten wäre er noch bereit zu unterstützen. Dieses Angebot sollte jedoch nicht in Anspruch genommen werden, da die Kunden sonst dauerhaft die Person X2 mit der Person X1 vergleichen. Vertriebsleute müssen sich schnell aus dem Schatten ihrer Vorgänger lösen.
- Im Vertriebsservice-Team gibt es im Innendienst eine Person, die X2 während 20 % ihrer Arbeitszeit unterstützen kann. Der Servicekollege unterstützt bei Angeboten und Fragen der Kunden. Dieser Servicekollege betreut auch die Außendienstler Y und Z, die andere Vertriebsgebiete verantworten.

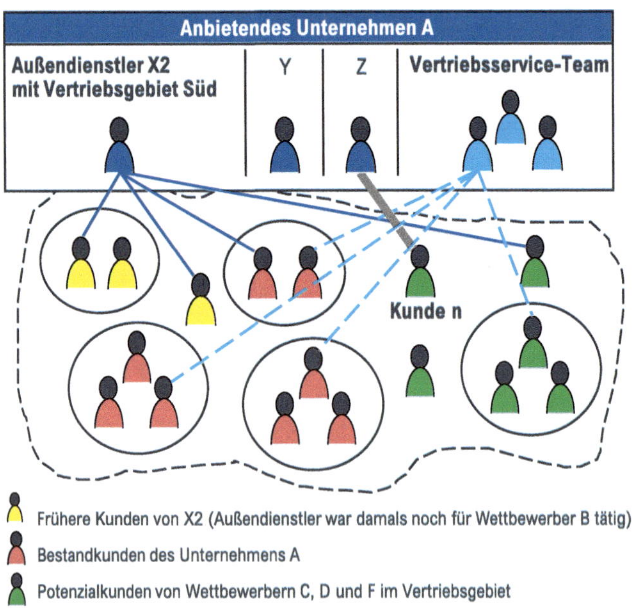

Abb. 4.1 Beziehungsnetzwerk im Vertriebsgebiet eines Verkäufers

- Der Außendienstler X2 hat vorher für den Hersteller B gearbeitet. Kann er die Kunden von Hersteller B, nachdem er zum Wettbewerber A gewechselt ist, für seinen neuen Arbeitgeber A abwerben? Kann er den Kunden seines ehemaligen Arbeitgebers B ein anderes Produkt mit einer anderen Marke verkaufen? Dafür müsste Außendienstler X2 von Hersteller A den Kunden Produktinnovationen, günstigere Preise und bessere Konditionen als Hersteller B sowie einen überzeugenden Service anbieten. X2 kann aber nur schwer Argumente für das folgende Dilemma finden: Warum hat er während seiner Zeit beim Wettbewerber B dessen Produkte mit voller Überzeugung angepriesen? Heute sagt er jedoch, dass die Produkte von B schlechter als die Produkte von A seien.
- Außendienstler X2 muss vor allem bemüht sein, die Stammkunden seines Vorgängers X1 zu halten, aber auch die interessantesten Kunden der Wettbewerber C, D und F abzuwerben. Durch den Personenwechsel können sich neue Geschäftsoptionen für X2 ergeben, da der Vorgänger X1 einige Kunden ggf. nicht auf persönlicher Ebene erreichen konnte.

Fazit: Kundenbeziehungen sind insbesondere im B2B-Geschäft immer persönlich geprägt. Gute, persönliche Beziehungen sind Gold wert. Für den Wechsel zu einem anderen Anbieter ist ein günstigerer Preis eine notwendige, aber nicht unbedingt eine ausreichende Bedingung. Maschinen- und Anlagenbauer nehmen ungern Veränderungen an ihren Konstruktions-, Schaltplänen oder an etablierter Software vor, um ein neues Produkt eines anderen Anbieters zu integrieren. Kundenbeziehungen zu pflegen, zu übernehmen und Wettbewerber aus einer Kundenbeziehung herauszudrängen oder sich als weiterer Lieferant zu etablieren, ist harte Arbeit.

4.2 Kultureller Fit – Auftreten im Vertrieb – Compliance

Wie bereits zu Beginn von Kap. 4 erläutert, sind kultureller Fit, passendes Auftreten und das Kennen und Einhalten von Compliance-Regeln und Gesetzen für den Erfolg von Verkäufern wesentlich (Abb. 4.2).

4.2.1 Freundlichkeit und Empathie

Es ist selbstverständlich, dass man Kunden freundlich begegnet und – falls es der Situation angemessen ist – mit einem Lächeln durch die Tür zu kommen. Damit ein Verkäufer sich richtig verhält, muss er über Empathie verfügen. Über die Situation im eigenen Unternehmen sollte man positiv berichten können und die wirtschaftliche Situation und eventuelle Probleme in der Branche des Kunden muss man kennen.

Abb. 4.2 Freundlichkeit und Emotionen beim Verkauf. (Bildquelle: © de.dreamstime.com)

Smalltalk ist als „Türöffner“ ebenfalls wichtig. Über aktuelle Sportereignisse und Großveranstaltungen im Land des Kunden sollte man informiert sein. Die politische Lage sollte man kennen, aber man sollte sie nicht kommentieren. Man sollte sich stets neutral verhalten und seine eigenen Präferenzen nicht in den Vordergrund stellen. Persönliche Hintergründe aus früheren Gesprächen (Geburtstag, Familienstand, Hobbys, Urlaubspläne etc.) sollte man kennen. Aber man sollte niemals aktiv nach der Familie des Kunden fragen, wenn dieser sie nicht selbst erwähnt hat.

Heimsoeth (2018, S. 14 ff.) unterscheidet drei Bereiche, die durch die Persönlichkeit des Verkäufers geprägt werden: die Prozesse, die Verkaufsstrategie und das Ergebnis (Umsatz und Profitabilität).

In Abb. 4.3 sind drei Ebenen dargestellt, auf denen Offenheit und Empathie eine hohe Bedeutung haben:

- Die oberste „Beziehungsebene 2“ bedingt „persönliche Eigenschaften von Individuen, die damit aber auch ein Verkaufsteam prägen“. Sozialkompetenz und Begeisterungsfähigkeit sind wesentliche Erfolgsfaktoren in der Verkaufsphase. In dieser Phase haben Offenheit und Empathie einen direkten Einfluss auf den Verkaufserfolg. Für die individuelle Kundenbeziehung und die beteiligten Kundenpersönlichkeiten muss ein geeigneter Mix an Eigenschaften vorhanden sein. Es gibt jedoch Fälle, in denen die Personen auf der Käufer- und Verkäuferseite einfach nicht zusammenpassen. In diesen Fällen muss man überlegen, ob ein anderer Kollege den Kunden übernehmen kann.
- Die darunter liegende „Ebene 1“ besteht aus den „Eigenschaften der Organisation des Anbieters“. Die Verkaufsstrategie, die Strukturen, Prozesse und die digitalen Systeme müssen für das Geschäft mit den jeweiligen Kunden geeignet sein. Auch in

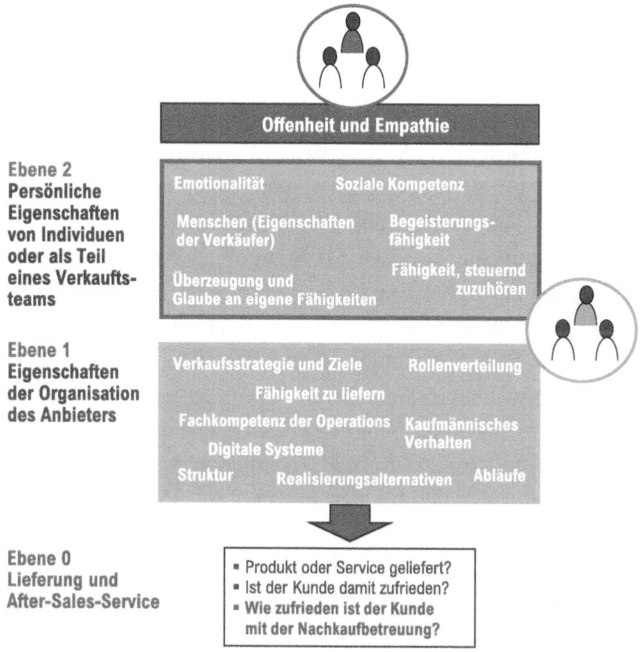

Abb. 4.3 Einfluss von Offenheit und Empathie auf die Beziehungsebenen von Verkaufsprozessen

diesen Bereichen arbeiten Menschen beim Lieferanten, die sich empathisch verhalten müssen.

- Die „Ergebnisebene 0“ beschreibt die Kundenzufriedenheit mit der erhaltenen „Leistung“ in Form von Produkten und Services. Insbesondere bei der Reklamationsbearbeitung und im After-Sales-Service ist viel Einfühlungsvermögen gefragt, um angemessen mit den Kunden zu kommunizieren.

Offenheit und Empathie sind keine Kostentreiber, sondern ein Hebel, um den Erfolg von Individuen und der gesamten Organisation zu initiieren. In neue Kundenbeziehungen muss man auf der persönlichen Beziehungsebene sehr viel Zeit investieren. Dadurch besteht immer die Gefahr, dass Vertriebler ihre Zeit nicht ausgewogen auf die Bereiche Farming und Hunting verteilen, sondern sich auf das „Farming“ fokussieren. Dieser Zustand tritt ein, wenn die Produktivität von Außendienstmitarbeitern nicht differenziert beurteilt wird und keine Vertriebsplanung wie ein SRO eingefordert wird. Das gilt insbesondere im Projektgeschäft, bei dem besonders viel Zeit in den Aufbau einer Beziehung und deren Pflege investiert werden muss. Man muss einkalkulieren, dass man viel „aussäen“ muss um bei der „Vergabe des Auftrags dabei zu sein“, aber man fährt trotzdem keine Ernte ein. Allerdings zahlen sich der Aufbau einer Kundenbeziehung und „intensives Netzwerken“ ggf. erst Jahre später aus.

4.2.2 Auftreten im Vertrieb

Der Kulturelle Fit zwischen Kunde und Verkäufer ist eine Erfolgsbedingung. Unternehmen im B2B-Bereich, die außerhalb ihrer Stammländer Vertriebstöchter gründen, nutzen dafür entweder ein lokales Management, Expatriates aus dem Stammland oder Mitarbeiter aus anderen Ländern der Region. Wenn man ein lokales Management einsetzt, kann das kulturell von Vorteil sein. Expatriates haben den Vorteil, dass sie in der Regel bereits ein Beziehungsnetzwerk in das Stammhaus haben und über das technische Wissen aus der Zentrale verfügen. Expatriates werden im Vertriebsbereich meistens auf der Vertriebsmanagementebene eingesetzt. Bei Kundenbesuchen und beim Beziehungsaufbau haben Expatriates in der Regel einen kulturellen Nachteil gegenüber lokalen Außendienstlern. Das gilt insbesondere dann, wenn die Expatriates die Landessprache nicht beherrschen. Wenn Produkt- oder Applikationsspezialisten aus dem Stammhaus Kunden besuchen, dann müssen sie immer von lokalen Kollegen begleitet werden und wenigsten die Begrüßung, die Verabschiedung und das Wort „Danke“ in der Landessprache beherrschen (Abb. 4.4).

Wer Erfolg im Vertrieb haben will, muss sich den internationalen und lokalen Gepflogenheiten anpassen. Wer Kunden im Ausland besucht, muss sich gut informieren.

Im Folgenden werden ausgewählte Beispiele dargestellt:

Abb. 4.4 Die Kultur wird durch Länder und Regionen geprägt

1. Begrüßung
   - Händeschütteln ist in vielen Ländern unüblich.
   - Wenn Japaner sich als Geste der Wertschätzung tief verbeugen, dann sollte man deutlich nicken, aber nicht in gleicher Form reagieren.
   - Wenn in Büros, Fertigungsbereichen oder Restaurants die Schuhe ausgezogen werden, dann muss man das ebenfalls tun oder die angebotenen Überschuhe tragen.
2. Gesten und Verhalten
   - Wenn Inder den Kopf schütteln, heißt das „ja". Nicken heißt hingegen „nein".
   - Japaner stehen auf einer Rolltreppe in Tokio links und in Nagoya rechts, um schnellere Personen passieren zu lassen.
   - In Italien bestellt man zu einer Pizza eher Bier als Wein.
   - Für die meisten Polen ist der Namenstag viel wichtiger als der Geburtstag.
   - Auf dem Mobiltelefon während eines Kundengesprächs Anrufe anzunehmen, die nicht mit dem Besuch in Verbindung stehen, ist ein „No-Go", auch wenn der Kunde das selbst tut. „Der Kunde ist König."
3. Beziehungsaufbau und Verhandlungskultur
   - Amerikaner und Mitteleuropäer kommen bei Geschäftsgesprächen recht schnell zur Sache und reden nicht um mögliche Probleme herum.
   - In Südeuropa und Südamerika dauert der Beziehungsaufbau viel länger. Über das Geschäft wird oft frühestens nach dem zweiten dreistündigen Mittagessen gesprochen.
   - Asiaten sind oft wenig direkt und sprechen nicht aus, was sie wirklich wollen. Das Senioritätsprinzip ist sehr ausgeprägt und man entscheidet nicht ohne den Chef. Chinesen sind z. B. wesentlich direkter als Japaner, die ihre Meinung oft aus reiner Höflichkeit nicht offen äußern. Besonders bei asiatischen Gesprächspartnern ist zu berücksichtigen, dass man sie nicht in die Situation bringen darf, einen Gesichtsverlust zu erleiden, weil sie Fehler eingestehen müssen.
4. Kleidung
   - In Asien trägt man im technischen Vertrieb häufig noch Anzug und Kostüm. Das gilt insbesondere in Japan, wo die Krawatte z. B. nur in den heißen Sommermonaten nicht getragen wird. In einigen Ländern Asiens wird von allen Mitarbeitern bis zum obersten Chef eine Werksuniform getragen. Hier ist man mit einer konservativen, westlichen Kleidung auf jeden Fall richtig gekleidet.
   - In den USA und Europa ist die Kleiderordnung inzwischen sehr gelockert worden. Freizeitkleidung ist aber trotzdem nicht angebracht. Auf Messen ist formalere Kleidung von Vorteil. Krawatten sind auch bei Präsenzmessen, selbst bei den Standcrews, immer seltener üblich.
5. Tischmanieren und Naseschnäuzen
   - Asiaten schlürfen oft Suppen und Getränke. Das gilt als Zeichen, dass es ihnen gut schmeckt. Die angebotenen Speisen sollte man in der Regel nicht vollkommen

aufessen, damit der Gastgeber nicht denkt, es sei nicht ausreichend aufgedeckt worden. Bleibt jedoch zu viel beim Essen auf dem Tisch zurück, dann denkt der Gastgeber, es habe den Gästen nicht geschmeckt.
- Im asiatischen Bereich wird das Putzen der Nase mit einem Taschentuch als ekelerregend angesehen.

4.2.3 Compliance

Compliance ist heute in Unternehmen ein Begriff mit sehr umfangreichen Facetten. Er umfasst unter anderem Diebstähle, sexuelle Belästigungen (Sexual Harassment), Mobbing, Steuerstrafbestände, Verstöße gegen technische Normen und Schutzrechte, Kartellbildung (Preis- oder Gebietsabsprachen zwischen Wettbewerbern), Verstöße gegen die Exportkontrolle und Korruption. In Vertriebsorganisationen gibt es alle diese Formen der Missachtung der Compliance und der Verstöße gegen Verhaltensregeln.

Hier sollen zwei Punkte hervorgehoben werden:

1. Verstöße gegen die Exportkontrollen: Das sind etwa Verstöße gegen Kriegswaffenkontrollgesetze, wenn B2B-Komponenten, Software oder Daten für Kriegswaffen oder für Nuklearanlagen verwendet werden, die keinen friedlichen Zielen dienen. Das Gleiche gilt für Maschinen, die zur Produktion von Kriegswaffen oder Munition verwendet werden könnten. Wenn Embargos missachtet werden, dann kann das liefernde Unternehmen auf eine Blacklist gesetzt werden. Das gilt auch, wenn über Drittländer geliefert wird. Wer mit Unternehmen, die auf einer Blacklist stehen, Handel treibt, kann bestraft werden und ebenfalls vom Handel ausgeschlossen werden.
2. Bestechung von Kunden: Korruption, wie sie in Abb. 4.5 dargestellt wird, bedeutet, dass ein Käufer einen persönlichen Vorteil annimmt und bereit ist, dafür ein geringerwertiges Produkt oder einen überhöhten Preis zu akzeptieren. Der Einkäufer schädigt sein Unternehmen und bereichert sich persönlich. Auch der Verkäufer, der die Bestechung anbietet oder auf solche Forderungen der Kunden eingeht, macht sich strafbar. Der Wettbewerb wird gestört und den Wettbewerbern wird der Marktzugang verwehrt.

Bei Compliance darf es keine Kompromisse geben. Sobald Korruption einmal begonnen hat, nimmt sie zu und schraubt sich wie eine Spirale hoch, die somit jeglichen fairen Wettbewerb zerstört:

1. Was ist erlaubt?
   - Essenseinladungen im Rahmen von Kundenbesuchen sind erlaubt. Dabei darf man den Kunden einladen und sich ggf. auch einladen lassen. Bei der Wahl des Restaurants sollt man immer Augenmaß beweisen.

Abb. 4.5 Compliance

- Werbeschenke des Unternehmens und Geschenke z. B. zu Weihnachten, Diwali in Indien, Chinese-New-Year, Geburtstagen oder Jubiläen sind im angemessenen Rahmen, unter Beachtung der Steuergesetzgebung, möglich. Geschenke von Kunden und Lieferanten, die man aus Höflichkeit nicht ablehnen kann, sollte man im eigenen Unternehmen in Gegenwart von Kollegen an die Vorgesetzten abgeben.

2. Was ist verboten?
   - Das Anbieten oder die Annahme von Geld, Sachgegenständen, Vergünstigungen, Einladungen zu Sportveranstaltungen, Incentivereisen oder dergleichen sind nicht erlaubt, auch wenn das nicht direkt mit einer Gegenleistung in Verbindung steht und auch wenn es in einem Exportland ggf. nicht strafbar ist.
   - Einladungen zu (Abend-)Veranstaltungen mit Freizeitwert sollten immer im Zusammenhang mit Trainings, Firmenbesichtigungen, Informationsveranstaltungen, Hausmessen oder ähnlichem stehen.
   - Die Compliance-Regeln des Unternehmens müssen den landesüblichen sowie den internationalen Gesetzen genügen und sollten allen Mitarbeitern bekannt gemacht werden.

4.3 Verkauf versus Beratung

Verkäufer müssen immer das Ziel haben, einen Kaufvertrag abzuschließen und dadurch einen einmalig profitablen Umsatz oder ein profitables Seriengeschäft zu erzielen. Dafür müssen Vertriebler im B2B-Geschäft über die notwendige Fachkompetenz hinsichtlich der gewünschten Produkte, Software, Dienstleistungen und über ein gutes Grundverständnis der Applikationen des Kunden verfügen. Die Grenze zwischen einer verkaufsunterstützenden Beratung und einem Applikationsservice ist oft fließend. Es sollte dem Kunden aber deutlich gemacht werden, dass bei der Verkaufsberatung die Haftung ausgeschlossen ist. Für Applikationsberatung sollte man unbedingt Beraterhonorare vereinbaren. Faire Applikationsberatung steht manchmal im Konflikt mit dem Ziel, eigene Produkte und Software zu verkaufen. Es müssten ja andernfalls auch überlegene oder kostengünstigere Produkte von Wettbewerbern empfohlen werden. Das ist ein Kernproblem, wenn ein Maschinen- oder Komponentenanbieter sich zu einem Gesamtlösungsanbieter entwickeln will.

Wie in Abb. 4.6 dargestellt, ist die Grenze zwischen verkaufsunterstützender Beratung und Anwendungsberatung oft fließend.

1. Verkaufsunterstützende Beratung:
   Zu Beginn eines Verkaufsgesprächs erwartet der Kunde Kompetenz und Beratung. Bereits der Verkauf einer „scheinbar einfachen mechanischen Komponente“ erfordert in der Regel viel Wissen.
   – Gegebenenfalls sollten Flächenvertriebsingenieure bereits ab dem zweiten Kundengespräch Spezialverkäufer, Produktmanager oder Applikationsingenieure einbinden. Kollegen aus diesen Funktionsbereichen kennen die technischen Aufgabenstellungen ggf. im Detail besser und können die Fragen der Kunden beantworten. Diese Spezialisten müssen nicht unbedingt selbst zum Kunden reisen. Vieles lässt sich auch mit Videokonferenzen klären, die der Flächenvertriebsingenieur am Ort des Kunden moderiert.
   – Der Flächenvertrieb muss immer kompetent auftreten und das Basisgeschäft beherrschen. Andernfalls will der Kunde „vollständig“ von einem der Spezialisten

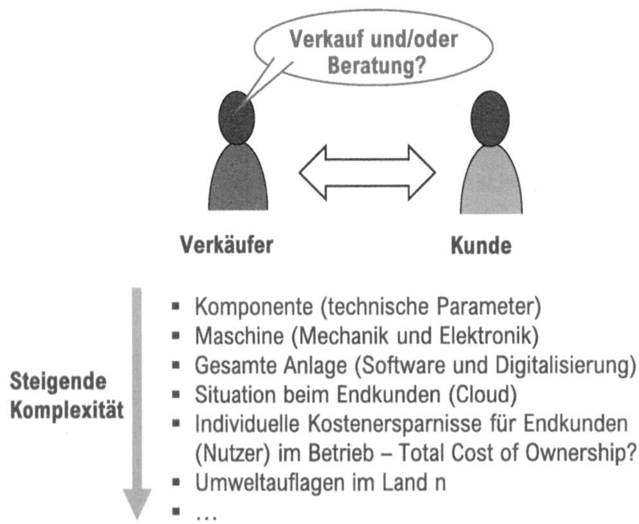

Abb. 4.6 Verkäufer oder Berater?

betreut werden. Diese Aufgabe können und sollen diese aber nicht übernehmen. Die Erstellung von Angeboten und das Identifizieren von weiterem Bedarf und Cross-Selling muss dem Flächen-, Branchen- bzw. Industrievertrieb oder dem Vertriebsinnendienst überlassen bleiben.
   - Geht die Beratungserwartung des Kunden über die technische Verkaufsunterstützung hinaus, dann sollte diese nicht gratis erbracht werden. Namhafte und große Marktführer wie z. B. in der Elektrotechnik, im Kraftwerks- und Energieanlagenbau, im Werkzeugmaschinenbau, in der Gebäudeautomatisierung oder im Spezialfahrzeugbau haben den Vorteil, dass sie sich durch ihre Beratungsleistungen einfacher Hardware-, Software- und Servicegeschäft erschließen können. Sie können in der Regel viele Referenzprojekte vorweisen und vermitteln den Kunden das Gefühl einer hohen Technologiekompetenz und Liefersicherheit. Allerdings sind kleinere Unternehmen insbesondere in der Kundenbetreuung oft agiler und flexibler, da sie sich nicht auf „ihren Lorbeeren ausruhen" können und um Projektaufträge kämpfen müssen.
   - Direkte Anwendungsberatung kann im Schadensfall eine Beratungshaftung auslösen und birgt deshalb eine Gefahr. Deshalb sollte man im Rahmen eines Verkaufsprozesses für den Kunden z. B. keine individuellen Softwareanpassungen durchführen. Andernfalls sollte man dann einen Servicevertrag für Anwendungsberatung bzw. Applikationsservices wie im Folgenden zweiten Punkt beschrieben abschließen.
2. Anwendungsberatung und Applikationsservice:
   Kann ein Teil des Geschäftsmodells eines Anbieters im B2B-Bereich sein.
   - Es können Softwareanpassungen, Inbetriebnahmen, Remote-Maintenance und IIoT-Analyseservices bei Endkunden angeboten werden.
   - Die Leistung kann pauschal oder nach Aufwand auf der Basis von Tages- oder Stundensätzen in Rechnung gestellt werden.
   - Die Haftung muss vertraglich geregelt werden. Die Übernahme der Haftung für die Funktion von Maschinen oder Anlagen eines OEMs bei dessen Endkunden sollte durch einen Servicevertrag (SLA) vereinbart werden. Ein Komponentenhersteller sollte die Haftung weitgehend ausschließen. Ein Planer, Lösungsanbieter und Integrator, wie ein EPCC, kann die Haftung in der Regel nicht ausschließen und sollte Versicherungen für Betriebsausfälle etc. abschließen.

Die Vertriebstätigkeit sollte immer mehr Ansprüche erfüllen, als den Kunden nur die Produktpreise zu nennen. Der Verkauf über den günstigsten Preis als wesentliche Differenzierung funktioniert nur, wenn man den Kunden austauschbare, genormte Grundstoffe oder Schüttgut anbietet. Selbst bei sehr einfachen Grundstoffen gibt es allerdings Materialunterschiede wie z. B. das Temperaturverhalten oder die Entflammbarkeit, welche erklärt werden müssen. Scheinbar einfache technische Komponenten im B2B-Bereich wie Schrauben, Halbleiterbauelemente, Halberzeugnisse aus Stahl oder Kunststoff oder elektrische Anschlussklemmen haben fast immer einen hohen

Erklärungsbedarf. Auch hier gilt das Zitat von Albert Einstein: „Was nichts kostet, das ist auch nichts wert." Verkaufsunterstützende Beratung muss durch einen profitablen Umsatz gerechtfertigt werden können.

4.4 „Der richtige Ansprechpartner" beim Kunden?

Persönliche Kundenbeziehungen bleiben trotz der fortschreitenden Digitalisierung immer der Ausgangspunkt für einen erfolgreichen Geschäftsaufbau. Wie so oft im Leben kann man sich die Personen, mit denen man es im Geschäftsleben zu tun hat, nicht aussuchen. Der Vertriebsingenieur muss immer die Grundregeln und Aktivitäten des „Clientings" – wie in Abb. 4.7 zusammengefasst – beherzigen und beherrschen (siehe Geffroy 2012, S. 269 ff.). Geffroy geht davon aus, das geeignetes Clienting das Marketing ersetzen kann. Ich gehe andererseits davon aus, dass Marketing im B2B-Bereich nicht ersetzt werden kann. Ein integriertes Produkt- und Vertriebsmanagement kann demgegenüber einen guten Marketingbereich aber viel besser einbinden, um Kundenbeziehungen aufzubauen und zu vertiefen.

Grundsätzlich sollten Außendienstmitarbeitern über eine hohe soziale Kompetenz verfügen und sich auf fast alle Kunden einstellen können. Durch einen geschickten Umgang mit schwierigen Kunden und ein konsequentes Auftreten kann auch dort ein Verkaufserfolg erzielt werden.

Als letztes Mittel sei hier noch einmal erwähnt: Wenn die „Chemie" absolut nicht stimmt oder eine gestörte Beziehung zu einem Kunden nicht repariert werden kann, dann

Abb. 4.7 Clienting – Kundenbeziehungen aufbauen, pflegen und nutzen

kann eine Übergabe des Kunden an einen anderen Vertriebsingenieur notwendig sein. Wer einen Kunden abgibt, sollte in diesen Fällen trotzdem am Bonus beteiligt sein. Nur dann wird ein Vertriebler mit Vorgesetzten über das „Kundenproblem" reden. Man sollte immer offen über schwierige Kundenbeziehungen sprechen können, denn das ist Teil einer guten Vertriebskultur. Bei Key-Account-Managern sollte bei der Kundenzuordnung sichergestellt werden, dass zu den Schlüsselpersonen beim Kunden ein positiver Beziehungsaufbau möglich ist.

4.4.1 Selling-Center trifft auf Buying-Center

Reisende im Flächenverrieb verantworten ein Gebiet als Kundenbetreuer, sind erste Ansprechpartner und bauen Kundenbeziehungen auf. Unterstützt werden die Aktivitäten vom Vertriebsinnendienst.

Abb. 4.8 zeigt, dass in der Praxis nicht nur ein Verkäufer einem Einkäufer des Kunden gegenübersteht. Oft sind auf beiden Seiten Teams für B2B-Geschäfte verantwortlich. In der Regel haben dann auch mehrere Funktionen Einfluss auf Verkaufsangebote und Kaufentscheidungen. Wie bereits in Abschn. 3.5 dargestellt wurde, stehen sich oft ein Selling- und ein Buying-Center gegenüber.

Auf der Käuferseite führt in der Regel der zuständige Einkäufer die Verhandlungen. Das einzukaufende Produkt wird auf der Kundenseite von einer Fachabteilung angefordert. Dabei kann der Bedarf in den Operations (Produktion und Logistik), im Produktmanagement oder im F&E-Bereich bestehen. Es kann sich um Maschinen für die Fertigung, Werkzeuge für die Instandhaltung, Produktentwicklungssoftware oder Roh-, Hilfs- und Betriebsstoffe wie Schmiermittel oder Grundstoffe wie Kunststoffe oder Stahl handeln. Ebenso können Beratungsleistungen oder externe Dienstleistungen in Form einer Auftragsentwicklung erteilt werden oder es werden Logistikdienstleistungen und

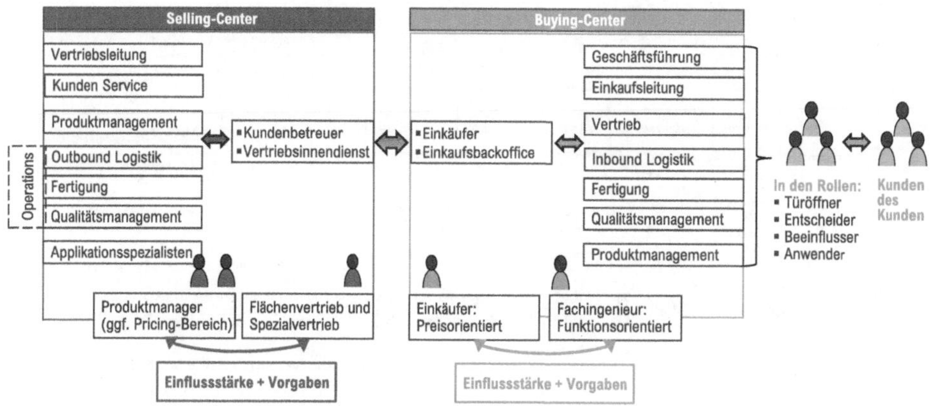

Abb. 4.8 Selling-Center trifft auf Buying-Center. (In Anlehnung an Winkelmann 2012, S. 448)

Bauleistungen eingekauft. Bei Servicedienstleistungen sind Serviceverträge (SLAs) abzuschließen, die mit Kauf- oder Werkverträgen verknüpft sein können.

Endkunden können auch zum Türöffner werden. Von einem Maschinenbauer OEM wird beispielsweise verlangt, nur Komponenten eines bestimmten Fabrikats zu verwenden oder nur vom Endkunden ausgewählte Dienstleister zu beauftragen. Erfahrene Vertriebsingenieure werden daher immer versuchen, nicht nur mit preisgetriebenen Einkäufern zu verhandeln. Einkäufer haben in der Regel immer Vorgaben, Budgetziele und persönliche Bonusvereinbarungen, die an Preissenkungen und Einkaufskostenreduzierungen geknüpft sind. Deshalb bauen sich erfahrene Verkäufer in der Regel ein Netzwerk von Personen im Kundenunternehmen und bei den Endkunden auf. Die Nutzer im Kundenunternehmen sind oft sehr kritisch, wenn versucht wird, bewährte Lieferanten, Produkte und Dienstleistungen abzulösen.

4.4.2 Entscheiderpyramide – Sprechzeit mit Personen, die maßgebend sind

Abb. 4.9 zeigt ein Beispiel für eine Entscheiderpyramide, die ausschlaggebend ist, wenn ein B2B-Unternehmen Kaufentscheidungen trifft. Die Entscheiderpyramide kann man auch als Political-Poster mit Beziehungs- und Machtpfeilen zwischen den Akteuren einer Kundenorganisation darstellen. Dabei können im Gesamtbild der Einfluss von Endkunden sowie Entwicklungs- und Produktionspartnern eine wichtige Rolle spielen. Letztlich muss man immer die vier BANT-Faktoren berücksichtigen: Gibt es ein Budget (B), wer hat die Autorität (A) zu entscheiden, gibt es einen Bedarf (Need, N) und zu welcher Zeit (Time, T) wird der Auftrag vergeben?

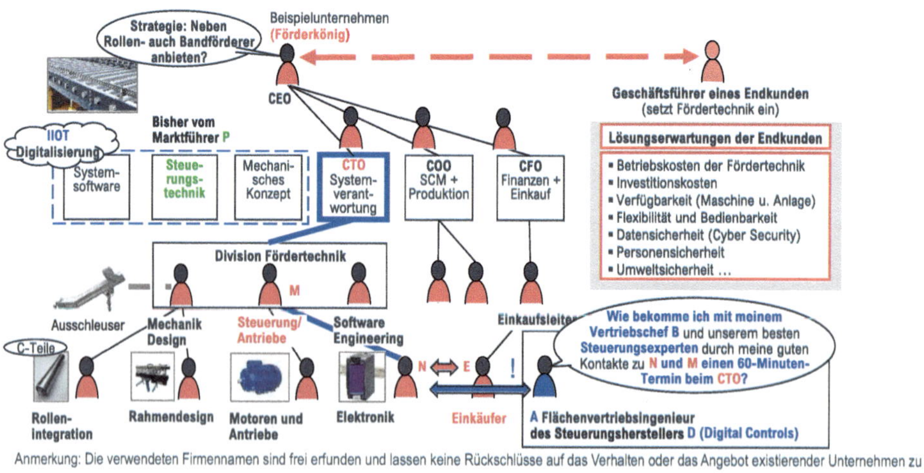

Abb. 4.9 Entscheiderpyramide beim Einkauf in B2B-Unternehmen (Beispiel). (Bildquelle: © de.dreamstime.com)

Die Abb. 4.9 zeigt die Fachbereiche des einkaufenden Unternehmens. Die Abbildung verdeutlicht, welche Entscheidungsebenen ein Flächen- oder Spezialvertrieb ansprechen muss, um ein Produkt anbieten zu können.

Beispiel: Entscheiderpyramide, die verdeutlicht, welche Personen ggf. bei der Entscheidung für eine Schlüsselkomponente und einen neuen Lieferanten beteiligt werden müssen.

Das Beispielunternehmen „Förderkönig" stellt Fördertechnik her und kauft dafür mechanische und elektronische Komponenten sowie Bauteile zu. Der Steuerungshersteller D (Digital Controls) will durch den Vertriebsingenieur A eine neue Maschinensteuerung an den Bereich Rollenförderer von „Förderkönig" verkaufen. Das bedeutet, dass das Produkt den wesentlichen Entscheidern vorgestellt werden muss. Diese müssen davon überzeugt werden, die neue Steuerung in einer Baureihe von Rollenförderern einzusetzen. In dieser Baureihe sollen neuartige IIoT-Funktionen mit umfangreichen Datenschnittstellen integriert werden. Die Maschinensteuerungen von D beherrschen diese IIoT-Funktionen. Haus- und Hoflieferant ist jedoch seit vielen Jahren der Markt- und Technologieführer P. Dieser bietet dem Fördertechnikhersteller ein breites Standardportfolio und die Sicherheit eines etablierten Herstellers mit sicherer finanzieller Basis. Ausfälle der Fördertechnik bei Endkunden in der Folge von Steuerungsproblemen scheinen daher unwahrscheinlich und weitgehend abgesichert zu sein.

Der Flächenverkäufer A hat die Aufgabe, einen Kontakt zum systemverantwortlichen Entscheider für die Maschinensteuerungen herzustellen. A kennt den Einkäufer E und auch den für die Elektronik und das Schaltschrankdesign verantwortlichen Ingenieur N. Da N in den Schaltschränken keine Netzteile des Systemlieferanten P einsetzt, sondern seit einigen Jahren einem anderen Hersteller für Stromversorgungen vertraut, sieht D eine grundsätzliche Chance, die Steuerungen von P durch die Produkte von D zu ersetzen. Das hat A von N erfahren, zu dem er seit Jahren ein gutes Verhältnis pflegt. Trotzdem hat „Digital Controls" mit „Förderkönig" bisher keine wesentlichen Umsätze erzielen können. N ist bereit, A seinem Chef M vorzustellen, um M die Steuerung mit den neuartigen IIoT-Funktionen zu präsentieren. Die Präsentation, die von einem Spezialisten aus dem Produktmanagement des Anbieters D unterstützt wird, verläuft sehr gut. M ist begeistert und erklärt sich bereit, einen Kontakt zu seinem Chef, dem CTO von „Förderkönig", herzustellen.

Der Vertriebschef B von D findet die richtigen Worte und tritt sympathisch und kompetent auf. Der CTO des Kunden ist ebenfalls von der IIoT-fähigen Steuerung begeistert, die vom Produktmanagement von D souverän vorgestellt wird. Im Anschluss an die Präsentation spricht der CTO von „Förderkönig" mit seiner Chefin, die CEO ist. Die CEO ist die Tochter des Gründers von „Förderkönig" und ist im Unternehmen für Controlling, Finanzen, IT, HR und Unternehmenskommunikation verantwortlich. Da sie viel von ihrem CTO hält, weil er viel Erfahrung in der Automatisierung und Digitalisierung hat, stimmt sie zu, die Steuerungen von D im Rollenfördererportfolio zu testen.

Auch der CEO des Steuerungsherstellers D musste sich noch bei der CEO und höchsten Entscheiderin des Unternehmens „Förderkönig“ vorstellen. Sie sagt ihm, dass bei ihren Kunden, die in Fördertechnik investieren, neben Betriebs- und Investitionskosten vor allem die Verfügbarkeit von Maschinen und Anlagen ganz oben auf der Kriterienliste steht. Deshalb habe man so lange ausschließlich auf den Steuerungsmarktführer, die Firma P, gesetzt. Sie erwarte mindestens die gleiche Zuverlässigkeit von den Maschinensteuerungen des neuen Lieferanten D wie beim Marktführer P. ◀

Bis der Vertriebsingenieur A für D einen ersten Auftrag von fünf Teststeuerungen erhalten hat, sind zwei Jahre vergangen. Das Beispiel zeigt, dass man im B2B-Geschäft oft viel Geduld und einen langen Atem haben muss. Das setzt eine stabile Finanzierung voraus. Der systematische Aufbau von Beziehungen und Vertrauen ist der Schlüssel dafür, dass man Sprechzeit bei Entscheidern erhält.

Fazit: Um im Vertrieb erfolgreich zu sein, muss man die richtigen Produkte und Services anbieten und Sprechzeit bei den wesentlichen Entscheidern der Kunden erhalten.

4.5 Das Verkaufsgespräch und die Kundenbeziehung

Abb. 4.10 zeigt als Cartoon, dass Sympathie und Empathie in einer Verkäufer-Käufer-Beziehung schnell verspielt werden können, wenn das Verhalten des Verkäufers als unpassend empfunden wird.

Grundsätzlich gilt, dass ein direktes „Face to face“-Verkaufsgespräch mit Kunden sorgfältig vorbereitet werden sollte:

- Termine avisieren, persönlich mit dem Kunden telefonisch und/ oder per Mail vorbereiten und dessen Erwartungen im Vorfeld klären.
- Kundenkontakt bewerten: Sind die Kundenerwartungen erfüllbar?

Abb. 4.10 Kundenbeziehung basiert auf Sympathie und Empathie. (© www.dilbert.com)

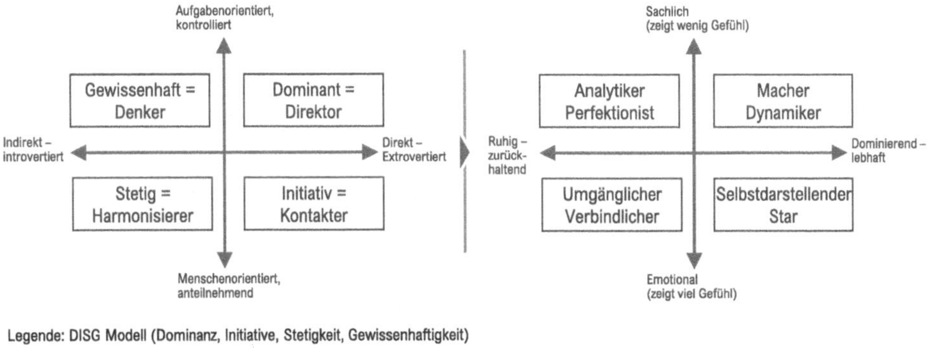

Abb. 4.11 Kundentypen im DISG-Modell und nach Winkelmann. (Nach Jung (links) und Winkelmann (rechts) in Winkelmann 2012, S. 456 f.)

- Keine „Höflichkeitsbesuche" durchführen, denn diese halten die Kunden von der Arbeit ab und führen nicht zum Kaufabschluss.
- Bei den ersten Gesprächen verkauft man selten. Man muss zunächst Vertrauen aufbauen.

Das DISG[1]-Modell

1. Das Kundenverhalten wird in vier Dimensionen eingeteilt:
   - Indirekt oder introvertiert gegenüber direkt oder extrovertiert
   - Menschenorientiert oder anteilnehmend gegenüber aufgabenorientiert oder kontrolliert
2. Es werden vier Kundentypen charakterisiert:
   - Dominant = „Direktor": Will den Kauf alleine und schnell entscheiden und setzt sich ggf. über die Fachkompetenz der Mitarbeiter hinweg. Bei falschen Entscheidungen wird den Lieferanten die „Schuld" zugeschoben.
   - Initiativ = „Kontakter": Stellt viele Rückfragen, sucht bei Wettbewerbern Alternativen.
   - Stetig = „Harmonisierer": Versucht, alle „ins Boot" zu holen, und scheut sich, eine Kaufentscheidung zu treffen, die nicht zu 100 % Konsens erzielt.
   - Gewissenhaft = „Denker": Ist Bedenkenträger und sieht viele Gefahren und negative Aspekte in einer Kaufentscheidung (Abb. 4.11).

[1] Dominanz, Initiative, Stetigkeit, Gewissenhaftigkeit.

Es gibt natürliche alle denkbaren Mischformen dieser Kundentypen. Vertriebsingenieure müssen den Kundentyp richtig einschätzen. Dann können sie die dargestellten negativen Effekte des Kundenverhaltens durch eigene Aktivitäten und eine passende Beratung antizipieren, oder sie erkennen rechtzeitig, dass sich der Verkaufsaufwand nicht lohnen wird. Verkäufer sollten aber auch zu Beginn einer Kundenbeziehung nicht zu flexibel sein und keine Zugeständnisse machen, die sie bei zukünftigen Angeboten nicht wiederholen können, weil sie nicht ausreichend profitabel sind.

Man kann als Vertriebler auch auf die vier Kundentypen mit den Charaktereigenschaften

- umgänglich und verbindlich
- analytisch und perfektionistisch
- selbstdarstellerisch mit Starallüren
- realisierend und dynamisch

treffen und muss sein eigenes Verhalten darauf einstellen (siehe Winkelmann 2012, S. 456 f.). Es ist nicht ausschlaggebend, welches Modell man zur Einstufung eines Kunden und dessen Entscheidungsverhalten anwendet. Wichtig ist, dass man als Verkäufer sein Verhalten darauf ausrichtet. Man sollte die Eigenschaften der Kunden proaktiv nutzen. So kann man die Erfolgswahrscheinlichkeit für einen Auftrag genauer vorhersagen und in den Forecast einpflegen.

4.5.1 Verkäufertypen

In der Abb. 4.12 werden die wesentlichen Verkäufertypen kategorisiert. Verkäufer im B2B-Bereich müssen über eine umfangreiche technische und industriekundenspezifische Beratungskompetenz verfügen. Sie müssen die technischen Eigenschaften der Produkte oder der Software beherrschen. Darüber hinaus müssen sie die wesentlichen Vor- und Nachteile der eigenen Produkte gegenüber den Wettbewerbsprodukten kennen. Es muss den Kunden erklärt werden können, warum die eigenen Produkte zu Kosteneinsparungen in ihrer Produktion oder Werkstatt führen. Diese Einsparpotenziale sollten Außendienstler ggf. mit Rechenbeispielen erklärt werden können. Wie steigt die Produktivität einer Maschine, und können dadurch Personalkosten für Maschinenführer oder Energie eingespart werden? Wie bereits in Abschn. 4.3 dargestellt, werden Kunden nicht für die Verkaufsberatung zahlen. Der Beratungsaufwand wird nur durch den Abschluss eines Kaufvertrages honoriert. Falls ein Außendienstler insgesamt zu viel Aufwand in die Betreuung eines Kunden investiert hat, dann wird er nicht effizient genug gewesen sein. Deshalb ist neben der Beratungskompetenz die Kaufabschlussquote das wesentliche Messkriterium für erfolgreiche Verkäufer (Abb. 4.12).

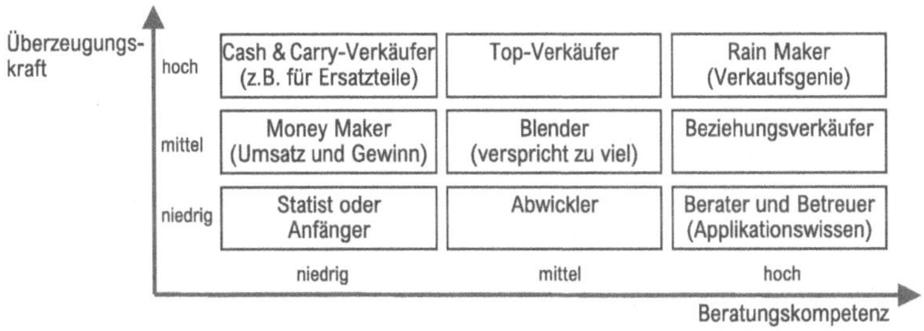

Abb. 4.12 Die neun Verkäufertypen im B2B. (In Anlehnung an die Reuter Group in Winkelmann 2012, S. 462)

1. Niedrige Beratungskompetenz
   Wer keine Produktkenntnisse hat und nicht über Verkaufskompetenz verfügt, ist entweder ein Statist oder ein Anfänger. Aber auch Anfänger sollten bereits über die „DNA" eines Verkäufers verfügen und sollten sich schnell beweisen. Der „Money Maker" kann in der Regel nur Angebote anhand einer Preisliste abgeben. Ein „Cash and Carry"-Verkäufer kann ggf. sehr gut einfache Komponenten und Ersatzteile anhand von Artikelnummern und technischen Parametern verkaufen.
2. Mittlere Beratungskompetenz
   In diesem Bereich gibt es Verkäufer, die gute Auftragsabwickler sind und erfahrenen Verkäufern zuarbeiten können. Gegebenenfalls können diese Verkäufer auch Kunden zum Wiederkauf oder zum Cross-Selling animieren, wenn ihnen das aufgetragen wird. Problematisch ist ein „Blender", der sich mit seinem Halbwissen überschätzt, der von kompetenten Kunden durchschaut wird und von dem man sich in Zukunft abwendet. Deshalb bleiben „Blender", die oft mehr versprechen als sie halten können, in allen Kategorien höchstens Mittelmaß. Ein Topverkäufer weiß ggf. nicht alles, aber er tritt immer kompetent auf und fragt Kollegen, falls er einen Kunden nicht selbst umfänglich beraten kann.
3. Hohe Beratungskompetenz
   Reine „Berater und Betreuer" kommen selbst kaum zu Kaufabschlüssen und sollten daher ihre Rolle darin finden, gute Verkäufer als Applikationsspezialisten zu unterstützen. „Beziehungsverkäufer" hingegen haben eine hohe Fach- und Beratungskompetenz und verstehen es, ihren langjährigen Kundenstamm zu pflegen. Kaltakquise bei ganz neuen Kunden ist ggf. nicht ihre Stärke. Das können „Rainmaker" am besten. Sie sind wahre Verkaufsgenies, die auch die schwierigsten Kunden „knacken" können. Sie haben eine sehr hohe Fachkompetenz und verfügen über eine hohe Flexibilität und Empathie, um sich auf jeden Kunden einstellen zu können. Sie öffnen alle Türen.

4.5.2 Formen des persönlichen und unpersönlichen Verkaufs

Die Abb. 4.13 verdeutlicht, dass zwischen persönlichem Verkauf, distanzpersönlichem Verkauf, bei dem man die Kunden mithilfe eines Mediums sieht oder hört, und einem unpersönlichen Verkauf, der von einem Medium geführt wird, unterschieden werden kann:

1. Beim persönlichen Verkauf erklärungsbedüftiger Investitionsgüter ist die direkte Interaktion von Vorteil. Vertrauensaufbau zwischen Verkäufer und Käufer ist so möglich und Fragen können direkt geklärt werden. Beim ersten Kauf einer Maschine, einer Anlage oder eines technischen Services ist ein persönliches Treffen unabdingbar. Kaltakquise von Kunden und der Aufbau eines technologisch anspruchsvollen B2B-Geschäftes werden auch zukünftig nicht ausschließlich mittels IT-Systemen und KI möglich sein. Auch in Ausnahmesituationen wie z. B. während der Corona-Pandemie waren Kundenbesuche notwendig, wenn technische Aspekte mit Neukunden geklärt werden mussten.
2. Distanzpersönliche Verkäufe können am Telefon oder als Videoverkauf stattfinden. Telefonkontakte zu Kunden sind zur Pflege von Kundenbeziehungen extrem wichtig, auch wenn diese Kommunikation teilweise durch Kurznachrichten oder E-Mails ersetzt werden kann. Schriftverkehr hat vor allem den Nachteil, dass Missverständnisse entstehen können und Rückfragen aufwendig sind. Um die technischen Anforderungen der Kunden zu klären, sind Videokonferenzen, Simulationen oder Augmented Reality sehr hilfreich. Bei bestehenden, vertrauensvollen Kundenbeziehungen kann der Reiseaufwand oft reduziert oder vermieden werden. Virtuelle Messen werden zukünftig an Bedeutung gewinnen. Aber im Bereich der Kaltakquise sind sie bei anspruchsvollem B2B-Geschäft weniger erfolgreich. Bei einer Kaltakquise sind Telefongespräche sehr hilfreich, um vorzufühlen, ob ein potenzieller Industriekunde überhaupt Bedarf bezüglich des eigenen Produkt- und Serviceportfolios hat.

Persönlicher Verkauf **Face-to-Face**	**Distanzpersönlicher Verkauf** (mediengestützt) **Voice-to-Voice, Pictures, Videos**	**Unpersönlicher Verkauf** (mediengeführt) **Selfservice**
▪ Besuchsverkauf (meistens mit Termin) ▪ Schauraumverkauf (ggf. mobil beim Kunden) ▪ Messeverkauf (öffentliche u. Hausmessen) ▪ Aktions-Promotions-Verkauf ▪ Ladenverkauf, Händler ▪ Marktverkauf (bei B2B selten)	▪ Telefonverkauf ▪ Videoverkauf ▪ Virtueller Messeverkauf ▪ Simulationsgestützter Verkauf – digitaler Zwilling ▪ Augmented-Reality-gestützter Verkauf	▪ E-Commerce ▪ M-Commerce (Smartphone, Tablet …) ▪ Katalogverkauf ▪ Internetportal bzw. Markplatz - Standardverkauf - Auktionsverkauf

Abb. 4.13 Formen des persönlichen und unpersönlichen Verkaufs im B2B-Geschäft. , (In Anlehnung an Winkelmann 2012, S. 40)

3. Unpersönlicher, mediengeführter Verkauf, bei dem die Kunden sich mit Hilfe von Systemen selbst bedienen, ist möglich bei „Repeat Sales" (Wiederkäufen), Ersatzteilverkauf, Softwareverkauf (Apps) oder Servicebuchungen. Zur Gewinnung neuer Kunden führt das jedoch nur, wenn die Kunden durch Online- und Offline-Marketing auf die Angebote aufmerksam gemacht werden.
   Kleinere Unternehmen mit wenigen Ressourcen haben oft in entfernten Regionen keine andere Möglichkeit, für Kunden präsent zu sein. Sie müssen auf den mediengeführten Verkauf oder Distributoren setzen.

4.5.3 Vor- und Nachbereitung von Kundenkontakten mit CRM-Systemen

Die Abb. 4.14 zeigt den möglichen Funktionsumfang und die Struktur eines CRM-Systems (vgl. auch Winkelmann 2012, S. 258 f.). Ein solches System sollte aber auf Funktionen beschränkt werden, die auch wirklich von Vertrieb, Produktmanagement und Controlling erwartet und genutzt werden. Es müssen automatische Schnittstellen zu CRM-, MES-, Kurznachrichten-, E-Mail-, Videokonferenzsystemen, Online-Katalog, Konfiguratoren und E-Commerce bestehen. Der Datenpflegeaufwand wächst mit dem Funktionsumfang. Wenn man es mit der Anwendung von CRM-Systemen übertreibt und die Vertriebskollegen sich durch Reporting, Datenpflege und Kontrolle gegängelt fühlen, dann kann die Akzeptanz sehr schnell verloren gehen. Das Anlegen von „Datenfriedhöfen" führt zu Verdruss.

Insbesondere die Pflege der Kundenstammdaten ist im B2B-Geschäft eine Aufgabe von Vertriebsaußen- und Vertriebsinnendienst (vgl. Winkelmann 2012, S. 324). Ohne die Pflege von Kundenstammdaten kann das Geschäft nicht beherrscht werden.

Folgende Informationen sind für die Kunden möglichst vollständig anzulegen und zu pflegen:

1. Firma, Gesellschaftsform, Website, Konzernzugehörigkeit, Eigentümer (Shareholder), Tochterunternehmen bzw. einkaufende Gesellschaften, Kundennummern von verbundenen Gesellschaften, Geschäfts- und Einkaufsbedingungen, Lieferanschriften mit Werktorangaben (Nr.) sollten bekannt sein.
   Gibt es einen zentral bzw. global verantwortlichen Einkauf mit Zugriff auf alle Preise und Einkaufskonditionen der Tochtergesellschaften?
2. Kontaktpersonen, deren Kontaktdaten und ein „Political-Poster" für die Beziehungen der Kontaktpersonen des Kunden untereinander: Positionen und Aufgaben der bekannten Gesprächspartner und deren Einfluss (vgl. Abschn. 4.4.1 und 4.4.2).
3. Private Informationen zu Kontaktpersonen wie z. B. private Interessen und favorisierte Sportvereine, Vorliebe für Essen oder Süßigkeiten, Geburts-/Namenstage, Name der Assistenz und von engen Mitarbeitern sowie deren Geburtstage, Trauerfälle

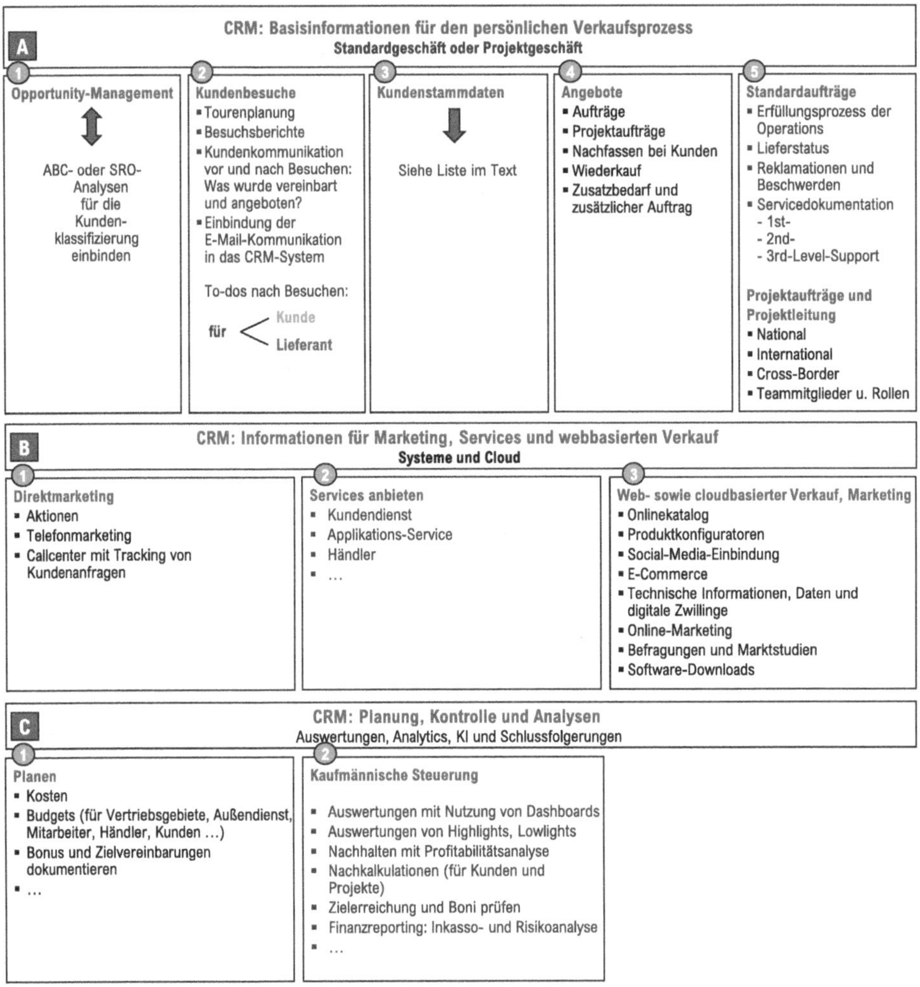

Abb. 4.14 Funktionen eines CRM-Systems im B2B-Geschäft

und ausgewöhnliche Ereignisse sowie kulturelle Aspekte, die zu beachten sind, und Profile in Social Media (LinkedIn, Xing und andere),

4. Strategie, Finanzen wie Umsatz- und Ergebnisentwicklung sowie Bonität des Kunden, soweit bekannt.
5. Industriesegmente, Geschäftsfelder und Applikationen, für die der Kunde tätig ist, und die Produkte (Maschinen, Anlagen, Komponenten), Software und Services, die der Kunde dort anbietet.
6. Größte Kunden, größte Wettbewerber und wesentliche Partner des Kunden.

7. Eigene Wettbewerber, die an den Kunden liefern: Deren Lieferantenanteile bei den wichtigsten Produktgruppen und Dienstleistungen abfragen sowie in das CRM-System eingeben (vgl. Schema in Abb. 3.3).
8. Geplante Produkte des Kunden und zu erwartende Projekte für die kommenden drei Jahre (Roadmap des Kunden).

4.5.4 Kaltakquise versus Warmakquise

Die Abb. 4.15 unterstreicht, dass der persönliche Kontakt im B2B-Geschäft im Jahr 2014 die wichtigste Quelle für die Aufnahme einer Kunden-Lieferanten-Beziehung war. Von gleichrangiger Bedeutung waren Unternehmenswebseiten und Suchmaschinen. Sehr interessant ist, dass in der Untersuchung von Backhaus und Voeth (2014, S. 62) das Produktrisiko, das mit den Informationsquellen verbunden ist, mit der Bedeutung der Quellen korreliert. Das größte Vertrauen in Produkte besteht, wenn der Geschäftskontakt persönlich entstanden ist. Das wird auch im Jahr 2023 nicht anders sein. Social Media wurde im B2B-Bereich im Jahr 2014 noch weniger genutzt, was sich inzwischen grundlegend geändert hat. Ich habe inzwischen sehr viele Social-Media-Aktivitäten im B2B-Bereich beobachtet.

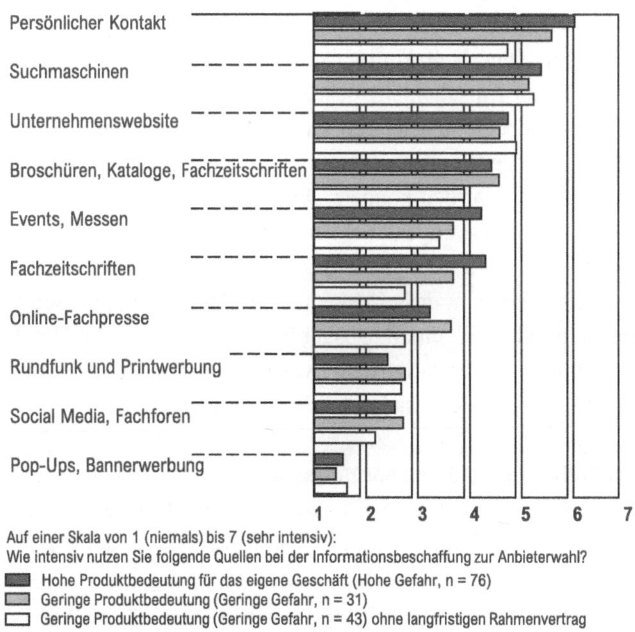

Abb. 4.15 Anbieterauswahl und Produktrisiko im B2B-Geschäft auf Basis einer Kundenbefragung. (Siehe Backhaus und Voeth 2014, S. 62)

Der Aufwand für Kaltakquise ist vergleichsweise am höchsten. Die Weiterempfehlung von zufriedenen Bestandskunden an bisher unbekannte Kunden ist hingegen der kostengünstigste Weg, Neukunden zu gewinnen. Diesen Weg über das persönliche Netzwerk bezeichnet man auch als Warmakquise. Die Kaufschwelle ist viel niedriger als bei der Kaltakquise, da durch die Empfehlung das Produkt- und Lieferrisiko aus Sicht der Neukunden reduziert ist.

Die Vertriebskosten bei Bestandskunden sinken und Weiterempfehlungen von Bestandskunden können die Türen bei Neukunden öffnen: Bei langjährigen Bestandskunden sinken die relativen Vertriebskosten kontinuierlich. Homburg et al. (2016, S. 42) zeigen in einer Grafik, dass die relativen Vertriebskosten nach zehn Jahre auf 20 Prozentpunkte sinken. „Treuerabatte“ können diesen Effekt unterstützen.

- Weiterempfehlungen durch Bestandskunden können sehr helfen, den mühsamen Prozess der Kaltakquise abzukürzen. Der Bestandskunde wird einen guten Lieferanten aber nur weiterempfehlen, wenn es sich nicht um einen engen Wettbewerber handelt. Insbesondere dann, wenn das Produkt oder der Service des Anbieters eine signifikante Differenzierung für das Geschäft des weiterempfehlenden Unternehmens darstellt (vgl. dazu „Empfehlungsmarketing“ in Schubert 2015, S. 178).

4.5.4.1 Kaltakquise mit Softwareunterstützung und telefonischer Kontaktaufnahme

Es sollte das Ziel bei einer Kaltakquise sein, so schnell wie möglich einen direkten, menschlichen Kontakt zu Entscheidern des Kunden herzustellen. Man muss versuchen, eine noch kalte Kundenbeziehung durch Fingerspitzengefühl mit Vertrauen zu füllen und „anzuwärmen“. Das geht am einfachsten über persönliche Telefonanrufe, die durch E-Mail-Austausch flankiert werden können. Der Kunde erhält Kontaktdaten und kann sich über Webseiten und Onlinekataloge über den anfragenden Lieferanten informieren. Hat man mit Kunden bereits telefoniert, sinkt auch die Hemmschwelle für Videogespräche. In der Vertriebspraxis zeigt sich, dass E-Mails oft zu Missverständnissen führen, die dann in einer endlosen Kette von Folgemails ausgeräumt werden müssen. Ein Telefonanruf mit anschließender E-Mail, in der bestätigt wird, was vereinbart wurde, ist effizienter.

Telefongespräche sind für den Erstkontakt besonders geeignet:

- Neue potenzielle Kunden müssen sorgfältig ausgewählt werden.
- Das Netzwerk zu neuen Kunden sollte im Telefonkontakttool zur Leadgenerierung dokumentiert und nachgehalten werden. Vorzugsweise ist die Leadgenerierung mit dem CRM-System verbunden.
- Der Vertriebsinnendienst kann telefonisch „vorfühlen“, ob sich ein weiterer Anruf durch den Außendienst lohnt.

Telefon- und Videokontakte sind Teil der Vorbereitung von Kundenbesuchen und Geschäftsabschlüssen:

- Vorbereitung: Durch Recherchen und Telefongespräche mehr über das Unternehmen und die Kontaktpersonen erfahren.
- Start: Mit dem Kunden eine Vertrauensbasis aufbauen und Gemeinsamkeiten feststellen (siehe auch Abschn. 4.2).
- Analyse/Zuhören: Was benötigt der Kunde wirklich, wo hat er die größten Probleme und was vermisst er bei seinen derzeitigen Lieferanten?
- Informieren: Was kann dem Kunden angeboten werden?
- Termin: Vereinbarung eines „Face-to-face"-Besuchstermins beim Kunden.

4.5.4.2 Warmakquise – Sales Leads, Funnel, Pipeline

Folgende Begriffe charakterisieren den Verkaufsprozess und seine Stufen:

- *Beziehungsnetzwerke*
- *Warmakquise ist einfacher als Kaltakquise*, wenn der Kunde den Verkäufer und das anbietende Unternehmen in der Regel bereits kennt und der Kunde während der bisherigen Geschäftsbeziehung überwiegend positive Erfahrungen gemacht hat. Bei negativen Erfahrungen würde sich die Geschäftsbeziehung wieder abgekühlt haben und Folgeaufträge könnten wohl kaum gewonnen werden.

  Es ist eine Frage der Kultur und der Persönlichkeit der Beteiligten, ob Kollegen und Kunden ihr Netzwerk zur Verfügung stellen und den Weg zu neuen Kunden und Entscheidern ebnen. Dann sind Kundenkontakte nicht mehr „eiskalt", sondern bereits „lauwarm" und das erste Gespräch mit dem Kunden ist einfacher. Dabei spielt neben den Netzwerken des Unternehmens auch das private Netzwerk eines Vertriebsingenieurs eine große Rolle. Dieses Netzwerk erweitert sich während des Berufslebens und wird von Vertrieblern oft als „privater Schatz" und als Schutz gegen eine Entlassung angesehen. Durch Intencivierung (z. B. Beteiligung am Sales-Bonus) kann man die Mitarbeiter motivieren, ihre Beziehungsnetzwerke und ihr Wissen zu teilen, denn es ist oft mit erheblichem Aufwand verbunden, für einen Kollegen „die Tür zum Kunden zu öffnen".
- *Sales Leads*

  Ein Sales Lead ist ein Kundenkontakt, und der Begriff wird oft für Erstkontakte verwendet. Es wird der Kontakt zu einem potenziellen Interessenten hergestellt. Von einem „Qualified Lead" spricht man, wenn ein potenzieller Kunde sein Interesse bekräftigt hat (unverbindliche Kaufabsicht).
- *Sales Funnel (Verkaufstrichter)*

  Abb. 4.16 zeigt, wie Neukunden im Bereich der Kaltakquise identifiziert werden. Die Wahrscheinlichkeit der Realisierung eines Geschäftes (Conversion Rate) reduziert sich entlang des Trichters von einem Kundeninteresse bis zu einem Auftrag erheblich. Dasselbe gilt auch, wenn man bei Bestandskunden akquiriert (Warmakquise). Allerdings sind die Erfolgsraten in diesem Fall höher, da man das Verhalten des Kunden und dessen Bedarf besser einschätzen kann.

  Winkelmann (2012, S. 682) unterscheidet bei der Akquise fünf Vertriebsstufen:

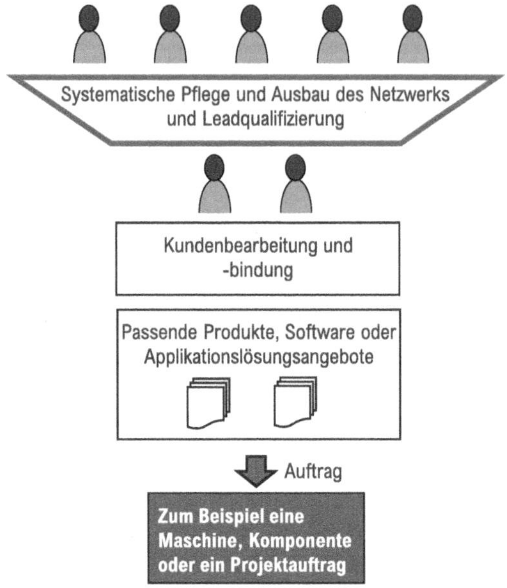

Abb. 4.16 Lead-Generierung und Sales Funnel (Trichter)

1. Interessenten identifizieren und Nachfrage generieren. Dabei kann es sich um Bestandskunden (Warmakquise) oder um Neukunden (Kaltakquise) handeln.
2. Bedarf analysieren und Kundenkontakt qualifizieren (telefonisch etc.)
   - Ist beim Kunden ein Budget vorhanden?
   - Wie lange wird es dauern, bis ein Kauf bzw. eine Investition erfolgt?
3. Applikationslösung anbieten
   - Kundenanforderung spezifizieren und durch Entscheider bestätigen lassen.
   - Lösungsvorschlag präsentieren und durch Entscheider bestätigen lassen.
4. Abschluss des Geschäftes durch das Unterzeichnen des Kaufvertrages besiegeln lassen.
5. Betreuung des Kunden und damit Wiederkäufe und Cross-Selling generieren.

In jeder Stufe des Vertriebstrichters gehen potenzielle Aufträge (Opportunities) verloren. Winkelmann (2012) empfiehlt, nach jeder der fünf Stufen „Conversion Rates“ (Erfolgsquoten) zu ermitteln. Wie viele Kunden müssen entlang der Stufen des Verkaufstrichters bearbeitet und bedient werden und wie viele Angebote müssen abgegeben werden, damit ein Auftrag entsteht? Die entsprechenden Anteile sind allerdings vom angebotenen Produkt oder Service abhängig und werden auch durch die Wettbewerbssituation bestimmt. Winkelmann (2012, S. 682 ff.) gibt Quellen an, in denen Conversion Rates für ausgewählte Beispiele angegeben werden. Vertriebe sollten anhand von Conversion Rates feststellen, warum Kundeninteresse ab einer bestimmten Phase erloschen ist. So kann man aus diesen Lowlights und Fehlern lernen und sich ggf. anpassen.

Bei einfachen Produkten und Komponenten hat der Verkaufsprozess bis zur Auftragserteilung in der Regel weniger Kontrollschritte und Rückschleifen, als bei komplexen Maschinen und Komponenten. Bei einfachen Produkten können als Anschauungsmaterial Muster geliefert werden oder kleinere Testkäufe zur Probe erfolgen.

Es werden Softwaresysteme wie z. B. „Microsoft Dynamics CRM“, „Sales Funnel” von Siebel CRM sowie von Oracle oder von der ADITO-Software-AG angeboten, mit denen Sales Opportunities und deren Statusveränderungen visualisiert werden können.

- *Sales Pipeline (Auftrags- und Nachschubleitung für das B2B-Geschäft)*
  Es ist ein kontinuierlicher Fluss von Optionen und laufenden Angeboten in der Pipeline erforderlich, der nicht schwächer werden und nicht abreißen sollte, damit die Operations (Produktion, Logistik, Service) kontinuierlich Aufträge erhalten.

Messen mit direktem Kundenkontakt

Die Beispiele in Abb. 4.17 verdeutlichen, dass Präsenzmessen vor der Corona-Pandemie weltweit eine große Bedeutung hatten. Ich bin der Meinung, dass trotz möglicher Pandemien Präsenzmessen auch zukünftig eine wichtige Funktion haben werden. Das hat auch die IMTS Show in Chicago (Abb. 4.17) im September 2022 bewiesen, die wieder gut besucht wurde. Virtuelle Messen (siehe folgenden Abschnitt „Virtuelle Messen, hybride Messen und Social Media“) und Videogespräche werden aber weiter an Bedeutung gewinnen. Daraus werden sich auch hybride Messeformate mit Präsenz- und Online-Elementen entwickeln. Dem direkten persönlichen Austausch sowie dem Auf- und Ausbau von Vertrauen bei neuen Kundenbeziehungen werden Präsenzmessen weiter einen Platz bieten. Nur ein kleinerer Teil der Kunden besucht regelmäßig Messen. Diese erwarten allerdings, dass ihre Lieferanten zur Kontaktpflege mindestens auf den

Beispiel Embedded World Nürnberg

Beispiel European Utility World Wien (Energieerzeugung)

Beispiel APS Offshore Aberdeen

Beispiel IAS Shanghai (Allgemeine Industriemesse)

Beispiel IMTS Show Chicago (Maschinenbau und Automatisierung)

Abb. 4.17 Beispiele für Präsenzmessen im B2B (Bildquellen von links oben nach rechts unten: © Claus Tintelnot 2019, 2018, 2019, 2017, 2022)

wichtigsten Messen präsent sind. Um neue Leads auf Messen zu generieren, muss man die potenziellen Kunden im Vorfeld von Messen ansprechen und einladen.

Wie weit sich allerdings weltweite Leitmessen behaupten werden, die nur mit Langstreckenflügen zu erreichen sind, wird sich zeigen. Deutschland hatte bisher die meisten internationalen B2B-Leitmessen auf der Welt. Messen und Leitmessen könnten sich durchaus stärker regionalisieren (Europa, Asien, Nordamerika). Für Produktmanager und Strategen sind Messen und insbesondere weltweite Leitmessen eine wichtige Gelegenheit, um sich einen Marktüberblick zu verschaffen. Auf Messen sieht man aber auch viele Produkt- und Technologiestudien, die es niemals in den Onlinekatalog und in die Vertriebsorganisationen der Anbieter schaffen. Es ist die Strategie einiger Wettbewerber, durch solche Aktivitäten Interesse zu erregen und „Testballons" bei ihren Kunden zu starten.

Messen ermöglichen dem Außendienst, neue Kundenkontakte zu pflegen, neu aufzubauen und neue Produkte und Technologie zu präsentieren:

1. Bei Messen sind Außendienstler und Produktmanager wichtige Repräsentanten des ausstellenden Unternehmens auf den Messeständen (Standcrew). Vertriebsingenieure können ihre Kunden gezielt zur Messe einladen und organisieren, dass Produktmanager oder Entwicklungsingenieure neue Produkte vorstellen und die Technik live demonstrieren.
2. Als Vertriebler kann man auf Messen neue Kunden kennenlernen, oder es werden einem wichtige Personen und Entscheider bei bekannten Kunden vorgestellt. Außerdem trifft man bei Messen oft Kollegen, die man sonst nicht sieht. Internes „Socialising" ist wichtig, aber es gilt immer „Customer first".
3. Es gibt Kontakt- und Produkt- bzw. Technologiemessen mit unterschiedlichen Schwerpunkten:
   - Kontakt- bzw. Industriemessen dienen überwiegend der Pflege von Kundenbeziehungen. Die Produkte sind bei Industriemessen (z. B. Hannover Messe) zwar wichtig, aber sie stehen etwas mehr im Hintergrund als bei Fachmessen.
   - Fachmessen wie die SPS (Automatisierungstechnik), die Interpack (Verpackungsmaschinen) oder die Drupa (Druckmaschinen) dienen vorrangig dazu, neue Produkte und Services auf der Basis von Technologien zu präsentieren.
   - Regionale Messen gibt es in vielen Ländern der Welt. Die lokale Vertriebsorganisation sollte sich überlegen, auf welchen Veranstaltungen man präsent sein muss und welche Teilnahmen das Messebudget erlaubt. Regionale Veranstaltungen dienen der lokalen Kontaktpflege und weniger dem Marketlaunch von neuen Produkten und Services.
4. Auf Messen werden oft Technologieforen angeboten, bei denen Produktmanager oder Vertriebsingenieure Fachvorträge halten und so für das Unternehmen und die Produkte werben können.

Virtuelle Messen, hybride Messen und Social Media
(Siehe Abb. 4.18)

1. *Virtuelle Messen*
   - Virtuelle Messen gewinnen an Bedeutung. Ereignisse wie die Corona-Pandemie, steigende Flugpreise und Reisekosten sowie das Ziel, die Umwelt zu schonen, bewirken diesen Trend (vgl. Walther und Wäldchen 2021). Virtuelle Messen haben wie herkömmliche Messen eine begrenzte Veranstaltungsdauer. Sie können mit einem direkten Kontakt zu Verkäufern kombiniert werden. Das unterscheidet sich dann nicht wesentlich von einer Videopräsentation für einen oder mehrere Kunden.
   - Bei Gruppenpräsentationen und anonym anwesenden Kunden, die sich nicht vorstellen, könnten auch Wettbewerber als Zuschauer und Zuhörer dabei sein. Will man das vermeiden und möchte man mehr über die Kunden erfahren, dann sollte man auf eine virtuelle Eins-zu-eins-Kommunikation setzen, bei der sich die Teilnehmer registrieren müssen.
   - Bei virtuellen Messen steht die Präsentation von Produkten und Services des Unternehmens im Vordergrund. Persönliche Beziehungen fördern sie eher weniger.
   - Virtuelle Realität und 3D-Animationen ermöglichen auch „die Begehung“ von Messeständen. Allerdings ist der Aufwand dafür sehr hoch und muss in einem sinnvollen Verhältnis zur Zahl der Nutzer stehen.
   - Hybride Formate mit persönlicher Anwesenheit des Kunden, Animationen und virtuellen Präsentationen auf der Basis von digitalen Produktzwillingen werden an Bedeutung gewinnen. Unternehmen sind immer weniger in der Lage, alle neuen Produkte und ihr Standardportfolio zu akzeptablen Kosten auf Messeständen zu präsentieren. Bei großen Messeexponaten und Anlagen, die nicht transportiert werden können, ist ein virtueller Messestand neben Hausmessen die einzige Lösung.

Virtuelle Messen

Nutzung von Social Media für Public Relations und Marketing

Abb. 4.18 Virtuelle Messen und die Möglichkeit, Social Media für Unternehmensnachrichten zu nutzen. (Bildquelle links: © Select AG – https://www.select.ag/, Beispiel Einkaufskooperation für Autoteile, veröffentlicht in reifenpresse.de am 18.02.2014, rechts: © de.dreamstime.com)

2. *Social Media als Transportmedium für das Unternehmensimage und für gezielte Werbung*
   - Social-Media-Beiträge von einzelnen Personen in Unternehmen bieten eine Chance zum Lancieren von Information und somit subtiler Produkt- und Unternehmenswerbung. Sie bergen aber auch eine große Gefahr, die Reputation des Unternehmens dauerhaft zu schädigen, weil die Produkte und Leistungen ggf. in ein falsches Licht gestellt werden.
   - Es darf Mitarbeitern auf keinen Fall erlaubt werden, selbständig und unabgestimmt Beiträge einzustellen, die sich auf das Unternehmen oder das Unternehmensumfeld beziehen.
   - Bei Social-Media-Posts muss das Corporate Design eingehalten werden und der Beitrag muss vertrauensbildend wirken. Ein positives Beispiel wäre es, wenn die Leiterin „Unternehmenskommunikation und Marketing" über ihren persönlichen Account mitteilt, dass das Unternehmen einen wichtigen Innovationspreis gewonnen hat.
   - Alle Beiträge müssen in jedem Fall von der Kommunikationsabteilung oder sogar der Unternehmensleitung genehmigt und gezielt eingesetzt werden. So kann z. B. über ein Firmenjubiläum berichtet werden, ohne dabei „feiernde" Kollegen zu zeigen.

4.5.5 Fachartikel und Konferenzbeiträge

Artikel in führenden Fachzeitschriften und Fachvorträge bieten Unternehmen und deren Mitarbeitern die Möglichkeit, die Technologien, Produkte und Lösungen ihres Unternehmens zu präsentieren (s. Beispiel in Abb. 4.19). Außerdem können sich die Autoren und Referenten dadurch einen Namen in der Branche machen.

Durch Artikel und Fachvorträge können Unternehmen und Vertriebsspezialisten sich bei Kunden bekannter machen und schneller vom Status der Kaltakquise zur Warmakquise gelangen:

1. Artikel in Fachzeitschriften
   Marketing-, Kommunikationsbereiche oder das Produktmanagement haben in größeren Unternehmen Redakteure und Lektoren, die Produktmanager und Vertriebsleute dabei unterstützen, Fachbeiträge zu schreiben.
   Gedruckte Fachzeitungen werden oft aus Zeitmangel wenig gelesen. Die Magazine liegen dann ggf. im Büro, um daran erinnert zu werden, dass man sie eigentlich lesen müsste. Deshalb sind die Titel- und die Rückseiten der Fachmagazine wirksame Werbeträger. Die Beiträge sollten immer auch im Netz und durch Newsletter verbreitet werden. Fachzeitschriften und Newsletter sind oft gratis und werden ausschließlich durch Werbung finanziert. Verlage verlangen beim Abdrucken von Fachbeiträgen daher häufig auch das Schalten von Werbung.

Abb. 4.19 Fachartikel „Rotative Flexibilität" von Vertriebsingenieur Lutz Kettenhoff der Siko GmbH (Kettenhoff 2020, S. 93)

2. Fachvorträge auf Konferenzen
   müssen hervorragend sein und vom Referenten und der Fachabteilung sehr gut vorbereitet sein. Das gilt für die inhaltliche Gestaltung der Präsentation und die Form des Vortrags. Die Expertise des Vortragenden und des Unternehmens können genutzt werden, um für Produkte und Technologien zu werben.

Der Aufwand für Fachveröffentlichungen und Vorträge ist hoch.

4.5.6 Kundenbesuche oder Videokonferenzen mit Besuchstermin und Angeboten

Es kann nicht oft genug betont werden: Der persönliche „Face-to-Face"-Kontakt zu Beginn einer Kundenbeziehungen ist für den Vertrauensaufbau unerlässlich.

In Abb. 4.20 sind die vier wesentlichen Handlungsfelder im B2B-Geschäft dargestellt (vgl. Dietze 2016):

- Kundenkontaktpflege und Kundenakquise
- Anfragesteuerung
- Angebotsinhalte
- Angebotsverfolgung: Hat der Kunde den Vertrag unterschrieben?

Abb. 4.20 Vier Säulen des Geschäfts im B2B-Vertrieb

Um Kundenbesuche effizient zu nutzen, sollte man immer die folgenden Leitfragen vor Augen haben (in Anlehnung an DV Deutsche Vertriebsberatung):

1. Wie behandeln wir Anfragen effektiver?
2. Wie gestalten wir unsere Angebote verkaufsorientierter?
3. Wie können wir Auftragsverluste verringern, weil unsere internen Abstimmungs- und die Lieferprozesse nicht effizient sind (Schnittstellen, Integrationsdefizite)?
4. Wie gewinnen wir mehr Aufträge aus unseren Angeboten? Angebote kosten viel Geld – die Hit-Rate bzw. Conversion-Rate ist entscheidend.
5. Wie steigern wir unseren Umsatz und wie verbessern wir unter dem Strich unseren Deckungsbeitrag (DB IV/CM-IV-Marge)?

4.5.6.1 Vorbereitung von Kundenbesuchen – Reiseplanung, Muster und Präsentationen

Die Mitarbeiter an der Zahl der Kundenbesuche zu messen, führt zu Höflichkeits- und Pro-forma-Besuchen, wie etwa der Übergabe einer Broschüre beim Kaffeetrinken. Das entspricht dem Vorgehen eines Strukturvertriebs mit einer Drückerkolonnen-Kultur. Die Kunden bewerten das in der Regel negativ (vgl. Homburg et al. 2016, S. 143, 153). Mehr als drei Kundenbesuche pro Tag durchzuführen, ist bei erklärungsbedürftigen Produkten nicht sinnvoll. Die Qualität von Kundebesuchen zu gewährleisten, das heißt eine gute Vor- und Nachbereitung von Kundenbesuchen, ist erfolgsversprechender, als die Quantität der Besuche zu steigern. Die Digitalisierung ermöglicht es, dass Außendienstmitarbeiter weniger oft zu Kunden reisen müssen. Viele Vorortbesuche, die bis vor einigen Jahren zur detaillierteren Klärung eines Auftrages notwendig waren, können heute durch digitale Kommunikation ersetzt werden.

Die Anreise zum Kunden und weitere Details müssen sorgfältig vorbereitet werden:

- Verkehrsmittel prüfen, die Anreise realistisch planen und nicht nur dem Navigationssystem vertrauen.
  1. Beispiel Indien (vgl. Abb. 4.21): Kundenbesuche mit einer Anreise auf überlasteten Straßen benötigen einen Zeitpuffer. Wie lange dauert eine Fahrt vom Flughafen in Mumbai zum Bürostandort des Gesprächspartners in Pune? Die Kollegen sagen, dass sie zwei Stunden dauert, das Navi zeigt drei Stunden an, und einplanen sollte man mindestens fünf Stunden. Wie lange dauern ggf. die Sicherheitskontrollen am Werkstor?
  2. Beispiel Maschinenbauunternehmen in Frankenthal (vgl. Abb. 4.21): In welchem der drei Werke wurde der Termin mit der Mitarbeiterin der Kundin „Frau M. Mustermann" vereinbart? Gibt es einen Besprechungsraum mit Präsentationsmedien oder sitzt man am Schreibtisch der Kundin in einem Großraumbüro? Darf man anschließend die Produktion, die Entwicklungsabteilung, Labore oder Werkstätten besuchen?

  Man sollte diese Fragen mit dem Gesprächspartner oder der Assistenz vor dem Besuch klären. Die Sprechzeit bei Kunden ist immer begrenzt und mehr als 60 min hat man selten zur Verfügung. Wenn man sich verspätet, z. B. weil noch 20 min der

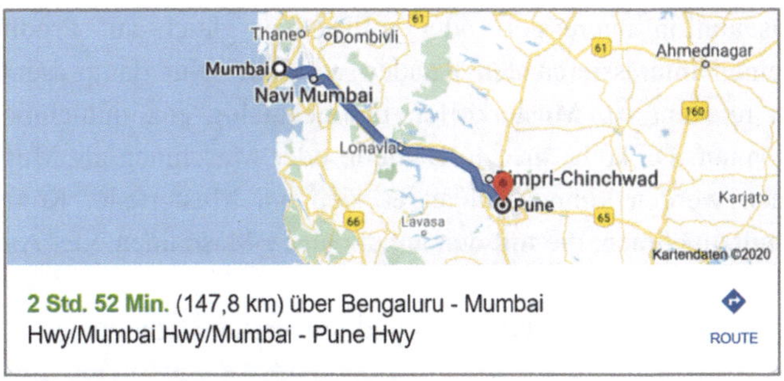

Kundenbesuch: Wie lange wird die Fahrt von Mumbai nach Pune mit dem Auto wirklich dauern?

Kundenbesuch: An welchem der drei Standorte des Unternehmens in Frankenthal wird der Termin mit der Einkäuferin Frau M. Musterfrau stattfinden?

Abb. 4.21 Kundenbesuche vorbereiten und nichts dem Zufall überlassen. (© Google Maps)

„wertvollen Gesprächszeit" für eine Shuttlebusfahrt über das Werksgelände verloren gehen, wird die Kundin Frau Mustermann den schlecht vorbereiteten Besuch in keiner guten Erinnerung behalten. Man hätte sich den Termin besser gespart.

- Nur Termine an einem Tag planen, die man auch sicher einhalten kann. Daher die Route so planen, dass die Wege zwischen den Kundenterminen kurz sind.
- Man sollte Kunden nicht ohne Termin besuchen. Einige Vertriebsleute tun das, weil sie noch Zeit zur Verfügung haben und der Kunde auf ihrer Besuchsroute zu anderen Kunden liegt. Besonders, wenn man technisch anspruchsvolle Hardware oder Software verkaufen will, dann muss sich der Kunde auf das Gespräch einstellen können. In jedem Fall ist es unhöflich, unangekündigt „aufzutauchen" und davon auszugehen, dass der Kunde Zeit für einen hätte. Überfallartige Spontanbesuche assoziieren Drückerkolonnenmentalität wie bei Haustürgeschäften.
- Falls man sich trotz bester Planung verspätet, muss der Kunde unbedingt benachrichtigt werden.
- Wenn man beim Kunden früher als geplant ankommt, sollte man warten. Bei Kunden, die man gut kennt, kann man ggf. darum bitten bzw. danach fragen, ob der Termin vorverlegt werden kann.
- Visitenkarten beim ersten Kennenlernen austauschen. Ist der Kunde an einer Unternehmenspräsentation interessiert oder sollte man gleich auf Produkte eingehen? Welche Themen interessieren den Kunden wirklich? Nur das präsentieren, was für die Kunden relevant ist. Musterkoffer, Onlinekatalog etc. mitnehmen oder darauf zugreifen können. Da keine großen Bauteile oder Maschinen als Muster zu Kunden mitgenommen werden können, bietet es sich an, Musterteile, Komponenten oder Werkstoffe mitzunehmen, die mit den angebotenen Maschinen oder Anlagen gefertigt oder bearbeitet werden können.
- In Kundengesprächen flexibel reagieren und immer zuerst zuhören.

4.5.6.2 Verkaufsgespräche – Wer nimmt voraussichtlich teil und wer sollte daran teilnehmen?

Die acht Bausteine des Verkaufsgesprächs in Abb. 4.22 nach Czech-Winkelmann (2012) beginnen mit der gegenseitigen Einschätzung und Klassifizierung der Gesprächspartner. Das Verhalten des Verkäufers hinterlässt bereits in den ersten Sekunden des Gesprächs einen prägenden Eindruck. Dieser Eindruck kann sich im Laufe des Gesprächs oder bei Folgegesprächen als Fehleinschätzung erweisen. Menschen neigen aber dazu, solche Einschätzungen nur teilweise oder nur nach einem längeren Zeitraum zu revidieren. Dabei spielen neben der Körpersprache auch psychologisch-linguistische Techniken (NLP und der Augenkontakt) eine große Rolle. Durch Muster, Referenzkunden und Referenzprojekte, falls man sie erwähnen darf, kann man Vertrauen schaffen.

Mit einer geschickten Fragetechnik sollte man die kritischen Erfolgsfaktoren, negative Erfahrungen und die Erwartungen des Kunden oder der Kundin „herauskitzeln". Kunden werden immer wieder kritische Einwände bringen, mit denen sie testen, ob

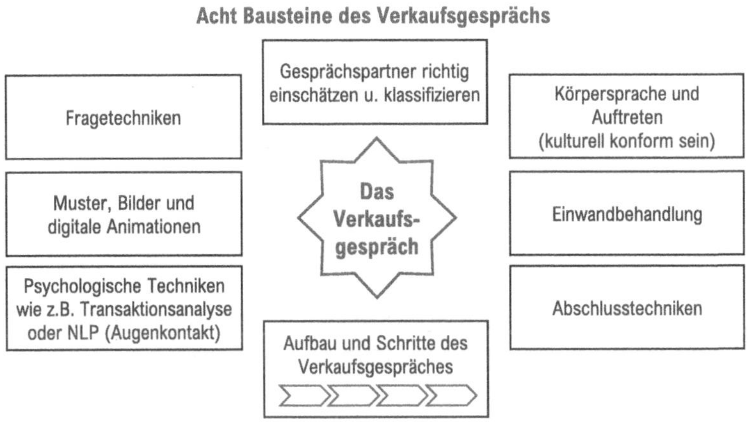

Abb. 4.22 Die acht Bausteine des Verkaufsgesprächs. (Siehe Winkelmann 2012, S. 450 in Anlehnung an Czech-Winkelmann)

der Vertriebsingenieur Erfahrung hat und praktikable Lösungen oder Standardprodukte anbieten kann.

Was passiert z. B., wenn die Versorgungsspannung der Maschine ausfällt? Welche Übergangslösung gibt es, und wie schnell kann ein Ersatznetzteil geliefert werden? Der Vertriebsingenieur muss auf solchen Fragen überzeugende Antworten geben können.

Es ist die Krönung für jeden Vertriebler, wenn ein Auftrag gewonnen wurde und ein gutes Geschäft abgeschlossen werden konnte, bei dem beide Seiten zufrieden sind und eine angemessene Marge erzielt wurde.

Folgende Fragen sollte man vor einem Verkaufsgespräch geklärt haben:

- Wer sollte an dem Verkaufsgespräch auf beiden Seiten teilnehmen? Wer nimmt auf der Kundenseite voraussichtlich daran teil? Welche Personen aus der Entscheiderpyramide des Kunden sind für das angestrebte Geschäft wichtig (vgl. Abschn. 4.4.2)?
- Man sollte immer ankündigen, welche eigenen Kollegen man zum Gespräch mitbringen möchte. Dies ist besonders dann wichtig, falls man Kollegen aus einer höheren Hierarchieebene wie Vertriebsleitung, Vorstand oder Geschäftsführung mitbringt.
- Man sollte nicht überrascht sein, wenn an einem vermeintlichen Einzelgespräch am Ende ein großes Team des Kunden teilnimmt.
- Wo hat der Kunde heute und in Zukunft Bedarf?
- Wo hat der Kunde die größten Probleme bzw. die größte Lücke zu seinen Anforderungen?
- Wie kann unser Unternehmen diesen Kunden besser bedienen, als wir selbst oder der Wettbewerb es bisher getan haben?
- Warum wird es zukünftig besser laufen als in der Vergangenheit?

- Welche Referenzbeispiele habe ich, um Vertrauen zu schaffen?
- Wie kann ich Sicherheit ausstrahlen, ohne arrogant zu wirken?

4.5.6.3 Muster zum Anfassen und Produktpräsentationen mit Software

Vertriebsingenieure sollten nie mit leeren Händen zu Kunden kommen. Der Vorteil von Präsenzterminen ist, dass man Muster mitbringen kann und dem Kunden auch größere Maschinen, Anlagen oder Software mit Tablet, Videoscreen oder einem klassischen Projektor (Beamer) präsentieren kann (siehe Abb. 4.23). Insbesondere kleinere Kunden oder Niederlassungen verfügen oft nicht über ausreichend ausgestattete Besprechungsräume. Manchmal stellt man fest, dass der eigene Rechner sich nicht mit den Schnittstellen der Medien des Kunden verbinden lässt. Es geht wertvolle Verkaufszeit verloren. Der Kunde wird im Unterbewusstsein solche technischen Probleme immer mit dem Lieferanten in Verbindung bringen. Insbesondere bei Erstbesuchen sollte man daher die notwendige Technik, wie Projektoren, Anschlussleitungen oder Adapter, selbst dabeihaben.

Kunden „spielen" während eines Gesprächs sehr gerne mit Mustern. Hardwaremuster regen zur Kreativität an, veranschaulichen, wie das Produkt eingesetzt wird, und schaffen Vertrauen. Man sollte den Kunden auch die Möglichkeit geben, Software selbst auszuprobieren, und dabei Hinweise geben. Auch ein Flipchart oder ein Whiteboard sollte man im Vertrieb nicht als „Old School" abtun. Es ist kann ggf. sinnvoll sein, Punkte, die für den Kunden wichtig sind, für alle Teilnehmer sichtbar aufzuschreiben. Der Kunde fühlt

Abb. 4.23 Muster und elektronische Präsentationsmedien. (Bildquelle links oben: © bhw-koffer.de, links unten: © winkhaus.com, rechts: © de.dreamstime.com)

sich ernst genommen und man kann die dokumentierten Wünsche des Kunden bei der Angebotserstellung berücksichtigen. Sollte man nach der Rückkehr in das eigene Unternehmen feststellen, dass die Anforderungen des Kunden nicht erfüllt werden können, dann muss man ihn darüber informieren und ggf. nach Alternativen suchen.

4.5.6.4 Verkaufsverhandlungen forcieren und protokollieren

Die Abb. 4.24 zeigt wesentliche Schritte in einem Verkaufsgespräch. Es kann sein, dass Verkäufer die vier Schritte (4 Ps des Verkaufsprozesses) nicht an einem Tag abschließen können und der Prozess sich über einen längeren Zeitraum hinzieht.

Nach der 4-P-Methode sollen der Bedarf des Kunden und die offerierten Produkte und Services visualisiert werden. Bilder und Referenzen für Lösungen bei anderen Kunden schaffen Vertrauen. Es muss der Beweis erbracht werden, dass die Anforderungen und Wünsche des Kunden erfüllt werden können. Kunde und Verkäufer sollten den vereinbarten Abschluss dokumentieren. Es sollte festgelegt werden, wie und bis wann offene Details geklärt werden und wer auf beiden Seiten welchen Beitrag zu erbringen hat, damit ein „qualifiziertes Angebot" erstellt werden kann.

Technisch anspruchsvolle B2B-Verkäufe müssen empathisch eingefädelt, mit Fingerspitzengefühl forciert und zu einem erfolgreichen Abschluss gebracht werden.

Vereinbarungen und Dokumentationen sind die Basis für ein erfolgreiches Geschäft. In jeder Phase der Interaktion müssen mit dem Kunden Ziele vereinbart und es muss festlegt werden, wer was beisteuert und wie es weiter geht (CRM-System nutzen).

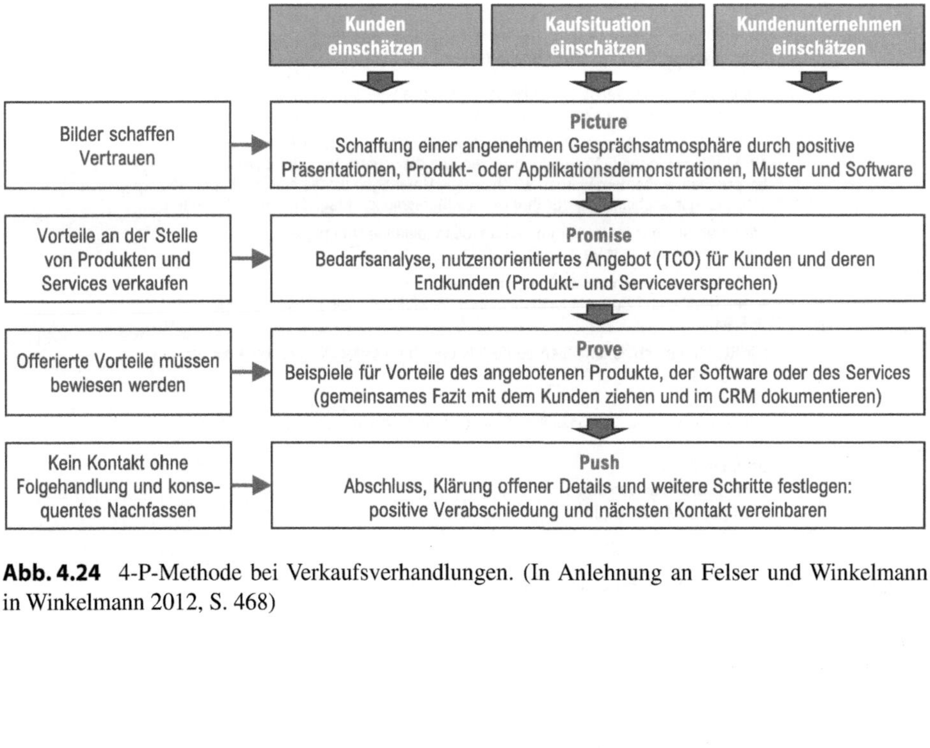

Abb. 4.24 4-P-Methode bei Verkaufsverhandlungen. (In Anlehnung an Felser und Winkelmann in Winkelmann 2012, S. 468)

4.5.6.5 Nachfassen bei Verkaufsprozessen

Man sollte sich als Vertriebsmitarbeiter immer schriftlich für einen Besuch oder eine telefonische Anfrage bedanken (siehe Abb. 4.25). Am besten sollte man eine E-Mail direkt aus dem CRM-System senden. Dann kann man noch einmal die „Hausaufgaben" beschreiben, die beide Seiten auf dem Weg zu einem „qualifizierten Angebot" vereinbart haben. Es gilt: „Wer schreibt, der bleibt im Rennen um den Auftrag!"

Folgende Aktivitäten und Rollen sind im eigenen Unternehmen für das Nachfassen nach Kundenbesuchen festzulegen:

- Wie und wann (Telefon, Mail, Zeitabstand) wird nachgefasst?
- Wer fasst offene Angebote oder Anfragen nach (Flächenvertriebsingenieur, KAM, Spezialvertrieb, Vertriebsinnendienst ...)?
- Wie werden mögliche Einwände des Kunden zielführend behandelt?
- Ist der Kunde noch unentschlossen? Werden wir hingehalten?
- Hat ggf. ein Vorgesetzter des Kunden oder ein anderer Bereich die Entscheidung übernommen? Wie kann sichergestellt werden, dass Entscheider oder „Gatekeeper" mit zusätzlichen Informationen versorgt werden? Es kann notwendig sein, dass der Vertriebsingenieur den Entscheider gemeinsam mit dem Vertriebsleiter oder einem Mitglied der Geschäftsführung besucht, falls die Größe des möglichen Auftrages dies rechtfertigt.
- Hat ein Wettbewerber sein Angebot technisch nachgebessert oder zusätzliche Serviceleistungen integriert?

Sehr geehrter Herr/Frau Mustermann/frau,

vielen Dank für das vertrauensvolle Gespräch, das wir heute in Ihrem Haus führen konnten, und dass Sie sich für unsere Granulattrockner interessieren.

Herr/ Frau X aus unserem Projektbereich wird sich wie vereinbart am xx.xx.xxxx um 10:00 Uhr mit Ihnen in Verbindung setzen, um die weitere Vorgehensweise zu besprechen. Außerdem werden wir Ihnen die Unterlagen für die beiden alternativen Trocknungsmaschinen, die für Ihre Granulatherstellung infrage kommen, zusenden.

Wir bitten Sie, uns in der kommenden Woche folgende Unterlagen und Informationen zur Verfügung zu stellen:

- Technische Dokumentation Ihrer Extruder-Anlage
- Raumhöhe und Bodenbelastbarkeit Ihrer Produktionshalle mit Zeichnungen der Fläche

Für Rückfragen stehe ich Ihnen gerne telefonisch unter Mobil +172 xxx xxxx zur Verfügung.

Beste Grüße und ein schönes Wochenende von Bergisch Gladbach nach Wesel

Beatrice Müller
Senior Vertriebsingenieurin
Dry Special Muster GmbH

Abb. 4.25 Beispiel-E-Mail nach einem Kundentermin

- Hat ein Wettbewerber preisgünstiger angeboten?
- Ist der Auftrag bereits vergeben? – „Nach dem Angebot ist vor dem Angebot!“

Nachfassgespräche müssen sehr gut vor- und nachbereitet werden.

4.5.6.6 Kundenbindung und Aufwand für Kundenrückgewinnung

Abb. 4.26 verdeutlicht, warum Kunden manche Lieferantenbeziehungen aufrechthalten:

- Eine reine „Transaktionsbeziehung“ im B2B-Geschäft ist schwach. Sie wird von Kunden oft nur für einmalige Bestellungen genutzt, bei denen der Preis ausschlaggebend ist oder eine kurze Lieferzeit gefordert wird. Es werden Händler, digitale Plattformen oder Online-Sales-Angebote eines Herstellers gewählt. Zu diesen Anbietern besteht in der Regel keine persönlichen Beziehungen. Aus Sicht der Kunden sind Transaktionsbeziehungen bei kurzfristigem Komponentenbedarf ausreichend, insbesondere bei einfachen, austauschbaren Gütern, bei denen keine hohen Anforderungen an die Funktionen oder an die Qualität bestehen. Allerdings hat der Verkäufer die Chance, aus einer einmaligen Transaktionsbeziehung eine dauerhafte Beziehung mit Wiederkäufen zu entwickeln.
- Eine „Fan-Position“ hat man bei Stammkunden erreicht, wenn diese Kunden bleiben, obwohl es keine Wechselbarrieren gibt. Diese Kunden fühlen sich durch den Lieferanten und dessen Mitarbeiter gut bedient. Es kann sogar sein, dass diese Kunden einen etwas höheren Preis zahlen, weil sie aus Anhänglichkeit, Bequemlichkeit oder wegen Wechselängsten ewig bei einem Lieferanten bleiben. Diese Kunden werden in der Regel nicht erwägen, sich eine „Second Source“ aufzubauen, wenn auf die Qualität und die Belieferung immer Verlass ist.
- Ein „Ausbeuter“ ist ein Monopolist, der z. B. einen OEM-Kunden ausnutzt, der sich in einer technischen Abhängigkeit befindet. So eine Abhängigkeit kann entstehen, wenn der Kunde die eigene Maschinenkonstruktion oder eine elektronische Schaltung so ausgelegt hat, dass er die Zukaufkomponenten nicht gleichwertig ersetzen kann. Ein Lieferantenwechsel ist ggf. nicht möglich, wenn der Lieferant einen

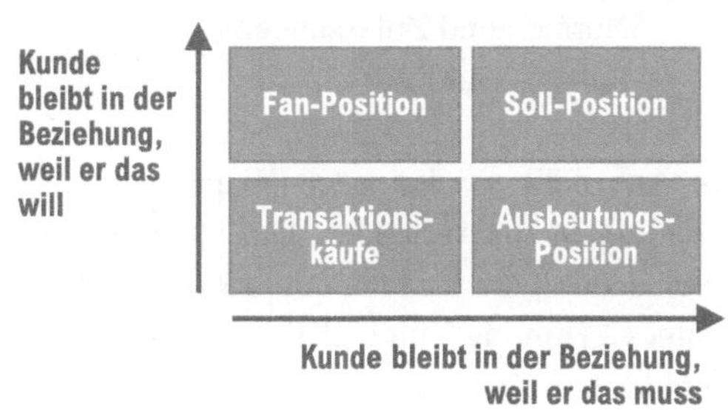

Abb. 4.26 Vier Kundenpositionen entsprechend der Lieferantenbindung. (Nach Plinke in Backhaus und Voeth 2014, S. 632)

differenzierenden technischen Vorteil beisteuert, die eigene Maschine nicht geändert werden kann oder die vorzeitige Vertragsauflösung ausgeschlossen wurde.

- Eine „Sollposition" ist aus Sicht des Anbieters erreicht, wenn der Kunde mit der Leistung zufrieden ist, obwohl es technische oder sonstige Abhängigkeiten vom Lieferanten gibt. Allerdings darf die Zufriedenheit des Kunden nicht abnehmen, damit er nicht in eine „Ausbeutungsposition" gerät. Er darf sich vor allem nicht preislich ausgenutzt fühlen, damit er keine Wechselgedanken bekommt. Technische Funktionen wie Produktmanager, Fertigungs- bzw. Werkstattleiter und Produktentwickler im „Buying-Center" sind in der Regel darauf aus, Lieferanten zu halten, mit denen man zufrieden ist. Der Einkauf wird aber Preissenkungen durchsetzen wollen, weil Einkäufer fast immer ein Einsparbudget als Ziel bekommen. Das kann eine „Sollposition" aus dem Gleichgewicht bringen.

Eine Kundenbindung besteht aus vielen Elementen. Sie wird stark von den Persönlichkeiten auf der Verkaufsseite und vom Fit dieser Personen zur Käuferseite geprägt. Besonders am Anfang einer Kundenbeziehung muss man erfahrungsgemäß viel Zeit investieren, bis man eine Soll- oder sogar eine gesicherte Fan-Position erreicht hat.

Die Kundenbindung bei B2B-Geschäften sieht in Anlehnung an Homburg et al. (2016, S. 44) wie folgt aus:

1. Persönlicher Aufbau und Pflege von Kundenbeziehungen
2. Gewährleistung der Kundenzufriedenheit
   - Produkt- und Serviceeigenschaften und die Qualität entsprechen der Kundenerwartung
   - Liefertreue und Verlässlichkeit
3. Angebot von produktbegleitenden Services, wenn man kein reiner Serviceanbieter ist
   - Erreichbarkeit und verlässliche Hilfe über Hotlines, die den Betrieb und das Geschäft der Kunden sicherstellen
   - Wartungsverträge, die auch zur Wechselbarriere werden können
4. Aufbau von Wechselbarrieren
   - Vertragliche Bindungen
   - Technische Standards und Schnittstellen
   - Normen und Zulassungen
   - Rabatte und Boni

In Abb. 4.27 werden nach Winkelmann (2012) die Phasen des „Huntings" und des „Farmings" unterschieden. Das Hunting von Neukunden ist aufwendig, und es erfordert viel Geduld, die Kunden durch Kompetenz und Empathie zu überzeugen. Es kann jahrelanges „Hunting" und „Klinkenputzen" erforderlich sein, um aus einer Position mit mühevoller Kaltakquise zum Lieferanten zu werden. In der Regel wird der Neukunde zunächst einen Probeauftrag erteilen, bei dem sich der Lieferant einer Probemaschine,

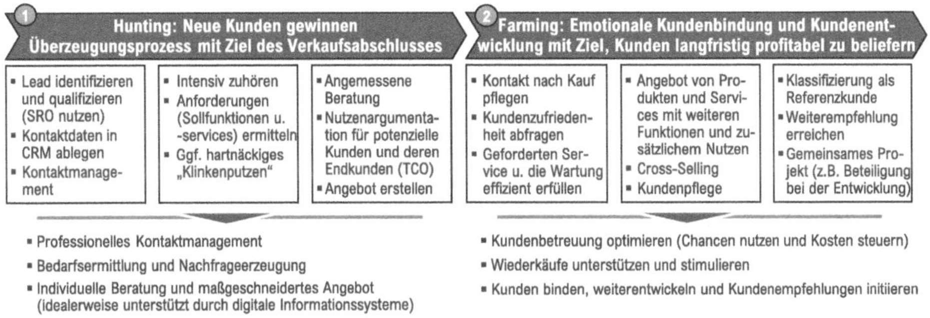

Abb. 4.27 Kundengewinnung und Kundenbindung. (In Anlehnung an Winkelmann 2012, S. 231)

einer Komponente oder Software zunächst bei einer Kleinserie beweisen muss. Ist die Phase des „Huntings" erfolgreich abgeschlossen worden, dann kann z. B. auf Cross-Selling von Produkten in die gesamte Applikation des Kunden gezielt werden.

Winkelmann (2012, S. 629 ff.) zeigt ein Beispiel von Kempf, das ich für das B2B-Geschäft angepasst habe. Customer-Recovery–Program(CRP)-Aktivitäten sind sehr aufwendig. Im Beispiel konnten bei einem Anbieter für Elektroinstallationskomponenten von 1000 verlorenen Kunden nur 70 % identifiziert werden. Davon hatten wiederum 400 Kunden Interesse an einem erneuten Kontakt mit dem ehemaligen Lieferanten. Von diesen konnten 200 Kunden wiedergewonnen werden. Diese liefern im Durchschnitt einen Ergebnisbeitrag von 3000 EUR p.a. (Kundenwert). Das scheint nicht viel zu sein, aber es ergibt sich daraus bei einem durchschnittlichen Kundenlebenszyklus von zehn Jahren eine Summe von 6 Mio. EUR p.a. Die Kosten für ein Kundenrückgewinnungsprogramm sind dem zusätzlichen Ertrag gegenüberzustellen. Die Rückgewinnung von Kunden bedeutet in der Regel auch, dass man einen Preisnachlass gewähren muss und dass man längere Zeit keine eigentlich notwendigen Preiserhöhungen durchsetzen kann. Wenn man keine zusätzlichen Mitarbeiter dafür einstellen kann, dann muss die Stammbesatzung in Vertrieb, Marketing und Produktmanagement die Kundenrückgewinnung neben dem Tagesgeschäft umsetzen.

Man muss alles versuchen, um Kundenbeziehungen zu erhalten. Für den Verlust von Kunden gibt es immer unterschiedliche Anlässe, auf die man angemessen reagieren sollte und die man bestenfalls antizipieren kann:

1. Freundlichkeit: Der Kunde oder die Kundin wurden ggf. unfreundlich bedient. So ein Problem kann von Kollegen aus Vertrieb, Logistik, Produktmanagement, Controlling bzw. Fakturierung ausgehen. Kundenbeziehungsprobleme können ggf. bereits längerfristig schwelen und durch ein einzelnes Ereignis ausgelöst werden oder eskalieren.
2. Problemkunden: Es gibt Kunden, mit denen der Umgang schwerfällt, weil sie überzogene Ansprüche haben und ggf. aggressiv reagieren. Diese Kunden sollte man

„weich abfangen" und geduldig betreuen. Falls das alles nicht hilft, muss man ggf. den Kundenbetreuer wechseln oder in Abhängigkeit von der Profitabilität des Kunden entscheiden, ob man auf die Kundenbeziehung verzichten kann.

3. Qualitätsprobleme: Diese können noch schädlichere Auswirkungen haben als Lieferprobleme, insbesondere wenn bereits fehlerhafte Komponenten in die Produkte bzw. Maschinen oder elektrischen Anlagen eines Kunden eingebaut wurden. Qualitätsprobleme können zu kostspieligen Rückrufaktionen führen, nicht nur, wenn es sich um sicherheitsrelevante Teile handelt. Eine schnelle und kulante Lösung für Qualitätsprobleme kann allerdings auch zu einer Stärkung der Kundenbindung führen. Markierungen mit Seriennummern oder RFID-Chips an Komponenten sind sehr hilfreich, damit eine schadhafte Serie von Komponenten nachverfolgt und die Rückrufaktion begrenzt werden kann.
4. Lieferprobleme und Unzuverlässigkeit: Diese können zu Produktionsausfall in der Fertigung bei Kunden und zum Verlust von deren Kunden und in der Folge auch zum Verlust der eigenen, direkten Kunden führen. Deshalb sind Lieferverzögerungen und Unzuverlässigkeit sogar in der Regel noch schädlicher als unbegründete Preiserhöhungen. Begründbar sind Lieferausfälle nur, wenn es branchenweite Probleme mit Vorprodukten gibt und auch Wettbewerber nicht liefern können. Auch ein Feuer oder ein Unfall in einer Produktionsanlage kann zu dauerhaften Kundenverlusten führen, falls sie einen Ersatzlieferanten finden und mit ihm zufrieden sind.
5. Preiserhöhungen: Wenn sie nicht begründet werden können und nicht der Marktentwicklung (z. B. Materialpreissteigerung bei Kupfer oder elektronischen Bauelementen) entsprechen.
6. Innovationen und Kampagnen des Wettbewerbs:
   - Ein Wettbewerber hat das eigene Unternehmen innovativ überholt und bietet geeignetere Produkte und Services an.
   - Ein Wettbewerber fährt eine Kampagne gegen einen oder mehrere Konkurrenten. Er bringt z. B. eine günstige Sonderserie für Promotions auf den Markt.

4.6 Das Angebot und der Kaufvertrag

Angebote (vgl. Abschn. 4.6.1) sollen zu Aufträgen werden. Dafür wird das Angebot durch Verhandlungen vervollständigt und von beiden Parteien durch berechtige Personen unterzeichnet. So wird daraus ein rechtsverbindlicher Kaufvertrag. Aufträge sollten mit einer Checkliste (vgl. Ahlrichs 2015, S. 244) geprüft werden.

Wichtig ist, dass der Kunde und der Anbieter dasselbe Verständnis vom Inhalt des Kaufvertrags haben:

1. Angebots-/Auftragschecklisten für Maschinen, Baugruppen, Einzelteile, Komponenten (Stücklisten, Bill of Materials, Abb. 4.28), Software und Services (Inbetriebnahme, Wartungsvertrag ...): Das Angebot sollte im ERP-System angelegt werden

Position	Description	Part No.	Make	Qty	Remarks
1	Box ST 537 Stainless steal	1805980000	Company A	24	
2	Box PA 55 Plastics	0514500000	Company A	10	Out of stocks?
3	Connector for Earthing	0236500000	Company A	0	
4	Shielded Bus-Bar 1m length	0280200000	Company A	16	
5	TB 807 1 Base	0401460000	Company A	56	New price?
6	SC 901 Clip	0635960000	Company A	56	
7	Pressure clamp	2801400000	Company A	300	Specification?
8	BHT 987 M5 X 8 SCREW	0296700000	Company A	300	
9	Wire for Earthing 16m2 100m	B-HT 9733555	Company B (Supplier of A)	4	
10	ER 571 Earthing component	C-1010000000	Company C (Supplier of A)	1	
11	ER 572 Earthing component	C-1020200000	Company C (Supplier of A)	8	

Abb. 4.28 Beispiel für eine Stückliste (BOM)

und notwendige Änderungen sollten entsprechend den Verhandlungen mit dem Kunden eingepflegt werden.

2. Produkteigenschaften und deren Beschreibungen: Datenblätter, Softwaredokumentationen (meistens nur online), Betriebsanweisungen, Handbücher, Dokumente zum Energieverbrauch und zu CO_2-Emissionen, Umweltverträglichkeitsgutachten, Recycling-Vorschriften, Cybersecurity-Konformität und Zertifizierungen, notwendige Softwareupdates und Zulassungen müssen in den Anlagen zum Kaufvertrag dokumentiert sein oder digital zur Verfügung gestellt werden.
3. Preiskalkulationen und Überprüfung des Angebotspreises für die Baugruppen durch das Controlling bzw. die Kalkulationsabteilung, insbesondere für individuelles Projektgeschäft: Es ist sinnvoll, im ERP-System Kalkulationen für Maschinen, Sondermaschinen und Baugruppen aus abgeschlossenen Projekten als Vorlagen zu speichern, wenn weitere, gleichartige Aufträge zu erwarten sind. Bei einem Hersteller von Verpackungsanlagen könnten z. B. Kalkulationen für Förderbänder, Kartonaufrichter, Zuführroboter, Greifer, Etikettierer, Fracht- und Verpackung, Schulungsmodule oder für eine monatliche Wartung abrufbar sein. Solche Vorlagen anzupassen, ist einfacher, als eine Kalkulation neu aufzubauen.
4. Terminplanung und Meilensteine: Wer ist insbesondere in den Operations (Produktion und Logistik) und im Einkauf des „Lieferanten" eingebunden, damit dem Kunden keine falschen Versprechungen gemacht werden? Anhand welcher Kriterien wird entschieden? Wer entscheidet und gibt weitere Schritte frei?
5. Gefahrenbetrachtung bei technischen Sonderlösungen: Sind Vorlieferanten und weitere Partner eingebunden und lieferfähig? Stellt der Kunde alle notwendigen Informationen wie Normen oder Schnittstellen zu anderen Gewerken bereit? Ist der Preis bei Projekten mit langer Laufzeit haltbar oder müssen ggf. Materialpreisanpassungen im Vertrag vereinbart werden? Kapazitätspläne für die Operations sollten vorliegen. Kann nur der bestätigte oder kann sogar der vom Kunden gewünschte Liefertermin eingehalten werden?

Es ist ein integriertes Management erforderlich, dessen Entscheidungen mit einem durchgehenden, digitalen Datenfluss unterstützt werden müssen. Darüber hinaus sind Verantwortungsbewusstsein und ein direkter Kontakt zwischen den Kollegen unterschiedlicher Funktionsbereiche unerlässlich.

In der Abb. 4.29 wird dargestellt, wie aus Elementen eines Standardkauf- oder Standardwerkvertrags ein passender, individualisierter Vertrag aufgebaut werden kann. Geprüfte und bewährte Vertragsteile sollten so weit wie möglich übernommen werden. Das gilt ebenso für Standard-AGBs. Es muss berücksichtigt werden, dass im internationalen Geschäft das Zivil- und das Handelsrecht erheblich vom deutschen oder römisch geprägten Recht abweichen können und man passende Musterverträge und lokale Rechtsanwälte benötigt. Das gilt insbesondere für angelsächsisch geprägtes Vertragsrecht. Einige Kunden bestehen darauf, Verträge in ihrer Landesprache abzuschließen. Dann müssen die Übersetzungen der meistens englischsprachigen Musterverträge sehr genau geprüft werden. Es hilft zu vereinbaren, dass im Falle eines Rechtsstreits immer der englischsprachige Vertrag gilt. Gerichts- oder Schiedsgerichtsstandorte sollte man bei großen Projekten im Land des eigenen Unternehmens (Lieferant) oder in einem dritten, neutralen Land, etwa in der Schweiz, vereinbaren.

Im B2B-Geschäft gibt es drei wesentliche Geschäftsarten und Mischformen daraus:

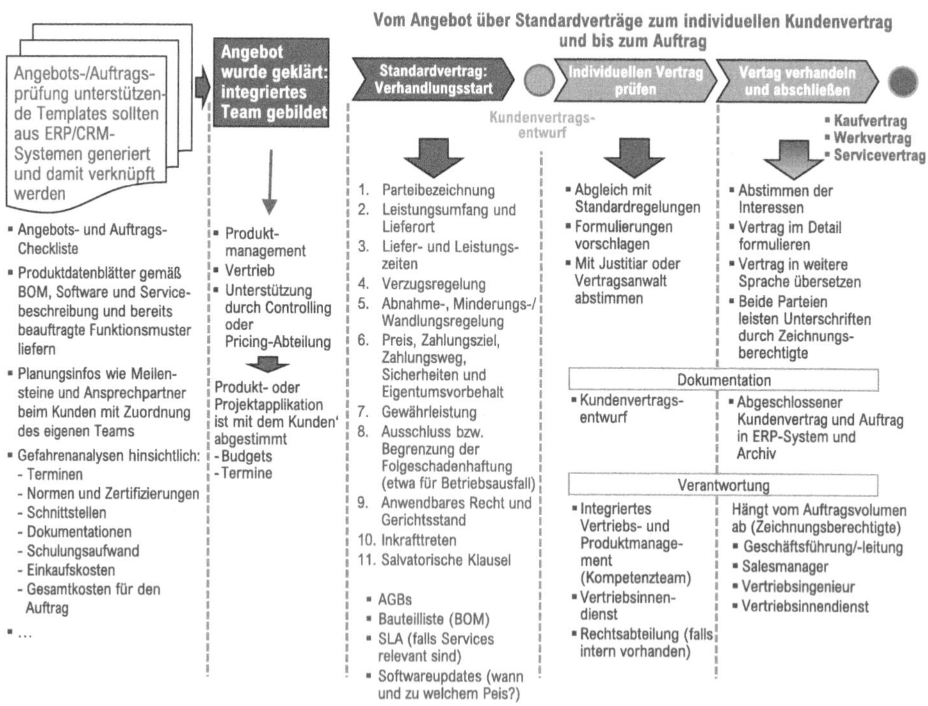

Abb. 4.29 Vom Angebot mit Standardverträgen zum individuellen Kundenauftrag (in Anlehnung an Ahlrichs in Klein 2015, S. 244 und 250)

1. Komponenten- und Standardsoftware (Kaufvertrag)
   Hier beschreibt eine Stückliste (BOM, vgl. Abb. 4.28) den Leistungsumfang für den Kaufvertrag, der durch Lieferbedingungen und AGBs ergänzt werden sollte. Gegebenenfalls muss die Stückliste auch kompatibel zu Referenzlisten von Wettbewerbern sein. Falls es sich um Standardkomponenten handelt, müssen nicht alle technischen Details in den Kaufvertrag aufgenommen werden. Allerdings muss dafür Sorge getragen werden, dass bei jeder Lieferung Hinweise zur Betriebs- und Umweltsicherheit beigefügt werden.
2. Verkauf von Standardmaschinen (Kaufvertrag)
   Falls nur Zubehör aus einer Standardzubehörliste gewählt wurde, ist der Individualisierungsgrad gering. Es ist eine vollständige Funktions- und Leistungsbeschreibung notwendig.
3. Sondermaschinen, Anlagen, individuelle Teilsysteme, Applikationssoftware, die individualisiert wurde und Lösungsgeschäft (Werkvertrag)
   Es sind eine individuelle Planung und eine Leistungsbeschreibungen erforderlich. In der Regel handelt es sich um ein Projektgeschäft. Das gilt auch für Software, die speziell für die Anwendung eines Kunden programmiert oder angepasst wurde.
4. Servicedienstleistungs- und Wartungsverträge
   Hier wird in der Regel ein SLA mit dem Kaufvertrag unterschrieben, in welchem unter anderem die Verfügbarkeit einer Maschine in Prozentpunkten oder die Reaktionszeit des Dienstleisters vereinbart wird.

4.6.1 Angebotspreis, Rechnungspreis und Konditionen

Listen bzw. Basispreise (Abb. 4.30) sind in der Regel nur der Ausgangspunkt für die Preisfindung bzw. für Preisverhandlungen. Die tatsächlichen Angebotspreise liegen nach der Berücksichtigung von Konditionen erheblich darunter. Das Controlling oder eine Pricing-Abteilung sollte bei umfangreichen Produktprogrammen sicherstellen, dass die letztlich erzielten Umsätze bei Mischkalkulationen profitabel sind (siehe Abschn. 3.5.4.1 und Homburg et al. 2016, S. 85 f.).

Rabatte können als Standard- oder als Sonderrabatte mit abgestuften Rabattstaffeln vereinbart werden. Im Rahmen von Einzelrabattspannen können Vertriebsmitarbeiter den Kunden Preisnachlässe gewähren:

1. Standardrabatte für stationäre Vertragshändler und Onlinehändler im B2B-Geschäft sind die Basis für ihre Handelsmarge. Die Händler übernehmen wesentliche Vertriebs-, Marketing-, Beratungs-, Lagerhaltungs- und Inkassofunktionen. Deshalb entstehen beim B2B-Anbieter deutlich geringere Kosten und es entstehen kein Zahlungsverzug und keine Zahlungsausfälle mit Endkunden, falls diese ihre Rechnungen nicht wie vereinbart begleichen. Solche Standardrabatte bieten die Hersteller in der Regel ihren Großkunden und Distributoren an. Sie werden in Jahresgesprächen verhandelt.

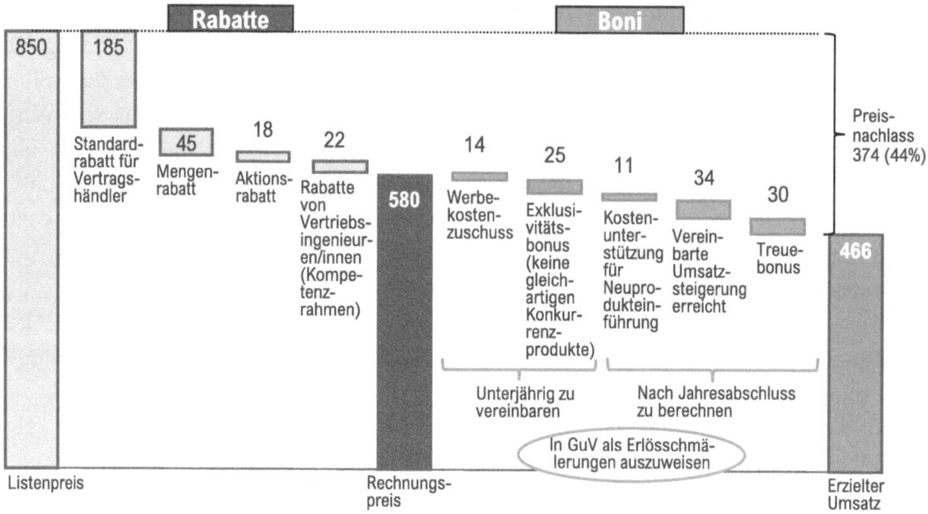

Abb. 4.30 Beispiel Preiswasserfall bei technischen Gebrauchsgütern

2. Sonderrabatte für Direktkunden oder Händler werden z. B. gewährt, um Sonderserien zu promoten und um Abverkäufe durch Aktionen zu fördern. Beim Ersatz einer Produktlinie durch neue Produkte kann der Rabatt dem Abverkauf der abgekündigten Produkte dienen. Besonders im B2B gibt es auch Einführungsrabatte für geänderte Produkte, wenn ein Kunde dadurch hohen Änderungsaufwand an mechanischen Konstruktionen oder elektrischen Schaltungen hat.
3. Rabattstaffeln (mengenbezogen) sind insbesondere bei regelmäßigen Wiederkäufen üblich. Bei Großkunden gibt es dafür ebenfalls Jahresgespräche.
4. Einzelrabattspannen bestimmen den individuellen Verhandlungsspielraum des Vertriebsmitarbeiters beim Kunden. Außendienstmitarbeiter mit Rabattbefugnissen sollten persönlich darüber entscheiden können und dem Kunden die Entscheidung selbst mitteilen. Preisverhandlungen sollten nicht dem Innendienst überlassen werden. Der Kunde muss einen solchen Rabatt unbedingt als etwas Besonderes wahrnehmen. Es gibt Unternehmen, die den Vertriebsleitern, Regionalleitern und Geschäftsführern mit der Hierarchieebene steigende Rabattbefugnisse erteilen. Im Innenverhältnis ist eine solche Regelung sinnvoll, damit man prüfen kann, ob bei einem großen Auftrag ein geringerer Deckungsbeitrag akzeptiert werden kann. Der Kunde sollte aber keinesfalls erfahren, wer den Einzelrabatt entschieden hat. Der Kunde könnte verlangen, dass er Preise nicht mehr mit seinem betreuenden Vertriebsingenieur verhandelt, sondern nur noch mit dem vermeintlichen Entscheider.

Werbekostenzuschüsse und Jahresendzahlungen für Distributoren und Direktkunden reduzieren den Erlös des Anbieters:

1. Werbekostenzuschüsse, Exklusivitätsboni und Neuprodukteinführungsboni für Händler werden in der Regel unterjährig und somit als Vorschuss gezahlt. Sie belasten die Liquidität des Herstellers daher unmittelbar.
2. Jahresendzahlungen bzw. Gutschriften an Händler oder Direktkunden erfolgen in der Regel nach Abschluss des Geschäftsjahres. Der Jahresendbonus orientiert sich in der Regel am Umsatzziel oder an der Umsatzsteigerung. Die Auszahlung des Bonus wirkt sich erst am Jahresende liquiditätsmindernd aus. Jahresendboni führen zu Erlösschmälerungen und reduzieren den Jahresumsatz von einem Brutto- zu einem Nettoumsatz (Net Sales).

4.6.2 Kaufvertrag, Werkvertrag, AGBs, SLAs, Haftung und Listungen

Das Bürgerliche Recht (BGB) und das Handelsrecht (HGB) bilden in Deutschland die Rechtsgrundlage für B2B-Geschäfte und für Wartungs- oder andere Servicedienstleistungen. Das angelsächsische Recht orientiert sich demgegenüber weniger an festen Gesetzen. Es ist von einem Fallrecht (Case Law) geprägt. Das internationale Recht von Staatenbünden wie der EU und die Gesetzgebung am Sitz der Kundenunternehmen müssen stets berücksichtigt werden. Der Übergang von einem Angebot zu einem rechtsgültigen Kaufvertrag kann fließend sein (siehe Ahlrichs 2015, S. 249). Ein Teil eines Angebotes kann bereits als Auftrag gelten, während andere Bestandteile noch zu klären sind. Das kann unter Umständen zu strittigen Haftungsfällen führen, wenn die Dokumentation des Verkaufsprozesses lückenhaft ist.

Kaufverträge (§ 433 BGB), Werkverträge (§ 631 BGB) und AGBs bilden in Deutschland die Rechtsgrundlage für B2B-Geschäfte:

- Kaufverträge sind bei Serienprodukten maßgebend. Bei Werkverträgen wird dagegen, z. B. beim Geschäft mit einem OEM, eine Komponente oder Maschine mit speziellen Eigenschaften geliefert. Es gibt meistens keine anderen Interessenten, die das Produkt in unveränderter Form nutzen könnten. Der Weiterverkaufswert ist gering. Der Hersteller wird daher auf der Abnahme durch den Kunden oder einen entsprechenden Schadenersatz bestehen und einen entsprechenden Passus im Werkvertrag vorsehen.
- Wenn es nicht vertraglich ausgeschlossen wurde, sind die allgemeinen Geschäftsbedingungen (AGBs) des Lieferanten und ggf. auch die des Kunden wirksam. Die AGBs müssen der Gegenseite bekannt gemacht und bestätigt worden sein.

Wartungsverträge und andere Dienstleistungen basieren entsprechend der Ausgestaltung auf Werkvertragsrecht (§ 433 BGB) oder auf Dienstleistungsvertragsrecht (§ 611 BGB). Falls es sich um Serviceansprüche aus einer Garantie handelt, basieren diese auf den §§ 311 Abs. 1, 241 Abs. 1 BGB.

- Bei Service- oder Wartungsverträgen wird oft ein individuell auszuhandelndes SLA vereinbart. Im SLA werden z. B. die Verfügbarkeit einer Maschine mit 98 %-Punkten, die Reaktionszeit innerhalb von einer Stunde nach einer Schadensmeldung und die Ankunft eines Technikers beim Nutzer der Maschine innerhalb von drei Stunden festgelegt. Dafür werden ein Basispreis, Preise für Sonderleistungen und die Haftungs- und Kündigungsbedingungen vereinbart. Das anbietende Unternehmen muss daher entweder einen Servicepartner vor Ort beauftragen oder eigene Techniker anreisen lassen. In diesem Fall kann die vereinbarte Reaktionszeit ggf. nicht eingehalten werden. Es fallen hohe Reisekosten an.
- Die Haftung bei Folgeschäden, wie z. B. für einen Betriebsausfall, der aus einer mangelhaften oder unterbliebenen Serviceleistung entstehen kann, zu klären, ist sehr wichtig. Deshalb sollte man immer den hausinternen Justitiar oder einen Anwalt zur Vertragsprüfung hinzuziehen, insbesondere, wenn es sich nicht um einen bereits bewährten Mustervertrag handelt. Servicedienstleitungen wie „Condition Monitoring" von Maschinen, Anlagen, Energieinfrastruktur oder deren Ausfallvorhersage mit IIoT-Analyse-Tools erfordern eine hohe Vertragssicherheit.

Listungen bei Endkunden wie OEMs oder bei Betreibern von Maschinen und Anlagen sind bei B2B-Geschäften oft eine notwendige Voraussetzung.

- Bei OEMs wie Maschinenherstellern sind in der Regel nicht mehr als drei Lieferanten üblich. Das Gleiche gilt z. B. für die Auftraggeber und Betreiber einer Raffinerie oder eines Stahlwerkes. Ohne eine Listung und die technische Zulassung ist daher oft kein Geschäft möglich. Bei Produkten wie z. B. Explosionsschutzkomponenten, die sicherheitsrelevant sind, kann ein Listungsverfahren durchaus mehrere Jahre dauern und ist sehr aufwendig. Ein Ausschnitt aus den Listungsunterlagen (der Lieferantenfragebogen) eines Mineralölkonzerns kann auf link.springer.com/book/10.1007/978-3-658-39787-6_4 rechts unter „elektronisches Zusatzmaterial" heruntergeladen werden.
- Große Kunden wollen in der Regel einen Second-Source-Lieferanten, um Lieferausfälle abzusichern und Preisanstiege zu begrenzen.
- Es werden normgerechte Beschreibungen der Produkte und bei sicherheitsrelevanten Produkten Zertifizierungen und Abnahmen durch akkreditierte Prüfinstitute verlangt. Außerdem werden ein zertifiziertes Qualitäts-, Umweltmanagement und die Einhaltung von Cybersecurity-Normen mit Entwicklungsrichtlinien wie der IEC 62443 für die Industrieautomation vorausgesetzt.
- Endkunden besichtigen und auditieren die Produktionsstandorte der Lieferanten, um z. B. Kinderarbeit auszuschließen und zu prüfen, ob Qualitäts- und Umweltzertifizierungen existieren und eingehalten werden.

Falls im Projektgeschäft bei der Tochtergesellschaft eines internationalen B2B-Anbieters bestellt wird, die sich in einem anderen Land befindet, dann sollten die Kollegen im Zielland die Listung übernehmen. In diesem Fall sollte durch den Gesamtvertriebsverantwortlichen/e geregelt sein, dass alle beteiligten Vertriebskollegen, die zu solchen „Cross-Bordergeschäften“ beitragen, angemessen am Bonus beteiligt werden. Die Dokumentation solcher Geschäfte und der notwendige Zahlungsverkehr zwischen den Tochtergesellschaften (Legal Entities) ist in der Regel aufwendig.

Einkäufer von international tätigen Kunden wünschen sich häufig Rahmenverträge, die für alle Absatzregionen bzw. Länder gelten. Preise müssen jedoch z. B. beim Markteintritt in Ländern mit industriellem Nachholbedarf geringer sein als für den gleichen Kunden in einem hochentwickelten Land. Das gilt insbesondere dann, wenn die B2B-Produkte des Kunden in einem Schwellenland dort ebenfalls, aber zu geringeren Preisen angeboten werden. Diese differenzierte Preisgestaltung ist bei den Kunden unbeliebt. Besonders in großen Unternehmen und Konzernen fehlen jedoch oft durchgängige ERP-Systeme, die Transparenz über Angebote, Lieferanten und Preise ermöglichen. Die Einkaufstransparenz wird sich aber sicherlich durch eine fortschreitende Digitalisierung verbessern.

4.6.3 Kundenanfragemanagement

Wie werden Kundenanfrage behandelt (Abb. 4.31)? Gibt es klare Zuständigkeiten und einen definierten Ablauf vom Eingang einer Kundenanfrage bis zur Angebotsabgabe, zur Auftragsbestätigung, zum Kaufvertragsabschluss, zur Lieferung und zum After-Sales-Service? Vor der Abgabe des Angebotes gibt es immer vielfältige Möglichkeiten, den Kunden zu beeinflussen, insbesondere wenn er bei mehreren Wettbewerbern Angebote einholt.

Wenn der Aufwand dafür in angemessener Relation zur Auftragsgröße und zu erwarteten Folgeaufträgen steht, dann sollte man Kunden vor der Angebotsabgabe besuchen oder telefonisch sprechen:

Abb. 4.31 Kundenanfragemanagement

1. Eine persönliche Beziehung wieder auffrischen oder neu aufbauen
2. Informationen einholen, damit ein maßgeschneidertes Angebot abgegeben werden kann
3. Nachfragen, ob der Gesprächspartner Hauptentscheider ist und wer zusätzlich in die Kaufentscheidung einbezogen wird:
   - Wie viel Kenntnis hat der Gesprächspartner über die gewünschten Produkte und Services? Verfügt er über ein Einkaufsbudget?
   - Ist die Anfrage Teil eines Projektes von Endkunden des Kunden? Wovon hängt die Projektvergabe ab? Welche besonderen Anforderungen gibt es? Gibt es weiteren Bedarf? Wer sind die Wettbewerber?
   - Wie ernsthaft ist die Kaufabsicht und mit welcher Wahrscheinlichkeit erhalten „wir" den Auftrag in Prozent? Wann ist der gewünschte Liefertermin? Wann fällt die Entscheidung?

In Unternehmen sollte es klare Zuständigkeiten für Kundenanfragen geben und Folgendes sollte festgelegt sein:

- Wer kümmert sich in der Organisation um welche Art von Anfragen?
- Wer sollte darüber hinaus involviert werden.
- Wer darf ein Angebot in der Höhe X abgeben und einen Liefertermin Y bestätigen? Wer darf unterschreiben (Prokura, Unterschriftenregelung)?
- Welcher Preis und welche Konditionen gelten?

4.7 Customer Journey und Customer Experience

Eine positive Customer Experience ist die wesentliche Voraussetzung für die Bindung von Kunden und für ein Sockelgeschäft mit Stammkunden. Eine Langzeitbeziehung kann mit einer ersten positiv empfundenen „Customer Journey" entstehen, deren Phasen in Abb. 4.32 dargestellt sind. Aber ein einziger negativ empfundener Kaufprozess kann die Beziehung beenden. Bei lang andauernden Kundenbeziehungen werden vereinzelte negative Erfahrungen ggf. nachgesehen, wenn man sie erklären kann, sich entschuldigt und eine kulante Kompensation anbietet. Kulanz heißt, dass die Ersatzleistung den Nachteil oder Schaden des Kunden ausgleicht oder sogar überkompensiert. Außerdem sollte

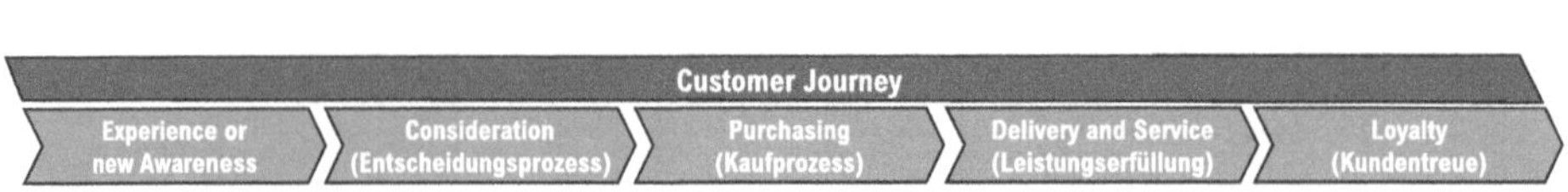

Abb. 4.32 Customer Journey

man dem Kunden erklären, welche Gegenmaßnahmen man getroffen hat, damit ein solches Versäumnis nicht wieder auftreten kann. Dieses Vorgehen muss auch im Qualitätsmanagement (QM)-System des Lieferanten implementiert sein.

Man muss sich immer in den Kunden hineinversetzen. Die Customer Journey sollte so verlaufen, dass es keinen Grund zu Ärger und Enttäuschung gibt. Dabei ist das gesamte Unternehmen (vgl. auch Abb. 4.34) als integrierte Organisation gefordert. Nicht jede Enttäuschung in der Supply Chain wird von den Kaufentscheidern des Kunden, die am Anfang der Wertschöpfungskette tätig sind, sofort wahrgenommen. Ein Fehler könnte ggf. noch rechtzeitig vor der Lieferung behoben werden. Man sollte sich aber im Klaren darüber sein, dass größere Probleme wie Qualitätsmängel, Lieferzeitüberschreitungen, fehlerhafte Zollerklärungen oder mangelhafte Reaktion auf Fragen mit Sicherheit wie ein Boomerang zu den Entscheidern zurückkommen. Die Lieferkette einer Elektronikkomponente kann wie im folgenden Beispiel für die Einflusskette einer Elektronikkomponente bis zum Endkunden sehr lang sein:

1. Die Elektronikkomponente wird dem Lager entnommen oder zeitnah produziert.
2. Die Komponente wird in einen Trockner für Rübenschnitzel eingebaut.
3. Der Trockner wird in eine Futtermittelaufbereitungsanlage integriert.
4. Die Anlage wird bei einem Futtermittelhersteller aufgestellt.
5. Das Futtermittel wird produziert und an einen Großhändler geliefert.
6. Der Großhändler liefert das Futtermittel an einen Landwirt (Endkunden), der seine Tiere füttern muss.

Nur wenn diese Kette nicht reißt, wird die Customer Journey positiv enden. Gravierende Produktentäuschungen und Servicemängel sind die negativsten Erfahrungen während einer Customer Journey. Jeder Mitarbeiter, der beim Kunden mit dem Kauf beschäftigt ist, hat individuelle Prioritäten und Wahrnehmungsschwellen für die Leistungen eines Lieferanten. Die Wahrnehmung ist situationsbedingt verschieden und deshalb sind alle Quellen, die negative Erfahrungen bewirken könnten, sehr ernst zu nehmen.

Customer Experience und die Customer Journey umfassen die Kontakte der Kundenmitarbeiter mit allen involvierten Personen des Lieferanten sowie mit allen Kommunikationsschnittstellen und digitalen Zugängen.

Vertriebsmitarbeiter, die den Kundenkontakt betreuen, müssen jede Kundenerwartung ernst nehmen und gleichzeitig den Kostenaufwand minimieren. Dafür ist ein freundliches und geschicktes „Management of Expectations" erforderlich. Die Vertriebsverantwortlichen müssen mit den anderen Kollegen entlang der Wertschöpfungskette stets Folgendes im Auge behalten: Das Service- und Leistungsangebot des Unternehmens muss in der Lage sein, den Kundenauftrag im Rahmen des erzielbaren Umsatzes bzw. des verhandelten Gesamtpreises profitabel zu erfüllen. Es ist ggf. sinnvoller, einen Kundenauftrag abzulehnen, als einen Kunden zu enttäuschen und zu verlieren.

Folgende Fragen sollten sich Produkt- und Vertriebsmanagement immer stellen:

- Wie zufrieden ist der Kunde mit der Verkaufsberatung, der Rechnungsstellung und dem Service im Pre- und After-Sales-Bereich (vgl. Backhaus und Voeth 2014, S. 157; Homburg et al. 2016, S. 21)
- Wie zufrieden ist der Kunde mit der Lieferung des Produktes: Verfügbarkeit, Lieferfähigkeit, Liefertreue zum gewünschten und zum vereinbarten Termin?
- Wird der Kunde loyal bleiben und weiterhin kaufen?

4.7.1 Der Vertrieb ist die Stimme der Kunden in das eigene Unternehmen

Niemand kann die Wünsche und die Stimmung bzw. die Gemütslage des Kunden so gut beurteilen wie der Vertrieb. Es besteht immer die Gefahr, dass der Vertrieb dem Kunden mehr verspricht, als das Unternehmen mit vertretbarem Aufwand leisten kann (vgl. Abschn. 4.7). Das geschieht immer dann, wenn der Vertrieb besorgt ist, den Auftrag oder den Kunden zu verlieren. Dieses Verhalten wirkt stets wie ein Boomerang. Deshalb müssen erfahrene Vertriebsleiter ihren Mitarbeitern immer wieder die alte Vertriebsweisheit verdeutlichen: „Versprich niemals mehr, als du halten kannst – You should promise what you can deliver and support by the required services, only.“

Wie Abb. 4.33 zeigt, ist der Vertrieb die Stimme des Kunden in das eigene Unternehmen. Der Vertrieb sollte die größte Nähe zu den Kunden haben und somit die Möglichkeit, Lieferverzug, Funktions- oder Qualitätsmängel frühzeitig zu erkennen. Die Leistungsmängel müssen mit dem Kunden zeitnah besprochen und so weit wie möglich beseitigt oder gemindert werden.

After-Sales-Betreuung bedeutet, Fragen zu beantworten, sich bei Reklamationen und Rückrufaktionen für den Kunden einzusetzen und dabei immer empathisch aufzutreten:

- Relationship-Management bedeutet, die Kommunikation mit den Entscheidern beim Kunden zu führen (vgl. Homburg et al. 2016, S. 349). Die Hierarchieebene der Kontaktperson des Lieferanten und der Kommunikationsaufwand müssen dabei der Auftragsgröße und der Bedeutung des Kunden entsprechen. Probleme mit den

Abb. 4.33 Der Vertrieb ist die Stimme der Kunden

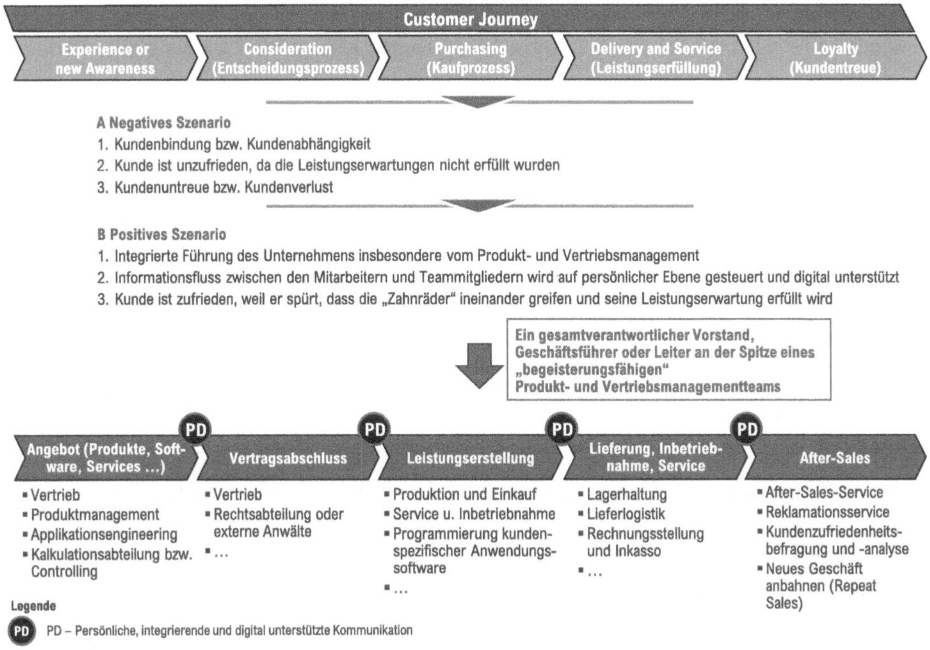

Abb. 4.34 Integriert geführter Kundenprozess = Customer Journey

Lieferanten fallen beim Kunden sehr schnell auf den Mitarbeiter zurück, der den Lieferanten ausgewählt hat. Löst ein Lieferant die Probleme schnell und überzeugend, dann qualifiziert er sich für Folgegeschäfte.

- Mit steigendem Anspruch an die Produkte und deren Bedeutung für die Wertschöpfungskette des Kunden steigt auch die Bedeutung von persönlichen Gesprächen. Der Vertrieb muss entsprechend auf die Wünsche des Kunden eingehen und passend reagieren. Es sind immer auch Augenmaß und Empathie gefordert, um zu entscheiden, mit welchem Mitarbeiter und welchem Entscheider auf der richtigen Detailtiefe gesprochen werden sollte.

Reklamationen wegen Lieferterminen und Lieferverzug müssen durch eine geeignete Auftragssteuerung vermieden werden.

- Der Vertriebsmitarbeiter im Außen- oder Innendienst muss sich bei seinen Kollegen für die Beschleunigung der Lieferung einsetzen. Dabei darf die Produktion aber nicht durch Zurufe nach dem Motto: „Wer am lautesten schreit, dessen Kunden werden zuerst beliefert!", gesteuert werden.
- Für Aufträge, die mit Vorrang abgewickelt werden müssen, sollten in der Produktion durch das Supply-Chain-Management im MES Kapazität für einen „Fast Track" reserviert werden. Falls dieser Puffer dann nicht benötigt wird, kann er für Standardaufträge freigegeben werden.

Reklamationen und Rückrufaktionen infolge von Qualitätsproblemen müssen mit Empathie und der Unterstützung durch QM-Systeme professionell abgewickelt werden:

- Nacharbeit ist immer aufwendig und ärgerlich. Wird sie psychologisch geschickt und mit viel Empathie professionell abgewickelt, dann kann ein solcher Anlass ggf. auch für ein Neugeschäft genutzt werden (vgl. Backhaus und Voeth 2014, S. 157).
- Die Rückverfolgung und Transparenz fehlerhafter Produkte durch eine angemessene Kennzeichnung bzw. Codierung muss über das QM-System eindeutig geregelt sein, um Qualitätsprobleme einzugrenzen und zukünftige Reklamationen zu vermeiden.

4.7.2 Kundenzufriedenheit mit Produkt oder Service – Pre- und After-Sales

Eine integrierte und durchgängige Verantwortung entlang der Customer Journey kann von den heutigen IT- und OT-Systemen wie ERP und MES bereits weitgehend unterstützt werden. Das erfordert eine systembasierte Organisationsanpassung der Prozesse. In kundenorientierten Unternehmen werden die Grenzen zwischen den Fachbereichen reduziert, was durch eine konsequente Digitalisierung möglich ist. B2B-Kunden erwarten bei Standardprodukten die gleichen Reaktionszeiten, wie sie es aus dem B2C-Konsumgüterbereich von Anbietern wie Amazone oder Google kennen. Deren Systeme arbeiten weitgehend autark, mit digitalen Verknüpfungen, digitaler Kommunikation und künstlicher Intelligenz. Die integrierte Kommunikation endet dabei nicht an der eigenen Unternehmensgrenze. Sie muss auch mit den Kunden und Vorlieferanten durchgängig und verzögerungsfrei funktionieren. Datenmodelle und digitale Zwillinge werden diese Kommunikation immer intensiver ermöglichen und erzwingen. Es stellt sich allerdings für kleinere Unternehmen die Frage, ob sie sich solche Systeme leisten können. Können sie einen hochwertigen Auftragsbearbeitungs-, Liefer-, Inkasso- und Reklamationsservice gewährleisten? Kleinere Unternehmen müssen ggf. Partnerschaften bilden oder sich Portalen anschließen. Das spart ihnen ein eignes „digitales Frontend" zu den Kunden. Das funktioniert aber nur, wenn der B2B-Anbieter das „digitale Backend" in den Operations selbst zur Verfügung stellen kann sowie den direkten Kundenkontakt und das „digitale Frontend" unter Kontrolle behält.

Die durchgängige Verantwortung für den Kundenprozess durch den B2B-Hersteller ist die Voraussetzung für dessen Erfolg. Die Organisationsstrukturen vieler B2B-Unternehmen sind aber noch nicht ausreichend darauf ausgerichtet, Verantwortung zu teilen und digitale sowie virtuelle Systeme geeignet zu nutzen. Das Aufgeben von „Fürstentümern" einzelner Personen oder Abteilungen und das Übernehmen von Verantwortung über die Grenzen von Organisationseinheiten hinweg ist eine gravierende kulturelle Transformation erfolgreicher Unternehmen. Letztlich kann es immer nur einen Verantwortlichen an der Spitze einer Organisation geben. Diese Person muss die Macht von den Eigentümern übertragen bekommen, die Transformation voranzutreiben. Im

Idealfall sollte es der Vorsitzende der Geschäftsführung oder des Vorstandes sein, der den Kundenprozess von der Produktentwicklung bis zum Vertrieb führt und die „Customer Experience“ steuert. Wegen Kompetenzüberschneidungen der Vorstands- bzw. der Geschäftsführungsressorts und Mehrfachunterstellungen von Mitarbeitern ist das aber nicht immer realisierbar. Für dieses Führungsdilemma kann keine allgemeingültige Lösung angeboten werden. Der Autor möchte aber dazu anregen, den Kunden und die Reise des Kunden entlang der Wertschöpfungskunden in den Mittelpunkt zu rücken. Die Kunden interessieren die Schnittstellen- und Kommunikationsprobleme des Lieferanten nicht. Insbesondere die Supply Chain (Produktion und Logistik) bietet mit ihren klar strukturierbaren Abläufen optimale Voraussetzungen für eine integrierte Abstimmung mit dem Produktmanagement und dem Vertrieb. Informationen können digital erfasst, der Lieferstatus kann festgestellt, analysiert und bei der Entscheidungsfindung mit künstlicher Intelligenz unterstützt werden (vgl. Poll 2021). Der Kunde kann mit Apps und Assistenzsystemen des Lieferanten vernetzt werden, sofern Data-Security-Anforderungen und Datenschutzbestimmungen eingehalten werden.

Ein Kunde möchte immer das Produkt oder den Service, den er benötigt und bestellt hat, zum bestätigten Termin erhalten. Man muss sich immer wieder klarmachen, dass die Kunden letztlich für die Gehälter aller Mitarbeiter des Lieferanten aufkommen.

Wie zufrieden ist der Kunde mit dem Nutzen des Produktes, den Services und mit dem Preis-Leistungs-Verhältnis?

- Wie bereits erwähnt, ist die verkaufsbegleitende Beratung ein Teil des Angebotsprozesses. Eine darüber hinausgehende Beratung, wie die Implementierung von Komponenten oder Subsystemen in Maschinen, in technische Gebäudeautomatisierung, Energieerzeugungsanlagen, Energieverteilungsinfrastruktur oder Chemieanlagen des Kunden, ist die Aufgabe von Applikationsingenieuren und muss in Rechnung gestellt werden. Die verkaufsbegleitende, nicht berechnete Beratung ist Teil der Kundenerfahrung und des Leistungsspektrums. Sie muss ebenso wie vergütete Beratungsleistungen den Anforderungen und Erwartungen der Kunden genügen. Bei verkaufsbegleitender Beratung sollte die Beratungshaftung ausgeschlossen werden. Wie ebenfalls bereits erwähnt, ist es ausgesprochen wichtig, auch die Beratungshaftung bei Endkunden und Betreibern einer Maschine oder Anlage auszuschließen. Der Kaufvertrag und die AGBs müssen entsprechende Klauseln enthalten.
- Ebenso wichtig wie der verkaufsbegleitende Service für die Kunden ist die After-Sales-Betreuung. Das betrifft insbesondere die Behandlung von Reklamationen und die Abwicklung von Gewährleistungsfällen. Kundenservice kostet viel Geld. Die Kosten für den Service müssen durch den Cashflow und die Profitabilität bei jedem einzelnen Kunden erwirtschaftet werden. Hermann/Huber/Braunstein (siehe Winkelmann 2012, S. 172) zeigen, dass es vier Bereiche der Kundenzufriedenheit gibt. Es werden Abwanderungs-, Zufriedenheits-, Vertrauens- und Sättigungsbereiche unterschieden. Befindet sich die Kundenzufriedenheit in einem Sättigungsbereich, dann bringt zusätzlicher Betreuungsaufwand wenig.

Bei Ausfall eines Produktes oder einer Software sollte der Support wie folgt organisiert werden:

1. First-Level-Support (24/7) muss rund um die Uhr an jedem Tag eines Jahres verfügbar sein. Bei einem weltweit tätigen B2B-Anbieter muss das auch global geleistet werden. Kundenbeschreibungen von Störfällen an Produkten, Maschinen und Anlagen müssen verstanden und eingestuft werden. Ist die Fehlerursache auf die Leistung des Unternehmens zurückzuführen und kann diese telefonisch oder online durch Bildübertragung eingekreist werden? Landessprache ist insbesondere dann gefordert, wenn die Fehlermeldungen aus den Produktionsbereichen eines Endanwenders kommen. Schichtmeister in der Produktion verfügen oft nicht über ausreichende Englischkenntnisse.
   Es gibt Fehler, die nicht von dem angesprochenen Lieferanten verursacht wurden. Kunden sind aber in der Regel für Hinweise dankbar, wie das Problem mit einer Maschine oder Anlage gelöst werden kann, sofern der Lieferant dafür einen Experten empfehlen kann. Das erhöht die Reputation des angesprochenen Lieferanten.
2. Second-Level-Support in englischer Sprache, der ggf. per Fernwartung die Fehler diagnostiziert, Augmented Reality einsetzt, selbst zum Kunden reist oder das Problem gemeinsam mit einem Servicepartner löst und diesen steuert.
3. Third-Level-Support ist bei komplizierten Hardware- oder Softwareproblemen erforderlich. In der Regel leisten diese Unterstützung Applikationsingenieure oder Kollegen aus der Produktentwicklung. Sehr große Unternehmen leisten sich dafür ggf. Serviceabteilungen. Aber auch diese können nicht alles wissen und sind wiederum oft auf den F&E-Bereich angewiesen. Da in diesen Fällen in der Regel Ingenieure miteinander kommunizieren, ist die englische Sprache meistens ausreichend.

4.7.3 Kundenzufriedenheit mit der Lieferperformance, Zahlungsziele, Zahlungsrückstände und Reklamationsbearbeitung

In Abb. 4.35 haben Günther et al. (2013) die Wirkungen von „Zeit" als Kostentreiber bei Wertschöpfungsprozessen verdeutlicht. Die Verbesserung von Prozessen durch Investitionen in Produktionsmittel, Gebäude, Lager, Qualitätssicherung, zusätzliche Standorte und Servicepartner führt zwangsläufig zu erhöhtem Aufwand. Die Beschleunigung von Prozessen in Produktion und Logistik bis hin zu einer One-Piece-Flow-Bearbeitung kann auch wiederum zu Bestandreduzierung von Roh- und Fertigwaren führen und somit Kosten sparen. Diese Investitionen verhindern zusätzlich den Folgeaufwand und mögliche Regressleistungen, die man Kunden für unpünktliche Leistungen erbringen müsste. Auch wenn bei verspäteten oder fehlerhaften Lieferungen erfolgreich nachgebessert oder gewandelt wurde, können der Imageschaden und

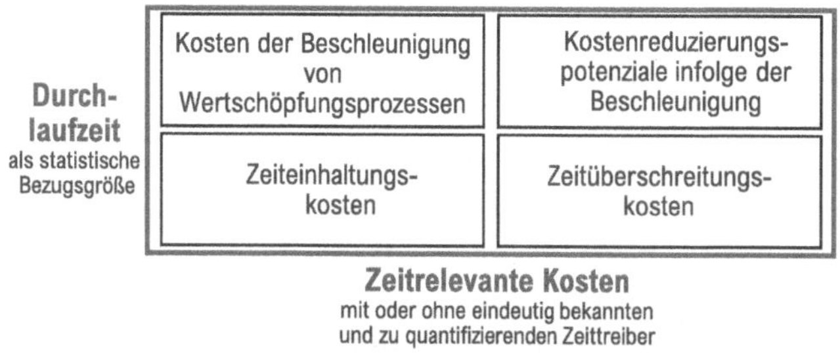

Abb. 4.35 Klassifizierung zeitrelevanter Kosten. (Nach Günther et al. 2013, S. 242)

emotionale Effekte dazu führen, dass Kunden zu Wettbewerbern abwandern. Der Vertrieb der Wettbewerber hat sein Ohr immer im Markt und bei „unseren" Kunden. Konkurrenten warten nur darauf, in die Bresche zu springen, wenn man sich eine Schwäche erlaubt. „Fressen oder gefressen werden", heißt die Devise.

Service kostet viel Geld und ein sehr schneller Service kostet noch viel mehr Geld. Steigert ein besonders schneller Service die Gesamtmarge und welche Reaktionszeiten sind wirklich erforderlich? Diese Frage muss man sich immer stellen.

Serviceverträge sollten geeignet abgeschlossen, Lieferzeit und Transportkosten abgewogen sowie Zahlungsausfälle abgesichert werden:

1. Serviceverträge passend abschließen:
   Der Service kann im Kaufpreis enthalten sein und Garantieleistungen oder einen pauschalen Instandhaltungsservice umfassen. Die geleisteten Arbeitsstunden können enthalten sein, aber Ersatzteillieferungen, die über die Garantieleistungen hinausgehen, müssen in Rechnung gestellt werden. Auch wenn die Funktionalität und die Qualität der eigenen Produkte hoch ist, bedingen die Nutzungsintensität und die Nutzungsart des Kunden die statistische Wahrscheinlichkeit, wie oft Serviceleistungen abgerufen werden (vgl. Abschn. 2.2.2.4 zu Service Level Agreement). Wie sorgsam geht der Kunde mit einer Maschine oder Komponente um?
2. Lieferzeit und die Wahl von Transportmitteln in der Logistik geeignet steuern:
   Die Kosten für die Lieferprozesse müssen angemessen sein. Falls z. B. Seefracht in der Regel ausreichend ist, sollte Luftfracht nur gewählt werden, wenn die Lieferzeit sonst nicht eingehalten werden kann (vgl. Abschn. 2.3.2.2 zur CM-IV-Marge).
3. Zahlungsausfälle absichern:
   Stimmt die Zahlungsmoral eines Stammkunden, dann sind Zahlungsausfälle unwahrscheinlich. In diesem Fall wären auch bei Außenhandelsgeschäften eine Eröffnung von Akkreditiven (Letter of Credit) und der Abschluss von Ausfallversicherungen unangemessen. Bei Neukunden sollte hingegen der Vertriebsinnendienst oder die Buchhaltung immer Informationen über die Bonität und das Zahlungsverhalten bei Dienstleistern einholen. Falls die Zahlungsrückstände von Kunden

beträchtlich sind oder wiederholt auftreten, sollte man diese Kunden nur noch nach Begleichung der Außenstände und auf der Basis von Vorauszahlung beliefern.
Das Eintreiben von Zahlungsrückständen ist für das eigene Unternehmen und den Kunden ein unangenehmer Prozess. In der Praxis ist leider oft ein erheblicher Teil der Vertriebszeit mit dem unerfreulichen Eintreiben von Außenständen gebunden.

4.7.4 Kundenzufriedenheitsstudien auf Basis von Kundenbefragungen

Die Unternehmensführung, das Produktmanagement und der Vertrieb sollten regelmäßig widergespiegelt bekommen, was Kunden von den Leistungen ihres Lieferanten halten. Dafür muss die Kundenzufriedenheit mit einer Stichprobe ermittelt werden.

Jeder Mitarbeiter eines B2B-Unternehmens sollte die Kunden, mit denen er es zu tun hat, fragen, ob sie mit den Leistungen zufrieden sind. Es gibt Kunden, die sich scheuen, Probleme klar und offen zu nennen. Viele Kunden verlassen einen Lieferanten, ohne diesem jemals ein klares Feedback und die Chance zu Verbesserungen gegeben zu haben: „You only get what you ask for." Der Lieferant hatte dadurch keine Chance, Defizite zu beseitigen und Kundenzufriedenheit herzustellen. Es gibt natürlich andererseits auch Kunden, die keine Gelegenheit auslassen, um sich zu beschweren. Als ständige Nörgler und Querulanten macht dieser Kundenkreis dem Vertrieb und anderen Kollegen das Leben schwer. Der Vertrieb und das Produktmanagement haben dabei die Aufgabe, eine solche Situation zu entschärfen und bei den betroffenen Personen des Kunden Verständnis zu erzielen. Dabei kann die Hilfe anderer Personen im Kundenunternehmen, mit denen man positiv vernetzt ist, helfen. Man muss allerdings aufpassen, dass sich „schwierige" Ansprechpartner beim Kunden nicht umgangen fühlen. Das gilt besonders dann, wenn diese wichtige Gatekeeper sind. Bei Großkunden muss der Vertrieb alle Hebel in Bewegung setzen, denn der Verlust eines solchen Kunden hat schmerzhafte Umsatzverluste zur Folge, insbesondere dann, wenn der Kunde sehr profitabel ist. Bei kleineren Kunden muss man letztlich abwägen, wie viele Ressourcen ein solcher Kundenkontakt bindet und welche Kosten dadurch entstehen. Kann man diese Ressourcen besser nutzen, um alternative, profitable Kunden mit einem höheren Wachstumspotential zu akquirieren, falls es diese gibt (vgl. Abschn. 3.5 zur SRO-Analyse)?

Eine neutrale Befragung durch eine auf B2B-Kunden spezialisierte Beratung bzw. ein Meinungsforschungsinstitut kann sehr hilfreich sein, um ein realistisches Bild von der Kundenzufriedenheit zu erhalten. Ein neutraler Interviewer bekommt in der Regel ehrliche Antworten. Er muss allerdings zusagen, dass die Namen der befragten Unternehmen und Personen nicht mit den Antworten verknüpft werden und anonym bleiben. Nachteil des Einsatzes von Beratern ist es, dass sie nicht die Fachkenntnisse eines Produktmanagers oder eines Vertriebsingenieurs mitbringen. Deshalb sind ein intensives Training der Interviewer und ein ausgefeilter Fragebogen notwendig. Der Interviewer muss wesentliche Fragen zum Unternehmen und zu den Produkten verstehen und beantworten können. Wenn es um das Ermitteln der Kundenzufriedenheit geht, dann sind „Face-to-Face"-Befragungen zu bevorzugen. Videobefragungen oder Telefonanrufe sind ebenfalls möglich. Die jeweiligen Ansprechpartner sollte der Vertrieb bestimmen. Es sollten auch Wettbewerbskunden und verlorene Kunden berücksichtigt werden. Solche Nicht- oder Nicht-mehr-Kunden können Defizite der Kundenzufriedenheit oft sehr gut benennen.

Fragebögen oder Onlinebefragungen, die von Kunden eigenständig ausgefüllt werden sollen, sind oft wenig aussagefähig. Die Zahl der Rückläufer solcher Befragungen ist in der Regel relativ klein und die Befragungen werden oft aus Zeitnot oder mangelndem Interesse abgebrochen. Fragen können ggf. auch falsch verstanden werden. Die Kundenanforderungen im B2B-Geschäft lassen sich in der Regel nicht mit einigen wenigen Fragen klären und die Fragebögen sind oft sehr umfangreich. Der Interviewer kann jedoch flexibel entscheiden, welche Fragen für bestimmte Kunden nicht relevant sind und überspringt sie.

Abb. 4.36 zeigt ein Beispiel, wie das Meinungsforschungsinstitut „TNS Infratest" die multidimensionalen Daten einer Kundenbefragung mit dem TRI*M Index verdichtet. Die Kunden werden mit den vier Kategorien „Apostel", „Söldner", „Geiseln" und „Rebellen" klassifiziert. Unternehmen, die keine Rebellen und Geiseln als Kunden haben, wird es kaum geben. Hätte man nur Söldner und Apostel, dann würde sich die Frage stellen, ob man nicht zu viel Aufwand beim Kundenservice betreibt oder ob man die Produkte zu günstig anbietet. Auf link.springer.com/book/10.1007/978-3-658-39787-6_4 rechts unter „elektronisches Zusatzmaterial" kann eine TRI*M-Analyse heruntergeladen werden, in der Stärken, Schwächen und Verbesserungspotenziale für das imaginäre Unternehmen „Taifun" dargestellt werden. Die Produkte, die Services, die Lieferperformance, der Innovationsgrad und weitere Kriterien werden anhand ihrer Bedeutung dargestellt. Die Kunden sollten bei der zugrunde liegenden Befragung auch die wichtigsten Wettbewerber bewerten, damit man Referenzgrößen für die Kundenzufriedenheit erhält.

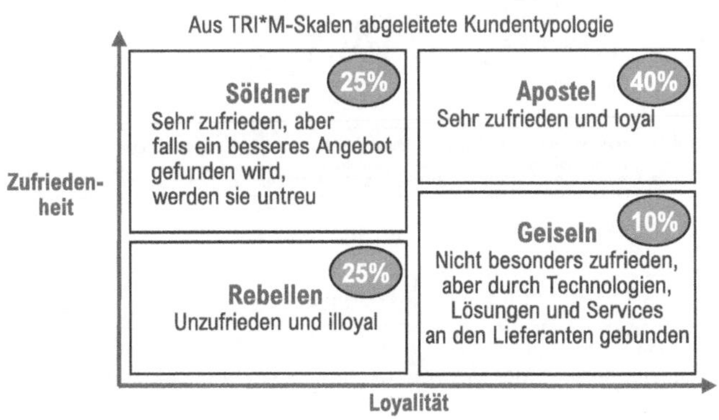

Abb. 4.36 Kundentypen gemäß TRI*M-Skalen von TNS Infratest anonymisiert aus einem Kundenprojekt

4.8 Work-Life-Balance

In der Abb. 4.37 sind die internen Schnittstellen dargestellt, die sich negativ auf den Erfolg bei Kunden auswirken können. Deshalb wird an dieser Stelle erneut für eine integrierte, abgestimmte Kommunikation von Produkt- und Vertriebsmanagement geworben. Das gilt auch für den koordinierten Austausch mit anderen Funktionsbereichen. Die Verantwortung muss eindeutig zugeteilt und abgestimmt werden (vgl. Homburg et al. 2016, S. 119). Es muss glaubwürdig und durchgängig mit den Kunden kommuniziert werden.

Vertriebsingenieure im B2B-Geschäft befinden sich im Spannungsfeld der eigenen Organisation und den geleisteten Versprechen gegenüber ihren Kunden. Deshalb müssen Verkäufer einen zuverlässigen Rückhalt im Unternehmen haben und ihr internes Netzwerk pflegen. Es ist wichtig und wünschenswert, vertrauensvoll mit Kollegen in anderen Funktionsbereichen zusammenzuarbeiten, um mit den Kunden glaubwürdig zu kommunizieren und richtig handeln zu können. Dabei sollte es keinen Wettbewerb um interne Ressourcen mit anderen Vertriebskollegen geben. Letztlich arbeiten alle für dasselbe Unternehmen.

Das Topmanagement muss sich immer wieder selbst folgende Fragen stellen:

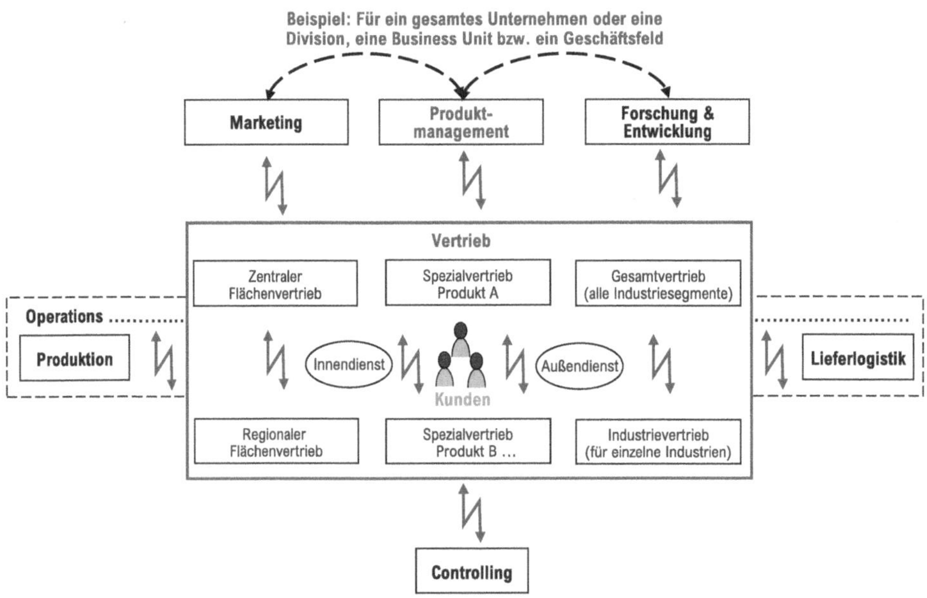

Abb. 4.37 Kundenorientierung des Vertriebes und Spannungsfelder durch die Aufteilung in Funktionsbereiche

- Wie handeln die obersten Führungskräfte?
- Passt die Unternehmenskultur zu den derzeitigen Zielen?
- Kann das Unternehmen mit den bisherigen Verhaltensweisen auch in Zukunft erfolgreich sein (vgl. Abschn. 1.2)?

Ein signifikanter Teil der Vertriebler ist mit den Aufgaben und der zeitlichen Beanspruchung an der Belastungsgrenze. Das Gleiche gilt oft auch für Produktmanager. Diese Situation kann schnell zum Verfehlen der Zielvorgaben, zur inneren Kündigung, zur tatsächlichen Kündigung und im schlimmsten Fall zum Burnout des Mitarbeiters führen (vgl. Schumacher 2020).

Häufig wird der Vertriebler als „Instrument" angesehen, um Umsätze und Aufträge zu generieren. Die Vertriebsingenieure gehören in der Regel zu den am besten bezahlten Mitarbeitern im Unternehmen. Die hohe monetäre Grundvergütung und die vom Erfolg abhängenden Boni erzeugen aber auch einen enormen Ehrgeiz und Erfolgsdruck. Das verhindert den erforderlichen Teamgeist, falls nicht besonders auf diese Gefahr geachtet und gegengesteuert wird. Es gibt inzwischen auch Unternehmen, die auf einen variablen Gehaltsanteil (Bonus) verzichten. Ob diese Unternehmen stärker wachsen und erfolgreicher bzw. profitabler sind und ob deren Mitarbeiter zufriendener sind und gesünder leben als Mitarbeiter von Unternehmen mit einem Bonussystem, ist ein interessantes Forschungsfeld. Oft wird über notwendige Agilität gesprochen, aber niemand bemerkt, dass ein Kollege überfordert ist. Mit zunehmenden Misserfolgen wird das Selbstwertgefühl des Verkäufers geringer. Es fehlt immer mehr der notwendige Mut, um Neukundengewinnung zu betreiben oder offensiv mit preisaggressiven Wettbewerbern umzugehen. „Schwache Verkäufer ziehen schwache Ergebnisse immer mehr an" (siehe Schumacher 2020).

Leider scheuen oder verpassen Führungskräfte oft den Zeitpunkt für einen Dialog und die Chance, sofort helfend und aufmunternd einzugreifen. „Häufig erkennt die Führungskraft schwache Verkäufer ... viel zu spät und hofft auf Selbstheilung" (siehe Schumacher 2020).

Was macht ein Verkäufer, wenn er merkt, dass er gewissen Aufgaben nicht gewachsen ist? Die Abb. 4.38 illustriert eine solche Situation, in der ein Verkäufer oder ein Produktmanager vor einem Berg von Aufgaben zusammengebrochen ist (vgl. Covey 1990, S. 114). Vielen Betroffenen fehlt leider die Courage für den Dialog mit Vorgesetzten und Kollegen und sie versuchen, ihre Probleme zu „überspielen". In diesem Fall ist eine Führungskraft notwendig, die eine solche Situation erkennt, ein offenes Ohr hat und zu einem vertrauensvollen Gespräch bereit ist. Dem Mitarbeiter sollte Hilfe in Form eines sehr persönlichen Coachings angeboten werden.

Ein integriertes und gut abgestimmtes Produkt- und Vertriebsmanagement kann im Einklang mit einer wertschätzenden Unternehmenskultur entscheidend dazu beitragen, dass die faszinierenden Aufgaben im B2B-Geschäft Spaß machen und das Unternehmen beflügeln.

Nur mit einer ausgewogenen „Work-Life-Balance" zwischen einer herausfordernden Aufgabe und einem erfüllten Privatleben kann man beruflich und vor allem auch privat glücklich und zufrieden sein.

Abb. 4.38 Verzweifelte Mitarbeiter. (Illustration: © Liv Tintelnot 2023)

Literatur

Ahlrichs F (2015) Neuer Angebotsprozess im Sondermaschinenbau reduziert Kostenüberschreitungen. In: Klein A (Hrsg) Controlling Best Practice im Mittelstand. Konzepte – Instrumente – Fallstudien. Haufe, München, S 229–255

Backhaus K, Voeth M (2014) Industriegütermarketing. Grundlagen des Business-to-Business-Marketings, 10. Aufl. Vahlen, München

Covey SR (1990) The 7 habits of highly effective people. Powerful lessons in personal change, (9. Aufl). Fireside, New York

Dietze U (2016) TQS, Total Quality Selling. So gewinnen Sie mehr Aufträge aus Anfragen und Angeboten. DV Deutsche Vertriebsberatung, Präsentation am 06.10.2016, Mettmann

Geffroy EK (1995) Verkaufserfolge auf Abruf. Die 1-Seiten-Methode. Über 1000 Antworten auf 200 Fragen, die Verkäufer heute bewegen, 9. Aufl. Verlag für moderne Industrie, Landsberg/Lech

Geffroy EK (2012) Das Einzige was stört ist der Kunde. Clienting ersetzt Marketing. 17. Aufl. Redline Verlag. Imprint der Münchner Verlagsgruppe GmbH, München

Günther T, Fischer J, Pellinen J (2013) Bewertung zeitlicher Prozessinnovationen. In: Tintelnot C, Meißner D, Steinmeier I (Hrsg) Innovationsmanagement. Springer, Heidelberg, S 235–247

Homburg C, Schäfer H, Schneider J (2016) Sales Excellence. Vertriebsmanagement mit System, 8. Aufl. Springer Gabler, Wiesbaden

Heimsoeth A (2018) Persönlichkeit verkauft. Mentale Stärke und Motivation im Verkauf. Beck, München

Kettenhoff L (2020) Rotative Flexibilität. SPS Magazin, Nr. 3. Tecdo Verlag, Marburg.

Poll D (2021) Wie Logistik von künstlicher Intelligenz profitiert. https://www.produktion.de/serp.html?q=K%C3%BCnstliche+Intelligenz&lit=1&p=3. Zugegriffen: 20. Okt. 2021

Schubert S (2015) Happy Sales. Mit Positiver Psychologie und Zeitmanagement zum Erfolg im Verkauf. Wiley-VCH, Weinheim

Schumacher O (2020) Überforderung im Vertrieb. In: Karriere-now. Das Karriereportal für Fach- und Führungskräfte. Mannheim https://www.karriere-now.de/18649/ueberforderung-im-vertrieb/. Zugegriffen: 27. Nov. 2022

Walther J, Wäldchen D (2021) Folgen der Corona-Krise für Messen und Konferenzen. Umfrageergebnisse einer Studie. IPM AG, Hannover

Winkelmann P (2012) Vertriebskonzeption und Vertriebssteuerung. Die Instrumente des integrierten Kundenmanagements – CRM, 5. Aufl. Vahlen, München

Stichwortverzeichnis

C. Tintelnot, *Integriertes Produkt- und Vertriebsmanagement im B2B*,
https://doi.org/10.1007/978-3-658-39788-3

Printed by Printforce, the Netherlands